Cinco continentes

N. I. Vavílov en el VIR en fecha indeterminada

Cinco continentes

Nikolái I. Vavílov

Traducción del ruso:
Maila Lema Quintana
Marta Sánchez-Nieves Fernández

Libros del Jata
2015

Título original: Пять континентов

De esta edición:
© Libros del Jata S.L., 2015
Alameda Recalde 27, 1º
48009 Bilbao
www.librosdeljata.com
Primera edición: octubre de 2015.

Créditos de las imágenes: v. pp. 425-426

Diseño de la cubierta: José Luis Catón
Tratamiento digital de las ilustraciones: Nerea Vilalta

ISBN: 978-84-16443-01-7
Depósito legal: BI-1611-2015

Impresión: Grafilur

FSC
MIXTO
Papel
FSC® C014864

ÍNDICE

In Memoriam 10
Prefacio: Un estudioso del planeta entero, por *Margarita Vishniakova* 11
Prólogo a la edición de 1962 21
Introducción 35
Principal idea motivadora de las expediciones 41
Viaje a Irán 49
El Pamir 63
Viaje a Afganistán 73
Expedición a Afganistán (continuación) *89*
Viaje por Nuristán *97*
El sur de Afganistán (frontera con Beluchistán) *114*
En el bajo Amu Daria 125
China Occidental 129
Viaje al Japón 143
Viaje a Taiwán *154*
Viaje por Corea *158*
Los países del Mediterráneo 167
Viaje a Siria 175
Viaje a Palestina y Transjordania 187
Argelia 197
Marruecos 205
Túnez 211
Viaje a Abisinia 215
En la Abisinia Interior *227*
En Eritrea *237*

Viaje a Grecia y a las islas de Chipre y Creta 245
Por Italia 251
Viaje a España 255
Objetivos y posibilidades del viaje *255*
Madrid *258*
La agricultura en España *265*
La España central *271*
La España oriental *273*
Andalucía *275*
Galicia *279*
Asturias *281*
El país de los vascos *285*
Resultados de las investigaciones *288*
Viaje a Brasil 291
Por América del Norte y del Sur 317
Condiciones del viaje *318*
Conferencias y ponencias *320*
El Congreso Internacional de Genética *321*
Problemas técnicos más importantes de la agricultura en el Canadá *323*
La irrigación de los cultivos cerealísticos *324*
Aprovechamiento de los recursos vegetales en América del Sur y Central *326*
Materiales vegetales nuevos recolectados por nuestra expedición *328*
Epílogo: El científico ruso Nikolái Vavílov, por *Semión Reznik* y *Yuri Vavílov* 331
Anexo I: Fotografías de las expediciones 355
Anexo II: Apuntes sobre los trigos de *Cinco continentes* 381
Anexo III: Breve noticia biográfica de los personajes citados en el texto 385
Notas 413
Créditos de las ilustraciones 425
Índice analítico 427

Nota editorial

La presente edición sigue, entre las páginas 21 y 330, el texto de la edición original de 1962 (Ed. Mysl', Moscú). Hemos mantenido, además del prólogo, las notas a pie de página, de los editores (N. ed. 1962) y del autor (N. del A.). Las notas a pie de página que no llevan indicación son de las traductoras.

En el Índice Analítico se da el nombre científico de las plantas mencionadas en el texto. Se incluyen algunas aclaraciones suplementarias en notas numeradas, que van al final del texto, así como en los anexos II (sobre trigos) y III (personas mencionadas).

In Memoriam

Esta edición de *Cinco continentes*
se dedica a dos científicos españoles,
admiradores del trabajo de Nikolái Vavílov, que
como él, supieron abrir caminos nuevos para otros:

César Gómez Campo (1933-2009)

Agrónomo y botánico cántabro, creador en 1966 del
primer Banco de Semillas de plantas silvestres,
investigador de sus condiciones de conservación,

Lydia Zapata Peña (1965-2015)

Arqueobotánica del país vasco, científica excepcional,
estudiosa de las plantas cultivadas y de sus usos
en las diversas sociedades humanas
a lo largo del tiempo

Un estudioso del planeta entero

Margarita Vishniakova, catedrática
Instituto Vavílov de Investigación en Industria Vegetal.
San Petersburgo, Rusia.

Nikolái Vavílov es una figura de envergadura planetaria. Uno de los más importantes científicos del siglo XX, dejó una huella indeleble en la organización de la agricultura de su país y ejerció una influencia considerable en la agricultura mundial.

Su interés científico por los recursos vegetales mundiales como fuente de bienestar de la humanidad comenzó con el estudio de la historia de las civilizaciones agrícolas. En uno de sus trabajos, Nikolái Vavílov (1932) escribió: «*El estudio de la agricultura mundial da cuenta claramente de lo mal organizado que está el planeta, incluso desde el punto de vista de la utilización elemental de los recursos naturales*». Fue precisamente a la mejor organización de la vida en la Tierra por medio del perfeccionamiento de la agricultura y al uso racional de la «*diversidad en especies y variedades de las plantas del planeta*» a los que el científico dedicó su vida. Desempeñó un papel pionero en el desarrollo de la selección de especies en la URSS, en la mejora de las plantas cultivadas en su país en los años 1920 a 1930, y en el aumento significativo del número de especies cultivadas.

Ya desde su juventud, N. Vavílov se marcó como objetivo vital comprender la «*filosofía de las formas de vida*», que comprendía para él la historia, el desarrollo y las particularidades regionales de un fenómeno planetario como es la agricultura mundial. Para ello, viajó por el mundo estudiando la diversidad de los recursos vegetales, el origen y evolución de las plantas cultivadas, los lugares de introducción de los distintos cultivares, las tradiciones históricas y nacionales de su utilización, las rutas de migración de las plantas junto con las migraciones de los pueblos. Recolectó semillas y esquejes, muchas veces en regiones difícilmente accesibles y con frecuencia también arriesgando su vida para extraer lo mejor para la agricultura de su país, para traerse un «*material de construcción: especies y cultivares, junto con la necesaria definición de sus características particulares para su utilización por los seleccionadores de plantas soviéticos…*» (Vavílov, 1925).

Sin embargo, un científico no puede tener puesta la mirada exclusivamente en objetivos utilitarios. En la base de cualquier logro práctico se encuentra siempre la investigación fundamental. Los trabajos teóricos de N. I. Vavílov, realizados hace casi un siglo, no han perdido aún su actualidad, dado que por sus dimensiones y profundidad se adelantaron con mucho a su época. Sus teorías sobre la inmunidad, la ley de las series homólogas en la variación hereditaria, la teoría de los centros de origen de las plantas cultivadas, la teoría sobre las especies, las reglas sobre el material de partida para la selección, el sistema diferencial de plantas… todos estos temas no agotan la enumeración de sus trabajos científicos fundamentales. Escribió más de 300 artículos y monografías, la mayor parte de los cuales están dedicados a los problemas de desarrollo de la agricultura en distintos rincones y zonas naturales del planeta. La mayoría de estos trabajos reflejan resultados de sus expediciones de investigación.

¿Cómo es posible que toda esta misión de escala planetaria surgiera del seno de una familia rusa sencilla, de un egresado del Instituto Agrícola de Moscú que había estudiado la modesta especialidad de agrónomo? ¿Cómo pudo ser que este joven al que, como atestiguan sus diarios y cartas, tanto le costó tomar una decisión sobre qué camino vital tomar, adquiriera con el tiempo unos conocimientos que le permitieron convertirse en un gran especialista de varias disciplinas biológicas, ocupar una posición clave en la ciencia y en la organización de la agricultura de un país entero y convertirse en un científico reconocido mundialmente, que se marcó como objeto de investigación el planeta entero?

El diario que Nikolái Vavílov llevó en su juventud y sus cartas personales nos ayudan a contestar a esta pregunta. Ingresó en 1906 en la Universidad de Moscú, y desde el primer curso atrajeron su atención la historia natural, el darwinismo, la diversidad, la herencia y la evolución de las plantas. Dedicaba mucho tiempo al trabajo experimental, estudiando cuestiones de alimentación e inmunidad de las plantas, familiarizándose con los principios de la selección. En una de sus cartas escribió: «*ha comenzado un nuevo ciclo: las observaciones estivales. Lo más preciado y necesario. Esperan en cola para ser observados cientos de vasos y mil parcelas de tierra con su descripción, su reflexión...*» Para la época en que terminó sus estudios, ya se había decidido: sería agrónomo, estudiaría las variedades de plantas cultivadas, su estudio y perfeccionamiento por medio de la selección, su cultivo y producción en las diversas zonas naturales y climáticas.

El primer viaje de N. Vavílov, que transcurrió durante sus años de estudio, tuvo como destino el Cáucaso. La excursión, cuyo objetivo era conocer la naturaleza de una región rica en flora, despertó en el alma del joven investigador el deseo de «ver el mundo». Le seguirían sus viajes a Irán, al Pamir, a Afganistán, a los países mediterráneos, a Abisinia y Eritrea, a América del Norte y del Sur, a Japón y China, junto con innumerables rincones de la Unión Soviética. En total, Vavílov visitó 50 países y dos territorios bajo mandato (Palestina y Transjordania) (Goncharóv, 2012). La comunidad científica internacional lo reconocía como un viajero excepcional. Por su expedición a Afganistán y al entonces desconocido Kafiristán fue galardonado con la medalla de la Sociedad Geográfica de la URSS que entonces se denominaba «Medalla al mérito geográfico».

No tuvo tiempo de escribir el libro dedicado a contar sus viajes tal y como quería. Muchas de sus ideas quedaron apenas señaladas en forma de pequeños fragmentos. Pero la filosofía que guiaba sus expediciones está reflejada de forma sucinta en las cartas que dirigió a su mujer, Yelena Barúlina, que fuera también su discípula, colega y aliada intelectual.*

* Las cartas dirigidas a Ye. Barúlina las citamos según Vishniakóva (2008).

De su expedición más prolongada por los países mediterráneos en 1926-1927 Vavílov escribió: «*Hago balance de las tierras mediterráneas...en general, el viaje ha sido exitoso. He recolectado una gran cantidad de material. Y también he avanzado en alguna cosa para la filosofía. Todavía muy poco; estoy tan lejos de abarcar el mundo, pero es necesario que lo haga. Es tarea para toda una vida. Y no hay nadie más que se dedique a ella*». Y, más adelante, desde otros países, con estilo telegráfico: «*...estoy estudiando Arabia...*», «*... Italia prácticamente visitada...*», «*...Siria visitada en parte ...*».

También a Yelena dirigió reflexiones desde otros países. *Siento que para* [entender] *la filosofía de las formas de vida, querida, todavía conozco poco los trópicos y subtrópicos*, escribió en 1930 de camino a Estados Unidos desde Inglaterra. Y tres meses después desde México: «*...para la filosofía de las formas vivas, querida, debo estar aquí y debo ver el mundo. Queda poco. Hoy he comprendido por lo que he visto en un solo día más que de todo lo leído en los libros...*».

Posteriormente estudió aquellas regiones del globo en las que esperaba recolectar el material vegetal más valioso. Una vez en casa, el estudio de las semillas y material de herbario que había recopilado le permitió publicar una serie de importantes trabajos, entre los que se encontraba ya en 1926 *Centros de origen de las plantas cultivadas*. Fue el primer experto mundial en señalar los centros de formación y concentración de la enorme diversidad de formas vegetales, es decir, las fuentes de los valiosos genes, necesarios para los trabajos de selección o directamente para su inserción en la agricultura. Vavílov supo ver que para un país tan extenso como la URSS, que ocupaba una sexta parte de las tierras emergidas, con una extremada diversidad de zonas climáticas y de suelos, se hacía imprescindible una enorme diversidad de cultivares adaptados a cada zona, y, al mismo tiempo, plantas muy productivas y un colosal material de partida para la selección. «*Cuando alguien precisa de material de partida para la selección, para la introducción en el cultivo de una especie u otra, no puede alejarse de la concepción de los centros geográficos de desarrollo de géneros y especies, pues la geografía de los cultivares, la diversidad de especies y géneros existe sin lugar a dudas, y constituye uno de los factores principales de la evolución*» (Vavílov, 1926).

Nikolái Vavílov, y posteriormente los colaboradores de su instituto, han recogido decenas de miles de muestras de plantas, completando la colección de los recursos genéticos mundiales creada por él en el instituto que dirigía. Dicha colección constituyó uno de los primeros y mayores bancos de germoplasma mundial de recursos vegetales. En este instituto, situado en San Petersburgo y conocido mundialmente como VIR o Instituto Vavílov, el material recibido era estudiado y sistematizado para identificar el mejor material para la mejora mediante selección o para su introducción directa en cultivo. Ya en 1940 el VIR había añadido 254 variedades a la producción agrícola del país (Vavílov, 1965).

El valor de la colección reunida por Vavílov gozó del reconocimiento de los especialistas ya en vida del científico. En 1935 uno de los agrónomos principales del país, el académico N. M. Tuláikov, le escribiría a Vavílov: «*a su energía infatigable e inagotable le debemos estos enormes avances que todavía no hemos aprendido a valorar o siquiera incluso comprender. Yo mismo, hasta este último viaje en compañía de usted, no había percibido y comprendido el tesoro de excepcional valor que usted ha aportado a nuestro país con sus viajes y con las colecciones que ha ido recopilando. Durante mucho tiempo juzgué que no se trataba más que de un afán de coleccionista, y no es hasta hace muy poco que he llegado a darme cuenta sin lugar a dudas de lo que significa para nosotros su trabajo*».*

Los modelos teóricos sobre la diversidad genética concentrada en su colección están representados en sus trabajos *Regularidades geográficas en la distribución de los genes de las plantas cultivadas* (1927), *La especie linneana como sistema* (1931) y en el enfoque botánico-geográfico creado por él (1962). Como científico, fue el primero en señalar que los tipos de plantas «...*en su evolución, en su desarrollo fuera de sus fuentes originales de diversidad, se han diferenciado en determinados grupos ecológico-geográficos*». Por ejemplo, las plantas cultivadas de los países del Mediterráneo occidental y meridional han estado sometidas a lo largo de muchos siglos a una selección exhaustiva, se han cultivado en suelos fértiles, en

---

* Carta dirigida por N. M. Tuláikov a N. I. Vavílov el 19 de febrero de 1935 (Sávina, 1995).

condiciones de clima templado, y en su mayor parte se caracterizan por su gran calibre, sus grandes frutos y semillas. En las condiciones de secano de los países del sur y el oeste del mar Mediterráneo pueden encontrarse plantas de ciclo corto adaptadas a la sequía y al calor. «*La diferenciación de los tipos en agro-ecológicos y geográficos ha dado lugar a muchos paralelismos no solo en sus caracteres morfológicos, sino también, y lo que es más importante, en relación a sus valiosas características fisiológicas, ecológicas y económicas... En gran medida, ahora ya sabemos dónde encontrar características particularmente valiosas, en qué regiones pueden hallarse formas resistentes a la sequía, dónde se concentran las formas especialmente productivas, de fruto o grano más grande... dónde buscar formas inmunes a las diversas afecciones por hongos... Para resolver en la práctica las tareas de selección que resultan más importantes para nuestro país debemos antes que nada conocer qué es lo que ofrecen todos los cultivos mundiales de interés práctico*» (Vavílov, 1962). Vavílov exigía a todos los colaboradores de su instituto que conocieran la diversidad de todos los cultivos mundiales. A raíz de esta exigencia, sus colegas acuñaron la consigna de: «*Un miembro del VIR debe estudiar el planeta entero*».

Este enfoque sistémico le permitió al propio Vavílov y a sus sucesores una búsqueda específica de formas para la selección. Como es sabido, la idea de la «búsqueda verde», es decir, la recolección de recursos genéticos, no le pertenece. Mucho antes científicos americanos, los «cazadores de plantas» del Instituto de horticultura del Departamento de Agricultura, habían comenzado la exploración del planeta con el objetivo de recolectar material valioso y susceptible de ser introducido en su país. Sin embargo, aquellos investigadores exploraban de manera especialmente exhaustiva las regiones de agricultura intensiva más desarrollada y los jardines botánicos, además de los trópicos y las islas tropicales con su exuberante vegetación (Fairchild, 1939). Vavílov organizó las expediciones de su instituto basándose en dos principios fundamentales. La teoría de los centros de origen y de la diferenciación ecológico-geográfica de las plantas aseguraba que la búsqueda de material valioso para la selección tendría un carácter fundamentado y bien dirigido. El significado de esta teoría no ha perdido actualidad en el presente, momento en el que estamos asistiendo a la desaparición de paisajes naturales y de los sistemas de agricultura primitiva. Conservar el germoplasma de la flora cultivada y silvestre no es posible sin el estudio de las regiones donde la diversidad de plantas cultivadas y sus parientes silvestres es mayor.

Entre 1932 y 1933 escribió desde América del Sur: «*Creo haber comprendido suficientemente la filosofía de las cordilleras para darles tarea para cien años a los seleccionadores de plantas... Pero es necesario escribir todo lo posible, un montón de libros, para darle tarea a la gente para mil años...*», «*Si todo sale bien, entonces habremos puesto en orden una parte del mundo más... Ahora la prioridad son la India y China. Y ya estará todo, el mundo entero*».

Llama la atención que Vavílov nunca mostrara interés en visitar Australia, seguramente sabiendo que este continente, repleto de flora única y diversa, no conoció la agricultura hasta la época moderna y que la flora cultivada no hizo allí su aparición hasta la llegada de los europeos. Sin embargo, en los Himalayas esperaba ver y conocer muchas cosas que le ayudaran a completar y generalizar la «filosofía de las formas vivas».

Mas, a fin de cuentas, la India y China fueron las dos únicas piezas que no consiguió colocar en el puzzle que había ido componiendo. No le dio tiempo a escribir mucho de lo que tenía planeado, pues su destino fue cercenado por la máquina de la represión estalinista. Vavílov fue arrestado durante una de sus expediciones: en los Cárpatos, en 1940. Fue acusado de «*actividades de espionaje-sabotaje por medio del boicot del potencial económico y de defensa de la URSS*»,* y recluido. En la cárcel escribió su obra fundamental, *Historia de la agricultura mundial*. Escribió de memoria: sin libros, sin diarios, sin mapas geográficos. Este trabajo no se ha conservado.

El 26 de enero [de 1943], N.I. Vavílov moría en la cárcel de Sarátov de inanición y de las complicaciones asociadas a ésta. Un hombre que había dedicado su vida al progreso de la humanidad, que perseguía el objetivo de nutrirla con alimentos de calidad,

* *El juicio del verdugo* (1999, pág. 265).

convertir las tierras de su país en fértiles campos, dehesas y jardines, había muerto de hambre.

Nos han quedado sus trabajos científicos, su instituto y el banco genético de recursos genéticos mundiales que este alberga. Y, lo que es más importante, nos ha quedado la filosofía de sus investigaciones, con su alcance histórico y planetario.

Bibliografía

[Para facilitar la búsqueda de las fuentes aportamos la fuente original seguida de su transcripción y la traducción del título al castellano.]

Вавилов Н. И. Очередные задачи сельскохозяйственного растениеводства: (Растительные богатства земли и их использование) // Труды по прикладной ботанике и селекции. 1925. Т. 14, вып. 5. С. 1-17.

Vavílov, N. I. 1925. Ocherednye zadachi sel'skojoziaistvennogo rastenievodstva: (Rastitel'nye bogatstva zemli i ij ispol'zovanie) *[Tareas pendientes de la horticultura agrícola: (Riqueza vegetal de la tierra y su utilización)]*. Trudy po prikladnoi botanike i selektsii **14** (5): 1-17.

——. Центры происхождения культурных растений // Тр. по прикл. ботан. и селекции. 1926. Т. 16. № 2. 248 с.

——. 1926. Tsentry proisjozhdenia kul'turnyj rastenii *[Centros de origen de las plantas cultivadas]*. Tr. po prikl. botan. i selektsii **16**. (2): 248 pp.

——. Географические закономерности в распределении генов культурных растений // Природа. 1927. № 10, с. 763-774.

——. 1927. Geograficheskie zakonomernosti v raspredelenii genov kul'turnyj rastenii *[Regularidades geográficas en la distribución de los genes de las plantas cultivadas]*. Priroda **10**: 763-774.

——. Линнеевский вид как система. М.-Л., Сельхозгиз, 1931, 32 с.

——. 1931. Linneevskii vid kak sistema. *[La especie linneana como sistema]*. 32 pp. Moscú-Leningrado: Sel'hozgiz.

——. Проблема северного земледелия. В кн. Труды Ноябрьской сессии Академии наук СССР 25—30/XI 1931 г. Л., АН СССР. 1932. С. 250-264.

——. 1932. Problema severnogo zemledeliya *[El problema de la agricultura septentrional]*. En: Trudy Nojabr'skoi sessii Akademii nauk SSSR 25—30/XI 1931. Pp. 250-264. Leningrado: AN SSSR.

——. Новая систематика культурных растений. Избранные труды. Т. 3. М.-Л., АН СССР. 1962. С. 492—503.
——. 1962. Novaya sistematika kul'turnyj rastenii *[Nueva sistematización de las plantas cultivadas]*. Izbrannye trudy, vol. 3: 492-503. Moscú-Leningrado: AN SSSR.

——. Учение о происхождении культурных растений после Дарвина. Избранные труды. Т. 5. М.-Л., «Наука». 1965. С. 157-176.
——. 1965. Uchenie o proisjozhdenii kul'turnyj rastenii posle Darvina. *[Estudios sobre el origen de las plantas cultivadas después de Darwin]*. Izbrannye trudy, vol. 5: 157-176. Moscú-Leningrado: Nauka.

Вишнякова М. А. "Милая и прекрасная Леночка..." Елена Барулина - жена и соратница Николая Вавилова. СПб. «Серебряный век». 2007. 152 с.
Vishniakova, M. A. 2007. "Milaya i prekrasnaya Lenochka..." Elena Barúlina - zhena i soratnitsa Nikolaya Vavílova *["Querida y bella Lena..." Yelena Barúlina, mujer y compañera de Nikolái Vavílov]*. 152 pp. San Petersburgo: Serebryanyi vek.

——, **Клычкова Т. М.** Екатерина Сахарова: жизнь на орбите Николая Вавилова. СПб. «Серебряный век». 2012. 208 с.
—— y T. M. Klychkova, 2012. Ekaterina Sajarova: zhizn' na orbite Nikolaya Vavílova *[Yekaterina Sajárova: una vida en torno a Nikolái Vavílov]*. 208 pp. San Petersburgo: Serebryanyi vek.

Гончаров Н. П. Экспедиции Н.И.Вавилова // Вавиловский журнал генетики и селекции. 2012. Т. 16. № 3. С. 560-577.
Goncharov, N. P. 2012. Ekspedicii N.I.Vavílova *[Las expediciones de N. I. Vavílov]*. Vavílovskii zhurnal genetiki i selektsii **16** (3): 560-577.

Савина Г. А. Чистые линии (В. И. Вернадский о Н. И. Вавилове) // Трагические судьбы: репрессированные учёные Академии наук СССР. М.: Наука, 1995. С. 7-45.
Sávina, G. A. 1995. Chistye linii (V. I. Vernadskij o N. I. Vavílove) *[Progenie pura (V. I. Vernadski escribe sobre N. I. Vavílov)]*. Tragicheskie sud'by: repressirovannye uchonye Akademii nauk SSSR. Pp. 7-45. Moscú: Nauka.

Суд палача. Николай Вавилов в застенках НКВД. Биографический очерк. Документы. / Составители: **Я.Г. Рокитянский, Ю.Н. Вавилов, В.А. Гончаров.** Изд. 2. М.: Academi, 2000. 552 с.

Rokitjanskij, Ya. G., Yu. N. Vavílov, y V. A. Goncharov, (recopiladores). 2000. Sud palacha. Nikolai Vavílov v zastenkah NKVD. Biograficheskii ocherk. Dokumenty *[El juicio del verdugo. Nikolai Vavílov entre los muros de la NKVD. Semblanza biográfica. Documentos]*. 552 pp. 2ª ed. Moscú: Academi.

Fairchild, D. 1939. The world was my garden: Travels of a plant explorer. 495 pp. New York.

Prólogo de la edición de 1962

El autor de este libro es el académico Nikolái Ivánovich Vavílov. Vavílov fue un científico reconocido internacionalmente y polifacético, pues, además de agrónomo, fue botánico y horticultor, genetista y teórico de la selección natural, excelente geógrafo, viajero explorador capaz de organizar espléndidas y complejas expediciones a lugares remotos, una personalidad de importancia en los ámbitos social y estatal.

N. I. Vavílov nació en Moscú el 26 de noviembre de 1887. Tras finalizar sus estudios en el Instituto Agrícola de Moscú (actualmente, academia K. A. Timiryázev) siguió allí sus estudios para prepararse para el cargo de profesor. Entre 1917 y 1921 fue profesor de la Facultad de Ciencias Agrónomas de la universidad de Sarátov. Más tarde fue nombrado director del Departamento de Botánica Aplicada del comité científico de Leningrado. Este departamento fue reconvertido en 1924 en el Instituto de Botánica Aplicada y Nuevos Cultivos y, posteriormente, renombrado como Instituto Soviético de Agronomía (VIR).* N. I. Vavílov ostentó también el cargo de director del Instituto Estatal de Agronomía Práctica (1923-1929) y del Instituto de Genética de la Academia de Ciencias de la URSS (1930-1940). En el periodo comprendido entre 1929 y 1935 fue presidente de la Academia Rusa de Ciencias Agronómicas V. I. Lenin, y entre 1935 y 1940, su vicepresidente. De 1931 a 1940, N. I. Vavílov fue presidente de la Sociedad Geográfica de la URSS.

* Siglas rusas, ВИР, por Всесоюзный институт растениеводства.

Por sus trabajos sobre geografía de las plantas y por sus investigaciones sobre el origen de las plantas cultivadas y su inmunidad, N. I. Vavílov fue uno de los primeros científicos en recibir el Premio Lenin. Por su expedición a Afganistán, la Sociedad Geográfica de la URSS le concedió la medalla de oro N. M. Przhevalski. Los trabajos de Vavílov en el campo de la geografía botánica le granjearon medallas de oro otorgadas por academias de otros países.

N. I. Vavílov fue elegido miembro de la Royal Society de Londres (Academia Inglesa de Ciencias), miembro de la Sociedad Real de Edimburgo (Academia Escocesa de Ciencias), académico correspondiente de la Academia de Ciencias de Gales, miembro honorífico de la Academia India de Ciencias, académico correspondiente de la Academia Checoslovaca de Ciencias Agrarias, miembro honorífico de la Sociedad Botánica Americana, de la Sociedad de Jardinería de Londres, miembro de la Sociedad Geográfica de Nueva York, miembro honorífico de la Asociación Británica de Biólogos y de muchas otras organizaciones científicas. Se le concedió el título de doctor por las universidades de Brno y de Sofía. El nombre de Vavílov aparece en el marco de honor de la portada de la revista *Heredity (Herencia)* junto a los nombres de Darwin, Linneo y otros corifeos de la ciencia. N. I. Vavílov fue elegido por sus colegas presidente y vicepresidente de congresos académicos en todo el mundo.

Entre 1926 y 1935, N. I. Vavílov fue miembro del Comité Ejecutivo Central de la Unión Soviética. Además, fue elegido en más de una ocasión miembro del Comité Ejecutivo Central Pansoviético (VtsIK) y miembro del Consejo de Diputados de los Trabajadores de Leningrado.

En la persona de Nikolái Ivánovich Vavílov confluían felizmente un enorme talento, una energía inagotable, una capacidad de trabajo excepcional, una magnífica salud física y un encanto personal poco frecuente. En ocasiones parecía que la energía creativa que desprendía afectaba a las personas que le rodeaban, les inspiraba, haciendo que brotaran nuevas ideas. Bastaba una entrevista con Nikolái Ivánovich para tener inspiración para todo un mes. Su manejo del inglés, francés y alemán y sus conocimientos de español e italiano le permitían estar siempre al tanto de las últimas novedades de la literatura científica mundial.

Recibía los trabajos recién publicados de primera mano de sus propios autores, los más importantes científicos del mundo.

Nikolái Ivánovich trabajaba mucho y con ahínco. A menudo, sus jornadas de trabajo se prolongaban durante 14 o 16 horas. No destinaba al descanso los días libres ni disfrutaba de las vacaciones que le correspondían a todo ciudadano soviético. Ocupado como estaba en su labor, emplazaba a los científicos que querían solicitar ayuda o consejos a visitarle en su propio piso, y a veces fijaba las citas para las 11 o 12 de la noche para estar a las 9 de nuevo, como siempre, en su puesto. Los días libres los pasaba a menudo en terrenos de prácticas, entre las colecciones de plantas cultivadas recopiladas por él mismo, en invernaderos o laboratorios, y en sus vacaciones recorría los centros científicos agrícolas del país, se entrevistaba con científicos de las más variadas especialidades, discutía con ellos los últimos resultados de sus investigaciones. Nikolái Vavílov visitaba también los campos de cultivo de los *kovjozes* y *sovjozes*, prestando con sus preciados consejos una inestimable ayuda a los agrónomos, presidentes de *koljozes* y otros trabajadores agrícolas. En todas partes se le recibía como a huésped deseado y esperado. A estos viajes se dirigía normalmente en un coche que conducía a turnos con su chófer. Le acompañaban un fotógrafo y una estenografista. A la vuelta de estos viajes, el análisis de los materiales solía llevar varios meses.

A fin de estudiar los recursos agrícolas, Vavílov organizó numerosas expediciones por la URSS y por otros países. Las expediciones llevadas a cabo, bien personalmente por el científico, bien por colaboradores del Instituto Soviético de Agricultura siguiendo sus indicaciones, abarcaron Mongolia, Afganistán, Asia Menor, Irán, España, Portugal, Italia, Grecia, Argelia, Túnez, Marruecos, Chipre, Cerdeña, Sicilia, Siria, Palestina, Transjordania, Egipto.* A pesar de las enormes dificultades encontradas, las expediciones de Vavílov a Etiopía, Somalia y Eritrea culminaron con éxito.

* Los países aquí enumerados se citan con los nombres del mapa político de la época. [N. ed. 1962]

En Asia se consiguió una gran cantidad de material sobre la difusión y composición de la flora cultivada, se recogieron ricas colecciones de semillas en el Japón, Corea, en China (en Taiwán y en la China occidental). En menor medida se estudiaron la India septentrional, Java y Ceilán.

En el Nuevo Mundo, las expediciones organizadas por Vavílov estudiaron en profundidad la flora cultivada de México y de los países de América Central, y en América del Sur, Chile, el Perú, Colombia, Bolivia y el Brasil. Se cubrieron con menos detalle de investigación Canadá, los Estados Unidos y la Argentina. Se organizó una serie de expediciones a los países escandinavos y de Europa Central y se estudiaron con especial detalle el Cáucaso y Asia Interior. Nikolái Vavílov estaba perdidamente enamorado del Cáucaso, adonde viajaba a menudo y recogía material de distintos cultivos y de sus parientes silvestres.

Como resultado del trabajo de estas expediciones, el material recolectado sobre plantas cultivadas del que pudo disponer la Unión Soviética fue más completo y valioso que el de otros estados. Las colecciones recogidas en las distintas expediciones se conservan, multiplican y aumentan en el Instituto de Investigación en Industria Vegetal y sirven como material de partida de los experimentos de selección para el cultivo de nuevas variedades en la URSS.

Vavílov organizó el estudio interdisciplinar de las plantas cultivadas para su aplicación en las distintas condiciones climáticas de la Unión Soviética. Se establecieron los llamados «ensayos geográficos» en 115 localidades, que dieron resultados extraordinarios para la ciencia y para la práctica.

La organización de los trabajos científicos y de investigación en el Instituto de Investigación en Industria Vegetal, al frente del cual estuvo Vavílov durante casi 20 años, resulta extremadamente instructiva. El VIR se convirtió en una de las instituciones científicas más importantes del país. En el instituto trabajaban varios académicos, varias decenas de doctores, catedráticos y doctorandos. Entre ellos se encontraban científicos de renombre mundial que crearon escuela en sus distintas especialidades: agrónomos, botánicos, horticultores, genetistas, citólogos, expertos en anatomía, fisiólogos, mejoradores, bioquímicos, entomólogos, fitopatólogos, agroclimatólogos, geógrafos. El Instituto centraba la labor de todos estos profesionales en torno a un único problema, el estudio de los recursos cultivados mundiales, que luego se dividía en subtemas. La base teórica de todas estas investigaciones la constituía la teoría de N. I. Vavílov sobre los centros de origen de las plantas cultivadas. Las numerosas filiales, departamentos y laboratorios del Instituto se especializaban en partes concretas de este trabajo común, muchas de las cuales supusieron una monumental aportación a la ciencia. Las investigaciones de unos las completaban las de los otros, de manera que se pudiera dar respuesta a la colosal pregunta de investigación planteada. Cada uno de los colaboradores del Instituto, desde los técnicos de laboratorio hasta los académicos, consideraban un gran honor cumplir con las tareas encomendadas por Vavílov. En los grupos de investigación amplios y multidisciplinares no es raro que surjan fuerzas centrípetas. Nikolái Vavílov era, en este caso, como un imán que permitía concentrar los esfuerzos, coordinados por él, en la resolución de los problemas.

A pesar de su alta posición, Nikolái Vavílov era una persona muy sencilla y accesible. Se apresuraba a ser el primero en saludar, tendiendo la mano o dejando caer un comentario ocurrente, a cada uno de los colaboradores que se encontrara, ya fuera un académico o una encargada de la limpieza.

Nikolái Vavílov era un gran patriota, y contagiaba a sus colaboradores su amor a la patria; su participación en encuentros internacionales y expediciones hacía crecer indudablemente la autoridad de la ciencia rusa y afianzaba el prestigio del País de los Sóviets.

Siendo uno de los más importantes científicos soviéticos, cayó víctima de acusaciones infundadas durante el periodo del culto a la personalidad. Fue arrestado en Ucrania occidental, durante su trabajo en una expedición dirigida por él mismo, en Chernivtsi, el 6 de agosto de 1940. Murió el 26 de enero de 1943.

El legado de Vavílov está compuesto por cerca de 350 artículos y monografías publicadas en distintos países del mundo.

El libro que ofrecemos al lector, *Cinco continentes*, no fue concluido por su autor y parte de su manuscrito se ha perdido. La conservación de gran parte de este libro se la debemos a A. S. Míshina, por lo que le estamos altamente agradecidos. Míshina trabajó como mecanógrafa-estenografista del científico entre 1938 y 1940, y supo proteger los capítulos del manuscrito de *Cinco continentes* que estuvieron bajo su custodia durante los difíciles años de la guerra y la evacuación.

Como se puede deducir del plan pormenorizado del libro que se ha conservado, el autor lo concibió en dos partes. La primera estaba dedicada a las expediciones realizadas a los países del Viejo Mundo, y la segunda, al Nuevo Mundo.

Para tener una idea de los capítulos de la primera parte que se perdieron o que no llegaron a escribirse traemos aquí el plan concebido por el autor.

PRIMERA PARTE. Viajes por Italia

Tres viajes

Mapa de división en regiones agrónomas de Italia

El excelente trabajo de Azzi *El clima del trigo*

Lombardía

Italia central y alpina

La Italia de la costa mediterránea

Apulia, Catania y Sicilia

Encuesta agronómica, sus resultados

Valle de Lombardía

En la patria de Virgilio: Mantua

Campos de arroz

Particularidades climáticas de Lombardía

Venecia

Una visita a Reggio

El interior montañoso de Italia, su roturación

La vid casada con un olmo

Campos y jardines

Umbría

Florencia

Leonardo da Vinci, Rafael, Miguel Ángel

La fuerza del genio

Romain Rolland sobre Miguel Ángel
El museo colonial de Florencia y su herbario
Los botánicos Fiori y Pampanini
Roma eterna
La batalla por el trigo
El instituto internacional romano
El Ministerio de las Colonias
Viaje por Umbría con Azzi
El monasterio de San Francisco
Viaje a Herculano y las ruinas de Pompeya
Reliquias agrónomas
Nápoles
Los trabajos de Comes
Historia de la horticultura
Savastano
El agrónomo Bonelli
En la falda del Etna
En la patria del lino y el altramuz
Híbridos de trigo
La guerra contra la sequía
El granero de Roma
La agricultura a la manera de Virgilio
Viaje a una hacienda en Sicilia
Un jardín de Palermo
Cerdeña
El reino del trigo duro
La estricta moral italiana
La filosofía de Italia

Portugal

La fórmula geográfica de Portugal
El papel histórico de Portugal
Los viajes de Vasco de Gama
La cerámica portuguesa
El internacionalismo portugués
Principales zonas de Portugal
El sur del mediterráneo
La costa húmeda de Portugal
La nobleza portuguesa
Regalos de empresas
El jardín botánico portugués
El museo colonial de Lisboa
Relictos
Regiones montañosas del norte
Castaños
El Instituto Agrícola de Lisboa
Hallazgos de Portugal
El mimetismo de los cereales
La diversidad de trigo en Portugal
Las almortas portuguesas
Bosques de corcho
Una corta filosofía de Portugal

Viaje por Baviera

Historia de la agricultura en la Europa central
Las hipérboles de los pangermanistas
La agricultura tripiliana
Antiguas parcelas de cultivo en montaña
Las montañas del sur de Alemania
Palafitos
Las investigaciones de Heer
El reino de la espelta
Trigo carraón y escaña
En las montañas de Wurttemberg
Los antepasados de las peras
Selección de los campesinos
Relictos
Principales grupos de relictos montañosos
Los Cárpatos
Las montañas del sur de Alemania
Los Alpes y los Pirineos

Viaje por Dinamarca

Clases magistrales de la Sociedad Botánica de Copenhague
Los cuentos de Andersen
Jutlandia
El país del brezal
La agricultura del futuro
Avance de la agricultura hacia el norte

Viaje por Europa occidental

Alemania
Francia
Holanda
Inglaterra

El Cáucaso

Filosofía del Cáucaso
Breve nota histórica
Población
Endemismos
Flora silvestre y cultivada
Plantas
Esquema ecológico del Cáucaso
Cuna del trigo, el centeno, la uva y muchas frutas

Lenkorán
Daguestán
Las montañas de Armenia
Karabaj
Georgia
Osetia
Condiciones del viaje
Misterios desentrañados

Conclusiones
a la primera parte del libro *Cinco continentes*

Lo viejo y lo nuevo
En las fuentes y en la periferia
El sinuoso camino de la evolución
La heterogeneidad de las formas
La unidad del proceso evolutivo
La deriva de la agricultura hacia el norte
Etapas de desarrollo
Enormes espacios
El Viejo Mundo como cuna de la humanidad

De la segunda parte del manuscrito, que refiere los viajes de N. I. Vavílov por los países del Nuevo Mundo, solo se ha encontrado el capítulo «Viaje a Brasil». El autor la había planificado como sigue:

Nuevo Mundo
Estados Unidos de América

Washington
El Ministerio de Agricultura
La Oficina de Introducción de Plantas
Nueva York
El Jardín Botánico
Estaciones evolutivas
Viaje a estaciones de experimentación
Recibidos por el presidente de la universidad de Arizona
Viaje a territorio indio
El parque de Yellowstone
Viajes con Wilson
Kansas
El estado de Colorado
Tejas

California y Florida

Las siete maravillas del mundo
Plantaciones de guayule
Conferencias en California
Las universidades de California
El Instituto de Alimentación de Stanford
Entre los gigantes del mundo de las plantas
Florida
Gainesville
Miami
Visitando a Edison
En la cuna de la calabaza
El crótalo
El paisaje de Florida
Visitando al doctor Fairchild

Viaje por el Canadá

Manitoba
Ottawa
Winnipeg
Alberta
Grandes logros de la selección de plantas
La terquedad americana
Paisajes rusos en el Canadá
Los dujobores
Los recursos del Canadá
En Lethbirdge

Viaje por México

En la patria de los mayas
La filosofía de México
Breve estudio geográfico
Cosechas de guayule
Organización de expediciones en busca de guayule
La cuna del maíz
Restos de la civilización de los mayas

Viaje a la península del Yucatán

Chichén-Itzá
Las ruinas
Una parada en Mérida
Flora y fauna

Viaje a Guatemala

El país de los volcanes
Los restos de una gran cultura
La fuente más grande del mundo
Mapa de Guatemala
La frontera entre México y Guatemala
Influencia alemana

Viaje a Honduras

La Honduras británica
Visitando al doctor Popenoe
El bosque tropical
La cuna de las frutas
El reino del plátano
La Flota Blanca

Viaje a las repúblicas de América Central (Salvador, Costa Rica, Nicaragua, Panamá)

La lucha contra la malaria
La historia del Canal de Panamá
Los bosques tropicales
Jardines de plantas introducidas

Viaje en aeroplano por la América meridional

La ruta
Condiciones del viaje
Tipos de aeroplano
Paradas
La mejor ruta del viaje

Perú y Bolivia

Lima, capital del Perú
Museo Arqueológico
Guano
El Dorado de los arqueólogos
Cuzco
Arecana
La tierra de origen de la patata
Una civilización megalítica
En busca del quino
El lago Titicaca
Los endemismos de Bolivia y del Perú
Llamas y alpacas
El desierto de Atacama

Chile

Antofagasta
La atención prestada a un viajero soviético
Los depósitos de nitrato de Chile
Santiago
Una manifestación estudiantil
Viajando al sur
La isla de Chiloé
Vuelo de Santiago a la Argentina

Viaje por la Argentina

La Pampa
Recursos agrícolas de Argentina
Producción de trigo
Compañeros de viaje
Mecanización de la agricultura
La crisis de la agricultura argentina
Mataderos
Buenos Aires

República del Uruguay

El Dr. Boerger
La historia del trigo
El té uruguayo
Antiguas costumbres del Uruguay
En coche

Viaje por el Brasil

El sur de Brasil
La influencia alemana
Pernambuco
Río de Janeiro
El jardín botánico
Las palmeras reales
Plantaciones de azúcar y plátanos
Recursos para el cultivo de arroz
El doctor Franco
El reino del café y su tragedia
El estado de Sao Paulo
La composición de los cultivos
El monopolio de café
Los mega-higrotrópicos
La vegetación tropical y sus particularidades
El mundo animal
Las investigaciones de Wallace
El reino del cacao
Viaje por el Amazonas
El país de los cocodrilos
Una cena y su menú
Historia de las plantaciones de Ford
Volando sobre la Guyana francesa, inglesa y holandesa

Isla Trinidad

Visitando al doctor Harland
El mundo de los trópicos
Parada en la isla de San Vicente

La isla de Cuba y su tragedia

Profesores indigentes
Los jesuitas
Puros habanos
El país de los ágaves
Historia de la caña de azúcar
Jardines de plantas introducidas
Cienfuegos
La isla de Puerto Rico
Semilleros de introducción de plantas
Vuelo a Miami

CONCLUSIONES DEL LIBRO

Investigaciones de nuestros colaboradores
Expediciones a Turquía, la India, Ceilán y Java
Geografía de la diversidad de especies
Fuentes de riqueza de variedades
Teoría de introducción de plantas
Filosofía general de la agricultura mundial
Origen de las plantas cultivadas
Resultados prácticos
Tareas para el futuro
Investigaciones orientativas

Para compensar en algo la parte del trabajo que se ha perdido, adjuntamos al final del libro, en una versión un tanto acortada, el artículo de Vavílov *Por América del norte y del sur*, publicado en el periódico *Izvestia* el 29 de marzo de 1933. Este texto constituye el informe presentado por Vavílov para justificar ante las autoridades correspondientes sus viajes por América septentrional y meridional, por lo que no fue concebido como parte del libro *Cinco continentes*.

La pérdida de algunas partes del manuscrito no afecta al gran valor que posee este trabajo de Nikolái Ivánovich Vavílov. Caracterizado por su viva y accesible exposición, el libro no deja de ser rico en contenidos. El lector hallará en él información de gran interés, y no solo sobre la geografía de los cultivos, sino también descripciones del paisaje y de las ciudades, observaciones sobre las formas de vida de la población local, información sobre el estado de la agricultura y la ciencia de la horticultura en distintos países, episodios curiosos durante los encuentros con científicos extranjeros y autoridades estatales.

La diversidad y riqueza de su contenido convierten a *Cinco continentes* en un libro atractivo tanto para el geógrafo especialista como para los trabajadores de la agricultura y el público en general.

Todas las descripciones de viajes se han mantenido en la manera en la que los redactó el autor en 1940. El equipo de redacción del libro ha encontrado adecuado no comentar los cambios sufridos en el mapa político del mundo y en la vida económica y política de los países que han tenido lugar desde el momento en que el científico realizó sus viajes. El lector deberá tenerlo en cuenta, máxime cuando se trata de nombres de estados, número de habitantes, situación de unos u otros países, usos y costumbres de la población, etcétera. Se han añadido comentarios en algunos casos muy concretos, como es la concreción al transcribir nombres geográficos. En ese caso, los nombres de los puntos habitados en la actualidad se dan entre corchetes.

El volumen está ilustrado con las fotografías originales de las expediciones, tomadas en su mayor parte por el propio Nikolái Ivánovich Vavílov.

★ ★ ★

Introducción

En 1938 vio la luz un libro del mayor interés escrito por nuestro amigo David Fairchild, quien durante mucho tiempo ha sido el coordinador de la organización americana encargada de la introducción de nuevas semillas y plantas en el Departamento de Agricultura. En este libro, titulado *El mundo era mi jardín (The world was my garden)*, Fairchild da cuenta de sus viajes por todo el globo y del enorme trabajo de recolección de variedades de plantas realizado. Al mismo tiempo, describe el uso que los Estados Unidos han hecho de los recursos mundiales para beneficio del país. El punto fuerte de los Estados Unidos es la enorme envergadura del trabajo realizado y su capacidad de seleccionar lo mejor de todo el planeta. Fairchild, Carleton, Hansen, Meyer, Westover, Harlan, Swingle y otros investigadores de los recursos agrícolas cruzaron varias veces el mundo en todas direcciones en busca de las mejores plantas, las mejores variedades. La aparición del libro de Fairchild permite comparar los planteamientos utilizados para la introducción en Estados Unidos y en la URSS.

De la experiencia americana de introducción de plantas se puede aprender mucho, pero está absolutamente claro que esta no estuvo respaldada por la concepción fundamental que debe motivar este tipo de búsqueda: la idea de la geografía botánica, la idea de la evolución en el mundo vegetal, de la sucesión de etapas, de la variación en el espacio y en el tiempo inherente a las plantas cultivadas y a las silvestres. Nuestras expediciones y viajes, por el contrario, estaban encaminadas a obtener conocimientos sobre el origen de las plantas cultivadas y su evolución, y se desarrollaban las rutas y recogían las muestras en consecuencia. Al comparar los trabajos llevados a cabo en los Estados Unidos y en la URSS observamos que el eclecticismo exitoso de las investigaciones americanas es opuesto al estudio botánico sistemático de los centros de origen inicial de las especies y de las subsiguientes etapas de difusión de las plantas cultivadas realizado por nosotros.

En nuestro país, es en la época soviética cuando se ha empezado a organizar de manera correcta la introducción de plantas. Cierto es que en los años 90 del siglo pasado la gran expedición organizada por el Departamento de Administración de las Tierras Imperiales,* encabezada por el profesor A. N. Krasnov y el agrónomo I. N. Klingen, emprendió la primera investigación de los recursos subtropicales. Sin embargo, el objetivo principal de la expedición era conocer el cultivo del té y obtener semillas del mismo. Los frutos de esta primera introducción siguen siendo utilizados por la nación soviética en sus zonas húmedas subtropicales. Sin embargo, hasta no hace mucho tiempo seguíamos sirviendo de proveedores de plantas al Nuevo Mundo, que ha tomado una gran cantidad de préstamos de nuestro país. La riqueza de los campos de Canadá y de los Estados Unidos se debe en gran parte a nuestros cereales. En los jardines del Canadá prácticamente todas las variedades de peras y manzanas provienen de Rusia.

Desde los primeros años de nuestras investigaciones en el terreno de la agronomía, se nos hizo completamente evidente la necesidad de un acercamiento amplio a la movilización de los recursos cultivables en general y su utilización correcta para mejorar los cultivos y especies existentes. Las investigaciones en el campo de la inmunidad de las especies a las enfermedades nos obligaron a experimentar con una gran serie de modelos procedentes de distintos países del mundo. Pronto advertimos el carácter fortuito de las colecciones europeas y la ausencia de una idea de base en la recopilación del material. De ahí la necesidad de estudiar los recursos vegetales del planeta y cómo estos han evolucionado divergiendo con respecto a las fuentes originales.

* Institución estatal del Imperio Ruso (1797-1917) dedicada a la administración de las propiedades de la familia real.

La primera y modesta expedición del autor a Irán en 1916 condujo al descubrimiento de una multitud de tipos de trigo y centeno. Se nos hizo completamente evidente que los recursos vegetales de la Tierra, incluso en el caso de los cultivos más importantes, se mantienen vírgenes, y que es preciso proceder a estudiarlos en sus lugares de origen.

Para mejorar los tipos de plantas cultivables es necesario contar con un «material de construcción», disponer de especies, de variedades primigenias y utilizarlas en las regiones correspondientes directamente para el cultivo, o extraer de ellas las cualidades más valiosas por medio de cruzamientos.

En el transcurso de las últimas décadas* las investigaciones llevadas a cabo personalmente por quien esto escribe han abarcado una parte considerable del territorio del planeta. La inmensa mayoría de las plantas cultivadas tienen su origen en Asia, el sur de Europa, África, América del norte y del sur. Australia es el único continente que no conoció la agricultura hasta la edad moderna. Muchas de las especies valiosas que extraemos en la actualidad de Australia y Nueva Zelanda se han ido introduciendo en el cultivo tras ser seleccionadas de entre la rica flora silvestre de la región australiana. Este es el caso de eucaliptos, acacias, casuarinas, lino neozelandés, verónicas arbóreas ornamentales y otras plantas australianas.

A diferencia de los americanos, a nosotros nos interesaban de manera prioritaria las plantas de las zonas templadas. Por desgracia, las enormes riquezas en plantas de Asia meridional, el África tropical, América central y el Brasil pueden ser utilizadas de manera muy limitada en nuestro país. Los subtrópicos soviéticos son más severos que Sudáfrica, Puerto Rico, las islas Hawai y Filipinas, motivo por el que dirigimos nuestros esfuerzos a mejorar el trigo, la cebada, la avena, el lino y las leguminosas de grano, que constituyen la base de nuestra agricultura. El plan de búsqueda fue elaborado en consecuencia. Con la tesis de la evolución como andamiaje, nos centramos sobre todo en la formación primitiva de las especies y en el rastreo de su curso de expansión, abarcando en lo

* 1919–1939 [N. ed. 1962]

posible la evolución de cada especie. Nos interesaba no solo el lugar de origen de las plantas cultivadas, que a menudo coincidía con zonas montañosas. Había que saber, además, qué se cultivaba en la Argentina, los Estados Unidos, el Canadá y los países occidentales. De ahí que las expediciones abarcaran los cinco continentes.

Además de nosotros, en las expediciones tomaron parte una serie de investigadores del Instituto de Investigación en Industria Vegetal que desarrollaron importantes trabajos. En concreto, dio unos magníficos resultados la larga expedición de S. M. Bukásov y S. V. Yuzepchuk a México y América Central destinada a estudiar la patata, el maíz y el algodón, así como la expedición de V. V. Markóvich a la India, Ceilán y Java y la de Ye. N. Sínskaia a Japón.

En definitiva, las expediciones cubrieron prácticamente todas las regiones agrícolas principales del planeta, y se recopiló una enorme cantidad de material que nada tiene que envidiar, en cantidad y en calidad, al material recopilado por nuestros colegas de los Estados Unidos. Las rutas del doctor Fairchild y las nuestras coinciden en parte. Él estaba más interesado en los trópicos y las islas tropicales con su rica expresión vegetal. Por la lógica de nuestras investigaciones, hubimos de prestar más atención de manera primordial a países más montañosos y con clima más severo, muchas veces colindantes con desiertos, y a desiertos o semidesiertos en cuyos oasis se pueden observar a menudo los resultados de la laboriosa tarea llevada a cabo por los agricultores.

Nos alejaremos aquí del habitual relato cronológico del viajero que va visitando un país tras otro. Este alejamiento está motivado por el largo espacio de tiempo, la gran cantidad de países, el inevitable eclecticismo en el sentido de la correlación y las dificultades que encontró este investigador soviético para acceder a una serie de países. Por este motivo, nos pareció más correcto para el interés del lector, para la asimilación de las conclusiones a las que llegamos y el conocimiento de los países no seguir un orden cronológico, sino aunar los territorios por su semejanza.

En cada uno de los países fuimos muy ambiciosos, aspirando a comprender el «alma agrícola» del país, sus condiciones, aprehender la composición de especies y la composición varietal, extraer lo más necesario y ver en su conjunto la información que teníamos de este país con respecto a la evolución de la agricultura mundial, del cultivo de plantas de todo el planeta. La literatura científica dedicada a la geografía es muy extensa, pero cada uno de nosotros ve algo distinto en función del filtro que aplique a los hechos y del objetivo de su investigación. El deseo del autor ha sido el de dar al lector la posibilidad de recorrer junto a él enormes territorios de las regiones del planeta que son de interés por el hecho de que en ellas tuvo su principio, se creó y se sigue creando cultura agrícola. Donde nos ha sido posible, documentamos lo que hemos visto con fotografías o dibujos. La enorme cantidad de material recogido por las expediciones soviéticas se encuentra ya en parte sembrada en los campos soviéticos, en parte está siendo objeto de estudio en las estaciones de selección, y en parte ha servido para ayudarnos a comprender la evolución de los cultivos, la evolución de la agricultura mundial. El autor ha tratado de aunar aspectos difícilmente aunables: la geografía, la botánica, la agronomía y la historia cultural, siendo plenamente consciente de que queda por hacer mucho más de lo que ya se ha hecho. Cuanto más profunda y vastamente recoja el investigador los hechos, tanto más inabarcable será el océano de trabajo que queda por delante, tanto analítico como sintético.

N. I. Vavílov
30 de marzo de 1939

N. I. Vavílov, en una expedición por el Cáucaso

PRINCIPAL IDEA MOTIVADORA DE LAS EXPEDICIONES

En la conferencia titulada *Conclusiones tras un siglo de fisiología vegetal*, enunciada en la Universidad de Moscú en 1901, Kliment Timiryázev afirmó: «*En la vida consigue éxitos aquel que se propone realizar grandes tareas y avanza paso a paso sin dejar de comprobar lo andado, parándose de tanto en tanto a mirar atrás y hacer balance de lo que se ha hecho y lo que resta por hacer*».

La envergadura del proyecto que se había propuesto llevar a cabo el equipo científico del Instituto de Investigación en Industria Vegetal hacía especialmente importante dicha planificación por etapas. Sobre todo era imprescindible encontrar una justificación científica a la propia idea de la movilización de los recursos vegetales y organizar el trabajo de búsqueda encaminado a abarcar las riquezas vegetales de nuestro planeta.

El total de la flora mundial de angiospermas estudiadas por los botánicos se calcula en unos 200 000 tipos. Esta cifra dista de ser completa, ya que muchas regiones montañosas de Asia meridional, América Central y de África no han sido aún convenientemente estudiadas. Sin embargo, la cifra sí permite hacerse una idea de lo exuberante de la flora terrestre.

Uno de los presupuestos más importantes de la geografía botánica lo constituye el hecho de que la diversidad de especies está distribuida de manera desigual. Algunos territorios del globo se caracterizan por una riqueza excepcional de especies. Casi una tercera parte de la diversidad se encuentra concentrada en el oriente meridional de Asia. Una gran riqueza caracteriza a la flora del Brasil, la Cordillera Americana, América Central, los países ribereños del Mediterráneo y África meridional. Por el contrario, enormes territorios de países septentrionales (Siberia, Canadá, Europa del Norte) se caracterizan por una relativa homogeneidad y pobreza de flora. En Europa del norte y Asia las principales especies de árboles suelen estar en torno a dos o tres decenas. Más diverso es el mundo de las herbáceas, pero también en este caso los países subtropicales los superan con creces en número de especies. La diminuta República de Costa Rica supera en riqueza de especies vegetales a los Estados Unidos, Alaska y el Canadá juntos.

Estos hechos, que una vez establecidos no hacen sino confirmarse año tras año a la luz de los nuevos datos que se van obteniendo, muestran la importancia que tiene para el trabajo de investigación la hipótesis principal de la geografía botánica de la que hablábamos antes. En las fronteras de la Unión Soviética son especialmente ricos los territorios del Gran Cáucaso y del Cáucaso Menor, las regiones montanas y submontanas de Asia Interior y el Extremo Oriente. En gran medida, la pauta se repite en el caso de las plantas cultivadas.

El terreno cultivable que existe en el planeta en la actualidad se calcula en unas 850 millones de hectáreas, lo que supone cerca del 7% de todo el territorio. El número de especies cultivadas, sin contar las especies ornamentales, se sitúa en torno a 1500 o 1600. El estudio que hemos llevado a cabo de la geografía de estas especies junto con el de su origen en relación con los territorios señalados ha permitido establecer que la inmensa mayoría de los cultivos están relacionados con siete centros geográficos principales de origen:

1. **El centro tropical** incluye territorios de India, Indochina, el sur de China y las islas de Asia oriental y meridional. En este centro tiene su origen aproximadamente un tercio de las plantas cultivadas en la actualidad. En él tienen su origen el arroz, la caña de azúcar y un gran número de frutos tropicales y de verduras. No menos de una cuarta parte de la población del planeta vive en la actualidad en el Asia tropical. En el pasado, la densidad de población relativa de este territorio era aún más significativa.

2. **El centro asiático oriental** incluye la zonas templadas y subtropicales de la China central y oriental, Corea, el Japón y una gran parte de Taiwán. En él tienen su origen especies como la soja, distintos tipos de mijo, muchos cultivos hortícolas y un enorme número de frutales. Según nuestros cálculos, cerca de un 20% de toda la flora mundial es originaria de Asia oriental. En este territorio vive también aproximadamente una cuarta parte de la población del planeta.
3. **El centro asiático occidental y meridional** incluye territorios del interior de Asia Menor (Anatolia), Irán, Afganistán, Asia Interior[1] y la India septentrional y occidental. En este centro se incluye el Cáucaso, cuya flora cultivada, según han mostrado las investigaciones, está relacionada genéticamente con el Asia occidental. Este centro puede dividirse en los siguientes focos:
   a) *Caucásico*, con una gran variedad de especies originales de trigo, centeno y frutales. Las investigaciones comparadas han demostrado que se trata del centro de origen más importante del planeta en variedades de trigo y centeno.
   b) *Asiático occidental,* que incluye Asia Menor, el interior de Siria y Palestina, la Transjordania, Irán, el norte de Afganistán y Asia Interior, junto con el Turquestán chino.
   c) *Indio noroccidental*, que incluye, además del Punyab y las provincias limítrofes de la India meridional y Cachemira, como Beluchistán y el sur de Afganistán. Alrededor de un 14–15 % de toda la flora cultivada mundial tiene su origen en este territorio. Aquí se concentran, en una diversidad excepcional, especies silvestres de trigo, centeno y de distintos frutales europeos. Todavía hoy es posible observar aquí, en el caso de muchas especies, la continuidad desde las formas cultivadas a las silvestres, es decir, reconstruir la relación que existe entre las formas silvestres y las cultivadas.
4. **El centro mediterráneo** incluye a los países que están situados a orillas de este mar. Este excepcional centro geográfico, caracterizado en el pasado por las grandes civilizaciones clásicas, es origen de aproximadamente el 10–11% de las especies de plantas cultivadas. Entre ellas se encuentran plantas como el

olivo, el algarrobo y una multitud de especies de cultivos hortícolas y forrajeros.

5. **Un centro geográfico independiente** lo constituye la pequeña Abisinia, que se caracteriza por una serie de tipos endémicos, incluso especies, de plantas cultivadas. Entre ellas se sitúan especies como el cereal tef *(Eragrostis abyssinica)*, la original planta oleífera nug *(Guizotia abyssinica)*, tipos especiales de plátano y de cafeto. El número de especies cultivadas que se relacionan por su origen con Abisinia no supera el 3–4 % de la flora cultivada mundial.

En el Nuevo Mundo se ha establecido una localización asombrosamente estricta de dos centros de origen de las especies principales de cultivo.

6. **El centro centroamericano**, que comprende un extenso territorio de América del Norte, incluyendo el sur de México. En este centro se pueden diferenciar tres focos:

   a) Las montañas del sur de México,

   b) Centroamérica,

   c) Las Indias Occidentales.

   Del centro de origen centroamericano proceden aproximadamente el 8 % de distintos cultivos de regadío, como el maíz, el algodón de tierras altas *(Upland cotton)* y otras especies de algodón de fibra larga, una serie de especies de alubias, cucurbitáceas, cacao o árbol del chocolate, muchos frutales (guayaba, aguacate y diversos tipos de *Annona)*.

7. **El centro andino**, en América del sur, junto a la cordillera de los Andes. Es la patria de muchas especies de tubérculos, sobre todo la patata. Aquí tienen su origen el árbol de la quina y el arbusto de la coca.

Como puede observarse en esta enumeración de los centros geográficos, la introducción inicial en el cultivo de la mayor parte de las plantas de regadío está relacionada con zonas que se caracterizan por una flora muy rica y además coinciden con las civilizaciones antiguas. En el pasado, relativamente muy pocas plantas han sido introducidas en el cultivo a partir de flora silvestre fuera de los centros descritos. Los siete centros geográficos señalados se corresponden con las culturas agrícolas más antiguas.

El centro tropical del sur de Asia se relaciona con la gran civilización clásica de la India y de Indochina. Las últimas excavaciones han mostrado la antigüedad de esta cultura, contemporánea a la de Asia occidental.

El centro asiático oriental se relaciona con la cultura china antigua, mientras que el asiático occidental y del sur, con la cultura antigua de Irán, Asia Menor, Siria, Palestina y de Asiria-Babilonia. El mediterráneo concentró la cultura etrusca, helénica y egipcia muchos milenios antes de nuestra era. La original cultura abisinia tiene unas raíces muy profundas, que probablemente coinciden en el tiempo con la cultura egipcia. En el Nuevo Mundo, el centro Centroamericano se relaciona con la gran cultura maya, que en la era precolombina había logrado enormes avances en ciencia y arte. El centro andino, en América del Sur, coincide en su desarrollo con las magníficas civilizaciones preincaica e incaica.

No debe creerse que existe una correspondencia directa entre la riqueza de especies de flora silvestre en territorios concretos del planeta y el número de plantas introducidas en el cultivo. La rica flora de la América del Sur tropical, que comprende más de 50 000 especies de angiospermas (en torno a una cuarta parte de la flora mundial), ha producido muy pocas plantas cultivadas. El África tropical, que se caracteriza por una rica flora (más de 13 000 especies) ha provisto de muchas especies para el cultivo. De la Colonia del Cabo, con una flora de extraordinaria riqueza que se estima en 7000 o 8000 especies, se han empezado a extraer especies hace poco tiempo y fundamentalmente en el ámbito de las plantas ornamentales.

La calidad de las especies de flora, la existencia de una cultura agrícola desarrollada y los grandes contingentes de población rural han jugado en el pasado un papel decisivo en la utilización de la flora silvestre. Muchas especies de plantas cultivadas que son específicas de un centro geográfico determinado no han salido de los límites de las zonas primigenias de especiación. Hasta el

Centros de origen de las plantas cultivadas (s. Vavílov 1939)

I. Tropical	**III. Asiático occidental**	**IV. Mediterráneo**	**VI. Centroamericano**
II. Asiático oriental	**y meridional**	**V. Abisinio**	**VII. Andino**

momento, la mayoría de las especies se utiliza principalmente por los grupos humanos que las introdujeron por primera vez en el cultivo. Del número total de plantas, que se sitúa, como hemos señalado, entre 1500 y 1600 especies, sin contar las ornamentales, no más de una cuarta parte ha viajado alejándose de las fronteras de los focos primigenios de origen y de puesta en cultivo.

Estos son los hechos de importancia primordial que hay que tener en cuenta en el trabajo de búsqueda. Esto es cierto en el caso de las especies completas, pero lo es más aún en el caso de las variaciones pequeñas y sistemáticas de plantas individuales dentro de una misma especie, representadas por los tipos locales.

En el libro *Centros de origen del plantas cultivadas*, publicado en 1926, esbozamos el primer plan de trabajo de campo a partir de los factores botánico-geográficos que hemos mencionado. Las plantas que han viajado lejos de su patria originaria junto con el hombre han sufrido grandes cambios, adquiriendo nuevas formas como resultado de la selección natural y artificial, y en ocasiones conformando nuevas especies y subespecies, a menudo de gran interés. Así, por ejemplo, el trigo y la cebada introducidos en China desde el Asia suroccidental sufrieron, bajo la influencia del monzón (tormentas estivales), una evolución hacia subespecies particulares que se diferencian radicalmente de las formas primigenias.

Presentan un gran interés práctico las variedades que han obtenido los mejoradores de distintos países en su concienzuda tarea de cruzar variedades de diferentes lugares. Como es lógico, para ello han utilizado especies de los países más cercanos en condiciones climáticas: el Canadá, los Estados Unidos, Europa occidental. A la tarea de buscar y seleccionar material hay que aproximarse con una perspectiva amplia, teniendo en cuenta los conocimientos que existen sobre la geografía botánica, la historia de los cultivos y la historia de la mejora vegetal antigua y nueva.

Nosotros nos hemos interesado principalmente por las plantas susceptibles de ser introducidas en cultivo en nuestro país. Por ese motivo prestamos especial atención a los países de clima templado, así como a aquellas regiones de territorios tropicales y subtropicales que se caracterizan por tener un clima templado. Las expediciones se organizaron, pues, en consonancia con las demandas que planteaba la agricultura soviética. La idea principal subyacente a la organización de estas expediciones fue la de registrar las regularidades producidas en la evolución botánico-geográfica de las plantas cultivadas, que está intrínsecamente relacionada con la historia de la agricultura. Para la mejora radical de nuestras especies era imprescindible organizar una amplia extracción de recursos cultivables seleccionados de otros países. Como es lógico, en primer lugar dirigimos la atención a estudiar nuestro país, en especial las repúblicas caucásicas y de Asia Interior, con su rica flora y su excelente material seleccionado localmente, así como a conocer las plantas cultivadas de los países vecinos. A medida que se fue desarrollando nuestro trabajo de campo, la investigación superó las fronteras de nuestro país, llegando a abarcar prácticamente todos los territorios agrícolas principales del planeta.

Viaje a Irán

El continente asiático, siendo el que ocupa mayor espacio que ningún otro, es también el que ha dado el mayor número de plantas cultivadas. Las investigaciones han demostrado que cerca del 70 % de todas las especies de flora cultivada tienen su origen en Asia. Al Nuevo Mundo le corresponden aproximadamente un 17 %. Hasta la llegada de los europeos Australia no conocía la agricultura, y es solo en el último siglo que sus eucaliptos y acacias empiezan a utilizarse en regiones tropicales y subtropicales del planeta.

En 1916 realizamos nuestro primer viaje a Asia para estudiar las plantas cultivadas. El viaje abarcó los territorios del norte de Irán que colindan con nuestras regiones de Asia Interior. Como es sabido, en ese año todavía no había finalizado la guerra imperialista mundial. En su ataque a Turquía, las tropas rusas penetraron en Irán, ocupando una gran parte del territorio del noreste del país. El consumo de pan local por parte de las tropas establecidas en las provincias del norte de Irán (Asterabad, Mazanderán y Gilán) producía frecuentes indisposiciones y una especie de embriaguez. El Ministerio de Agricultura envió a la región al autor de estas líneas, que anteriormente había trabajado en la región Transcáspica estudiando la cultura agrícola, para aclarar las causas de este fenómeno.

El enorme territorio de Irán presenta características geográficas especiales. Los límites del país están acotados por cordilleras montañosas. El vasto territorio que se encuentra dentro de estas cadenas montañosas está conformado por regiones desérticas

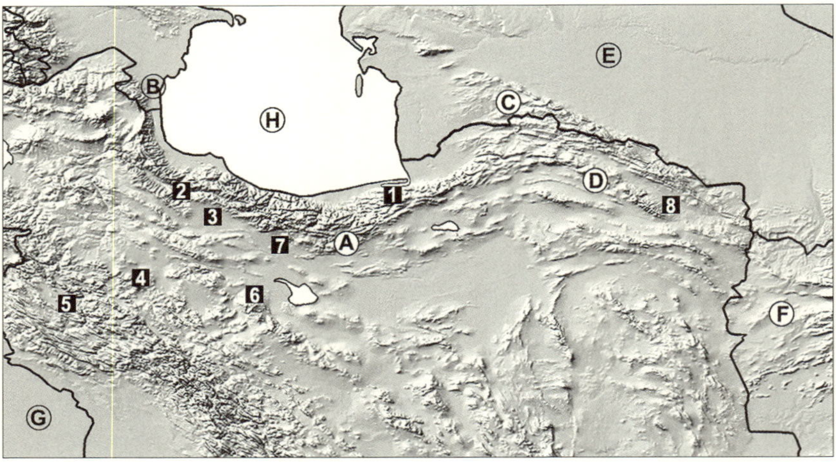

Viaje a Irán (1916)

1. Ashraf (prov. Mazanderán)
2. Manjil
3. Kazvin
4. Hamadán y Silvar
5. Kermanshah
6. Qom
7. Teherán
8. Mashhad

A. Pico Damavand
B. Lenkorán
C. Kopet Dag
D. Montañas de Jorasán
E. Turkmenistán
F. Afganistán
G. Irak
H. Mar Caspio

donde la agricultura solo es posible con ayuda de la irrigación. La zona norte, que limita con el mar Caspio, se caracteriza por una gran humedad que hace pensar en el clima de la ciudad soviética de Lenkorán. El Irán septentrional, que limita al sur con la cordillera de Jorasán y el pico Damavand (que alcanza los 5600 m de altura) constituye un territorio peculiar, que se diferencia radicalmente del Irán interior. Se trata principalmente de una región de densos bosques caducifolios, especialmente ricos en frutos silvestres y con un suave clima subtropical, propicio para los cítricos. La ciudad de Ashraf, que se sitúa en esta parte de Irán, en la provincia de Mazanderán, es famosa por sus naranjales.

El estudio de las variedades de trigo del Irán septentrional, en su mayoría extraídos de la parte europea de Rusia, ha mostrado que los cultivos están colonizados de manera exclusiva por la cizaña venenosa *(Lolium temulentum)*, y que también está muy extendida aquí la fusariosis. No eran raros los campos en los que la cizaña se hallaba extendida en un 50 %. El pan caliente cocinado a partir de trigo infectado de cizaña, y además afectado de fusariosis, provocaba los conocidos efectos de embriaguez (por lo que era denominado «pan borracho»). Quedaron aclaradas por completo, así, las causas de este trastorno, y como consecuencia se prohibió utilizar el pan de norte de Irán para abastecer a las tropas.

La provincia de Gilán, limítrofe con Mazanderán, es una de las principales regiones de producción de arroz de Irán. Enormes territorios, que comprenden decenas de miles de hectáreas, están aquí dedicados al cultivo intensivo de arroz. La laboriosa población que habita en la provincia de Gilán, los talechís, hablantes de lengua farsi, han adoptado formas de cultivo del arroz basadas en el trasplante, que consiste en preparar el semillero en parcelas especiales. Además, limpian el arroz de la mala hierba conocida como pata de gallo *(Panicum crus-galli)* y de otras herbáceas. A continuación, los campos se deshierban exhaustivamente. El arroz de la provincia de Gilán se caracteriza por su alta calidad. Por sus características morfológicas y biológicas no se diferencia del arroz del Lenkorán, ya que, de hecho, Lenkorán y Gilán constituyen una misma región botánico-geográfica, es decir, presentan las mismas plantas cultivadas.

Una vez terminada la investigación en el norte de Irán, decidimos organizar una breve expedición a la parte central de Irán, en dirección a Hamadán y Kermanshah. Estábamos en la época más cómoda para hacerlo: finales de junio, principios de julio, época de maduración y recogida del grano. Lo que motivó la expedición fue el hecho de haber encontrado previamente y por casualidad, en el surtido mundial de trigo (suministrado, en gran medida, por medio de empresas de semillas de Europa occidental), una variedad especial de trigo llamada «persa». Este trigo era difícil de cruzar con los tipos comunes de trigo harinero y posteriormente la clasificaríamos como un tipo especial, por la acumulación de particularidades biológicas y morfológicas que presentaba. El tipo conocido en el surtido mundial como «trigo persa» se caracterizaba por una prácticamente absoluta inmunidad al mal blanco.[2] Teníamos como tarea, pues, encontrar esta variedad de trigo especial de Irán, por lo que diseñamos una ruta especial que nos permitiera cubrir las principales regiones agrícolas de Irán. En calidad de traductor y por recomendación del cónsul ruso, invitamos a acompañarnos a un ciudadano iraní de origen armenio que manejaba de manera satisfactoria tanto el ruso como el persa. La modesta caravana se componía de tres caballos, uno con albardas y dos de monta. En aquellos años, Irán era un país todavía cerrado. Las aldeas del Irán interior eran verdaderas ciudades fortificadas rodeadas de muros de cuatro o cinco metros de alto.

Los descensos montañosos del norte hasta Manjil estaban cubiertos por una rica vegetación que recordaban a las regiones de Zubandli, en los límites de nuestro país.

El viaje resultó estar completamente justificado. A medida que nos adentrábamos en el país, los campos de trigo se volvían cada vez más variados en la composición de sus variedades. En estos campos podían observarse numerosas formas desconocidas para los botánicos.

En junio y julio el aire del Irán interior se llena del olor de un trébol llamado *shabdar*, una de las especies de forraje más

Fig. 1. *El trigo harinero (blando, candeal o común), la planta alimenticia más cultivada del mundo, se originó espontáneamente por hibridación y no existe silvestre. Es una planta hexaploide (v. Anexo II), cuyas espigas pueden tener aristas (dcha.), aunque lo más frecuente hoy en día es que no las tengan (izda.) [Dibujo de Annemarie Tröger].*

extendidas en el país. Enormes campos de cultivo de adormidera suceden a cultivos de trigo y de *shabdar*. En las montañas que rodean Manjil encontramos ejemplares de un lino silvestre plurianual con semillas maduras. Absortos, como es lógico, en la recolección de tan interesante planta nos topamos sin darnos cuenta con un destacamento de guardia de cosacos rusos, que defendían las posiciones de las tropas que estaban avanzando en dirección al Tigris. Nuestras actividades, así como el aspecto exterior de nuestra expedición, parecieron resultarles sospechosos al destacamento de guardia. Fuimos conducidos al puesto de guardia, donde nos sometieron a un exhaustivo registro. El hábito que había conservado desde la época de estudio en Inglaterra de escribir los diarios en inglés y los libros de consulta que llevaba, primordialmente en inglés y alemán, despertaron las sospechas del jefe del puesto de control. Nos condujeron a una celda, acusándonos de ser espías alemanes. El celo pareció verse intensificado por el tamaño de la recompensa que se otorgaba por atrapar a tales sujetos, que podía alcanzar los mil rublos en oro. Por este motivo, todas nuestras explicaciones resultaban poco verosímiles. El herbario y los paquetes de semillas suscitaban gran sospecha a pesar de la carta del Departamento de Asuntos Exteriores que portábamos. Tres días hubimos de pasar encerrados hasta que se produjo la explicación por vía telegráfica de la veracidad de nuestros documentos.

Nuestras aventuras no habían hecho más que empezar. Los inesperados y ceremoniosos recibimientos que nos dispensaron en algunas grandes poblaciones, las ceremonias y honores completamente injustificados, eran fenómenos poco comprensibles con mi entonces escaso conocimiento de la lengua persa. A la salida de una de las poblaciones, nuestra modesta caravana fue escoltada un largo rato por una multitud de jinetes. De repente, se nos acercaron con un enorme documento estampado de cientos de sellos persas circulares. Resultó ser un documento de queja al zar ruso por la intolerable tiranía del gobernador de la provincia, en el que solicitaban que fuera reemplazado. La urgencia con la que fue entregada esta queja y mi desconocimiento de la lengua persa, que me convertían en mal intermediario para la entrega de quejas, al parecer extremadamente sinceras, nos forzó, para abreviar el procedimiento, a meterla en el bolsillo para entregársela al cónsul ruso cuando tuviera ocasión.

Al preguntarle a nuestro traductor el motivo por el que éramos recibidos con tanta ceremonia me enteré, para mi sorpresa, de que en su propio interés me había hecho pasar a mí, un botánico, por el hermano de la mujer del zar. Esto, por lo que se ve, le servía para satisfacer las inclinaciones especulativas a las que había mostrado tendencia desde los primeros días. Indefectiblemente, en cada bazar tenía lugar alguna venta, con el consiguiente aumento del equipaje del traductor. Un rifle comprado en Manjil se cambiaba por una alfombra, que a su vez se cambiaba por tres alfombras. Las mercancías aumentaban por días. Hubo que pensar en despedirse de tan avezado acompañante.

Kazvin estaba repleto de tropas rusas. El avance de los turcos a Qasr-e Shirin había obligado al ejército ruso a retirarse, lo que a su vez provocó el envío de nuevos destacamentos de refuerzo que acudieron en ayuda de un cuerpo liderado en aquel momento por el general Baratov.

La colección de muestras de trigo y cebada aumentaba por días. Se añadían hallazgos sensacionales que ampliaban nuestras ideas, obligándonos a reelaborar la clasificación de los trigos harineros. Por primera vez pudimos ir advirtiendo la increíble concentración de riqueza en variedades de trigo a medida que nos acercábamos a los antiguos centros de la cultura agrícola.

Nos encontrábamos en el punto de mayor apogeo de calor del mes de julio. La temperatura alcanzaba los 50 grados a la sombra. Normalmente, las caravanas no se ponían en marcha hasta la caída de la tarde, deteniéndose por la mañana. Sin embargo nosotros, por el tipo de trabajo que estábamos llevando a cabo, teníamos necesariamente que andar de día, estudiando y recogiendo trigo.

El primer hecho interesante con el que nos encontramos fue la extraordinaria salinidad de las tierras, que estaban cubiertas en su superficie por una capa de sal que recordaba al blanco de la

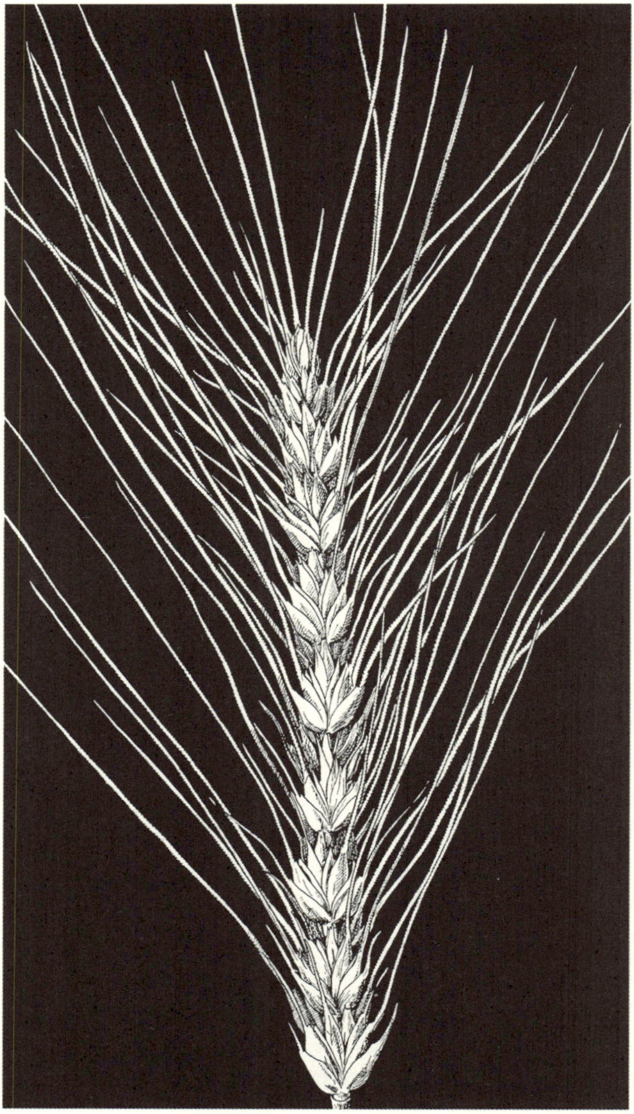

Fig. 2. *Trigo persa, endémico de la región del Cáucaso. A pesar de su aparente semejanza con el trigo harinero, pertenece al grupo de los trigos tetraploides (v. Anexo II). Como el trigo común, es desnudo [Dibujo de Annemarie Tröger].*

nieve, y, al mismo tiempo lucían un trigo de gran calidad con las inflorescencias ya plenas.

Hamadán también resultó estar plagado de soldados rusos. No tuvimos más remedio que alojarnos en unas casas de té cercanas a la ciudad. Además en las cercanías de Hamadán estaba ubicado también el cuartel general del comandante del ejército. Para nuestra sorpresa, fuimos recibidos con un trato extremadamente cordial. No solo se nos permitió seguir en dirección a Kermanshah, adonde se dirigían también las tropas rusas, sino que se nos prometió asignarnos un pequeño destacamento para que nos acompañara. Nos dirigíamos a Kermanshah en busca del trigo silvestre que ya había encontrado por estos lugares un investigador alemán, Kotschy. En aquel momento, el frente estaba situado cerca de Kermanshah. Por desgracia para nosotros, el lugar donde debíamos localizar este trigo silvestre se encontraba fuera del territorio controlado por el ejército. Así las cosas, el comandante prometió asignarme medio centenar de cosacos para realizar una excursión a aproximadamente 40 o 50 kilómetros del frente. Buscamos, pues, un guía, lo dispusimos todo. Por la mañana, como debimos de suponer, el guía había desaparecido, y de esta manera no conseguimos ni confirmar el hallazgo de Kotschy ni recolectar trigo silvestre. Nos limitamos a completar nuestra colección con los excelentes trigos duros de estas regiones.

Nuestra caravana se encaminó a las regiones montañosas de los kurdos, que habitaban en tiendas en la montaña de Silvar. Esta excursión llevó a descubrir una gran cantidad de centeno silvestre en las típicas formas plurianuales que crecían en las laderas de la montaña de Silvar. La población kurda, que no estaba acostumbrada a tratar con excursionistas como nosotros, en principio observó con recelo nuestra pequeña caravana.

Los campos de trigo de invierno del interior de Irán resultaron estar infestados de centeno adventicio A menudo, sobre todo en cuanto empezábamos a ascender hacia las montañas, el centeno desplazaba al trigo. El hallazgo de variedades cercanas al silvestre permitió dibujar un cuadro general de la génesis del centeno, y establecer el vínculo entre el plurianual silvestre y el adventicio.[3] Por primera vez, se presentaba ante nuestros ojos bajo una nueva luz el problema de si el centeno tiene su origen en las malas hierbas que infestaban los primeros cultivos de trigo. La visita a las aldeas kurdas sirvió para terminar de aunar todas las partes de una tesis que tendríamos ocasión de exponer en 1916 en la reunión de la Sociedad Botánica Rusa y que fue bien recibida por el auditorio, en especial por el mejor especialista en plantas cultivadas de entonces, R. E. Regel, presente en la sesión.

El plan que habíamos trazado previamente para adentrarnos en Mesopotamia, hacia el Tigris, y llegar a la región más antigua de cultivos, se vino abajo por la retirada de las tropas rusas. No llegamos a Kermanshah, y tuvimos que darnos la vuelta en Qom, dirigiéndonos hacia la capital de Irán: Teherán. La población había sacado partido rápidamente a la retirada de las tropas rusas. La ocupación de una parte de Irán, como es lógico, había sido recibida con descontento. El que tratara de acercarse a Teherán corría el riesgo de encontrarse con los rebeldes basmachí, lo que no era raro entonces en Irán. Parece ser que nos salvó el hecho de avanzar de día, algo que era completamente inusual entre los iraníes en pleno verano. Aún así, varias veces hubimos de cambiar de ruta al ser informados de la presencia de grupos sospechosos.

En aquella época, Teherán era ya un gran centro urbano, electrificado en parte, con hoteles semi-europeos, una gran cantidad de acequias (o *aryk)* de irrigación rodeadas de árboles y un gran mercado. La diversidad de población de Teherán y el asentamiento de refugiados provenientes de distintos lugares explicaba la mezcla considerablemente compleja de variedades de plantas cultivadas que podía encontrarse aquí. En los asentamientos armenios encontramos inesperadamente escaña y originales avenas adventicias de un tipo que posteriormente identificamos como variedades distintas. El cultivo de la escaña está asociado específicamente a la población armenia.

En Teherán se hicieron patentes, mucho más que antes, las desafortunadas noticias sobre la retirada de las tropas rusas. Con dificultad conseguimos unos caballos para organizar la caravana. Se empezaba a sentir de manera clara la animadversión, habitual de otro tiempo, hacia los *kafires* o infieles. Al entrar en un caravasar quiso el azar que esquiváramos el golpe de unos ladrillos que nos lanzaron desde unos tejados.

Teherán era el lugar adecuado para despedirnos de nuestro traductor. Mis conocimientos de la lengua iraní habían mejorado mucho para entonces y eran suficientes para poder arreglarnos sin traductor. Decidí hacer uso de la troika de caballos que cubría el trayecto Teherán-Mashhad, toda vez que, según acordamos, podría detenerme donde quisiera, ya fuera en medio de un campo, para recoger espigas, o en cualquier pueblo. El servicio de diligencias no estaba mal organizado en aquel tiempo. Ya teníamos bastante clara la imagen general del Irán interior y podíamos atravesar más aprisa los espacios desérticos.

En las laderas de las montañas de Jorasán se concentraba el cultivo de trigos de secano, muchos de los cuales ya habíamos recogido con anterioridad.

A medida que nos íbamos acercando a Mashhad nos fuimos encontrando cada vez más a menudo con extrañas caravanas cargadas de largos fardos negros. Una vez, detenidos ante un caravasar, tratamos de averiguar cuál era la extraña carga que se trasladaba a Mashhad. Nos enteramos de que era costumbre trasladar a difuntos desde todo el país a la ciudad santa de Mashhad, a la tumba de Alí, primo hermano de Mahoma. Ser enterrado en Mashhad era el mayor de los anhelos de un buen creyente musulmán. Cientos de estos fardos envueltos en mantas negras conforman unas originales y terribles caravanas en los desiertos de Jorasán.

Y llegamos a Mashhad, con sus magníficas mezquitas cerúleas. Se trata de un enorme centro urbano con enormes plantaciones de un trigo con una capacidad de resistencia al calor y la sequía como no se conocen en ninguna otra parte del mundo. Aquí se encuentra, sin duda, uno de los centros antiguos de la cultura agrícola.

En los alrededores de Mashhad se encuentra en grandes cantidades también una cebada ladilla o de dos carreras que domina en los campos de trigo. La diversidad de clases de trigo es señal del carácter primitivo de los cultivos. Aquí se originan casi exclusivamente variedades de trigo harinero.

Fig. 3. *El tragacanto es un pequeño arbusto de la familia de las leguminosas que produce la goma del mismo nombre, con aplicaciones en la industria alimentaria y farmacéutica [Dibujo de Auguste Faguet].*

Aquí terminamos la recolección. Encontramos muchos ejemplos de trigo harinero de espiga negra, pero ninguno del que andábamos buscando, el «trigo persa». El misterio del «trigo persa» lo resolveríamos un poco más adelante: apareció principalmente en las montañas de Daguestán.

Una vez organizada una pequeña caravana a Mashhad, en compañía de dos cosacos que nos asignó el cónsul, avanzamos por senderos forestales hacia el ferrocarril de Dushet. Por el camino nos topamos con una larga caravana que transportaba la goma tragacanto, que se forma en plantas leguminosas del mismo nombre y se encuentra en abundancia en Jorasán. Esta goma, ampliamente usada como tinte, es uno de los principales productos de exportación de Jorasán.

Nos habíamos hecho una idea ya clara del mapa general de plantas cultivadas del Irán interior y del norte. Aquí habíamos hallado por primera vez decenas de nuevas variedades de trigo harinero desconocidas en Asia Interior, habíamos logrado establecer el origen del centeno cultivado a partir de las formas de centeno adventicio que contaminaba el trigo y explicar también la calidad excepcional de los trigos harineros del norte de Irán.

El Pamir (1916)

1. Bujará (Uzbekistán)
2. Samarcanda
3. Paso de Pakshif (Tayikistán)
4. Garm
5. Rushan
6. Khorugh (distr. Shugnan)

A. Río Isfará
B. Río Panj (frontera Tayikistán-Afganistán)
C. Río Amu Daria
D. Alto Badajshán (Tayikistán)
E. Kirguistán
F. China
G. India
H. Pakistán
I. Afganistán
J. Turkmenistán

El Pamir

Uno se puede plantear qué se le ha perdido a un botánico que busca nuevos cultivos en las alturas montañosas y los desiertos de Asia Central, y, específicamente, en una de sus regiones más características, la meseta del Pamir.

A diferencia de los esquemas geográficos clásicos de las montañas europeas, incluyendo al Cáucaso, las montañas del Asia suroccidental y central se caracterizan por unos fenómenos completamente distintos en lo que se refiere a distribución de las precipitaciones. Mientras que en el Cáucaso el número de precipitaciones normalmente aumenta al subir en altura, en el caso del Asia Interior hasta el Hindukush y en el Pamir, así como en Asia Central, en las regiones montañosas del Tíbet y el Altái, con la ganancia en altitud las precipitaciones se hacen más escasas. Para su sorpresa, el viajero se encuentra con unas montañas desérticas o, en el mejor de los casos, semi-desérticas. La media anual de precipitaciones, según los datos del puesto del Pamir, es de 60 mm al año (para comparar recordemos que en Moscú o en Leningrado la media interanual de precipitaciones se sitúa entre los 500-600 mm). ¿Qué hace, entonces, un botánico en el Pamir?

Al culminar nuestro viaje a Irán en agosto de 1916 decidimos utilizar el periodo vegetativo que quedaba del año para viajar al Pamir. Teníamos un motivo de peso. La búsqueda de nuevas formas de trigo en Irán demostró que en los límites del Asia suroccidental, en los países limítrofes con el entonces Turquestán ruso, nos estábamos acercando de lleno a las fuentes de origen de la cultura agrícola. No pudimos menos que atrevernos a adentrarnos en el país una vez que hubimos descubierto, al pasar con nuestra caravana a través del Kopet Dag (que entra en parte en el territorio del Afganistán), una riqueza de trigos y una abundancia de cebada silvestre de un tipo cercano a nuestras formas cultivadas, además de la excepcional diversidad de la flora de las zonas montanas y submontanas. Pero no podía pensarse en una expedición a Afganistán: se trataba de un país cerrado en el que hasta la Revolución de Octubre ningún científico ruso había logrado penetrar. Sin embargo, existía la posibilidad de recorrer la frontera de Afganistán en una amplia línea de 1500 kilómetros. Era especialmente atractivo el Pamir, lugar donde nuestro país se encuentra con la India y Afganistán. Al menos así podríamos conocer de manera orientativa la flora cultivada de estos países en su punto de unión y, quizás, resolver algunos acertijos relacionados con la evolución. En los límites de los cultivos, a gran altitud, parecía razonable encontrar formas más resistentes al frío que pudieran servir para nuestras regiones septentrionales y que fueran lo bastante rápidas en su crecimiento como para poder cultivarlas en nuestro *niechernoziemie*.*

En 1924 tuvimos de nuevo ocasión de cruzar, ya desde el interior de Afganistán, hasta Ishkashim, el curso alto del Amu Daria y el río Panj. Al dirigirnos en 1929 a la parte occidental de China, desde el Osha por el valle de Alay, volvimos a estudiar la región del Pamir por otra ruta.

Los sucesos de 1916 eran extremadamente desfavorables para viajar al Pamir. La movilización de la población kirguisa ordenada por el gobierno zarista condujo a un levantamiento. Grupos de kirguisos, descontentos tras la brutal represión, se habían refugiado en las montañas. La petición que cursamos al gobernador militar para que concediera protección a la caravana fue rechazada. El general declaró que se trataba de muy mal momento para viajes

* Por oposición a *chernoziemie* (zona de tierras negras, característica de las estepas), el término *niechernoziemie* se usa para designar una región agrícola-industrial que comprende un enorme territorio en la parte europea de Rusia: desde el Océano Ártico hasta la zona de bosques y estepas en el sur, y desde el mar Báltico hasta Siberia occidental.

científicos, que, por la situación militar, no podía permitirse asignarnos 15 o 20 cosacos, y que ordenarles a solo dos o tres de ellos que nos acompañaran no tenía sentido. Nos propusieron posponer la expedición para mejores tiempos o aventurarnos por nuestra cuenta y riesgo.

Según la costumbre de aquel tiempo, el que estuviera viajando por los dominios del emir de Bujará, al que pertenecían los territorios del cis-Pamir, debía presentarse en Bujará a hacer una visita a la cancillería de su alteza y solicitar que se le asignara un funcionario para acompañar la expedición. A nosotros, por lo que parecía, nos asignaron un funcionario de bajo rango, *khan* Kildy, un *mirza-bashi*. El título de *mirza-bashi* señalaba que nos encontrábamos ante un individuo culto, o que al menos sabía leer y escribir. El tamaño (siete *puds** de peso) del funcionario asignado al principio nos despertó bastantes dudas acerca de si el *khan* Kildy era apto para desplazarse por los precipicios del Pamir. Por suerte, el *mirza-bashi* resultó ser un buen compañero de viaje, pues conocía bien los lugares a los que se dirigía la expedición, sabía organizar la caravana y estaba acostumbrado a las dificultades que plantean los viajes por las montañas.

Tomar el camino habitual, por el valle de Alay, no era posible. Se trataba precisamente de la región más peligrosa. Tuvimos que decidirnos por un camino más difícil, por el río Isfará, a través del paso de Pakshif en dirección a Garm, en Karateguin. El pequeño grupo conformado por el autor, el *khan* Kildy, que hacía de traductor, y dos guías, nos encaminamos a finales de agosto en seis caballos hacia el sur, hacia el paso. Quedaban pocos días de tiempo favorable para el viaje. Algunos de los pasos ya estaban cubiertos de nieve; había que darse prisa.

El cruce resultó ser más difícil de lo que yo, en aquel entonces viajero inexperto, podía suponer. Los mapas militares eran bastante poco satisfactorios y servían únicamente para disponer de una orientación general, más aún teniendo en cuenta que estábamos forzados a tomar un camino poco frecuentado, haciendo uso principalmente de los conocimientos de los guías locales. La

* Antigua medida de peso rusa, equivalente a 16,38 kilogramos.

ayuda del *mirza-bashi* resultó fundamental, sobre todo para superar las dificultades lingüísticas. En Ferganá se habla el uzbeko. La lengua kirguisa de los guías se diferencia bastante del uzbeko y nos encaminábamos a Tayikistán, donde se hablaba la lengua farsi (el persa).

La caravana avanzaba lentamente por caminos poco transitados, deteniéndose en los escasos *kishlaks* o refugios para dormir. Aunque en lo sucesivo tendría que vérmelas con caminos de montaña difíciles, este sería sin duda el más complicado. El acceso a Garm estaba interrumpido por una enorme roca casi vertical partida en dos. Los caballos tuvieron que cruzar por la parte baja, atravesando la corriente del río. Los guías, salvando con sus cuerpos una falla de más de un metro de ancho, construyeron un puente humano por el que hubimos de pasar el *mirza-bashi* y yo. Especialmente difícil resultó el paso del *khan* Kildy, con sus siete *puds* de peso.

Tras atravesar la falla, la mayor parte de nuestro camino discurrió por el borde de un glaciar. La noche nos sorprendió bajo las rocas. No habíamos previsto lo necesario para pasar la noche junto a un glaciar, y la falta de ropa de abrigo nos obligó a seguir adelante cuanto antes. El estado de una persona que lleva dos días cercano a la congelación no es muy agradable, y solo se suaviza con una bajada general del tono, tornándose indiferente a todo lo que suceda.

Teníamos aún por delante un paso por *ovrings* que conocen bien los viajeros del Pamir. Los *ovrings* son ramas de madera que se trenzan y se clavan en las rocas con el objetivo de salvar precipicios, y que permiten únicamente cruzar a pie y con sumo cuidado. Todavía hoy recordamos uno de esos difíciles pasos.

El camino serpenteaba como una fina culebra siguiendo el curso del río Panj por un monte vertical sobre un precipicio de 1000 metros. Precisamente por eso el camino daba paso a veces a *ovrings*: pasarelas construidas artificialmente a base de travesaños de madera revestidos. El sendero ya se estrechaba, ya se ampliaba, y a veces estaba conformado por una escalera de madera con escalones tan altos que incluso los caballos, acostumbrados a andar por las montañas, solo con gran cuidado eran capaces de salvar.

Y he aquí que, superado el camino más difícil, uno puede ya montar a caballo y proseguir. De repente, de unas rocas que están sobre el sendero salen volando de un nido, agitando sus enormes alas, dos grandes águilas. El caballo bufa y se lanza al galope por el *ovring*. De la sorpresa, las bridas se han soltado de las manos, y se hace necesario sujetarse por las crines. Sobre la cabeza, los salientes de las rocas. Y abajo, en el fondo de un precipicio de mil metros, fluye con ímpetu el bello Panj azul, fuente de uno de los grandes ríos de Asia Interior... Es esto lo que luego recordará más a menudo el viajero. Minutos así son los que forjan a uno para toda la vida, preparan al investigador para cualquier dificultad, sinsabor, cualquier acontecimiento inesperado. En este sentido, mi primer gran viaje fue especialmente instructivo.

A la caravana le aguardaban nuevas aventuras. Los guías conducían a los caballos con cautela por acantilados de montaña, siguiendo caminos de pastores. La naturaleza ha formado aquí, parecería que adrede, a una altura de entre 3000 y 3500 m sobre el nivel del mar, auténticas fortalezas en forma de enormes colinas entre las que corren furiosos ríos; los valles suelen estar cubiertos de hielo y de nieve bajo la que se abre camino la corriente de agua. De pronto, un grito y un ruido a nuestras espaldas anuncian un suceso desafortunado. En un abrupto ascenso, al tratar de atravesar un río de montaña de aguas rápidas, cayó uno de los caballos de carga que transportaba libros, notas, diarios y materiales de colección. La agitada corriente atrapó al desdichado caballo junto con la alforja y lo arrastró bajo el hielo. El caballo murió. La búsqueda que llevamos a cabo durante varias horas por el lecho del río, cubierto por verdaderos puentes de hielo en forma de tubo, no dio resultado alguno...

Y he aquí que llegamos a Karateguin y su capital, Garm, situada en un magnífico y ancho valle cubierto de campos y de huertos. La parte difícil del viaje había tocado a su fin. La caravana podía ya recuperarse. Empezamos con la recolección de las especies locales originales de trigo, cebada, centeno, muestras de lino oleaginoso de gran productividad. Aquí los cultivos son casi exclusivamente de regadío. Antes incluso de llegar a Garm, en el *kishlak* Zarkaliu atrajo nuestra atención en un terreno pedregoso un cultivo que era mezcla de centeno de primavera, guisante y almorta.[4] Aquí, en condiciones naturales especialmente duras, se fue conformando un surtido particularmente modesto, representado por formas originales más pequeñas de lo normal, que posteriormente identificaríamos como subespecies.

El grupo de personas enviadas por el *bek** de Garm para que emprendieran una búsqueda siguiendo la corriente del río desde donde habían caído el caballo y las alforjas no obtuvo resultado alguno. Los guías kirguisos responsables de la caravana, gesticulando para mostrar la impotencia que sentían, invocaban a Alá como testigo de su inocencia.

Así, en un corto espacio de tiempo hube de restituir en mi diario los principales resultados obtenidos en las investigaciones hechas hasta el momento. Recuperar lo pasado, restablecer en la memoria todos los detalles relevantes del material recogido no es tarea fácil. Recibía, así, una lección para el futuro.

En Garm la caravana volvió a pertrecharse. Los kirguisos marcharon de regreso, llevándose consigo los caballos. Con ayuda del *bek* organizamos una nueva caravana con guías tayikos. El conocimiento de la lengua farsi que había adquirido en mi viaje a Irán me permitía mantener conversaciones relativamente fluidas sobre los temas que me interesaban, además de facilitarme la recolección del material necesario y recibir más fácilmente información sobre la frecuencia de riego, la época de siembra, de recolección, las distancias.

A partir de Garm, la ruta iba en dirección a Darvaz por pasajes pintorescos a 2500 o 3000 m de altura, de montaña en montaña. Se trataba de un camino transitado de manera relativamente habitual. Los frecuentes *kishlak* ofrecían la posibilidad de refugiarse. La recogida de plantas cultivadas era incesante. Llegamos a Shugnan y Rushan, con la magnífica aldea de Kala-i-Vamar. Los hallazgos que hicimos aquí, cerca de los 2500 metros de altitud, superaron todas nuestras expectativas. Un centeno gigante, de un

* Título nobiliario de algunos pueblos de Oriente medio y Asia Central, sinónimo del árabe «emir».

metro y medio de altura, con gruesos tallos, espigas y granos enormes y, mezclada con este cultivo, una variedad completamente original, descrita sin duda por primera vez: el centeno sin lígula. Posteriormente descubriríamos que este centeno se diferenciaba por tener polen y anteras excepcionalmente grandes: sin duda alguna, ¡se trataba de un endemismo! ¡Solo por este hallazgo había valido la pena llegar hasta el Pamir!

A continuación Khorugh, un gran asentamiento, centro administrativo del Pamir. Aquí encontramos una respetable biblioteca e incluso un piano de cola que había sido transportado hasta aquí en yaks con increíble dificultad.

Desde Khorugh nos adentramos en el Pamir por los valles del Gunt y el Shajdará, ríos de aguas azules que fluyen desde una altitud de 3500 m. Aquí reinan trigos endémicos de magníficos granos blancos y espigas muy características, infladas, completamente desconocidos para la ciencia en el pasado. Entre ellos hay una gran cantidad de originales trigos sin lígula. No hay ninguna duda sobre el hecho de que estos tipos de trigo no han sido vistos antes por ningún botánico.

Los cultivos de trigo alternan con centeno de primavera, guisante, almorta y los llamados yeros *(Vicia ervilia)*.[5] Se trata de un cultivo exclusivamente de regadío. La ausencia de lluvias determina la excepcional blancura de los cereales en maduración. Aquí no existe ni roya ni mal blanco. Es cierto que hay gran cantidad de tizón,[6] que se lava en los arroyos de montaña poniendo bajo la corriente el cedazo con el grano.

Los hallazgos de plantas cultivadas en el Pamir superaron todas nuestras expectativas. Comprender por completo el valor de estos hallazgos fue posible tras un gran trabajo posterior que consistió en el estudio comparado de los cultivos por medio de la siembra, los estudios en otros países y el estudio comparado de la evolución de la flora cultivada mundial. La génesis de esta flora cultivada es, en pocas palabras, la siguiente: la humanidad, en sus difíciles peripecias para sobrevivir en las regiones densamente pobladas de Asia suroccidental, incluyendo al Asia Interior, hace mucho tiempo que se vio obligada a habitar en altitudes poco accesibles. Las regiones montañosas del Asia suroccidental, al igual que las montañas de África, las cordilleras americanas, las montañas de Asia Central o el gran Cáucaso están habitados desde hace milenios por población agrícola. Huyendo de la concentración excesiva de población, los más pobres se dirigían a las montañas. Las condiciones de supervivencia eran difíciles. Había que luchar por cada trozo de tierra. Los campos de cultivo en el Pamir constituyen no pocas veces parcelas de pocos metros que hay que aislar con piedras, a las que hay que llevar el riego. Todo esto precisa de un esfuerzo enorme. Por suerte, en este lugar hay suficiente calor, luz y agua. En condiciones de gran altitud, aisladas, se desarrollaron formas de plantas magníficas y notablemente productivas, que se caracterizan por la corta duración de su ciclo de crecimiento, un desarrollo rápido y gran adaptabilidad al descenso de temperatura durante la noche en el periodo estival.

El aislamiento propició la diferenciación de formas desconocidas en las zonas bajas, las llamadas formas recesivas, cuyos representantes son el trigo sin lígula y el centeno con hoja de estructura simplificada. Las montañas son el reino de la cebada, de los originales guisantes asiáticos montanos, de la almorta azul de semillas pequeñas y oscuras. Junto a las formas profundamente primitivas que acercan las especies cultivadas a las formas silvestres originales, aquí pueden verse los originales resultados de la consanguinidad en los cereales recesivos sin lígula. Todo indicaba que se habían desarrollado aquí, en las condiciones de este medio particular, formas nuevas, poco conocidas. La originalidad de esta flora no hacía sino confirmar el significado de este territorio como uno de los centros de formación de plantas cultivadas. A mí, como investigador, me resultó si cabe más clara la necesidad de adentrarme en el resto de territorios del Asia suroccidental, en Afganistán, Chitral, Nuristán (antiguo Kafiristán) y la India suroccidental.*

En definitiva, el Pamir constituye una especie de laboratorio natural, pero es evidente que no se trata de uno de los centros de

* Así aparece en el original. Debe tratarse de una errata, o de un error del autor. Se refiere a la India noroccidental.

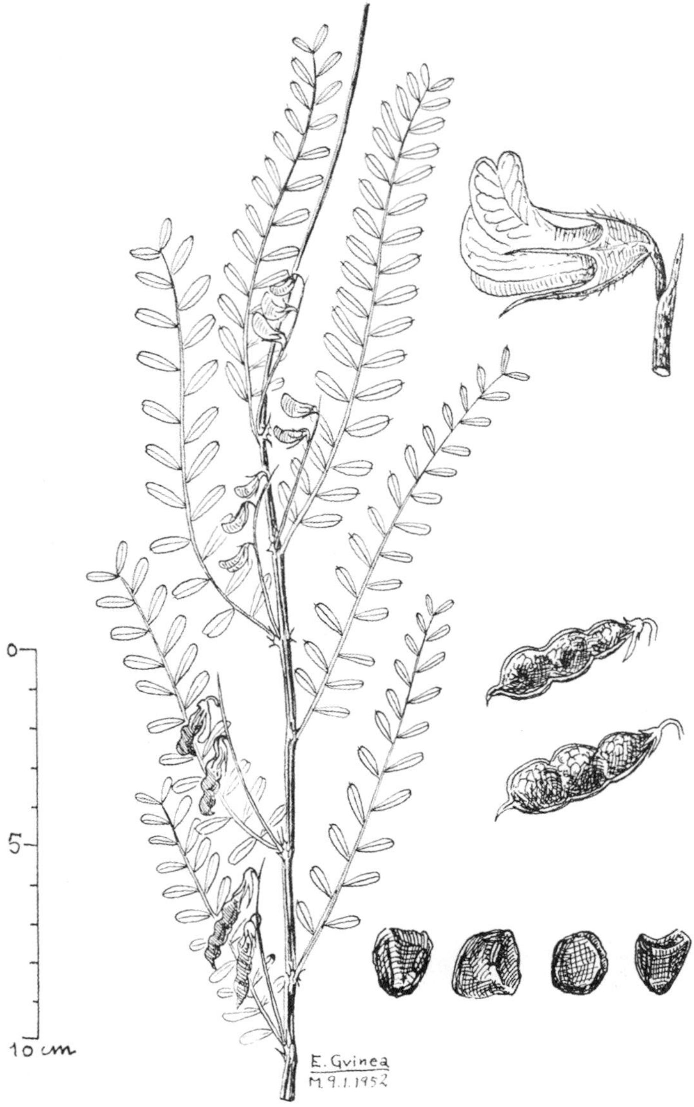

Fig. 4. *El yero es una leguminosa de grano, de entre las primeras domesticadas en Asia occidental, muy cultivada en aquella región y en diversos países mediterráneos, incluida España, en donde se utiliza para la alimentación del ganado [Dibujo de Emilio Guinea].*

origen primitivos. Fue la necesidad la que obligó a la población a refugiarse en tal lugar de aislamiento natural. Aquí la propia flora cultivada, por sus atributos morfológicos, da una muestra clara de su carácter secundario. En este laboratorio natural se fueron desarrollando, a lo largo de siglos y milenios, formas particulares que atestiguan la enorme plasticidad de las especies. Los experimentos más recientes han demostrado que la agricultura en el Pamir es viable hasta los 3900 m de altura, donde se cultivan con éxito verduras, patatas, cebada. Como es sabido, en el Tíbet la agricultura alcanza las alturas más extremas, llegando a los 4600 metros.

El viaje al Pamir determinó, en gran medida, la dirección de nuestras siguientes expediciones. Se hizo especialmente obvio el papel de las regiones montañosas del Asia suroccidental. La presencia en estas regiones montañosas de parientes silvestres en forma de una gran cantidad de cebada silvestre y de trigos de perdiz silvestres (*Aegilops*, los parientes más cercanos del trigo), centeno y lenteja silvestres, demostraba que aquí era posible desentrañar uno de los más complejos y apasionantes misterios evolutivos.

El viaje al Pamir en 1924 desde Afganistán, así como la expedición de 1929, confirmaron las conclusiones principales de este viaje, al completarlo con materiales nuevos.

VIAJE A AFGANISTÁN

Ya en 1857, el viajero Ferrier había anotado en su diario: «*El viajero que se encuentre en Afganistán debe estar bajo una protección divina especial si consigue escapar de aquí sano, salvo y con la cabeza sobre los hombros*».*

En efecto, a pesar de que nuestras repúblicas de Asia Interior comparten con Afganistán una frontera de casi 1500 kilómetros, hasta la época soviética apenas ninguno de nuestros investigadores se había adentrado en este país. Lo que de él conocíamos se limitaba a escasas y circunstanciales recolecciones de material botánico y zoológico realizadas en nuestras provincias adyacentes.

Poco después de la Revolución de Octubre, el estado soviético reconoció la independencia de Afganistán y a finales de 1919 llegaron a Kabul los primeros representantes diplomáticos. En 1922 se abrieron representaciones plenipotenciarias de la URSS en Kabul y tres consulados en las provincias limítrofes con las repúblicas de Asia Interior: Herat, Meimene y Mazar-e Sarif.

Posteriormente ya fue posible organizar una expedición a Afganistán. Formaron parte de ella, además del que escribe estas líneas, el ingeniero agrónomo D. D. Bukínich y el agrónomo mejorador de la empresa estatal *Sajarotrest*† V. N. Lébedev. Los medios para la realizar esta expedición los aportó el departamento de selección de semillas de *Sajarotrest*, que estaba interesada en proveerse de nuevas razas para la selección en sus estaciones.

---

* Ferrier. *Caravan Jorneys and Wanderings in Persia, Afghanistan, Turkestan*. Londres, 1857. (N. del A.)

† Abreviatura que significa «coalición o consorcio del azúcar».

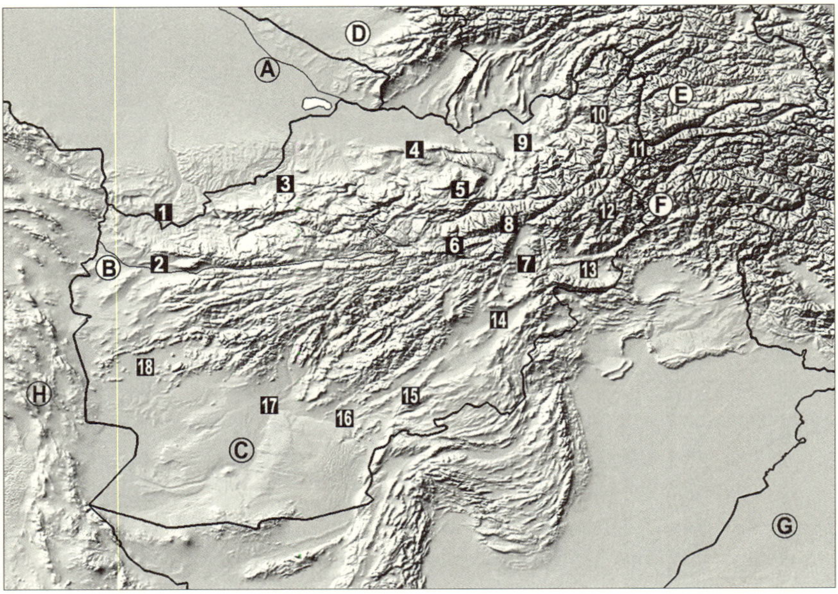

Viaje a Afganistán (1924)

1. Kushka (Turkmenistán)
2. Herat
3. Meimene
4. Mazar-e Sarif y Balj
5. Jurram
6. Bamiyán
7. Kabul
8. Puerto de Salang
9. Kanabad
10. Fayzabad
11. Zebak
12. Puerto de Parun
13. Jalalabad
14. Gazni
15. Qalat
16. Kandahar
17. Gereshk
18. Farah

A. Río Amu Daria
B. Río Hari Rud
C. Desierto de Helmand
D. Uzbekistán
E. Alto Badajshán (Tayikistán)
F. Chitral (Pakistán)
G. India
H. Irán

El 19 de junio de 1924, la primera expedición soviética atravesó la frontera de Afganistán desde Kushka. Nos adentramos por el cauce del río del mismo nombre, que separa nuestro país de Afganistán, por el puesto de control fronterizo de Dukhtaran, y nos encaminamos a Herat. Las ceremonias aduaneras retuvieron varios días la caravana. No estábamos preparados y no conocíamos las costumbres del país.

Las complicaciones aparecieron desde el principio. Hubimos de renunciar al traductor de nacionalidad rusa que habíamos contratado en Herat por su desconocimiento de la lengua farsi, que se hizo patente en seguida, y por su inclinación a las bebidas espirituosas. No me quedó más remedio que dedicarme a perfeccionar mis conocimientos lingüísticos, pues no había otra salida. Me levantaba temprano y me dedicaba a estudiar la aburrida gramática farsi que, además, tenía disponible solo en lengua árabe. Sea como fuere, esto me proporcionó un mínimo de conocimiento de la lengua hablada y la posibilidad de arreglárnoslas la mayor parte del viaje sin traductor. En las situaciones más complicadas nos ayudaron los representantes rusos de Herat, Meimene y Kabul.

Para un naturalista y agrónomo, Afganistán presenta un enorme interés por la inusitada variedad de sus paisajes, que se corresponden con distintos tipos de economía y con una variedad de cultivos y variedades. Al entrar en Herat por Kushka, el viajero atraviesa el enorme territorio del norte de Afganistán, que recuerda, por su paisaje, al territorio del Kopet Dag en el Turkmenistán soviético. La caravana avanza por senderos cómodos, por laderas de loess, por una zona ondulada con abundancia de herbáceas. Entre ellas no es extraño encontrar cebada silvestre de dos carreras. Aquí reinan la grama y la cebada bulbosa, con grandes manchas de preciosos eremurus gigantes *(Eremurus olgae)*. Se puede observar aquí incluso en julio una gran cantidad de hierba no comestible. En las escarpadas laderas se divisaban árboles aislados de pistacho usados por los nómadas. En las montañas abundaban las sabinas.

Todo el norte submontano de Afganistán puede caracterizarse como una zona en la que se encuentran principalmente suelos con loess visible, pastos, praderas secas, terrenos deficientemente

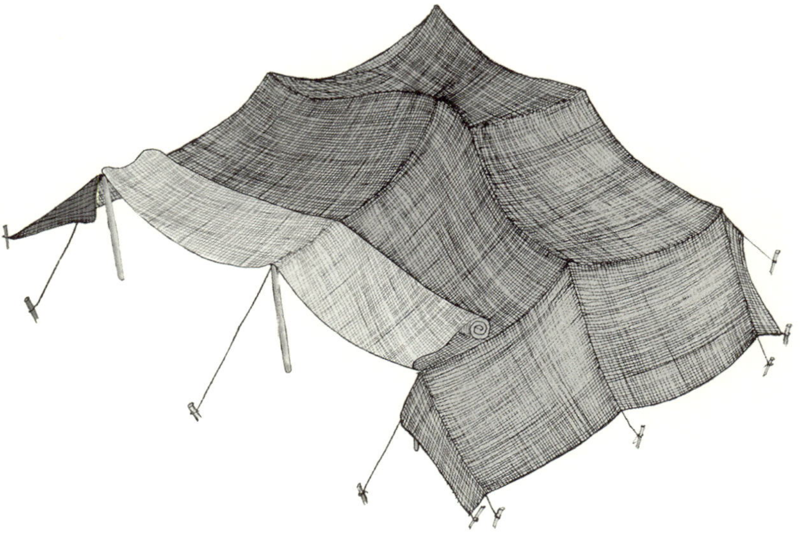

Fig. 5. *Las tiendas negras consisten en tiras de tela de pelo de cabra montadas sobre postes y cuerdas. Son características de los nómadas del norte de África y llegan hasta Asia, en donde Afganistán parece ser su límite oriental de distribución. [De Szatbo & Thomas 1991].*

regados. Las caravanas encuentran aquí abundancia de forraje. En verano, acuden aquí de todo Afganistán rebaños de ovejas pintas y cabras negras de largas orejas. A lo largo de los senderos, la caravana se topa con las tiendas negras de los nómadas del sur (los *maldar)*, diferentes de las *kibitkas* de la población nómada de Turkmenistán. Este tipo de tienda negra en forma de pabellón la encontramos posteriormente en Siria, Transjordania, Palestina y Marruecos.

Tras un puerto de 1700 metros de altitud el paisaje cambia bruscamente. La meseta panorámica del Paropamiso traslada al viajero a un mundo completamente nuevo: un semidesierto de artemisias salpicado de arbustos de efedra y barrillas. Una barrera natural en forma de cordillera pelada separa la región de Bakhdhi del sur de Afganistán. Al atravesar la cordillera y descender por las montañas del Paropamiso, el viajero llega al enorme valle

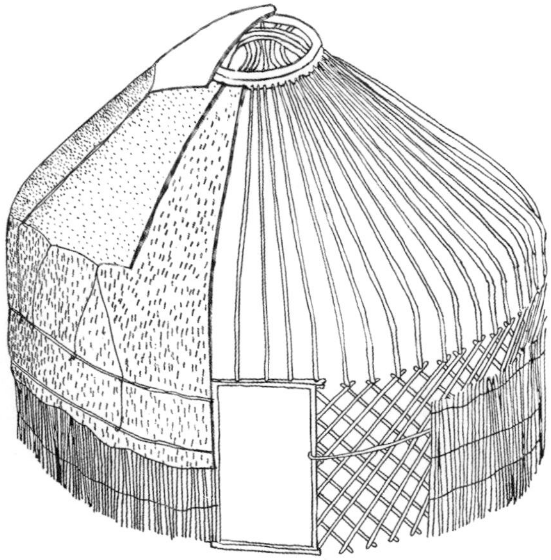

Fig. 6. *Las* kibitkas de Vavílov *son las yurtas, tiendas de los nómadas de Asia central hasta Turquía. Se construyen alrededor de un poste central y la cubierta va sobre un entramado de madera fácilmente transportable. [De Szatbo & Thomas 1991].*

cultivado del río Hari Rud. Ante él se abre lo que parecería un lago verde y liso: el valle de Herat. La ciudad se funde con el campo, los minaretes, mezquitas y cementerios se mezclan con los huertos y los campos. La propia ciudad amurallada ocupa una extensión muy pequeña, mientras que el valle se extiende hasta 30 kilómetros alrededor de Herat, estrechándose hacia el este y el oeste. El oasis es un cultivo ininterrumpido. Una aldea limita con la siguiente, componiendo una especie de enorme ciudad-jardín o ciudad-campo.

Las orillas de suave pendiente del Hari Rud, con sus profundos suelos aluviales, fácilmente irrigables, permitieron aquí el florecimiento de una cultura agrícola intensiva que recuerda, por el tipo de explotación, a los oasis de cultivo más intensivo de Oriente: Siria, Egipto. El oasis de Herat, defendido como está por todos sus accesos, sin duda atrajo en la antigüedad a una población agrícola sedentaria. Se utilizó cada metro de tierra al que pudiera llegar el riego. Una tupida red de *aryks* o acequias de riego bien organizada se extiende a partir de nueve arterias o canales que parten del Hari Rud, lo que dificulta en gran parte el acceso a la ciudad. Las parcelas son extremadamente pequeñas, de media hasta una hectárea (de dos a cinco *djerib)* por propietario, lo que obliga a un cultivo mucho más intensivo. Las fincas están divididas en pequeñas parcelas. Los campos están separados por los llamados *duvales* (muros de arcilla). Es muy común la recogida de abono. En las calles de Herat y en las aldeas los niños y las mujeres se afanan en la recogida de estiércol.

Los palomares forman parte del paisaje en toda la provincia de Herat, y son enormes construcciones con una gran cantidad de aperturas para el anidamiento. Desde lejos, se podría pensar que se trata de mezquitas. En uno de los oasis de Herat los hay a cientos, y constituyen la seña de identidad arquitectónica de la provincia. Los palomares se construyen no para la cría de palomas, sino sobre todo para la recogida del estiércol de paloma, muy valorado como potente fertilizante.

La alta cultura agrícola del oasis de Herat, una de las regiones del país que acababan de liberarse del dominio inglés, no se reflejaba en el nivel de la vida urbana de Herat. Calles sin pavimento ni iluminación, suciedad increíble. Al lado de cada casa, en las estrechas calles de Herat, hay fosos de desagüe de mayor o menor tamaño en los que acumulan las inmundicias. Los habitantes de Herat viven en casas de adobe de dos pisos. En la planta baja se acomodan los animales, en la alta, las personas. Los desperdicios se precipitan directamente a la calle desde la segunda planta por canalones de madera levemente inclinados, y el transeúnte que ande con descuido se arriesga a ser rociado con ellos. En sus anchas calles se acumulan las inmundicias a través de canalones que acaban en pequeños estanques en los que abundan las algas. Estos «lagos verdes de Herat» son una suerte de campos de cultivo en el mismo centro de la ciudad. En las calles principales hay unos grandes depósitos sucios que sirven tanto como fuente para las personas como de abrevadero para los animales.

Durante los meses de verano, en todo Herat se instalan una sequía y fetidez insoportables. El viajero ocasional se apresura a abandonar el pintoresco bazar oriental. Las infecciones causan estragos en la ciudad. La tuberculosis, la sífilis y el tracoma son acompañantes habituales del habitante de Herat. La población tiene un aspecto extenuado, lo que se acentúa también por el hábito de fumar opio. Una ciudad que desde lejos parece hermosa, rodeada de verdor, presenta intramuros, en los meses de verano, un cuadro de la insalubridad. Pareciera que todo lo peor de la vida urbana se hubiese acumulado en el centro del oasis agrícola más desarrollado de Afganistán para dar un ejemplo vivo de las contradicciones que existen entre la idea de «civilización» y de cultura agrícola.

El consulado soviético estaba situado en las afueras de Herat, en un jardín. Desde esta base resultaba cómodo hacer excursiones en diferentes direcciones. Las primeras salidas al campo aportaron hallazgos de primer orden. La composición de los cultivos aquí era especialmente diversa, como corresponde a las necesidades de una gran población rural: trigo, cebada, mijo, maíz, todo tipo de legumbres comenzando por las habas, sésamo, lino, adormidera, nabo oleaginoso,[7] el ricino, grandes cultivos de algodón, alfalfa, trébol persa, alholva, cáñamo, tabaco. Las huertas están llenas de albaricoques, manzanas, peras, ciruelas, higos, granadas, melocotones. En los linderos de las huertas es habitual plantar moreras. Para cultivar la uva utilizan, en lugar de postes, una especie original de muro de tierra de apoyo por el que trepa la vid. Los huertos, que están dentro del *kishlak* y normalmente rodeados por una pared exterior de barro o *duval,* también presentan multitud de cultivos: berenjena, nabo, rábano, cebolla, ajo, zanahoria,[8] espinaca, pepino, alficoz *(Cucumis flexuosus)*,[9] calabaza, calabacino, luffa o esponja,[10] eneldo, cilantro, comino, comino indio, menta.

En lugar del trigo harinero característico del Asia Interior, aquí está extendido el cultivo de un tipo de trigo traído desde Mesopotamia, el más productivo del mundo *(Triticum turgidum)*, que aquí se denomina «zafrani». Los cultivos de trigo local resultaron estar invadidos de centeno. Se trata de un fenómeno habitual en

Oriente, pero aquí es nuevo. En el centeno adventicio las espigas se desarticulaban al madurar, es decir, se diseminaban por sí mismas, característica típica de las especies silvestres. Si bien en su aspecto externo no se diferenciaba del centeno cultivado, el de Herat conservaba este rasgo de planta silvestre. De esta manera, en este lugar pudimos encontrar un nexo de unión entre las formas cultivadas y las silvestres. Además de las plantas de espiga quebradiza se podían apreciar otras de espiga menos quebradiza o incluso no quebradizas y, de esta forma, trazar la evolución de este centeno cultivado. Los hechos que pudimos establecer gracias al estudio de la flora cultivada de Irán se confirmaron aún más a la luz de los hallazgos hechos en Afganistán. El bazar de Herat nos proporcionó una gran cantidad de nuevos cultivares locales. Sin duda, habíamos acertado al planificar la dirección de la expedición. Nos encontrábamos ante las fuentes de variabilidad de las plantas cultivadas europeas.

La enfermedad de nuestro compañero D. D. Bukínich nos obligó a pensar en dividir la caravana. Una de las partes debería tomar el camino más corto, a través del Hindukush por el Camino Hazara directamente a Kabul. Contando con la posibilidad de hacer uso de dos o tres semanas más, decidí elegir con la otra parte la ruta del norte de Afganistán y, una vez llegados a Mazar-e Sarif, dirigirnos cruzando el Hindukush a Kabul para reunirnos con nuestros compañeros.

Como demostraron nuestras investigaciones, el Afganistán del norte constituye, en el sentido ecológico, una continuación del Asia Interior. Su parte occidental constituye, por su paisaje, una especie de continuación de Turkmenistán. Está habitada fundamentalmente por turcomanos. También hay aquí no pocos nómadas que bajan durante los meses de primavera desde las montañas a los pastos. Sus características tiendas negras y sus primitivos campamentos aparecían a cada hora de avance de la caravana. En su mayor parte se trataba de oriundos de lejos, de las regiones de Sistán y Kandahar. La parte central del Afganistán del norte está poblada en gran medida por uzbekos. El centro urbano de esta parte del país, Mazar-e Sarif, es una gran ciudad

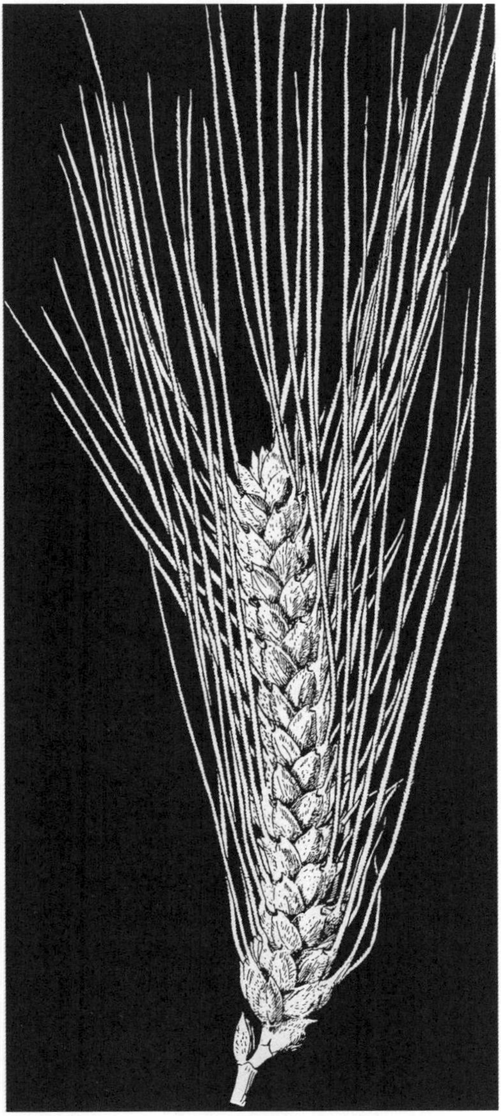

Fig. 7. *El «zafrani» cultivado en Herat es un trigo redondillo (también llamado inglés, v. Anexo II), un trigo desnudo dentro del complejo de especies tetraploides. Originario del creciente fértil, y muy cultivado en el mundo mediterráneo y fuera de él, al menos hasta mediados del siglo XX [Dibujo de Annemarie Tröger].*

con mezquitas y un gran bazar. La parte oriental, que limita directamente con la cordillera del Pamir, tiene mucho en común con el Tayikistán soviético. Un pueblo o etnia da paso constantemente a otro pueblo. Las regiones montañosas del Hindukush están ocupadas en su centro por pueblos de origen turco. Tras el Hindukush, al sur, se concentra sobre todo la población afgana. A esto hay que añadirle el gran número de iraníes (procedentes de Irán) y de baluchis (de Beluchistán, Pakistán) que residen en el país, estos últimos ataviados con sus característicos albornoces. Así es el complejo conglomerado étnico del Afganistán moderno, que cuenta con una población de entre seis y ocho millones de habitantes. De ellos, una tercera parte son nómadas.

Hay una gran cantidad de zonas abandonadas, de ruinas de ciudades que atestiguan antiguos cultivos intensivos. «Mil ciudades había cerca de Balj», rezan los datos históricos. Por supuesto, eran menos, pero, en cualquier caso, muchas. Evidencia de ello son el gran número de cementerios y de ruinas de distintos asentamientos encontrados.

Desde Mazar-e Sarif, y a invitación de Foucher, jefe de una expedición arqueológica francesa, nos dirigimos a Balj. «*El Balj contemporáneo* —escribe el arqueólogo francés Godard— *es Bactria, la* madre de las ciudades, *muchas veces destruida y reconstruida. Bactria, residencia del legendario sha de Persia, patria del fabuloso Zoroastro, es, como reza la leyenda, la capital del reino greco-bactriano*».*

Hasta tiempos recientes Afganistán prácticamente no había sido estudiado por los naturalistas y arqueólogos. No fue hasta 1922 cuando una expedición arqueológica francesa, con Foucher a la cabeza, comenzara las excavaciones de las antiguas poblaciones de Afganistán. El profesor Foucher y su ayudante, el doctor Hackin, tuvieron la amabilidad de darnos a conocer los resultados de los trabajos de su expedición y de la excavación de Balj. En

* Exposition de récents découvertes et de récent travaux archéologiques en Afganistan et en Chine. Musée Guimet, 14 mars, 1925. M. et Mme André Godard. Délegation archéologique françoise en Afganistan. (N. del A.)

1926, en el museo Guimet de París, tuvimos la oportunidad de visitar una valiosa exposición de objetos excavados por el arqueólogo francés en su expedición a Afganistán.

Como es sabido, el norte de Afganistán se encuentra en el centro del Antiguo Oriente. Aquí se cruzaban los caminos que conducían desde Asia Occidental y China a la India, era la puerta por la que cruzaban pueblos enteros. El Hindukush (que significa «muerte de los hindús») no constituía obstáculo para los arrojados conquistadores. Desde la antigua Bactriana (actual provincia de Mazar-e Sarif) los caminos conducen a través del Hindukush directamente al Punyab, al corazón de la India. En el 328 a. C. Alejandro Macedonio, al tomar Bactria, atravesó el Hindukush (se supone que a través del paso de Salang) y llegó al valle de Kabul. En el año 326 atravesó el río Indo, entrando en la India. Por este mismo camino, por los pasos del Hindukush, avanzaron sucesivas oleadas de invasores y de mercaderes atraídos por las riquezas de la India. «*No existe ningún país* —escribe el mismo Godard— *que haya presenciado tal diversidad de naciones, que haya cambiado de manos tantas veces. Los territorios de Afganistán los han ocupado los asirios, los medos, los persas, los griegos, los escitas, los partos, los kushán, los hunos, los turcos, los árabes, los mongoles*».

Los monumentos más antiguos encontrados por Foucher en Afganistán datan de los primeros siglos de nuestra era. Se trata de las *estupas:* unas construcciones con forma de *prosforon*[*] de enormes dimensiones, que llegan a alcanzar los 20 metros de altura. La parte superior de la estupa, la cúpula, simboliza, según se cree, la burbuja de agua con la que Buda comparaba la vida humana, señalando su carácter efímero. Las estupas se pueden ver en el camino de Kabul a Balj, y en la misma ciudad de Balj.

Magníficos monumentos de aquellos tiempos son también los enormes budas que se han conservado bien en nichos de roca en la antigua ciudad de Bamiyán, situada en el camino que une

* Un prosforon (del griego πρόσφορον, 'ofrenda') es una pequeña pieza de pan que se emplea en las liturgias de la Iglesia ortodoxa. Se compone de dos piezas redondas de masa que se ponen una encima de otra y se hornean juntas.

la India con la antigua Bactria. Para desilusión de Foucher y Hackin, las intervenciones arqueológicas en el reino de Bactria no dieron resultados claros. Todo lo que han encontrado hasta el momento se diferencia poco de las construcciones de adobe contemporáneas, de las viviendas planas de barro que caracterizan hoy en día el norte de Afganistán. Solo sobresalen las estupas de sólido ladrillo, la ciudadela y las propias murallas de Bactria, hechas del mismo ladrillo.

Las investigaciones agronómicas que llevamos a cabo en el norte de Afganistán, en las regiones de Bactria, coincidieron en general con las conclusiones de la expedición francesa. No encontramos los elementos geográficos necesarios para la formación de una gran cultura agrícola sedentaria. La zona norte de Afganistán está compuesta de regiones abiertas, aptas sobre todo para el nomadismo, los pastos y los cultivos de secano, a menudo relacionados con una economía seminómada. Todo el Turquestán afgano está abierto y desprovisto de defensas ante los invasores. No existen aquí grandes ríos que pudieran atraer una masa de población sedentaria. Grandes extensiones al oeste y el este de Balj se encuentran ocupadas por terrenos salobres. La región que limita directamente con Balj está empantanada y no es apta para el cultivo. En el mismo Balj causa estragos la malaria, de la que fueron víctimas los miembros de la expedición francesa.

El semblante histórico-natural y agrícola moderno de las regiones de Mazar-e Sarif, Tashkurgán, Shibirgán, Andjoi, Achki, Meimene y de todo el Turquestán afgano hasta Faizabad, incluyendo a Balj, testifica que en el pasado, al igual que hoy, no se daban aquí las condiciones para la creación de una cultura sedentaria duradera similar a la que surgió en Mesopotamia, Egipto y la India. Toda la comarca del Turquestán afgano es un amplio espacio para la economía nómada y seminómada, con magníficos pastos y una gran producción de forraje. En ningún otro lugar de Afganistán es tan barato el forraje para la caravana. Toda la importancia de la antigua Bactria se deriva de su posición central en la larguísima ruta que unía a la India con Mesopotamia y de la abundancia de forraje asequible.

El reino de Bactria estaba situado en un lugar propicio para la parada de las caravanas tras su largo viaje desde ambas estaciones de origen. Se trataba de un enclave comercial en el que coincidían mercaderes provenientes de diferentes puntos. Hasta el día de hoy en Balj y en las aldeas cercanas se encuentran gran cantidad de monedas de los primeros siglos de nuestra era. La leyenda de las mil ciudades de Bactria se justifica, hasta cierto punto, por la gran cantidad de ciudades y ruinas que se encuentran desde Bala Murgab hasta Mazar-e Sarif. Las «ciudades» corresponderían hoy a rábitas o caravasares, paradas para las caravanas. Tras las montañas y desiertos, el Turquestán afgano es sin duda un lugar propicio para el descanso de las caravanas y el aprovisionamiento de forraje y de víveres.

Desde Mazar-e Sarif hasta Kabul se marcha por una ruta transitada. Al pasar Tashkurgán, que se encuentra a una altitud de 580 metros, el camino asciende. Comienzan las subidas, los huertos, los cultivos de cereales, de melones y sandías, de lino. A 1100 metros de altitud se encuentra la pequeña ciudad de Aybak, («el jardín alegre»). Aquí hay abundancia de agua. Aybak es una pequeña población con bazar, rodeada de huertas y de cultivos de mijo, melones y sandías; aquí está la frontera con la provincia de Kattagan. Comienza el ascenso hacia el Hindukush. El camino asciende por un barranco a lo largo del río Khulm.

La rábita Jurram está situada a 1635 metros; se trata de la región hortícola más importante de Afganistán, y, sin duda, está poblada desde hace tiempo. Tras un ascenso hasta 1960 metros comienza el descenso a los 1200. Las huertas desaparecen y comienza una región baldía. De nuevo un ascenso hasta 2200 metros. La rábita Rui se encuentra a una altitud de 2000 metros, y de nuevo descendemos a 1200.

Quinto día de viaje. Un nuevo ascenso hasta los 2360 metros de la rábita Duab. Estamos a una altitud de 2860 metros. De nuevo un descenso, luego un ascenso, hasta el paso de Qarah Kotal, a 3060 metros de altitud. Descenso abrupto hasta el *kishlak* Madar. Por la mayor parte del camino hay que avanzar a pie por un camino de macadán y entre piedras. Las piedras se deslizan bajo los pies. El camino aún no está trazado, y podría mejorarse solamente con el uso de dinamita. En la mitad del descenso el camino de pronto desciende bruscamente hasta el fondo mismo del cañón, en el que irrumpe con fuerza una corriente de agua de montaña. El descenso desde Qarah Kotal va disminuyendo en altura cada media hora de la siguiente manera: 3060 – 2850 – 2700 – 2550 – 2350 – 2200 metros. Madar se sitúa a 2000 metros. La población es hazara. De nuevo un descenso, y otro ascenso. Cerca de Saighan hay huertas y cultivos. Se divisan las cimas del Hindukush. La altitud es de 2240 metros.

Nos salen al encuentro unos jinetes, detienen la caravana y les explican a nuestros guías, soldados afganos, que debemos esperar al gran jefe. Acordamos esperar al jefe en la parada, en la rábita Kamerd.

Nos enteramos de que ha tenido lugar una desgracia. Su jefe ha sufrido un disparo, y por lo que parece está muy malherido. Es necesario realizar una operación, la atención de un médico. En este país, europeo se considera sinónimo de doctor, de sanador de cualquier dolencia. En la rábita reina una gran agitación. No entendemos todo lo que apresuradamente nos quieren hacer saber, solo conseguimos sacar en claro que pronto traerán al jefe herido. Llega la noche, pero en la calle hay luz. Cerca de nuestra parada se ha congregado una enorme multitud de varios cientos de personas con antorchas. Traen en una parihuela al gobernador de la región y lo colocan cerca de la casa de té o *chaijana* donde está detenida nuestra caravana. La herida es grave. La bala se ha alojado en las vísceras. Echamos mano de los vendajes ingleses bien desinfectados que hemos adquirido en Mazar-e Sarif. Hacemos hervir agua y vertemos todo el yodo del que disponemos sobre la herida cuidadosamente lavada, vendando luego al herido.

Esta operación parece haber acarreado alguna mejoría en el paciente. Al amanecer, cuando nuestra caravana se pone en camino, nos sigue la comitiva del gobernador con muestras de agradecimiento. El enfermo estaba dormido. Seguramente, la herida no era en realidad tan grave. Nuestros soldados recibieron de regalo una gran cantidad de frutos secos, entre ellos, orejones.

Nuestra primera experiencia como sanadores había resultado, al parecer, exitosa. En adelante, casi en cada rábita —quizás porque se hubiera corrido la voz de nuestro arte— se nos acercaban enfermos de todo tipo. En la medida de nuestras posibilidades, les entregábamos quinina; en el peor de los casos, aspirinas. Había muchísimos enfermos de tracoma, a los que dábamos gotas de zinc. En cualquier caso, fuimos dejando por el camino todo el sencillo botiquín del que disponíamos.

Ya es el octavo día de avance de la caravana. El camino asciende lentamente entre Sokhta Chinar y Aq Rabat hasta los 3400 metros. La población es hazara. A lo lejos se puede apreciar el magnífico panorama del Hindukush nevado. El cultivo del cereal alcanza aquí los 3380 metros. Se cultiva en abundancia la cebada desnuda.

Desde Aq Rabat nos dirigimos hacia Bamiyán. Está situado en la ruta desde la India hasta la antigua Bactria. La localidad es un valle de alta montaña situado entre los 2550 y los 2700 metros de altitud. En sus extremos, a la falda de las montañas, compuestas de tierra arcillosa y conglomerados, se ha asentado una gran población agrícola en cuevas naturales y artificiales. Aquí hay grandes plantaciones de trigo, cebada, habas, guisantes, trébol persa, alfalfa. La población habla en lengua farsi, podemos entendernos. En la región de Bamiyán se cuentan hasta 12 000 cuevas. En esta original ciudad de cuevas situadas en rocas abruptas, pueden verse estatuas de Buda talladas en unos nichos bien limados. Las mayores alcanzan los 53 metros de altura, las más pequeñas, 35. Ya el viajero chino del siglo VIII Xuanzang hablaba de los colosos de Bamiyán y los describió con detalle. La noche de luna junto a los Budas gigantes, bajo las cimas nevadas del Hindukush, producía un estado de ánimo especialmente sagrado. Pareciera que uno se asomara a un pasado milenario.

Noveno día de viaje. Tres o cuatro días más, y alcanzaremos el valle de Kabul. Los acontecimientos no favorecían nuestro avance. Tuvo lugar un levantamiento de las tribus del sur con la ayuda de Inglaterra que amenazaba con el derrocamiento de Amanulá Khan, *padshah* de Afganistán. Los sublevados se estaban acercando a Kabul. Había comenzado la evacuación de la colonia europea de Kabul. Los correos diplomáticos soviéticos que nos encontramos no traían noticias muy alentadoras. Era posible que nos retuvieran si nos acercábamos a Kabul, y era necesario tomar todo tipo de precauciones, ya que el levantamiento se extendía hacia el norte, conforme iba encontrando la adhesión de las tribus del norte que rodeaban Kabul. Sin embargo, la perspectiva de avanzar en el sentido contrario, hacia Mazar-e Sarif, cuando ante nosotros quedaban todavía tres cuartas partes del recorrido fijado, no nos convenía. Había que tratar por todos los medios de alcanzar Kabul.

Desde Bamiyán el camino avanza a una altura de entre 2400 y 2800 metros. A partir del rábita de Shumbal comienza un ascenso hasta los 3000 metros. De nuevo magníficos cultivos de trigo de primavera, alfalfa, trébol persa y áreas ocupadas por la planta del opio a 2480 m, seguramente límite extremo para este cultivo. El sendero comienza a descender hasta los 2000 metros. Aparecen importantes cultivos de arroz, algodón, vid. Se puede observar cómo, al abrigo del Hindukush, los límites de cultivo de distintas plantas se elevan considerablemente en comparación con el norte del país. Desde Bamiyán y hacia el sur, al menos durante 100 km, aparecen cuevas en ruinas. Llegamos a la rábita Siaguerd. El camino avanza junto al caudaloso río Gorband. El puente resultó estar roto, y tuvimos que vadear. Por suerte, era septiembre, había poca agua y el paso no presentó grandes dificultades. La población de esta zona es hazara.

El camino va mejorando conforme avanzamos. Por aquí pueden pasar faetones. La altitud media es de 1800 m. Llegamos a la rábita Badzhiguldzhan. Hay mucho algodón, trigo, cebada. De vez en cuando nos encontramos con las negras tiendas de los nómadas. Se trata de nómadas afganos pastunes. Llegamos a Charikar. Hacia el norte de Charikar se puede apreciar una larga cadena montañosa: el Kuhistán (país de las montañas).

Charikar es una pequeña ciudad con un importante bazar que cuenta con unos doscientos puestos. Está situada a una altitud de 1690 m, y rodeada de muchos cultivos. Aquí ya se aprecia la influencia de Kabul. Desde Charikar hasta Kabul el camino es magnífico. Está comunicada con Kabul de manera regular en faetón, hay muchas diligencias *(bag)*, e incluso pueden verse automóviles.

Un pequeño ascenso hasta los 2100 m. El tráfico es cada vez más como en un día de mercado. A ambos lados de la carretera de Kabul se suceden amplios cultivos, como de una versta.* Hay una forma especial de trigo enano, que no habíamos encontrado hasta ahora. Es el reino de los endemismos. Hay aquí y allá algo de arroz, y nabo oleaginoso. Tras el ascenso se divisa Kabul, en el valle del río Kabul. Desde lejos da la impresión de ser una gran ciudad.

En total, el trayecto de 540 kilómetros desde Mazar-e Sarif hasta Kabul nos ha llevado 13 días.

Expedición a Afganistán (continuación)

En unos versos dedicados a Kabul en la *Geografía de Afganistán*, la geografía oficial editada en Kabul, podemos leer: «*Y entonces del cielo trajeron un terrón de tierra, y de él creció Kabul. Los ángeles, al ver Kabul, dijeron: aquí se está mejor que en el cielo*», y en otros versos todavía con más entusiasmo: «*Cada trozo de tierra de Kabul es más preciado que el mundo entero*».

Y, en efecto, la tierra de Kabul es muy preciada. Alrededor de la ciudad la agricultura es exclusivamente de regadío, intensiva, con un uso concienzudo de cualquier trozo de tierra. El oasis de Kabul, situado a una altitud de 1760 metros, fue el resultado de una enorme cantidad de trabajo por parte de los agricultores. El suelo de cultivo se ha creado, hasta cierto punto, de manera artificial. Las pendientes de las montañas que rodean el oasis de montaña de Kabul están cubiertas sólo en algunos puntos de sedimentos poco importantes de loess. En su mayor parte constituyen una meseta pedregosa. Por este motivo, en Kabul se valora cada trozo de tierra. Se puede ver a menudo a gente pululando por entre las antiguas ruinas o restos de construcciones, llevando en burros la tierra para campos lejanos. Incluso de debajo de las zonas de corrimiento de tierras extraen con picos la fina capa de tierra

---

* Medida de longitud rusa equivalente a 1067 metros.

intermedia, con tal de arrancar tierra para las plantas. Los suelos naturales están, en su mayor parte, habitados o empantanados.

Kabul es una ciudad de tamaño respetable, con una población de 70 000 habitantes. La ciudad antigua está compuesta por casas con tejados planos que recuerdan en este aspecto a Herat. Las canalizaciones de saneamiento también dan directamente a la calle. Los tejados planos de las casas, estructurados en diferentes alturas, confieren a la ciudad el carácter escalonado que le es propio. En uno de los límites de la ciudad antigua se ha comenzado a construir una nueva ciudad europeizada. Toda la vida de Kabul está determinada por la agricultura. Los bazares están repletos de gran cantidad de granos, frutos y bayas. A pesar de la considerable altitud de la ciudad, la uva y el melón del que rebosan los mercados en otoño son de una calidad excepcionalmente alta.

Nuestra excursión por los alrededores de la ciudad aportó un material muy rico. Aquí se encuentran muchos endemismos, empezando por el trigo, representado por gran cantidad de formas enanas no conocidas en ninguna parte del mundo y que constituyen un grupo especial. Estos trigos de tallo resistente se desgranan con dificultad y son muy productivos. Las legumbres están representadas por una gran diversidad de formas de grano pequeño y formas oscuras que se diferencian sobremanera de las variedades europeas. Abundan el lino y el nabo oleaginoso. A menor altitud, en lugares más cálidos, se cultiva también algodón, normalmente en las formas típicas de la India. Aquí se deja sentir ya la influencia del norte de la India, a pesar de que también se hace patente en gran medida la cercanía de Asia Interior. No nos cabía ninguna duda de que nos encontrábamos en una región de desarrollo de flora cultivada original, en condiciones además muy duras. La agricultura intensiva nos señala la antigüedad de los cultivos y una intensa y centenaria labor de selección. Era necesario seguir con la búsqueda. Nos asaltó la temeraria intención de visitar todas las regiones agrícolas principales.

De nuevo repartimos la expedición en dos partes. Una de ellas trataría de conseguir permiso para cruzar por la ruta sur y volver a Herat por Kandahar, mientras que la otra, en la que se encontraban el autor de estas líneas y D. D. Bukínich, decidió tomar el camino menos conocido, en dirección al Pamir y Badajshán.

El hallazgo en 1916 de centeno y trigo singulares en la frontera de Afganistán nos forzó a dirigir la atención principalmente en esta dirección, al lugar de convergencia de la India, Afganistán y el Tadzhikistán soviético. Gracias a los esfuerzos de la representación soviética en Kabul, recibimos la autorización para ir por ese camino.

La caravana, compuesta por dos de los miembros de la expedición y un *karakesh* (guía), dos soldados locales y tres caballos de carga, emprendió su viaje en dirección al puerto de Salang.

Nuestra ruta se adentra en la región de Kuhistán (país de montañas), y el camino avanza por granitos, piedras calizas, esquistos, areniscas compactas. La población es tayika. Los mismos cultivos: morera, guisante, cebada desnuda,[11] nabo oleaginoso (para aceite de iluminación). Las construcciones son de piedra, de tipo montañés de varias plantas, como nidos adheridos a las montañas. Por la abundancia de árboles de morera la región entera se podría denominar moral. El camino avanza junto al río Salang. A los lados, asentamientos de una, dos o tres casas, *kishlaks* aislados de hasta diez o doce construcciones.

Desde el *kishlak* Tach el camino sube hasta el puerto de Salang. Comienza el ascenso. El 1 de octubre, a 2900 metros de altitud, los arroyos y charcos están congelados. El camino se convierte en sendero. La altitud va variando cada media hora de la siguiente manera: 2930 – 3140 – 3340 – 3550 – 3750 m. Ya desde los 2400 metros encontramos la nieve del año pasado. Alcanzamos el primer puerto. La altitud es de 3785 metros. El primer puerto no es dificultoso, podemos pasar a caballo. Descenso desde el primer puerto hasta los 3620 metros, luego comienza el segundo, a 3900 metros. El camino se hace más difícil: parte del trayecto que lleva hasta el puerto de montaña transcurre por corrientes de agua helada. Dar paso a las caravanas que nos encontramos de frente presenta dificultades.

El camino se adentra en un desfiladero por el que transcurre el río Khinjan. Incluso en octubre, el río lleva bastante caudal, y es el ejemplo típico de río de montaña, rápido, tortuoso. Los *kishlaks* son pobres, los víveres escasean. La población es tayika. Un descenso hasta los 1685 metros. Continuamos descendiendo hasta el asentamiento Khinjan, a 1180 metros de altitud. Khinjan es un *kishlak* grande, de unas 500 casas. Es una región arrocera.

Nos dirigimos a Banu, una pequeña ciudad situada a 1550 metros de altitud. Cerca de la actual Banu se encuentran las ruinas de la gran y antigua Banu, con cientos de casas y tiendas. A partir de Banu comienza una región de cultivos de secano. La parada en esta ciudad resultó poco agradable. Nuestra intención de fotografiar las ruinas despertó las sospechas de unos *mullah* de orientación fanática. Sobre la caravana, que estaba parada pacíficamente en posición de descanso, empezó a caer una lluvia de piedras desde los tejados. No se nos dio la oportunidad de aclarar nada ni de convencerles, tuvimos que ponernos en camino inmediatamente.

El puesto de Murgh se encuentra a una altura de 2410 metros. Desde él se abre el magnífico panorama de la cordillera del Hindukush. Descendemos hasta la rábita Yarim, a 1820 metros de altitud. El mapa ruso de diez *verstas* que se ha confeccionado para esta región es por completo satisfactorio. Desde Yarim, el camino cruza varias veces el río. De camino encontramos Narym, una pequeña ciudad en desarrollo, con un bazar de cientos de puestos. Aquí habitan tayikos y uzbekos.

La región recuerda a Bujará. Hay abundancia de víveres. Se trata de una región de economía semi-nómada. Junto a casas de adobe aparecen *kibitkas* de tipo turkmeno.

De nuevo rábitas, *kishlaks*. El camino avanza por rocas entre las que es visible el loess. Hay enormes cultivos de trigo y cebada en las laderas de las montañas. Es una rica región agrícola. La población, tayikos y uzbekos.

Al octavo día de viaje la caravana llega a Kanabad, una ciudad que recuerda a Meimene. Con cerca de 10 000 habitantes, hay caravasares del estado y privados. Kanabad está situado a una altitud de 570 metros en el valle del río Taleqan. Grandes plantaciones de arroz, trigo, cebada, algodón. El paisaje recuerda al Kopet Dag en la región de Kushka, y a las zonas bajas de Tayikistán. Colinas con loess a la vista. A menudo encontramos cultivos no irrigados.

Dejamos atrás una pequeña ciudad, Talikán, la rábita Mashjad, el gran *kishlak* Kalafgan. Por el camino nos encontramos cada vez más a menudo con tiendas nómadas de tipo turkmeno. El camino asciende. La altitud alcanza los 1500 – 1600 metros. Pasamos la rábita Argu, a través de la que transcurre la ruta de caravanas a Kanabad, Chitral y Peshawar. El 10 de octubre la caravana alcanza Fayzabad, una gran ciudad situada a 1260 metros de altitud. El paisaje son colinas alargadas de loess. Conforme nos acercamos a la ciudad, los suelos son cada vez más pedregosos.

Fayzabad está protegida por el oeste por un monte. Este parece estar como apoyado en ella, confiriéndole la apariencia de un pintoresco enclave de montaña. La ciudad es original, no se parece a otras ciudades afganas. Una parte de ella es de piedra. La habitan unas 10 000 personas. Aquí encontramos la residencia del general Shamamud-Khan, que tenía encomendada la administración tanto de Fayzabad como de todos los puestos de la región que rodea al Pamir. Por suerte, el general manejaba de manera suficiente el inglés, y entenderse con él no resultó difícil. Nos facilitó los papeles para los puestos y para el *Hakim* local de Badajshán. Se siente la influencia de las montañas. Los precios de los productos son aquí más altos.

Sin detenernos más tiempo, al día siguiente tomamos dirección a Badajshán, al Zebak. El terreno asciende rápidamente. El camino es difícil. La mitad transcurre por *ovrings*, por cornisas que están colocadas en rocas verticales, en montañas con escalones de piedra. Es un camino militar que utilizan los destacamentos de Fayzabad para trasladarse a sus puestos del Pamir. Hay pocas aldeas. La población es tayika. Dejamos atrás Jurm y Chakarán, situados a una altitud de 1850 metros. El camino se hace cada vez más difícil. Hay abundante agua.

El camino sigue subiendo. Llegamos a Zebak, que está situado a 2750 metros de altitud y donde se encuentra el *Hakim*, la administración central de la región de Zebak.

Hemos alcanzado nuestro objetivo. Se trata de una magnífica región agrícola de cultivos de regadío y con gran cantidad de agua. Es un reino de endemismos, de trigo sin lígula Hay centeno gigante de primavera. Teníamos muy clara la composición de la flora cultivada. No había nada especial. Sin duda, la región de Kabul era mucho más importante, mientras que aquí tenemos una flora que no se diferencia prácticamente de la del Asia Interior. Comprendimos que en esta región no encontraríamos la solución a la serie de preguntas que nos interesaban. La consecuencia lógica era pensar que debíamos seguir con nuestra búsqueda en dirección a la India, estudiando de manera más exhaustiva la parte sureste de Afganistán.

Tanto D. D. Bukínich como yo conocíamos la región del Pamir. Regresar en octubre por lugares ya conocidos, sin haber siquiera puesto un pie en la mitad del territorio de Afganistán, hubiera resultado intolerable. Teníamos permiso para salir por el Panj en el punto de control fronterizo ruso, pero se nos ocurrió otra idea, más osada: volver a Kabul, pero no por el mismo camino, sino por la frontera con la India, volviendo, si era posible, a Jalalabad, a Peshawar, es decir, acercándonos a las regiones que menos habíamos tocado. Nos fuimos afianzando cada vez más en esta decisión. Me dirigí a caballo, junto con el guía, al punto final de nuestra ruta, al puesto militar afgano de Ishkashim, del que nos separaban 24 kilómetros. D. D. Bukínich se sintió indispuesto, y hubo de quedarse con uno de los soldados y la caravana.

Desde Zebak, o, más exactamente, desde el *kishlak* Zar Khan, donde se había detenido nuestra caravana, el camino avanza por un cauce de guijarros, a través de un barranco, a una altitud de entre 2750 y 3100 metros. Los ascensos y descensos son suaves. La «fortaleza» afgana está situada a cuatro kilómetros del río Panj, y resultó ser una vulgar rábita oficial para 100 o 200 caballos. La rábita estaba rodeada de campos cultivados. Era la mejor época del año para recoger las espigas.

Nuestra aparición produjo un revuelo increíble. Salió el jefe del puesto con un traductor. Disponíamos, por lo visto, de una carta especialmente amable del general de Fayzabad, pues nos abría las puertas de la fortaleza. Por fuera, como todas las rábitas, la de Ishkashim recuerda a un castillo, con torres en las esquinas,

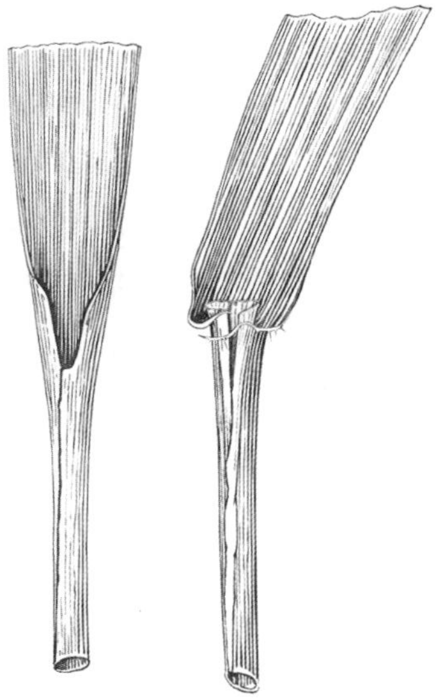

Fig. 8. *La lígula es una pequeña membrana situada en la unión entre la vaina y el limbo de la hoja, característica de los cereales (dcha.) A la izda. se representa una de estas curiosas formas sin lígula, de las que habla el autor.*

un alto muro con aspilleras. Los soldados se encontraban alojados en los *kishlaks* cercanos. Comenzando por los mandos, el destacamento estaba representado por elementos afganos poco característicos. Los *kishlaks* de toda la región estaban habitados por tayikos. El responsable de la fortaleza de Ishkashim (en 1924, el capitán Guliám Najshband) es, al mismo tiempo, jefe de todos los puestos afganos del Pamir, incluyendo los puestos de Munjan en los puntos comerciales desde Chitral hasta Badajshán. Le acompañan dos ayudantes y un *kutvali* (un cargo policial).

La fortaleza de Ishkashim es, de este modo, el centro administrativo militar de la región del Pamir.

Una montaña que colinda con el río Panj conforma la defensa natural de la «fortaleza» afgana.

El puesto fronterizo soviético está situado en la orilla opuesta del Panj. En el verano se atraviesa el río haciendo uso de *gupsares*, es decir, en pieles llenas de aire. Hacia el lado afgano había un lugar donde el río se podía vadear a caballo. Llamamos con gritos a los representantes del puesto soviético. Según la costumbre local, los representantes de nuestro país fueron invitados por el capitán a pasar la noche. Por la noche se celebró un original banquete con música. Nunca había visto unos intérpretes tan virtuosos. Producían unos sonidos completamente excepcionales en una barra de acero con ayuda de cuerdas de cinco notas, acompañándolas con melodeclamación y cantos.

Hice entrega a los camaradas soviéticos de las cartas que daban cuenta de mis intenciones e informé al capitán afgano de que era tarde para ir al Pamir, y de que volveríamos a Kabul, pero utilizando otra ruta. Nos dieron algunas indicaciones, aunque, la verdad, bastante poco concretas. El mapa esquemático del que disponíamos era demasiado rudimentario para orientarnos por él. Había que atravesar el Nuristán, es decir, un país por el que solo había pasado un europeo, el coronel Robertson, cuyo libro, por desgracia, no llevábamos con nosotros.

Los soldados afganos que nos escoltaban se mostraron dichosos de volver a Kabul, aunque tuvieran que hacerlo por otra ruta. Este plan les era propicio desde todos los puntos de vista. Por nuestra parte, nos acompañaban representantes oficiales del poder afgano, personas leales y que conocíamos bien, con las que podíamos arriesgarnos a ir sin permiso y sin mapas geográficos por unas regiones no exploradas.

Al volver a Zebak empezamos a prepararnos para la dificultosa ruta, aprovisionándonos bien. Lo mejor hubiera sido encontrar aquí algún guía que nos acompañara durante una parte considerable del camino, pero esto no fue posible. Tendríamos que ir cambiando de guía en las aldeas. El 16 de octubre emprendimos el camino de vuelta a Kabul por una ruta nueva y desconocida, en gran medida encomendándonos al destino, y llevando como guía únicamente unos mapas generales y rudimentarios.

Desde Zebak, la ruta iba hacia el *kishlak* Sanglech, situado a 3280 metros de altitud. El camino avanzaba por senderos poco transitables; a menudo nos veíamos obligados a vadear ríos. Tras el poblado de Iskatul, a 2900 metros, el camino comienza a mejorar. Poco a poco, asciende a la montaña desde el río. Un ascenso hasta los 3350 metros. Se trata de un camino arreglado. Se han apartado las piedras, se puede andar todo el trecho al trote. Todas las caravanas que nos encontramos vienen de Chitral, de la India. Tras el camino dificultoso que conducía a Zebak, no nos esperábamos en absoluto un camino fácil. Tras el ascenso, un pequeño descenso. En adelante, siguiendo el río y hasta Sanglech, el camino asciende paulatinamente. A ambos lados observamos arbustos y hierbas, matorrales de espino amarillo y de rosas silvestres.

Sanglech es un *kishlak* de montaña en el que solo se cultiva cebada. A 12 kilómetros al sur del *kishlak* se encuentra el puesto militar de Sanglech–Bandar, a 3340 metros de altitud, con el *segadar* (comandante) y cinco o seis soldados. El puesto se compone de una torre y varias construcciones. El propósito del puesto es la defensa del camino de los bandidos *(basmach)*. Junto al puesto el camino se bifurca. Una de las bifuraciones se dirige a Chitral, y la otra hacia Munjan, al Nuristán. Por la rama que lleva a Chitral hay bastante tráfico de caravanas desde Peshawar y Asmar.

Comienza el ascenso. El puerto de Munjan, o Magh Nawul, es fácil, a 4070 metros de altura. Antes del paso, a un lado, hay un pequeño glaciar. El paso se diferencia de los que son habituales en el Hindukush: moderadamente empinado, fácil, accesible para las ruedas si se arreglara, a pesar de su considerable altitud de 4070 metros. Una rica vegetación herbácea.

Descendemos desde el paso hacia el *kishlak* Shar, que se encuentra a una altitud de 2895 metros. Se trata de un modesto *kishlak* de montaña de piedra, con población tayika. El camino es fácil. Leves ascensos a través del río Monjan La única dificultad consiste en atravesar acequias de riego y riachuelos. Hay abundancia de agua. Se ven glaciares. Por el camino crecen rosales, agracejos, espino amarillo. Los *kishlaks* son muy pobres, los habitantes, que van vestidos con harapos, son tayikos.

Llegamos al *kishlak* Tili. Es la frontera con Badajshán, a partir de la que comienza el sendero, a través del puerto de Parún, al Nuristán.

Viaje por Nuristán

Hasta tiempos muy recientes, la región más cerrada y la menos estudiada de Afganistán seguía siendo el Nuristán, que no solo estaba intacto en el sentido botánico y agronómico, sino que tampoco había sido suficientemente estudiado desde un punto de vista geográfico. Nuestra expedición hubo de adentrarse en lugares que aún no habían sido explorados.

Al entrar a Badajshán desde Kanabad en octubre de 1924, nuestra expedición encontró aquí en los campos, en una región limítrofe con el Pamir, junto a Zebak e Ishkashim, a una altitud de 2500 – 3000 metros, gran cantidad de variedades de trigo harinero con una estructura simplificada de las hojas (sin lígula ni aurículas). Habíamos encontrado estas formas por primera vez en 1916, en las fronteras de nuestro Badajshán.[12] Estas especies de interés para el botánico son conocidas solamente en esta zona. Estaba claro que penetrando en dirección a Chitral, al Nuristán, podríamos hasta cierto punto comprender el misterio de este trigo.

El 16 de octubre de 1924 tomamos rumbo directamente al Nuristán central, desde Zebak hacia Iskatul, Sanglech. Dado que la región no había sido estudiada en absoluto por europeos, que sepamos, y que estábamos llevando a cabo la primera expedición, haremos una descripción de la ruta que lleva de Badajshán siguiendo nuestro diario.

Zebak está situado a 2750 metros sobre el nivel del mar y, al igual que Ishkashim, consta de una serie de *kishlaks*, pobres aldeas diseminadas por valles de montaña a distancias de varios kilómetros entre ellas, y habitadas por tayikos de rostro pálido que hablan farsi. Cada *kishlak* tiene su *arbob* (jefe). La administración de todo Zebak está concentrada en el *hakim*, que vive en una de estas aldeas. La agricultura aquí es la característica de los asentamientos de montaña de los tayikos. Los cultivos son de regadío. Las construcciones son de piedra. Se siembra trigo, lino y habas, con las que hacen una especie de sopa. Cultivan también cebada desnuda, yeros, guisante y mijo. Para la iluminación utilizan aceite de *sharsham* (nabo oleaginoso).

Las ramas de los matorrales, sobre todo del espino amarillo, se untan de semillas aceitosas trituradas y se utilizan como velas.

El clima de Zebak es severo. El poeta Amdjad Âqâ-ye Mirzâ Shêr Ahmad escribió lo que sigue sobre Zebak:

En ninguna parte hay nieves y vientos como en Zebak en invierno, no existen heladas así en ningún otro sitio bajo el cielo.

Como con una alfombra de algodón está cubierta toda la tierra: ni las montañas ni las praderas están libres del hielo, en ninguna parte se ve una hoja…

Tres o cuatro meses dura el invierno en otros lugares, ocho meses perdura en este lugar.

Ni de día ni de noche tienen los habitantes de estos lares otro alimento que no sea el pan duro y una sopa aguada de habas.

Si alguno enferma, no hay medicinas ni médicos. Si alguien tiene que pelarse la cabeza, no hay barbero.[*]

La población es pobre. La ropa que llevan da lástima. A pesar del frío, van medio desnudos. Toman té, no tienen ni azúcar ni sal.

Tallados en piedra hemos encontrado dibujos sencillos de un artista tayiko que representan un caballo y unos corderos.

El sendero avanza a lo largo de tempestuosos riachuelos de montaña que transcurren por los lugares más anchos, una parte también discurre por *ovrings*, es decir, por escarpes situados en rocas verticales y pendientes. Hay arbustos de rosal. El punto más alto del ascenso a Sanglech se sitúa a 3350 metros. Salimos a un sendero que lleva desde Badajshán a Peshawar por Chitral. Nos encontramos con un mercader hindú que transporta alfombras desde Mazar-e Sarif a Chitral. Sanglech, a una altitud de 3380 metros, está situado en los límites de la tierra cultivable. Aquí solo madura la cebada. Algunas veces se planta trigo, pero rara vez llega a madurar. Se plantan guisantes y almorta, pero tampoco maduran siempre y a menudo se acaban destinando a forraje verde.

Desde Sanglech, donde pasamos la noche del 17 de octubre, nos dirigimos al paso de Munjan (Magh Nawul), situado junto al puesto militar de Sanglech–Bandar, a 3340 metros de altura. A 12 kilómetros hacia el suroeste de Sanglech, la ruta se divide: una rama conduce a Chitral, hacia Peshawar, y la otra a través de Nuristán hacia Asmar. Tras el puesto comienza un ascenso ligero, casi inadvertible por un terreno blando. Dos horas después

* Véase Burjan-ud-Din-Jan-i Kushkeni. *Kattagan y Badajshan*. Traducción del persa supervisada por el profesor A. A. Semenov. Tashkent. 1926.

alcanzamos el punto más alto del puerto: 4070 metros. A uno de los lados se ve un glaciar con una morrena en la base. Casi en la misma cima hay plantas silvestres de cebada violeta plurianual y groselleros. Bajamos al *kishlak* Magh Nawul, que está situado a una altitud de 3340 metros. También aquí encontramos el mismo trigo con hojas simplificadas (variedades sin lígula); de hecho, son la mayoría.

El 18 de octubre, desde el *kishlak* Shar, de nuevo dejando atrás unos puestos militares, nos dirigimos al Tili, situado en las faldas del Hindukush. El camino es bueno, solo encontramos dificultades al vadear acequias y riachuelos. Enormes ejemplares de rosal, espino amarillo, agracejos.

Tili es un pequeño *kishlak* de montaña tayiko fortificado y situado a 3025 metros de altitud. Para el cultivo de cebada y de trigo es necesario limpiar antes las parcelas de piedras. Los campos son parcelas pequeñas rodeadas de grandes pilas de piedras. La población es tayika, y la miseria, grande. Hay pocos niños, explican, porque no hay suficiente pan. Siembran cebada desnuda mezclada con guisantes. Hasta los 2940 metros llega el albaricoque, aunque no florece todos los años.

Por supuesto, no es aquí donde conviene buscar los orígenes de la agricultura. Los agricultores de aquí son refugiados, expulsados por el destino a estas regiones montañosas poco accesibles y arrastran un existencia lamentable.

Aclaramos las incorrecciones de los mapas ingleses, que unen erróneamente la región que se encuentra entre Magh Nawul y el *kishlak* Tili, hacia Nuristán. Se trata, sin duda, de la continuación natural de Badajshán. El hecho de que Robertson enlazara esta región con el Nuristán es resultado de un error y de la falta de información. La frontera del propio Nuristán con el norte la constituye el Hindukush, llamado aquí Parun, en cuyas faldas de la vertiente norte se abriga la población de Tili, a 35° 50' de latitud norte. A partir de Tili comienza el ascenso al puerto de Parun. Tras las montañas, como atestiguan los guías con una sola voz, viven *kafir* (infieles) que hablan lenguas completamente específicas. Según los testimonios que hemos podido recoger de los diferentes

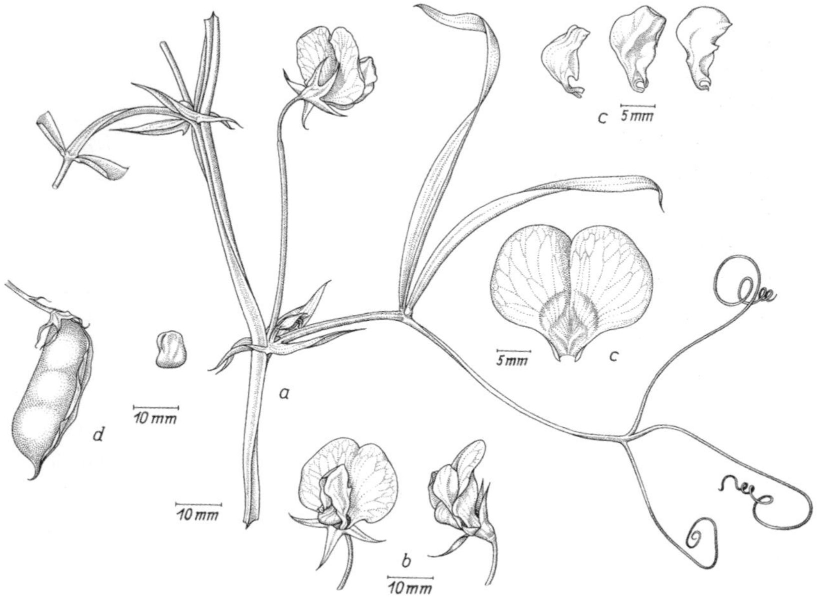

Fig. 9. *La almorta, una leguminosa cultivada para la alimentación del ganado, y también para el consumo humano, aunque en grandes cantidades o en uso prolongado es neurotóxica (latirismo). [Dibujo de Ruth Kilian].*

---

tayikos, el Nuristán comienza en esta parte de Afganistán, tras el puerto de Parun. Tili, al igual que los *kishlaks* que ya hemos mencionado antes, no forma parte del Nuristán.

El 19 de octubre nos dirigimos al Nuristán. Desde Tili el camino entra en un desfiladero por el que fluye el río Monjan. El camino se hace pedregoso, y continuamente está atravesado por riachuelos. El desfiladero está lleno de espino amarillo con frutos rojos y amarillos, rosal silvestre, álamos, agracejos y groselleros. Se trata del «bosque» de los agricultores del Monjan. Las heladas ya han tocado las hojas, que con este contacto comienzan a desprenderse. El camino no es difícil. El sendero ha sido bien preparado. Al ir ascendiendo, el camino va ganando en dificultad. Comienzan los deslizamientos de piedras. Los caballos se quedan atascados en las fisuras que aparecen entre las piedras, tenemos que bajarnos constantemente de la montura para liberarles las patas. Se les han desprendido las herraduras. El lugar es baldío, está completamente desierto. En nueve horas de camino (30 kilómetros) no nos cruzamos absolutamente con nadie. La caravana alcanza los 4000 metros, donde entre rocas se divisan tres cuevas en cuyo abrigo, según comentan los guías de Tili, suelen pasar la noche los viajeros. Hay bastante leña. A 4000 metros siguen madurando el escaramujo y las bayas del espino amarillo. Pasamos la noche junto a las cuevas, al calor de las hogueras. Por la mañana encontramos los riachuelos cubiertos por una capa de hielo.

El 20 de octubre, nuestra ruta cruzaba el puerto de Parun. Tras una pausa a 4000 metros de altura comienza un ascenso considerable. Hasta los 4200 metros encontramos rica vegetación. Encontramos cebolla, cola de zorro, cebada violeta. A lo lejos se divisan nieves perpetuas por las que hay que buscar el camino hasta el puerto. No se divisan huellas. Los guías conducen la caravana a través del puerto hacia el descenso guiándose por marcas que solo ellos conocen. La altitud en el puerto es de 4760 metros, pero este pasa por una de las laderas, las montañas tienen mucha más altura.

Mucho más difícil que el ascenso es el descenso empinado y pedregoso. En una hora, la caravana desciende hasta los 4300 metros, hacia un pequeño lago helado. Continuamos el difícil descenso prácticamente al galope. En cuatro horas llegamos a los 2900 metros, es decir, descendemos 2000 metros en seis horas. Si tenemos en cuenta que se trata de un trayecto agotador de dos días por una zona desierta, y la pérdida de las herraduras de los caballos, podríamos decir que de todos los puertos del Hindukush, el de Parun es el más difícil.

En la vertiente sur las plantas alcanzan bastante más altitud. El agracejo alcanza los 3700 metros, la cebada plurianual violeta, los 4400. A partir de los 3700 metros comienza a aparecer el abedul. Entre los 2950 y a los 3000 metros aparecen las primeras poblaciones kafires, ¡comienza el verdadero Nuristán!

El poblado de Parun, que toma su nombre del puerto de montaña, consta de seis *kishlaks*. Nos dirigimos hacia el *kishlak* Pronz, dejando atrás el llamado Shku. Los *kishlaks* sorprenden por su esmero, sus campos bien cuidados. Alrededor de las casas se han plantado árboles. Por todas partes pueden verse senderos bien cuidados, aguas bien conducidas. Se siente la antigüedad de una cultura sedentaria. Los cultivos ocupan pequeñas parcelas, de entre 5 y 10 *sazhen** cuadrados. Se utiliza cada trozo de tierra. Los campos están vallados. Las casas recuerdan a las tayikas, a menudo son de dos plantas, pero tan diminutas como los campos. En el campo solo se ve a mujeres y ancianos. Las mujeres no llevan chador. Hay muchos molinos de agua. Los cultivos son los mismos que en Tili. También aquí encontramos la ya conocida variedad de trigo sin lígula.

El *kishlak* Pronz se encuentra a un altitud de 2880 metros. Los hombres llevan unas camisas blancas, más bien grises por el paso del tiempo, y por su apariencia externa recuerdan a los tayikos, pero son más severos, menos amistosos que los pacíficos tayikos del norte. Las mujeres se comportan libremente, entablan con facilidad conversación con nuestros soldados afganos de Kabul. A diferencia de los *kishlaks* tayikos que se encontraban al norte del paso de Parun, aquí hay muchos niños. Tanto los niños como las mujeres son de tipo ario, no es raro que tengan el rostro pálido. La pobreza es la misma que en el caso de los tayikos: sus ropas son harapos.

Se trata sin duda de una región con una civilización antigua. El Hindukush supone una fuerte barrera que aísla desde antaño el mundo de los kafires. La lengua se diferencia diametralmente en sus raíces. Tomamos nota del nuevo léxico.

El 21 de octubre nos dirigimos desde Pronz a la población de Wama, en el sur. El sendero avanza por un pintoresco desfiladero entre árboles y minúsculos y bien cuidados campos. Especialmente decorativos son los *Cotoneaster* arbóreos, con sus racimos de bayas rojas y negras. El río, a su paso por los *kishlaks*, está cuidadosamente bordeado de piedras.

---

* Antigua medida rusa de longitud que equivale a 2,1 metros.

Dejando atrás otros *kishlaks*, nos dirigimos a Pashki (Pashkigrum), situado en una montaña a unos 16 o 18 kilómetros de Pronz. Hasta aquí llegó Robertson en 1891.

El sendero transcurre por un desfiladero en el que fluye el caudaloso río Parun. A menudo encontramos puentes. El camino va adentrándose poco a poco en la espesura del bosque. A lo lejos se divisan bosques de coníferas. Pashki es un gran pueblo de montaña situado en lindero del bosque. Cuenta con no menos de 200 casas, un caravasar estatal para los viajeros de paso. También cuenta con su *mamlek* o jefe. No son raros los edificios de dos plantas. Los asentamientos parecen acogedores. En Pashki las casas son de madera, con los cimientos de piedra. Los habitantes siembran cebada, trigo, guisantes, mijo. En Pashki la lengua es completamente nueva. El trigo y la cebada toman nombres distintos que en Pronz. La población es de tipo ario: mujeres esbeltas ataviadas con blusas grises y vestidos negros. El jefe o *mamlek* tiene barba de color castaño claro y un abrigo campesino hecho de una tela de lana confeccionada a mano. Por su apariencia, la población recuerda a los tayikos: la mayor parte de los rostros son morenos. La vestimenta de los hombres consiste en un blusón con pantalones y cinturón. Atributo indispensable es la daga.

Al pasar Pashki (a unos 2750 metros sobre el nivel del mar) comienza una típica zona de bosque, donde reinan las coníferas: el cedro *(Cedrus deodara)* y los pinos *(Pinus excelsa, P. gerardiana)*. De vez en cuando se encuentran especies de hoja ancha: nogal, espino *(Crataegus)*, roble *(Quercus baloot)*. En el sotobosque crecen espireas. El sendero se adentra en las profundidades de un denso bosque de coníferas. Nos vienen a la mente cuadros de nuestra tierra: la taiga de la montaña, los gigantes centenarios, árboles derribados por el viento, ciénagas arenosas. Por el camino no vemos ni un alma. El paisaje tiene un relieve variable, hay rocas prominentes. El sendero va poco a poco descendiendo. El camino es difícil, a menudo hay *ovrings* en las orillas verticales de los ríos. Los caballos de carga tropiezan, hiriéndoseles las patas; se rompen los baúles.

Los *kishlaks* llevan una vida aislada. Desde Tili no hemos encontrado ni un solo viajero en el camino. Conforme vamos descendiendo de los 2500 metros, entre los cedros y los pinos empieza a aparecer un roble perennifolio *(Quercus baloot)*, que por sus hojas recuerda a un acebo; algunos autores lo definen incluso como *Quercus ilex*. A 2300 metros y a menor altitud ya constituye el fondo general del paisaje. Una rica cobertura herbácea: gramas, agrostis, vezas, epilobios, centaureas, estelarias, ásteres, nomeolvides. Una increíble variedad de hierbas.

Nos detenemos a pasar la noche en el bosque, cerca de un riachuelo a 2070 metros de altitud. La noche es fresca, pero después de las que hemos pasado en el paso de Parun, parece cálida. Encendemos una enorme hoguera para mantener alejados a los animales salvajes.

22 de octubre. Seguimos nuestro camino hasta Wama. El roble se hace más grande, alcanzando no pocas veces el tamaño de los grandes árboles (hasta 15 metros). Atravesar el denso robledal no es muy agradable. Las ramas de hojas espinosas nos rozan la cara, los brazos; hay que cabalgar con cuidado. El camino es difícil, transcurre a veces por *ovrings*, por ascensos de grandes rocas muy escalonadas; en el camino nos encontramos rocas verticales, enormes piedras, acumulaciones de montones de piedras. Más difícil es el descenso. El sendero avanza a lo largo del río Parun, ya acercándose a él, ya alejándose hacia las montañas.

El camino es inolvidable. Varias veces descargamos los caballos y llevamos la carga nosotros mismos, haciendo avanzar a los animales con dificultad por los *ovrings*. A menudo caen, se ven atrapados en las grietas entre las rocas. Nos movemos con una lentitud exasperante. A decir verdad, no hay camino. A cada paso sucede alguna desgracia. Un caballo se ha quedado colgado sobre un precipicio, con las patas en una grieta; los baúles se despeñan hacia el río. Desde el mismo paso de Parun los caballos van sin herraduras. Tratamos de hacer lo imposible para salvarlos.

A una altitud de 2050 – 1900 metros han desaparecido por completo los pinos, comienza un robledal denso y extenso. A partir de los 2200 metros el bosque puede considerarse planifolio. El río se vuelve más profundo.

A medida que nos acercamos a Wama, más difícil es el camino. Nos detenemos cada media hora y buscamos la manera de pasar de una roca a otra. Los caballos de carga están heridos y ensangrentados por las múltiples caídas y por las veces en que han rodado por las piedras cargados con los baúles. Cerca de Wama empiezan a aparecer pequeñas parcelas de trigo, mijo y sorgo de tipo durra.[13]

Al caer la tarde descendemos hasta una altitud de 1830 metros hacia el puente que cruza el río Parun. Avistamos ejemplares de higuera silvestre. Los guías nos aseguran que se trata de Wama. De hecho, en la orilla opuesta, en la montaña, a 400 o 500 metros sobre el camino, como si se tratase de nidos de pájaros, se divisan construcciones de madera de varios pisos rodeadas de un robledal. Las casas están distribuidas en pisos y afianzadas con estacas. El *kishlak* está literalmente a una altura de vuelo de pájaro e inaccesible para la caravana. Con los binoculares avistamos no más de treinta o cuarenta casas, pero nos aseguran que hay muchas más. Avistamos también rebaños de cabras negras moteadas, de cuernos retorcidos. Para acceder al *kishlak* habría que ascender por una abrupta montaña unos cinco kilómetros. Por suerte, cerca del puente hay un caravasar en el que decidimos pasar la noche. Los caballos llevan dos días sin forraje.

Los habitantes de Wama hablan una lengua distinta, y los guías de Pronz no la entienden. Con gran dificultad los convencemos para que acudan en busca de forraje para los animales. Nos explican que no hay cebada, y que lo que quizás puedan conseguir sea mijo o maíz. Finalmente decidimos subir a las montañas hasta el *kishlak*.

El ascenso es pronunciado, hay que ir trepando de piedra en piedra. Es como si hubieran puesto a propósito obstáculos para acceder a la aldea. Raras son las pequeñas superficies en las que es posible descansar durante el camino. Algunas de ellas están cercadas.

Desde lejos, las moradas de los kafires del bosque se asemejan a una gran colmena.

Al entrar a Wama contamos hasta cien construcciones organizadas en nueve o diez niveles, unas sobre otras. Los niveles inferiores soportan los superiores con ayuda de travesaños de madera.

Fig. 10. *El mijo común es un cereal de ciclo rápido y muy frugal, apropiado para terrenos pobres. No se sabe de qué planta silvestre puede proceder, pero es un cultivo muy antiguo, probablemente domesticado junto con el panizo en el centro asiático oriental. [Dib. de Ruth Kilian].*

En ocasiones, los extremos de las vigas están introducidos directamente en las fisuras de las rocas. Otras veces, las casas están suspendidas sobre un precipicio. En las azoteas tienen a secar pan y bayas. Los cimientos de las casas están construidos en piedra. La parte superior, las paredes y las mansardas son de madera o de piedra con capas de madera. En algunos lugares se ven tallas, intentos de decorar las viviendas.

Los habitantes se dedican a la cría de cabras y la recolección de frutos secos. Todos los trozos de tierra accesible se convierten en terrazas para la siembra. Casi todos los trabajos agrícolas, incluido el labrado de la tierra, los llevan a cabo las mujeres. Los campos se labran muchas veces a mano.

A nuestra llegada, enseguida se convocó toda la aldea, que observaba maravillada a los europeos. La gente nos recibió con hospitalidad, nos obsequiaron con tortitas de mijo, nos agasajaron con jínjoles *(Zizyphus vulgaris)* y uvas ácidas, además de darnos semillas de todas las plantas que cultivaban. Pudimos ir de una casa a otra, entrar en las viviendas, ver los graneros, los utensilios.

El forraje para los animales no lo conseguimos en seguida, hubo que enviar a alguien a la aldea vecina. Fue bien entrada la noche cuando, cargados con antorchas, volvieron con el maíz para los animales.

La población de Wama es de tipo ario, y por su cara morena se parecen a españoles e italianos; sus rostros son amables. Son musulmanes. Las mujeres van descubiertas, completamente libres. Los niños y los hombres llevan pieles de cabra con lana dentro, sin mangas. Así debían de vestirse los primeros pobladores de la Tierra. Por el contrario, las mujeres, en comparación, van vestidas con elegancia, con vestidos azules y rojos. En algunas se ven incluso bordados que en algo se parecen a los rusos. No hay duda de que les atraen los adornos. En las orejas lucen enormes pendientes de plata gemiformes de hasta ocho centímetros, se pueden ver brazaletes, monedas colgantes, rostros tatuados en forma de estrella o tres puntos situados simétricamente en la frente. Las características primitivas, como las pieles en lugar de tejidos, la vajilla de madera, las originales viviendas de madera basta se mezclan con elementos ajenos, seguramente adoptados de otras culturas.

La población recolecta piñones,[14] bayas silvestres, granadas. En las pendientes que rodean el pueblo vemos pequeños espacios de tierra cultivada en forma de cuidadas terrazas. Cada trozo de tierra cultivable se utiliza al máximo. Se planta trigo, mijo, sorgo, maíz, tabaco, sandías. A lo lejos se pueden ver viñas.

23 de octubre. Nos cuesta marcharnos de Wama. Nadie accede a acompañar a la caravana, señalando que en el siguiente pueblo, Gulsalik, hay muchos bandidos *(duzt)*. Conseguimos convencer a cuatro kafires, dándoles por adelantado cinco rupias, y con la condición de llevarnos al menos a unos kilómetros de Gulsalik, sin entrar en el pueblo. El camino es muy malo, adecuado solamente para ir a pie y para las cabras. Los fardos salen volando en el primer repecho. Continuamente hay que recolocar la carga de los caballos. Es como si alguien hubiera ideado obstáculos a propósito para hacernos difícil avanzar a cada paso, ya sea en forma de precipicio o de escalones de piedra de más de un metro de altura. Atravesamos un puente que está medio derruido. Cayó un primer caballo por uno de los huecos del puente, pudimos salvarlo a duras penas. Lo arreglamos trayendo madera, piedras. Los guías de Wama se declaran «en huelga» y se disponen a volver a casa, devolviéndonos las rupias recibidas si fuera necesario. Conseguimos convencerlos para que se queden.

El sendero avanza junto al tortuoso cauce del río Parun, que aquí llaman Sar-i-Gol, por sus empinadas orillas. Cambiamos la carga de los caballos, y avanzamos durante una parte importante del camino cargando con los fardos. Gulsalik está a unos veinte kilómetros de Wama, a 1360 metros de altitud. Dos o tres kilómetros antes, los guías abandonan la caravana y salen corriendo de vuelta en dirección a Wama.

Cambia la composición de la vegetación. Vemos al pasar arbustos de zarzamora, granada silvestre de fruto pequeño y jínjoles, frutos que forman parte de la alimentación habitual de los kafires. Comenzamos a ver importantes cultivos de mijo, de sorgo de tipo durra, maíz, cebada.

En Gulsalik la población es afgana, la lengua, el pastún. Las casas son grandes, de dos plantas, y con cimientos de piedra. Todo ha cambiado: la gente, los cultivos y el ganado. En Gulsalik pastan rebaños de cebúes cornudos. Los habitantes son taciturnos, poco amistosos. Se termina el Nuristán, comienza Afganistán.

El 24 de octubre nos encaminamos a Bar Kanday. El camino avanza entre *kishlaks* afganos. Es una región de arroz, trigo y maíz. Hay importantes cultivos de algodón. Después de Nuristán, el camino no es difícil. Desde Bar Kanday, al siguiente día nos dirigimos a Chaga Saray, situado a 880 metros de altitud en una fértil tierra baja. Empiezan a aparecer arboledas de naranjos y caña de azúcar. Por el camino hay una multitud de antiguos y grandes cementerios. Hay mucha producción, y también se oye hablar mucho de bandidos.

Chaga Saray* es el centro militar y administrativo de la región que va desde la parte norte de Nuristán hasta Jalalabad. La región limita con Chitral. En Chaga Saray se encuentra el gobernador. No hay nada más que un pequeño fuerte y un bazar. Chaga Saray está comunicada por vía telefónica con Asmar, Jalalabad y con el puesto militar de la frontera de Chitral, del que nos separan unos pocos kilómetros.

Al gobernador, hombre muy hospitalario, le sorprendió mucho la aparición inesperada de ciudadanos soviéticos en compañía de soldados afganos. Insistió en que nos quedáramos unos cuantos días, ya que estaba esperando la visita de un coronel inglés procedente del puesto fronterizo con la India. A nosotros no nos parecía tan buena idea que se produjera este encuentro. No era de esperar que fuera del agrado del emisario inglés viajar con agrónomos soviéticos a lo largo de la vedada frontera india. Una vez visitado Chaga Saray, donde pasamos la noche y recogimos semillas, nos apresuramos a poner camino al sur. Desde allí, se le asignó a la expedición una división de ocho soldados de infantería en calidad de escolta oficial, dada la peligrosidad de la ruta.

26 de octubre. El trayecto de Chaga Saray a Nurgal, en general, se podría hacer en automóvil, aunque en algunos puntos sería necesario construir puentes.

Encontramos extensos cultivos de algodón, arroz, maíz. A partir de la rábita Chauki el camino avanza junto al Kunar, un río caudaloso que se une con el río Kabul cerca de Jalalabad.

El día 27, por la tarde, llegamos a Jalalabad, a 660 metros de altitud. No nos fue fácil encontrar dónde pasar la noche. No queríamos molestar a las autoridades, así que nos apretamos en

---

* Actualmente, Asadabad.

una habitación pequeña y primitiva de un caravasar. Sea como fuere, se trataba ya de una ciudad cercana a la capital. Se cerraba el ciclo de nuestro difícil viaje.

Jalalabad es una ciudad grande con un importante bazar. Aquí ya se siente con fuerza la influencia de la India.[15] Hay multitud de productos ingleses. Por Jalalabad pasa la carretera que va de Kabul a Peshawar.

Hacemos una visita oficial al gobernador local. Nos obsequia con unas cuantas naranjas y trocitos de caña de azúcar. Nuestras investigaciones ulteriores mostraron que aquí, en este territorio periférico de la India, se habían desarrollado formas precoces de caña de azúcar, y guisante de crecimiento precoz, el guisante de Angola o guandul *(Cajanus indicus)*.[16]

En los alrededores de la ciudad se encuentran los magníficos jardines del emir con sus plantas subtropicales: arboledas de palmeras fenicoides, bambúes, magnolios, naranjos y limoneros.

El hallazgo de semillas originales en cultivos y bazares atestiguaba claramente la originalidad de la flora cultivada del noreste de Afganistán y de su estrecha relación con la India. La influencia de la India se deja sentir en la flora, en los cultivos, en las variedades vegetales. A tan solo 100 kilómetros se encuentra Peshawar, la gran ciudad del noroeste de la India. En lugar de la lenteja común aquí encontramos la lenteja negra, que, como vimos más tarde, se trataba de una especie particular desconocida hasta ese momento.[17]

Destinaron para que nos acompañaran a Kabul dos soldados a caballo, que se unieron a los dos soldados que ya escoltaban a la expedición. Al principio avanzamos por una región verde: hay multitud de huertos, cultivos de algodón, caña de azúcar y maíz. Desde Jalalabad hasta Bavali se extiende un amplio valle, una rica región agrícola. Por el camino encontramos ruinas de estupas budistas.

En Bavali pasamos la noche en el palacio del emir *(kuti)*. Cerca del palacio hay un jardín de naranjos y limoneros.

El camino va ascendiendo poco a poco. Ya hemos alcanzado los 1400 metros. Los ascensos cada vez son mayores. El descenso empieza después de alcanzar los 2360 metros.

El día 30 pasamos la noche a 1890 metros de altitud, y al día siguiente, el 31 de octubre, completado el círculo, nuestra caravana regresa a Kabul. Es difícil imaginarse el regocijo de los soldados afganos que nos acompañaban. La caravana no presentaba su mejor aspecto tras haber atravesado las rocas y los bosques espinosos del Nuristán. No en balde habíamos pasado 33 días en ruta. Al parecer, el sentido de tan arriesgado viaje se les escapaba a nuestros acompañantes. Y es que no debían de entender por qué estos rusos, en lugar de regresar a Kabul por una ruta cómoda y bien planificada, habían elegido un camino no explorado que transitaban solo los pastores y los rebaños de cabras.

Fuera como fuere, el Nuristán había quedado atrás. Dado que el sendero pasaba de alguna manera cerca de Chitral pudimos hacernos una idea de los cultivos que allí había. Cierto es que la agricultura no se había originado en la India, pero estas regiones aisladas que se encuentran en la frontera de la India y la región de Irán-Turquestán nos llevaron a comprender en grandes líneas la evolución de la flora cultivada, el papel del aislamiento en las montañas para la creación de formas endémicas. Eran un eslabón imprescindible para comprender la evolución de las plantas cultivadas en la historia de la agricultura del Asia meridional. Se establecieron más allá de toda duda los estrechos vínculos que unen el Nuristán con el Badajshán soviético,[12] Shughnan y Rushan.

La composición de los cultivos del Nuristán resultó especialmente pobre: los principales cultivos eran la cebada vestida de cuatro carreras, el trigo harinero de secano cultivado entre centeno, mijo común, guisantes. En Wama, al igual que en Kamdesh, hay moreras, nogales, algunas viñas. Aquí no hay ni cebada desnuda, ni lino, ni habas, ni los yeros que son tan típicos del montañoso Badajshán. No encontramos formas endémicas particulares exclusivamente del Nuristán. Los cultivos son pobres, necesitan fertilización.

El ganado de cuernos recuerda a la raza rusa de vacuno (llamada de Jolmogory) de pelaje corto, a veces rojizo; en ocasiones, se encuentra el tipo cebú. Las cabras son de pelaje negro.

A diferencia de sus cultivos, que no son independientes, la lengua de los kafires presenta un interés especial por la gran cantidad de relictos y la diversidad de sus dialectos y sus variedades locales. Los habitantes de poblados que se encuentran a un día de camino hablan diferentes lenguas y no se comprenden entre sí. Tomamos nota del vocabulario de la agricultura de los asentamientos kafires situados cerca de Pronz, preguntando a los guías tayikos de Tili y comprobándolo en el mismo Pronz. Lo citamos aquí para contribuir al conocimiento de las lenguas kafires, y también para ilustrar las diferencias radicales entre las raíces de las lenguas kafires, el farsi y el pastún.

	Tayiko	**Kafir**	**Pastún**
trigo	guendum	gum (gom)	ganym
cebada	dzhou	rits(iju)	obryshi
guisante	mushung	dzhum	mushung
mijo	arzan	oran	dzhyn
caballo	asb	uship	as
vaca	gau	go	gva
oveja	guspan	vemi (viemi)	psy
persona	adam	maksho	sarai
uno	yek	ie (ek)	yau
dos	do	do(da)	dva
tres	se	tre	dre
sol	avtub	sup	lmar
casa	jane	amo	kor

Los ejemplos citados ilustran cómo en lengua kafir las raíces de denominaciones corrientes se diferencian diametralmente de la lengua afgana pastún en la que habla todo el Afganistán meridional. No menos radicalmente se diferencian del farsi, la lengua de los tayikos, y también de las lenguas turkmena y uzbeka. Las mayores diferencias las encontramos entre las lenguas kafir y el grupo de lenguas denominadas «galcha»: chugní, ishkashmi, sarikoli, yagnobí, munchabí y otras lenguas cuyo diccionario compuso Grierson.

Existen no pocas especulaciones sobre el origen de los kafires, incluyendo la teoría de que se trata de remanentes del ejército de Alejandro Magno. Nuestras observaciones, corroboradas por el contacto con regiones vecinas, nos obligan a suponer que existe una relación más estrecha de la que se creía entre los kafires y las poblaciones tayikas de Badajshán, Shughnan, Rushan y Darvaz. Por su apariencia externa, los kafires y tayikos tienen mucho en común. Tanto por su indumentaria como por su aspecto, un agricultor kafir es difícil de distinguir de un tayiko de Badajshán o de Shugnan. La teoría más plausible es que los kafires formen parte de un grupo étnico muy cercano a los tayikos.

El Nuristán ha podido conservar las características que le eran propias gracias a su particular aislamiento geográfico. Sin embargo, el estudio comparado de la cultura agrícola, las plantas cultivadas y los animales domésticos del Nuristán no dan motivos para considerarla una región excepcional. Más bien al contrario. El carácter accidental, importado, de los cultivos del Badajshán y el conjunto de plantas cultivadas, pobre en número de especies y tipos, atestiguan el hecho de que se trata de cultivos introducidos, originarios de otras regiones.

El sur de Afganistán (frontera con Beluchistán)

Mientras nos dedicábamos a la pacífica expedición del norte y el oeste de Afganistán, en el sureste estaban teniendo lugar unos graves acontecimientos. Apoyadas y armadas por agentes ingleses, se sublevaron las tribus «jostval». En Kabul había disturbios. Nuestro acompañante, V. N. Lébedev, del que nos habíamos separado para que llevara a cabo la exploración de Afganistán por la ruta del sur, por Kandahar y Farah, en dirección a Herat, no había podido completar esta tarea. El camino estaba cortado. Lébedev tuvo que avanzar por la ruta que ya habíamos recorrido, si bien en la dirección opuesta, desde Kabul a Mazar-e Sarif y luego hasta Termez.

Sin embargo, era necesario cubrir a cualquier precio ese gran hueco: recoger muestras de semillas del sur y suroeste de Afganistán, en la región de Kandahar y Farah en la frontera con Irán. Nos fue difícil conseguir la autorización, pero el 14 de noviembre, de nuevo acompañados por dos soldados, la caravana emprendió el viaje desde Kabul en dirección a Gazni. Habíamos hecho salir delante la carga en los caballos, y un día más tarde los alcanzamos en un automóvil del embajador. La distancia total era de unos 60 kilómetros, y el camino, relativamente cómodo con el pequeño puerto de Dejnei-Shir (que significa «fauce del león»). Y he aquí la antigua ciudad de Gazni, situada a una altitud de 2350 metros a orillas del río del mismo nombre, caudaloso incluso en noviembre. Hay un bazar con varios cientos de puestos. La ciudad está rodeada de una alta y bella muralla con torres y aspilleras. Las ruinas de la antigua Gazni se sitúan a dos o tres kilómetros de la ciudad actual.

El automóvil regresa a Kabul y nuestra caravana reanuda su marcha el 17 de noviembre con destino a Kandahar.

No vamos a describir con mucho detalle este viaje, que fue en realidad monótono. La región es semidesértica, con poco tráfico. El paraje está desierto. La agricultura, de regadío. El riego se realiza en bastantes ocasiones a través de galerías subterráneas que extraen el agua de glaciares (llamados *karez).*

El día 18 nos detenemos en la rábita Mukur. Pasamos la noche en una habitación semejante a un establo, sin ventanas ni puertas.

Los acontecimientos del último mes se dejan sentir en este camino. Muchas de las rábitas aparecen abandonadas, descuidadas. Es difícil conseguir forraje y provisiones. Debemos darnos prisa en atravesar esta región desamparada.

Desde Mukur, a 2090 metros de altitud, se extiende una estepa homogénea, cubierta de artemisias y de espino de camello. Hay pocos poblados. El agua para regadío se conduce en *qanats.** Las montañas ya se alejan, ya se adentran en el camino. El terreno es de limo ligero que en algunos casos se convierte en arena. Cada 25 kilómetros se encuentra una rábita.

Acabamos de pasar la pequeña ciudad de Qalat, situada a 1700 metros de altura. Al este se extiende también una estepa

* Galerías conducidas desde capas freáticas más altas para la extracción de agua.

de artemisias con ejemplares de agracejo y de tamarisco cerca de los ríos. Por el camino encontramos grandes rebaños de ovejas de cola grasa. Los pastores llevan unas pellizas blancas características, las «*kussava*», que llevan tiras trapezoidales en lugar de mangas. La población, al igual que en Qalat, es típicamente afgana. El agua para el riego procede del río. En general, se trata de una región pobre. La típica rábita es un edificio sin ventanas ni puertas. Por la noche hace frío. No hay leña ni combustible para hacer un fuego. Sin desvestirnos, pasamos la noche cubiertos por gigantescas pellizas de piel.

La estepa de artemisias da paso a un semidesierto. Hay concentraciones de sal sobre la tierra. La vegetación es escasa: barrillas,[18] artemisias, espino de camello. El agua de las acequias era salobre.

En torno al propio Kandahar se extiende un desierto de piedra que en algunos lugares se alterna con escasos artemisias y espino de camello. A cuatro kilómetros de la ciudad hay un cementerio enorme. A tres kilómetros termina el desierto y comienza el oasis. La caravana entra en una avenida de moreras. Se divisan cipreses solitarios de forma piramidal y huertos. A la entrada de la ciudad está la aduana. Entramos a la ciudad por la puerta de Kabul y llegamos a un palacio construido especialmente para los extranjeros, el «safir-jano», al frente del cual se encuentra un funcionario que habla inglés.

El trayecto hasta Kandahar nos llevó casi ocho días.

Kandahar está situado a 1020 metros de altitud. Aquí hay una población rural considerable, y el centro comercial más importante del sur de Afganistán, ya que se trata del oasis más importante del enorme desierto de Bakwa. Se trata de un oasis en el sentido más pleno de la palabra. Después de haber atravesado, desde Gazni, cientos de kilómetros de desierto, la caravana avanza ahora a través de los jardines umbríos de Kandahar, por las alamedas de moreras. El oasis lo riegan siete canales que tienen su origen en el río Argandab. Se trata del principal mercado de frutas de Afganistán. El bazar de Kandahar en otoño e invierno está repleto de granadas enormes y de excelente calidad, de

Fig. 11. *Las ovejas de cola gruesa, seleccionadas para acumular la grasa en la cola, están muy extendidas en Asia y África. Se dice que en los casos más extremos, cuando las colas son largas además de gruesas, los pastores las colocan sobre un carrito para que no se dañen, como se ve en el grabado original de este dibujo, que proviene de una historia de Etiopía del siglo XVII [Dibujo de Nereal Legarreta].*

membrillo, de uva. Desde Kandahar, las caravanas exportan miles de *puds* de fruta, tanto fresca como desecada, a la India. En el bazar pueden verse mercaderes indios.

De la misma manera en la que las anchas y pendientes orillas del río Hari Rud, con sus suelos ligeramente permeables, propiciaron en los alrededores de Herat el desarrollo del cultivo de grano y de hortalizas, aquí las estrechas franjas de ambos lados del río, con sus suelos pedregosos y poco profundos han conducido al desarrollo de la fruticultura intensiva. En el oasis hay también importantes cultivos de arroz y de algodón.

El bazar de Kandahar es extraordinario. Hay montones enormes de granadas de un calibre que no se conoce ni en nuestro país ni fuera de él. Altas pilas de membrillo, de albaricoques secos, ciruelas, melones de piel amarilla, sandías redondas de piel gruesa. Gran cantidad de uvas de primera calidad. Hileras de puestos de medicamentos y remedios (no menos de cien).

He aquí un galeno que lleva un libro de un metro de altura que contiene la sabiduría de la medicina india. En los estantes que le rodean hay cientos de botellas y de frascos con todos los remedios posibles: coloquíntida o tuera silvestre seca, insectos o limones secos. El contenido de cada frasco o botella está identificado. Hasta aquí acuden enfermos desde todos los rincones del desierto en busca de remedios para toda clase de afecciones.

Cerca de la ciudad pernoctan grandes caravanas de camellos que se dirigen a Chamán, hacia la línea de ferrocarril que une la India con Quetta (Beluchistán). A la ciudad puede accederse por distintas puertas de las que toman su nombre a su vez los distintos mercados: la puerta de Kabul, de Herat, la de Shaji y de Shikapur (sus nombres coinciden con las ciudades cuyos caminos conducen a Kandahar). Los mercados de Herat y de Kabul son particularmente grandes. Esta ciudad está más poblada que Kabul. Los habitantes son afganos, y el idioma que predomina es el pastún.

Abandonamos la hospitalaria Kandahar el 25 de noviembre. El camino avanza por un poblado, junto a huertos de granadas, entre los campos. Al amanecer, los *aryks* y los charcos aparecen helados. Cruzamos el río Argandab, lo que en esta época del año no presenta dificultades.

Comienza una región desértica. Ya en la primera rábita de Kushka-i-Najud no pudimos obtener ni forraje ni avituallamiento. Se extiende un desierto pedregoso y baldío en el que las únicas plantas que pueden encontrarse de manera aislada son espinos de camello y alharmas *(Peganum harmala)*. Hay una gran cantidad de coloquíntida o tuera. Debemos darnos prisa, ya que en las rábitas no hallamos ni gente ni provisiones, por lo que no tiene sentido detenerse. Debemos combatir el frío y buscar víveres.

Llegamos a la ciudad de Gereshk, que está situada a 800 metros de altitud. A un kilómetro de la ciudad se encuentra uno de los pasos del río Helmand. Los caballos vadearon el río, mientras que nosotros lo cruzamos en compañía de una docena de campesinos en una original barcaza que recuerda a las *ladi* de los cuentos populares eslavos Las riberas del Helmand son en su mayoría pedregosas y no aptas para el cultivo.

Avanzamos por un desierto pedregoso. Los suelos arenosos o de barro suceden a los de piedra. Esta zona de Afganistán, fronteriza con Beluchistán, es baldía y está despoblada. De camino nos encontramos tiendas de la tribu de los baluchis.

A partir de Gereshk comienza un ascenso considerable. El desierto se ha conformado en relieves ondulados que se cruzan con los cauces de ríos y riachuelos secos que se distinguen por los sedimentos de arena, gravilla y guijarros de diferentes tamaños. El espino de camello y la coloquíntida son omnipresentes. La caravana atraviesa distintos tipos de desierto: de piedra, de barro, de arena. Hacia el sur de Kandahar hay una enorme región desértica arenosa que se denomina Reguistán, «el país de las arenas». En invierno, los viajeros sufren en ella por la falta de agua y a causa de los mosquitos. En los meses de verano a todo esto se suma, además, un calor insoportable. Es solo en primavera cuando el desierto revive, y los territorios habitualmente desnudos se cubren con abundantes y vivas manchas de rojos, blancos y amarillos de tulipanes, jacintos, narcisos e iris.

La planta típica de este desierto arenoso y en parte pedregoso por la presencia de capas de gravilla y de arena, es la coloquíntida silvestre *(Citrullus colocynthis)*. Matas de esta especie cubren en otoño el suelo del desierto como si alguien las hubiese plantado adrede en este lugar inhóspito. La coloquíntida, africana de origen, ha encontrado en los desiertos de Bakwa y Helmand una segunda patria. Las coloquintas, que alcanzan el tamaño de naranjas grandes, cubren la superficie del desierto por centenares, o a veces por miles. En invierno, por efecto del viento, sus frutos desecados se van esparciendo por el desierto como bolitas sonoras. Su amargo sabor las protege de servir de alimento a los animales. Un caminante incauto, un camello o caballo pagarán muy caro el intento de engullir este jugoso fruto. Nuestra búsqueda de un coloquinto más o menos dulce culminó con una intoxicación que nos produjo dolores insoportables, a pesar de que apenas probamos los frutos con la lengua.

La agricultura aquí es posible exclusivamente con sistemas de regadío artificial. Lo seco del clima y la ausencia de depósitos

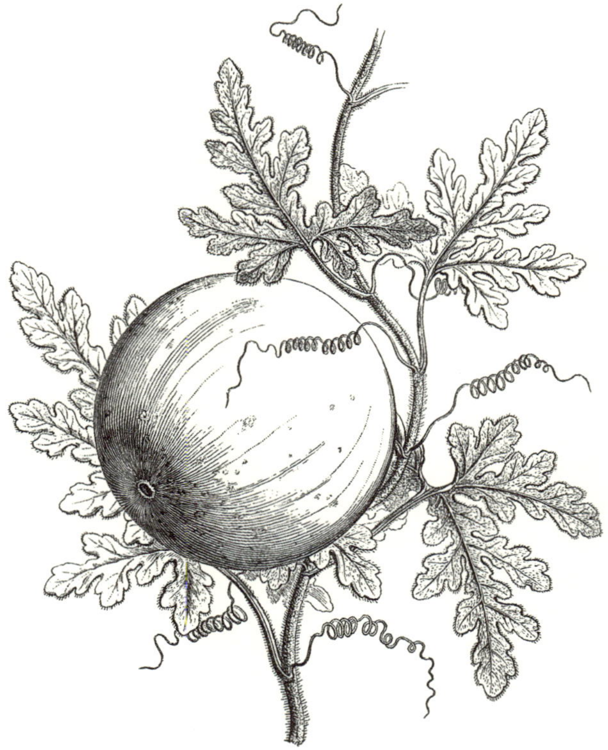

Fig. 12. *Coloquíntida o tuera, una cucurbitácea de fruto intensamente amargo, extendida por las regiones áridas desde la Península Ibérica hasta Asia occidental [Dibujo de Auguste Faguet].*

de agua no dejan otra alternativa que echar mano del método más penoso de hacer llegar el agua: conducir *qanats*, o galerías subterráneas de recogida de agua para irrigar minúsculas parcelas de tierra cultivable. Como si se tratara de tumbas, se extienden a lo largo los montículos de tierra expulsada en la limpieza de las galerías. Solo una necesidad extrema debe de haber llevado una población rural a estas regiones. Con la llegada del verano, cuando el calor termina de abrasar los últimos reductos de vegetación primaveral, una gran parte de la población se traslada con su ganado al norte. Existe también un pequeño número de torrentes donde la población local permanece con sus rebaños junto al agua.

Más allá del desierto de Helmand comienza un ligero ascenso en el que hay matorrales de *Pistacia khinjuk*, una especie particular de pistacho silvestre.[19] A partir de Dilaram comienza el desierto de Bakwa.

Estamos en una zona llana y baldía. Aquí y allá vemos algunos ejemplares de espino de camello y coloquintos. Todas las rábitas están vacías. A diario debemos buscar la manera de pasar la noche. Hay un enorme territorio en el que la vegetación está ausente por completo. El camino en sí no presenta dificultad, pero la ausencia de víveres y de forraje coloca a la caravana en una situación crítica. Las rábitas están vacías la mayor parte de las veces, los caballos están mal alimentados. Desde Gereshk, para salir al paso de los imprevistos, es necesario llevar víveres para unos cinco días. Debemos atravesar lo más rápido posible esta región inhóspita.

De camino encontramos grandes caravanas, en ocasiones de cientos de camellos y caballos, que llevan seda desde el norte de Afganistán hacia Chamán, en dirección a Quetta, la capital de Beluchistán.

En Khurmaliq pudimos ver una docena de agrupaciones de palma común.[20] Aquí llega a florecer, pero no produce frutos. El calor se manifiesta aquí en diciembre y en enero. La temperatura de día al sol alcanza los 25-28ºC, mientras que por la noche hay heladas y el agua se congela en las acequias.

En Khurmaliq dimos con un importante poblado de tayikos que contaba con unas sesenta viviendas con techos en forma de cúpula. La población era hospitalaria, a diferencia de los habitantes de los asentamientos afganos precedentes. La lengua es el farsi. La población cuenta con un buen caravasar, bastante forraje, provisiones. Es la primera vez en cinco días, es decir, desde que abandonamos Gereshk, que los caballos reciben cebada. La irrigación se hace por medio de *qanats*.

El 1 de diciembre salimos de Khurmaliq rumbo a Farah. De nuevo el desierto con abundancia de coloquíntida que cubre literalmente extensiones enteras, sobre todo aquellas de sustrato arenoso y alejadas de la carretera. El camino avanza al principio por una zona de desierto de grava y arena que poco a poco se va volviendo de arena y piedra, y en ocasiones de barro. En invierno la vegetación la conforman barrillas de todos los colores, espinosos astrágalos y coloquíntida. Los suelos son salinos. Junto al agua crece el tamarisco.

Y he aquí que llegamos a Farah, una rábita en forma de pequeño fuerte. En realidad, no un fuerte propiamente dicho, sino que como es habitual en Afganistán, tiene apariencia de serlo: torres, una valla de tres metros de altura, troneras para la defensa. Junto a la ciudad hay unas ruinas. Las casas tienen techos en forma de cúpula. En los huertos crece la palmera común. La lengua preponderante es el farsi.

Tras pasar la noche en Farah nos dirigimos sin más dilación a Sabzavar, de nuevo avanzando por un desierto de piedra y barro. Volvemos a toparnos con rábitas vacías. A lo largo de todo un día en el camino no nos hemos topado siquiera con una caravana. Se trata de una región yerma. Se ven algunos cultivos en muy pocos lugares, allí donde hay un poco de agua.

El 4 de diciembre llegamos a Sabzavar, una ciudad a 1080 metros de altitud. Se trata de una importante región agrícola, con grandes plantaciones de trigo, maíz, adormidera y cucurbitáceas.

Una vez pasado Sabzavar comenzamos a ascender. De nuevo un desierto, y así hasta llegar al mismo valle del Hari Rud.

Tras pernoctar del 4 al 5 en la rábita Adraskán a 1380 metros de altura, nos ponemos nuevamente en camino. Más allá de Herirad comienza una rica región agrícola. Nos perdimos al llegar la noche, y con mucha dificultad dimos con el camino que conduce a Herat. Pero finalmente ahí estaban, las puertas de Kandahar, y de nuevo Herat, el consulado general.

Durante los últimos días la caravana se había visto obligada a cubrir entre 60 y 80 kilómetros al día, lo que superaba con creces la media de 40–45 kilómetros, especialmente por la falta de avituallamiento. Los caballos están exhaustos, pero es necesario apresurarse, ya que cada día empeora la situación. Los soldados afganos, cansados, demandan descansos más largos, pero parar es peligroso. Es mejor, por lo tanto, culminar el viaje lo antes posible, aunque sea a costa de perder alguno de los caballos. Y he aquí que llegamos al Paropamiso, a Kushk y a la fortaleza de Kushk.

Un arduo viaje de cinco meses en caravana llega a su fin. Se han recorrido 5000 kilómetros. Atrás quedan el Nuristán, el Hindukush, los desiertos de Sultanbakwa y Helmand. Hemos descubierto nuevos grupos de trigo en las inmediaciones de Kabul y, en gran medida, hemos podido establecer el hecho de que el centeno proviene de plantas adventicias en los cultivos. Hemos recolectado material nuevo y del mayor interés de leguminosas de grano, plantas oleíferas, algodón, cucurbitáceas y verduras. Se ha establecido sin lugar a dudas la pertenencia de la región estudiada a los centros antiguos de origen de la cultura agrícola dentro de la región de Irán-Turquestán, y en parte al antiguo centro indio de origen de la agricultura. Se han enviado 7000 muestras de semillas al Instituto de Investigación en Industria Vegetal, donde serán estudiadas y cultivadas en distintas condiciones. Una parte de estas formas será sin duda de utilidad en alguna de las regiones de la Unión Soviética.

El 24 de diciembre subimos al tren y nos dirigimos a través de Merv* a Samarkanda, y después a Tashkent. En la noche del 25 de diciembre hacemos trasbordo de la línea de ferrocarril de Kushk a la línea principal, la de Tashkent. Es noche cerrada. De camino al vagón restaurante, me cuelo de repente en un espacio vacío que hay entre los vagones… pero, por suerte, me quedo suspendido en los amortiguadores. Luego nos enteramos de que, al unir los vagones de Kushk al tren de Tashkent olvidaron enganchar los puentes de transición. En esta ocasión salí prácticamente ileso, con algunas magulladuras y arañazos. Cinco mil kilómetros de recorrido por las cañadas, los pasos de montaña del Nuristán y los desiertos sin agua resultaron ser menos peligrosos que un viaje en ferrocarril. ¡Uno no puede evitar volverse fatalista!

Aprovechamos la parada en Samarkanda para visitar en compañía del conocido arqueólogo Chaikin[21] el famoso observatorio astronómico construido por Tamerlán, las magníficas mezquitas y minaretes, testigos de acontecimientos grandiosos que tuvieron lugar en el pasado. Estas atestiguan asimismo que este enorme territorio perteneció a una misma región, tanto por su cultura

* Actualmente, Mary [N. ed. 1962].

agrícola como por sus relaciones históricas. Por fin llegamos a Tashkent, en cuya estación de ferrocarril vimos, por primera vez en año y medio, a los profesores de la universidad de Asia Interior y a los trabajadores de la estación algodonera, dirigida por el profesor G. S. Záitsev, y muchos otros.

De esta forma pusimos punto y final de manera más que exitosa a uno de nuestros viajes más complicados.

En el bajo Amu Daria

Los resultados de nuestra expedición a Afganistán habían superado todas las expectativas. Se habían confirmado por completo nuestras estimaciones sobre la importancia de los antiguos centros de origen agrícola en zonas montanas y submontanas del Asia Suroccidental. Para completar el cuadro era imprescindible investigar, en la medida de lo posible, también los oasis de Asia Interior. De hecho, ya en 1916, al estudiar los oasis submontanos de Turkmenistán, Uzbekistán y del Pamir nos dimos cuenta de la necesidad de estudiar también el célebre y antiguo oasis de Jiva, situado en el delta del Amu Daria.

En el pasado, esta expedición era una empresa de gran envergadura. En verano, cuando había que ir a Jiva desde Bujará, el viaje entrañaba un riesgo considerable de que el barco encallara en un banco del río en estiaje. Recorrer en caravana los 600 kilómetros de los desiertos de Karakum y Kyzylkum era una tarea pesada y difícil, además de no presentar mayor interés. Sin embargo, todo cambió con la aparición del transporte aéreo. En lugar de las dos o tres semanas que llevaba habitualmente el viaje en caravana, el avión sitúa al viajero en el destino final, Jorasmia, en tres o cuatro horas. En la época estival el aire está completamente limpio, el viajero se siente de maravilla sentado en su butaca a bordo del avión sin sentir ni la altitud ni movimiento alguno, y disfruta de la vista del río que se extiende debajo y corre a través los espacios ilimitados del Kyzylkum y Karakum.

El oasis de Jiva, o de Jorasmia, guarda un asombroso parecido con Egipto. El delta del Amu Daria, al igual que el del Nilo, se extiende en forma de abanico a lo largo de varios cientos de kilómetros, en los que ha surgido un espléndido oasis.

En este lugar la agricultura conlleva siempre una gran cantidad de trabajo. El Amu Daria deposita una enorme cantidad de limo en forma de sedimentos. Se hace necesario el esfuerzo de limpiar los canales cada año, extrayendo millones de metros cúbicos de tierra. En el pasado, la primitiva fragmentación del terreno condujo a un sistema confuso de utilización del agua. Incluso en un pasado no muy lejano, el desierto de Jiva presentaba el aspecto de un hormiguero de afanados trabajadores.

Una vez equipada la habitual caravana nos dirigimos junto con nuestro compañero, V. K. Kóbelev, a los mayores centros agrícolas del oasis, a Urguench y Tashauz.* Las investigaciones han confirmado el original carácter del aislado oasis de Jiva. Aquí se pone de manifiesto de una manera evidente la influencia de dos grandes culturas: una, la más cercana, está relacionada con los oasis de Samarkanda, Tashkent, Ferganá, Balj, Bactria y la antigua Sogdiana, y la otra, sin duda, con Egipto. Gran parte de las plantas cultivadas reflejan claramente la influencia de Irán: zanahorias amarillas y violetas, melones gigantes rodeados de otros diminutos, en ocasiones de tamaño poco mayor que una ciruela. Por su origen, el trigo y la cebada guardan relación sin duda con Irán. Lo especial de este medio ha hecho que se desarrollen formas enanas que se diferencian sensiblemente de las que tuvimos ocasión de recolectar en Irán, Afganistán y otras zonas de Asia Interior. El lino está representado por unas especies particulares de semilla y flor blanca, resultado del aislamiento geográfico. Las investigaciones posteriores mostraron su originalidad y su maduración tardía. Ya el propio sistema de regadío, por medio de una rueda con jarros que hacen subir el agua al ser movidas, recordaba los antiguos sistemas de regadío usados en el norte de África. El movimiento se consigue utilizando la tracción de camellos o caballos. Con ayuda de la noria el agua sube a cierta altura. Si es necesario conseguir mayor altura se introducen una o dos norias más. Y el agua fluye así a las acequias de regadío.

* Actual Dasoguz.

La influencia africana sobre la agricultura local la atestigua sobre todo el sorgo durra blanco, planta originaria del interior de África que está representado aquí por una serie de variedades que se distinguen por su rápido crecimiento. En Jorasmia, el sorgo o zahína recibe el nombre de *durra*. Así la llaman también los árabes en África. Hasta aquí ha llegado también otra especie «africana», la sandía cultivada. En condiciones de particular aislamiento (con el mar de Aral al norte y los desiertos de Kyzylkum y Karakum al sur), la adaptación de las plantas cultivadas se ha realizado según las condiciones y los hábitos de la población.

De la antigüedad del oasis de Jiva dan fe las numerosas ruinas que contiene. En el pasado, sin duda, la superficie irrigada era considerablemente mayor. Este hecho lo atestiguan también las excepcionales variedades de melón y de frutas. Los melones de Chardjou* gozan de fama mundial. Pero el nombre no es correcto, ya que Chardjou no es más que un lugar de paso desde el que los famosos melones, que llegan en barcazas desde el oasis de Jiva, se dirigen a Krasnovodsk, y desde allí a la parte europea de la Unión Soviética, a través del mar Caspio o, pasando por Tashkent, a Moscú. Si se cuidan y abonan de manera adecuada, estos melones alcanzan un *pud* o más de peso. A lo largo de mucho tiempo se han ido seleccionando unos melones de sabor y consistencia magníficos, sin parangón.

En el oasis de Jiva, como en el Pamir, se puede estudiar el papel que juega el aislamiento como factor que desencadena la aparición de formas originales que la genética denomina recesivas, tales como el lino de semilla y de flor blancas y el sésamo de semilla blanca *(Sesamum indicum)*.

Uno de los rasgos que caracterizan al oasis de Jiva es la llegada tardía de las aguas del Amu Daria desde las alturas. Desde el Pamir y desde las montañas del Hindu Kush, el agua recorre miles de kilómetros hasta el mar de Aral. El deshielo tardío de las nieves retrasa la aparición del agua. De ahí que el periodo vegetativo sea muy corto y, como consecuencia, se hayan desarrollado formas originales, como un algodonero extremadamente precoz.

* Actualmente Türkmenabat.

En el oasis reina la alfalfa *(Medicago sativa)*. Grandes extensiones del delta del Amu Daria, en la actual Karakalpakia, están ocupadas por cultivos de alfalfa azul, la principal especie forrajera de las zonas bajas del río. Jorasmia constituye uno de los centros mundiales de producción de semillas de alfalfa.

No podemos evitar establecer un paralelismo, comparando la agricultura de Egipto y la del delta del Amu Daria. La influencia histórica de los contactos que mantuvieron con distintos centros agrícolas y sus distintas floras ha dejado su impronta en estos dos centros de origen de la cultura agrícola. Mientras que allí, en Egipto, reina el trigo duro, aquí se encuentra exclusivamente trigo harinero y enano. Egipto es el reino del lino mediterráneo de semilla grande (las momias de los faraones de la antigüedad estaban envueltas en tejidos confeccionados ya con este lino). En Jorasmia el lino existe exclusivamente como oleífera, representado principalmente además por formas de flor blanca. Hasta un pasado reciente, este era el reino del algodonero herbáceo o «algodón asiático»[22] *(Gossypium herbaceum)*, pero ahora dominan las formas de tierras altas o «Upland» procedentes de América *(Gossypium hirsutum)*.En el delta del Amu Daria reina la alfalfa, mientras que el del Nilo es el reino del trébol de Alejandría.

Son propios del oasis de Jiva algunos relictos, préstamos de formas primitivas de Egipto. Es de allí de donde procede el *durra* que con posterioridad se desarrolló en multitud de variedades. En tan curioso aislamiento como el de este territorio rodeado de mar y de desiertos, ha quedado reflejada la influencia de dos grandes civilizaciones.

Tras recolectar una gran cantidad de variedades nos dirigimos de nuevo en avión al tren que nos llevaría de vuelta a Bujará.

China occidental

Hacia el este, tras el Pamir, entre las paredes del Himalaya, del Kunlun y del desierto sin vida de Taklamakán, se extiende el oasis agrícola del Turquestán chino o la provincia china de Sinkiang, con frecuencia denominada China Occidental. Ahora bien, ¿qué son estos oasis situados a gran altitud, entre los 1000 y los 1500 metros sobre el nivel del mar?

Los datos bibliográficos nos hablan de una importante cultura agrícola, de grandes sembrados en Kasgar, Yarkand, Jotán, Uqturpan y en otros oasis. El famoso geobotánico austriaco Solms-Laubach llegó a la conclusión de que la cuna del trigo debía buscarse en Asia Central. ¿Puede que en verdad se descubra aquí la solución a uno de los grandes misterios?

La importancia del Turquestán chino como centro de origen inicial de plantas cultivadas está atestiguada por documentos históricos. Como ha quedado probado documentalmente, la cultura agrícola existe en todo caso desde hace al menos tres milenios. Hace ya miles de años que desde la China Interior y Oriental, por la denominada Ruta de la Seda, las caravanas transportaban mercancías a las orillas del mar Mediterráneo. Se suministraba seda a Roma y a Grecia.

Los esfuerzos de investigadores ingleses, franceses, suecos y rusos han establecido los caminos exactos por los que pasaban esas «caravanas de la seda». El arqueólogo y geógrafo inglés Aurel Stein descubrió numerosos documentos conservados en los puestos de guardia y en monasterios de Turpan. El académico francés Pelliot descubrió quince mil papiros manuscritos entre las ruinas

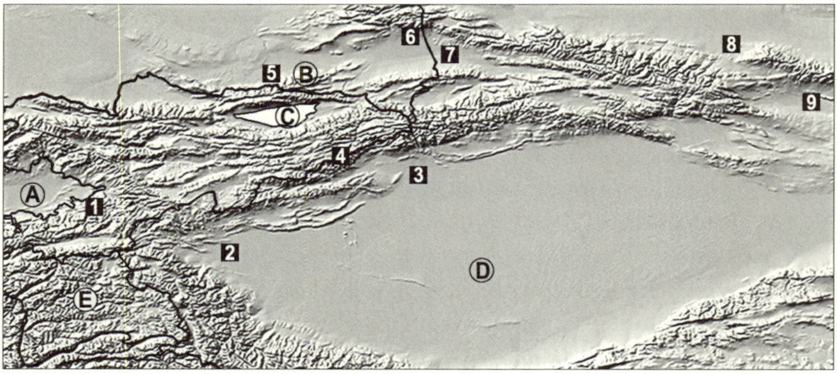

China occidental (1929)

1. Osh (Kirguistán)
2. Kasgar (actual Kashi, Sinkiang, China)
3. Aksu
4. Paso Bedel (cordillera del Tian Shan)
5. Almá-Atá (Almaty, Kazajstán)
6. Dzharkent
7. Gulja
8. Ürümqi
9. Turpan

A. Valle de Ferganá (Uzbekistán)
B. Cordillera Trans Ili
C. Lago Issyk Kul
D. Desierto de Taklamakán
E. Alto Badajshán (Tayikistán)

de Turpan. Es el campo de investigación favorito del viajero sueco Sven Hedin. La excepcional conservación de estos documentos en condiciones desérticas ha permitido leer la historia del pasado.

Aclarar lo que significa la flora cultivada de la China Occidental, recoger el material más completo y exhaustivo, este era el objetivo de nuestra expedición. En julio de 1929, una pequeña caravana que habíamos equipado junto con el botánico M. G. Popov en Osh (parte oriental del Kirguistán soviético), avanzaba siguiendo el valle de Alay en dirección al puesto fronterizo de Irkeshtam.

Panorama asombroso de las montañas Alay, cubiertas por entero de hielo y nieve, extendiéndose durante muchas decenas de kilómetros. La caravana atraviesa el rico valle, El Dorado de la población nómada. Cerca del puesto fronterizo se amontonan caravanas enormes de camellos con fardos de seda traídos desde la Kashgaria interior. La gran diversidad de camellos de dos jorobas (bactrianos) y los tonos de su pelo nos muestran que no lejos de aquí está la región originaria de los camellos. En ningún sitio habíamos visto tal variedad de formas y tipos como en la China Occidental. Como es sabido, N. M. Przhevalski fue el primero en establecer la ubicación de los camellos salvajes en la vecina Mongolia.

Habiendo terminado las formalidades agotadoras en el puesto fronterizo chino, «drogados» por el opio que consumía el funcionario de la aduana, y tras asegurarnos guías, nos encaminamos veloces al primer objetivo importante de nuestro viaje, al oasis de Kasgar, situado en la ciudad del mismo nombre.

Atravesar el Kyzyl-daria no resultó fácil. Nuestro caballo se metió en una fosa del agua, y hubo que llegar a nado, vestidos, a la orilla. Pero más sufrieron los instrumentos, el barómetro aneroide, la cámara de fotos y los documentos. Lamentablemente, incluso las principales arterias desde Kashgaria hacia nuestra frontera —por las que pasan las interminables caravanas con suministros de algodón, cuero y lana— de momento siguen sin estar acondicionadas.

El acceso a Kasgar transcurre a través de vastas extensiones de cementerios abandonados que se extienden durante kilómetros. Por lo visto aquí no escatiman en tierra. A los difuntos se les excavan grandes hoyos, se les construyen casi auténticas cabañas. Estas originales construcciones, abandonadas sin ningún tipo de vigilancia, se están desmoronando, se han convertido en guarida de perros vagabundos y chacales.

El oasis de Kasgar, situado a una altura de 1200 metros, está habitado por kasgares de habla uzbeka.

Varios días de investigaciones en el oasis de Kasgar y en las zonas cultivadas más próximas revelaron el carácter específico de la flora de China Occidental. Aquí no hay ni cebada silvestre ni trigo silvestre. Los oasis de Kasgar son, indudablemente, una simple ramificación de una gran cultura.

El estudio de la composición de la flora cultivada del oasis lleva a la conclusión inequívoca de su relación evidente con la flora de Asia Interior, con Ferganá. El mismo trigo, la misma cebada. Pero aquí parece que hubieran sido vaciados. La composición de la flora es relativamente pobre. Tampoco es grande la pluralidad de especies, de variedades.

Es inevitable detenerse ante esta imagen antes nunca vista. Delante de nosotros hay un campo de una planta peculiar. Tras examinarla de cerca vemos que es lino, pero un lino con florecillas pequeñas y blancas, de pétalos estrechos y semillas blancas. Como si fuera un lino al que se le han extraído todos sus colores. En lugar de flores azules y de semillas pardas se ha vuelto albino. Además, encontramos zanahorias blancas y amarillas.

Sucede lo mismo con la flora silvestre, extraordinariamente empobrecida, como reducida en el número de especies y géneros, de tonos. Un patrón habitual: el espino de camello de flores rojas aquí se ha vuelto amarillo o, más bien, de color pajizo.

La investigación pone en clara evidencia el papel de la endogamia, la segregación genética de las denominadas formas recesivas como resultado del total aislamiento de los oasis del Turquestán chino. Las barreras del Pamir, del Kunlun, de Tian Shan, del Himalaya y los desiertos de Taklamakán impiden el paso a la flora silvestre y cultivada, y solo algunos fragmentos han alcanzado los oasis, transformándose aún más en unas pocas variedades por el cultivo endogámico, al estilo del lino de flor y

Fig. 13. *Una flor de lino de pétalos estrechos (izda.), similar a la descrita por Vavílov como resultado de la endogamia, junto a una flor normal.*

semilla blancas anteriormente citado. El trigo, la cebada, el arroz están representados aquí por formas de tonos claros. En resumen, es la misma Asia Interior, solo que vaciada, privada de alguna manera de sus tonos vivos. No hay ningún fundamento para considerar que Asia Central sea el centro de origen del trigo y de otros cereales, como creía Solms-Laubach. Precisamente es al revés: aquí todo es incuestionablemente secundario, introducido, está empobrecido, vaciado.

Para ahorrar tiempo decidimos dividir la caravana en dos. Una debía atravesar hasta Ürümqi y el desierto de Taklamakán, la segunda iría por el camino corto de Uqturpan, con la intención de salir a Kirguistán por el paso Bedel, para volver a entrar en la China Occidental, en la región de Gulja, por Dzharkent.

A M. G. Popov le tocó en suerte el camino más largo y difícil a través del Taklamakán. Tenía que cumplir la difícil misión de atravesar uno de los desiertos más calurosos del mundo en la época más bochornosa. Juntos avanzamos desde Kasgar hacia Aksu. Cerca de Aksu una parte de la caravana puso rumbo a Ürümqi, la otra a las montañas de Tian Shan, en dirección a Uqturpan.

A diferencia de los ricos prados de la cara norte de Tian Shan, donde se concentran los célebres pastos de verano *jailau* —El Dorado de la población ganadera—, las vertientes sureñas de Tian Shan son extensiones aisladas con escasa vegetación xerófila. El aliento sin vida del desierto de Taklamakán ha llegado hasta las laderas de Tian Shan. Son frecuentes las paradas sin agua. En julio y agosto los pozos se secan y el viajero debe proveerse de agua para dos o tres días. Las reservas de forraje son realmente insuficientes. Es difícil imaginarse un contraste más brusco que el del Kirguistán soviético y el chino.

Éramos los primeros viajeros soviéticos que visitaban Uqturpan. Nos instalaron en una casa para expedicionarios rodeada de un jardín magnífico. Según la costumbre, había que hacerle una visita al gobernador. Pocos días antes que nosotros en Uqturpan había estado el cónsul general inglés. Toda la ciudad hablaba de esta visita, concediéndole gran importancia.

Al día siguiente fue fijada una comida de gala en nuestro honor.

Como ya teníamos algo de experiencia en las ceremonias chinas, y también la firme intención de continuar el camino lo más pronto posible, esperábamos con recelo el solemne día. El guía kasgar, que también era nuestro traductor, nos aconsejó cautelosamente que comiéramos antes. Se preparó un *plov** espléndido. Experiencias anteriores en Kasgar demostraban que a una comida de gala china había que asistir saciado.

El almuerzo chino es una larga ceremonia que se prolonga varias horas. Lógicamente, varía en función del rango de la personalidad que lo organice. El de un cónsul chino o el de un gobernador dura unas cuatro o cinco horas e incluye entre 50 y 70 platos. Hay que observar un determinado turno en el reparto de los platos y de las bebidas. Todo sigue un orden estricto. Existen unas normas rigurosas para secuenciar las etapas de la comida. Tener prisa está mal visto. Pero los platos son, en realidad, pura ficción. Los alimentos se reparten en platos muy pequeños donde se sirve una cantidad mínima de comida, por ejemplo: un ala de gorrión o

* Plato típico del Oriente Medio y de Asia central. El ingrediente principal es el arroz, que se cocina con verduras, trozos de carne y especias.

de cualquier otro pájaro pequeñito, un pez minúsculo, dos semillas de loto. Las raciones de arroz son un poco más grandes. Un buen cocinero chino es todo un maestro en este tema.

Así pues, estamos en la comida de gala en el palacio del gobernador de Uqturpan. En una mesa larga están distribuidos todos los miembros distinguidos de la ciudad, encabezados por el gobernador, el general mayor, el jefe de la aduana, el juez. Tras ellos, los demás rangos mayores y menores. Lo más peligroso de esta comida era la docena de botellas de coñac inglés «cinco estrellas», regalo al gobernador del cónsul general inglés que nos había precedido.

La conversación tenía lugar a través de nuestro traductor. El gobernador declaró primero que tenían el placer de ver a un segundo viajero de renombre. Antes había estado el señor cónsul, que había sorprendido a la sociedad de Uqturpan con su aguante de las bebidas alcohólicas. Su excelencia había apurado dos botellas de coñac de una sentada. Empezó la comida. Competir con el cónsul inglés no era fácil, pero de alguna manera teníamos que mantener nuestra reputación. Al reparar en que mis vecinos se ocupaban mucho de emborrachar a los invitados, pero que eran bastante comedidos echándose vino —apenas si cubrían el fondo del vaso—, pedí a través del traductor que se estableciera el principio de paridad. Lo que tuvo un efecto inmediato. Poco después el juez, un hombre delgado con varios cabellos largos como barba rodó imperceptiblemente debajo de la mesa. El general mayor apoyó inesperadamente la cabeza en la mesa. El gobernador empezó a pedir clemencia, al parecer preocupado porque el caro regalo inglés se gastara demasiado deprisa. En cualquier caso, ¡el honor del viajero soviético estaba a salvo!

Había que darse prisa. Acompañados por toda una cabalgata avanzamos hacia el paso. Resultó bastante más difícil de lo que suponíamos. Quizá solo la alegría del coñac inglés nos llevara a arriesgarnos a vadear, poco antes de que se pusiera el sol, un río bastante profundo que se extendía junto con sus brazos casi dos kilómetros. Fuera como fuera, al anochecer ya estábamos en la otra orilla, donde pasamos la noche.

Al día siguiente, tras contratar guías locales, nos dirigimos al paso Bedel. A pesar de estar a mediados de agosto, el collado a 4000 metros de altitud y sus accesos estaban cubiertos de nieve profunda en varios kilómetros a la redonda. Sin camino marcado, a pie detrás de los caballos, que avanzaban sueltos para abrirnos camino a través de la nieve acumulada, tuvimos que andar varias horas literalmente en fosos de nieve. Como no nos habíamos provisto de ropa de abrigo, teníamos que llegar como fuera al Kirguistán soviético. Paralizados de frío, castañeteándonos los dientes, por fin alcanzamos el collado. Los guardas fronterizos que en seguida se nos acercaron observaban asombrados nuestra caravana. Unas horas después nos habían repartido en tiendas para pasar la noche.

Tras el puerto todo cambió. En lugar de las vertientes rocosas y áridas se extendían vastos espacios verdes cubiertos de hierba densa. Se hubiera podido alimentar a rebaños enormes. Por una pendiente escarpada, a veces saltando de piedra en piedra, por unos escalones enormes fuimos bajando a trompicones hasta el valle del Issyk Kul.

En la orilla de este enorme lago hay un monumento imponente al gran viajero ruso N. M. Przhevalski. Aquí, camino de su quinto viaje, murió uno de los investigadores más audaces de Asia Central, al resfriarse inesperadamente durante una cacería. Siguiendo su última voluntad, fue enterrado en la orilla oriental del Issyk Kul. Cerca de su tumba, se levantó el monumento al más digno de los dignos investigadores de Asia.

Alcanzamos el valle del lago en el mejor momento para recolectar. El trigo, la cebada y la adormidera estaban madurando. Tras recoger muestras durante varios días y poner en orden la caravana, nos pusimos de nuevo en marcha, siguiendo el lago Issyk Kul, atravesando la cordillera Trans-Ili hacia Kazajstán y su capital, Almá-Atá.* Avanzábamos hacia los collados por subidas escarpadas. El excepcional desnivel de los puertos nos obligaba a ir a pie una gran parte del camino. A los extenuados caballos les costaba moverse. El camino resultó mucho más difícil de lo

* Actual Almaty.

que habíamos previsto. Perdimos dos caballos. Con gran esfuerzo logramos alcanzar la vertiente norte de la cordillera, de donde partía el camino recto a Almá-Atá.

Almá-Atá significa literalmente «padre de las manzanas». A poca distancia de la ciudad, en las laderas que la rodean, hay bosquecillos de manzanos silvestres, que forman aquí verdaderos núcleos forestales. A diferencia de los pequeños manzanos silvestres del Cáucaso, el manzano silvestre kazajo está representado principalmente por árboles de fruto grande que se diferencian poco de las variedades cultivadas.

Era el uno de septiembre, la época de maduración de las manzanas. Uno podía convencerse en persona de estar en un notable centro de origen de la manzana cultivada, donde las formas cultivadas entroncan imperceptiblemente con las silvestres, donde es difícil diferenciar el manzano silvestre del cultivado. Algunas de las formas del bosque son tan buenas por la calidad y el tamaño de su fruto que pueden ser llevadas directamente a la huerta. En las huertas cultivadas de aquí se puede ver el mejor surtido europeo, empezando por la famosa 'Aport'.

En 1929 había terminado la construcción de Turksib, la gran vía de comunicación que une el Turquestán con Siberia. Tras haber liquidado la caravana en Almá-Atá, habernos despedido de nuestros compañeros de viaje y haberlos enviado de regreso a Kasgar, el profesor V. A. Dubianski y yo nos dirigimos en automóvil a Dzharkent, y desde allí en dirección a la frontera china, a Gulja.

La investigación no ofreció nada nuevo, significativo. Confirmó las conclusiones generales del estudio de los oasis en Kasgar. La flora cultivada está aquí representada por las variedades típicas de Asia Interior. La influencia de China se refleja más en la composición de los huertos, de los cultivos hortícolas. Los fantásticos huertos chinos de las afueras de Gulja, que recuerdan a campos experimentales, están muy bien preparados, con senderos regulares, riego cuidadoso y un enorme surtido y variedad. Aquí se podía ver la lechuga china de tallo *wosun*,[23] una *Dioscorea* cuyo tubérculo hay que enterrar a un metro de profundidad durante la siembra, diminutas cebollas plurianuales —las originales cebollas chinas—, pepinos y una legumbre de medio metro *(Vigna sinensis)* de las Fabaceae.[24] La China Interior ha llegado en estado casi intacto hasta la periferia exterior que representa el oasis de Gulja.

Aquí no encontramos formas propias endémicas, excepto la adormidera, un cultivo que surgió independientemente, según parece, en China y que está representado por una colorida alfombra de flores, de tonos de semillas.

Aquí tuvimos la posibilidad de familiarizarnos al menos un poco con la milenaria civilización china. Su singularidad y la marcada diferencia con la gran civilización persa es muy profunda y se manifiesta en las formas más diversas.

En los bazares de Kasgar y de Yarkand hay una hilera entera de «casas chinas de empeños». Periódicamente los pobres traen y se llevan de aquí sus trastos. En verano entregan las zamarras, la ropa de abrigo, en invierno los arados, todos los utensilios agrícolas. Y, siguiendo la precisión china, todo está distribuido en estantes con etiquetas.

En los bazares abunda toda clase de té chino. Se presenta en cordones y en láminas de té compacto; hay toda clase de botes de té de flores aromático, verde y negro. En los huertos se pueden ver la original col china[25] y rábanos. Y todo esto a pesar de la gran distancia entre la China Interior y Sinkiang y de la difícil comunicación entre ambas.

Puede juzgarse lo aislado que está el Turkestán chino de la China Interior por el hecho de que el correo de Kashgaria se envía a Pekín a través de Tashkent y Moscú, por la Gran Vía Siberiana, a Harbin y a Mukden, dando un gran rodeo. Con todo, el viaje por esa ruta es tres veces más rápido que por el camino directo de Kasgar a Pekín a través del desierto, que normalmente exige tres meses de caravana. Los funcionarios chinos de la provincia de Sinkiang que son llamados a Nankín se dirigen en palanquín a la frontera soviética, a Irkeshtam. En Osh toman un tren y, al igual que el correo, dando un rodeo por la Gran Vía Siberiana, se dirigen a la capital de China.*

* Nankín ha sido capital en diferentes periodos de la historia china. Lo era también en 1929, año del viaje de Vavílov.

Fig. 14. *La adormidera, una amapola originaria del área mediterránea occidental, domesticada por sus semillas, ricas en aceite comestible, y como planta medicinal, por la riqueza en alcaloides de su látex que, desecado, es el opio. De este látex se extrae la morfina [Dibujo de Auguste Faguet].*

A pesar del aislamiento de la provincia de Sinkiang, la influencia de China es palpable en los aspectos más variados de la vida. En Kasgar y Gulja, mientras caminábamos por los patios traseros de las calles chinas fuimos a dar con una tienda de ataúdes. Nunca en la vida habíamos tenido ocasión de ver unas construcciones tan sólidas como el féretro de un ciudadano chino acomodado. Siguiendo una costumbre milenaria, ya a la edad de veinte años todos deben empezar a procurarse un final digno, que se reduce sobre todo a adquirir un féretro macizo de tablas gruesas, de roble si es posible o, si no lo hay, de cualquier otro árbol sólido. El féretro lo adornan por dentro y por fuera unos pintores que representan toda la historia de su vida. Es casi una galería de cuadros. La preparación de estas tumbas exige mucho tiempo. Tras haberse procurado paulatinamente el reposo eterno, el chino empieza a pasar en él un periodo fijado, a aclimatarse.

Lo más caro es el entierro y la comida de exequias. En los mercados chinos se puede ver una cantidad enorme de toda clase de artículos destinados al entierro y a las ceremonias con él relacionadas: faroles especiales, petardos de papelillos, manjares especiales de los que hay que aprovisionarse. La ceremonia de la comida de exequias suele alargarse varios días. Todo es original en esta ceremonia antiquísima. Quienes pierden a un pariente cercano llevan varios meses ropa de luto.

El color rojo es el color de la alegría, del júbilo y del respeto. Si se envía un regalo, este debe ir envuelto obligatoriamente en papel rojo. Todos los ciudadanos que ostenten un cargo, aunque sea humilde, deben tener tarjeta de visita, preferiblemente de color rojo, en el que se escribe su nombre con jeroglíficos, a ser posible rebuscados. El tamaño de la tarjeta depende del rango: la del gobernador es aproximadamente como una hoja de papel para escribir.

De acuerdo con esta norma tuvimos que hacernos tarjetas, que, aun no siendo tan abultadas, sí que superaban las normas habituales europeas.

Al abandonar Gulja, decidimos visitar los barrios pobres chinos, las calles del opio. Queríamos conseguir utensilios de fumar para el museo. No es complicado: una lamparita sencilla de alcohol y una pipa larga. Casi en el centro de la ciudad hay varias calles prohibidas para los europeos. Aquí hay cerca de un centenar de casitas de barro y tejado plano. Y en ellas, sobre esteras, se puede ver a plena luz del día a cientos de fumadores de opio. Pálidos y debilitados, entre humo dulzón y azulado, yacen las víctimas de mirada marchita. La composición de los visitantes de estos antros es bastante variopinta: chinos, dunganos, rusos, kasgares, kirguisos. Hombres en su mayoría. El hábito excesivo lleva a un excepcional debilitamiento del organismo. Es difícil ponerse en pie, todo se debilita, los brazos, las piernas y la cabeza.

En estos antros se puede comprar libremente cualquier cantidad de opio envuelto en hojas de adormidera. A pesar de la declaración oficial del gobierno sobre la completa liquidación de este mal, en puridad no existe batalla alguna contra el consumo de opio. Los antros de opio son una fuente de ingresos para gobernadores y burócratas. Aunque sientan vergüenza al mostrárselos a los europeos, no sería beneficioso suprimirlos.*

Evidentemente, el gobernador tuvo noticia de nuestra visita a la ciudad del opio. Un grupo enviado por él nos exigió la entrega de los utensilios para fumar y de las muestras de opio. Tuvimos que separarnos de la mitad. Pero compensamos esta pérdida con las muestras que nos entregó en la frontera, al salir de China, un funcionario chino.

El segundo grupo de la expedición había llegado felizmente a Ürümqi, tras investigar la región de Turpan. De esta forma, se había abarcado una superficie enorme, más de 2000 km de ruta en caravana.

Se puede afirmar con total seguridad que Asia Central no tiene relación con el origen de las plantas cultivadas, todo lo que se cultiva aquí ha sido aportado bien por Asia Suroccidental, bien por China. Naturalmente, las formas traídas han estado expuestas aquí a la influencia de las condiciones del medio, a la selección, pero en general todavía hoy se puede observar con claridad la influencia de las grandes civilizaciones china y persa. La flora cultivada de los oasis de Asia Central no tiene importancia por sí misma. Básicamente es un extracto, en sentido amplio, de la rica flora de Irán y de China.

Las investigaciones del profesor V. Ye. Písarev en Mongolia, los numerosos y bien estudiados materiales reunidos en el extenso territorio de Mongolia y en el Tibet, solo confirman nuestra conclusión principal sobre el origen secundario de las variedades de Asia Central, sobre la total ausencia de formas antepasadas iniciales.

---

* Desde el momento de la constitución del Gobierno Popular de China, se lleva a cabo una lucha firme contra el consumo de opio. Todavía en época reciente había cerca de tres millones de hectáreas sembradas de adormidera. Ahora de este cultivo se conservan solo superficies sembradas de tamaño insignificante, utilizadas con fines medicinales. El consumo de opio está castigado por ley y prácticamente ha desaparecido en todas las ciudades y aldeas de la República Popular de China (N. ed. 1962).

Queda aclarado el carácter general de la flora cultivada iraní. Los territorios de Irán, de Afganistán, de Asia Interior, de Jorasmia, del Pamir y de China Occidental incluidos en la investigación han permitido revelar la importancia de este gran centro de origen donde, sin duda, tuvo lugar la evolución inicial de muchas plantas cultivadas: trigo harinero enano, centeno, cebada, una serie de cultivos de plantas oleíferas, cereales, leguminosas, melones, numerosos cultivos hortícolas y frutales. Todavía hoy en el Kopet Dag, en Kazajstán, Kirguistán, Uzbequistán y el norte de Irán se pueden apreciar los casi imperceptibles tránsitos de formas silvestres a cultivadas. Suele ser difícil trazar una frontera entre ambas. Entre los bosquetes de almendro del Kopet Dag, los trabajos de P. N. Bogushevski descubrieron formas que no difieren de las cultivadas. También en el Kopet Dag se encuentran plantas de vid silvestre cuyos frutos están próximos a las formas cultivadas por su calidad y tamaño. Aquí se han conservado formas primitivas de agricultura en forma de arado primitivo, surcador, o en forma de recolección manual, trilla con ganado, avienta con pala, trilla con ralladores de piedra. Todo esto ofrece la posibilidad de hacer un esbozo, siquiera esquemático, de las etapas de su evolución.

La variedad de las condiciones en las montañas y el aislamiento, han contribuido a la aparición de la diversidad de formas y de los diferentes tipos de agricultura.

Todavía hoy Asia Suroccidental es, en un sentido amplio, un laboratorio vivo donde se puede estudiar de primera mano el proceso evolutivo, donde se pueden seguir las raíces de la cultura agrícola. Los documentos arqueológicos, los datos históricos, los tipos de técnica agrícola, el espectro de plantas cultivadas, la presencia de parientes silvestres de animales y plantas domésticas, la diferenciación claramente manifiesta de la población por lenguas, modos de vida y separación geográfica, todo esto conforma la base que permite comprender las etapas iniciales de la evolución de la cultura agrícola actual en Asia Suroccidental.

Viaje al Japón

Después de viajar a China Occidental, en noviembre de 1929 nos dirigimos al Japón.

A pesar de que en las últimas décadas el Japón ha empezado a europeizarse con gran esfuerzo y de que la electricidad inunda las calles de Tokio y de otras ciudades, incluso pequeñas, de que las vías férreas atraviesan el país a lo largo y a lo ancho, de sociedades científicas y de museos, aun así el Japón pertenece, en conjunto, al mundo asiático oriental, al igual que la China interior. Aquí todo es genuino y original. Si dejamos a un lado la europeización, la escritura jeroglífica de China y, en gran medida, la del Japón, sigue siendo hasta el momento el muro que separa, en general, el Lejano Oriente de Occidente. Incluso la escritura japonesa simplificada con ayuda de los denominados *hiragana* y *katakana*, que ha facilitado considerablemente el estudio de la lengua japonesa, no libera de conocer los jeroglíficos. Es posible que el Japón sea, hasta cierto punto, la llave para comprender China. El gran número de sociedades científicas, de revistas, de bibliografía editada aquí en lenguas europeas, la aspiración a estar relacionada con Europa ofrecen la posibilidad de comprender mejor todo el Asia Oriental a través del Japón.

El magnífico jardín botánico dirigido por el profesor Nakai, la excelente estación experimental liderada por el doctor Katō y el seleccionador Terao, conocer a los genetistas Ikeno, Maji,[26] etc., nos introdujo rápidamente en el círculo de intereses de la vida agronómica y botánica del país.

El aislamiento insular del Japón ha favorecido en gran medida la conservación de la individualidad de su flora. Tras haber tomado muchos préstamos, en realidad, todo lo fundamental, de la gran civilización china, el Japón solo lo ha transformado, lo ha modificado ligeramente y por eso aquí se puede comprender también, en gran medida, el carácter de la cultura china.

Lo más sorprendente de Tokio y, en realidad, de todo el país es la diversidad interminable de formas vegetales que sirven para unos u otros fines. Por ejemplo en el bazar de verduras. El visitante europeo contempla admirado las numerosas especies y géneros de plantas nunca antes vistas, inexistentes en Asia Suroccidental. Tenemos ante nosotros numerosísimas especies de bambúes —comestibles[27] de varias formas—, ñame chino, enorme diversidad de rábanos, nabos, raíces y mostazas, bardana japonesa comestible, castaña de agua, loto, sagitarias, nuez de agua, bulbos comestibles de lirios. Las formas más caprichosas y diversas de coles, representadas por numerosas especies,[28] originales hortalizas como el *udo*,[29] el ruibarbo, la cebolla china plurianual, el ta-tsai,[30] la lechuga de tallo *wosun*, unas originales berenjenas diminutas, unos pepinos enormes, *luffa* comestible, crisantemos comestibles, *shiso*, el espárrago tuberoso, etc.

Los frutales del Japón están representados por formas excepcionales. Por ejemplo, la pera china está cubierta por lenticelas características. Tiene diversos tamaños, es casi redonda y se diferencia de la pera europea por su mayor consistencia acuosa. En cualquier caso, es una especie completamente diferenciada, aislada de la pera europea. Tenemos, además, la ciruela china y japonesa, la cereza china, el membrillo chino, frutos secos singulares, castaños de Asia oriental, numerosos cítricos endémicos —como el *kin-kan*—,[31] el caqui japonés y el níspero.

Junto a esto, en el bazar hay todas las especies posibles de pescados de diferentes colores, numerosos moluscos, ascidias, pepinos de mar. Evidentemente estamos en medio de una flora y fauna nuevas, en un mundo especial que se diferencia considerablemente del de Asia Suroccidental. A los japoneses les gusta la diversidad. En las confiterías se pueden ver infinitas clases de pasteles y golosinas.

Pareciera que alguien se esforzara a propósito, a toda costa, en inventar formas nuevas por su sabor y su aspecto.

El almuerzo habitual de un japonés cabe en dos cajitas. En una se coloca arroz caliente, en la otra se disponen decenas de diminutas tazas de madera o de porcelana con trocitos pequeños de todo tipo de manjares que sirven de aderezo al arroz. Hay pescado verde, rojo y rosado, trocitos de rábano de varios sabores, albaricoques japoneses verdes *mume* y aderezos varios de soja verde —*adzuki*.

Todo ello debe ir acompañado de una tetera con té verde, sin fermentar, —nuestro *kok-chai** asiático— sin azúcar. El té es un atributo obligatorio en la alimentación japonesa. Vayas donde vayas, a una tienda típica japonesa, a una oficina, a visitar a un profesor o al gobernador, la conversación solo empieza después de que se haya ofrecido una pequeña taza de té verde.

Salimos de Tokio al campo y vamos a dar con el original mundo de la flora cultivada asiático-oriental. La singularidad del Japón y su clima subtropical en gran parte del territorio ofrecen la posibilidad de crecimiento durante todo el año. En otoño se siembra cebada y trigo, en mayo arroz, en junio se realiza la cosecha de los cereales comunes y en noviembre-diciembre la del arroz y los cítricos. Para entonces ya están madurando las peras. Desde febrero-marzo fructifican los nísperos. Prácticamente en todos los meses se siembra algo y algo madura.

La distinción característica de muchos frutales del Japón, al igual que en China, es una floración extraordinariamente temprana. Las magnolias chinas y japonesas florecen en enero o febrero, antes incluso de que broten las hojas. En primavera y al inicio del verano florece el cerezo de fruto, *sakura*. Junto con las formas cultivadas, está muy extendido un tipo de cerezo ornamental que da flores rosadas y blancas, muy frecuentemente con flores dobles. En pueblos y ciudades hay arboledas sembradas de estos cerezos ornamentales. Centenares de versos han sido dedicados a esta maravillosa estampa. La floración de los cerezos es una fiesta nacional. *Sakura* en flor es sinónimo de primavera.

---

* Nombre que recibe en Rusia el té preparado a la manera uzbeka.

Empieza el otoño: colores nuevos, flores nuevas. Las rocas verticales de Kioto, más exactamente las montañas, cubiertas de arces silvestres, cada día adquieren un tono nuevo. En toda casa campesina hay obligatoriamente varios tiestos de crisantemos. Toda ama de casa realiza sin falta su propia selección de crisantemos. Cuesta imaginar una diversidad mayor que la de los crisantemos japoneses.[32] Ya caen en cascadas enormes, formadas literalmente por miles de flores diminutas, creando la imagen de un torrente, ya son formas gigantescas con inflorescencias aisladas que alcanzan los 40 o 50 cm de diámetro. Varía el color, varía la forma. Todos los otoños en ciudades y pueblos se suceden las exposiciones. Se compite a nivel particular en los pueblos, compiten entre sí las ciudades, compiten las empresas.

Puede que no haya otro país donde el amor a los árboles y a las flores sea tan manifiesto como en el Japón. El cuidado de las flores, de las plantas, se ha convertido en una peculiaridad nacional del país. Mientras recorríamos en coche lugares remotos del sur del Japón, cerca de Kagoshima, llegamos a un gran cementerio. Cerca de cada tumba se levanta una pequeña losa, cerca de cada losa hay infaliblemente un vaso de bambú con un crisantemo fresco. Todos los días alguien se preocupa por cambiar el agua, por cambiar la flor. Y esto sucede en una aldea perdida.

En cualquier hotel, no importa lo remota que sea la provincia donde se detenga el viajero, este verá una limpieza excepcional, pulcritud, numerosos objetos bonitos y originales y, obligatoriamente, un jardincito con árboles enanos, con troncos caprichosos.

Como media, el Japón se caracteriza por una gran cantidad de precipitaciones y un clima costero, marítimo. Las condiciones son propicias para los cultivos agrícolas. El relieve del país es montañoso. En el centro se encuentra el volcán Fujisan, o Fujiyama, que alcanza los 4600 metros de altura, cubierto en su cumbre por nieves perpetuas. De vez en cuando despierta e inunda de lava las poblaciones que lo rodean.

Hay que ver mucho en poco tiempo. Hay que empaparse del carácter del país, comprender su alma. Rápidamente desarrollamos el plan de viaje y, naturalmente, empezamos el itinerario en el frío norte para dirigirnos hacia el sur, donde no hay heladas invernales y por donde se puede viajar durante todo el año. Tras cruzar en barco a la isla de Hokkaidō, vamos al norte primero en ferrocarril, después en automóvil a la ciudad de Sapporo (donde se encuentra la universidad más importante del Japón septentrional), para visitar a un experto en flora cultivada mundial, al profesor Akemine, autor de la primera lista de plantas cultivadas de todo el mundo. Con él viajamos por los alrededores de Sapporo, por los pueblos.

El Japón septentrional es un país forestal y relativamente poco poblado. Aquí todavía quedan representantes ainos, gentes barbudas relacionadas genéticamente con pueblos del norte siberiano. El clima del norte se da a conocer. Este es el reino del trigo y la cebada. En las últimas décadas ha empezado a cultivarse intensivamente lino para hilar, tomado prestado de nuestro país. En otoño, en noviembre, este es el reino del rábano, que llega a alcanzar gran tamaño.[33] El rábano es el alimento básico de la población. Por medio de la selección se han logrado formas excelentes por su sabor y consistencia. Pueden alcanzar rápidamente los 3 o 4 kg y, según cuentan, estas son formas pequeñas.

El cultivo del arroz no solo llega hasta Sapporo, sino que va más allá. Según testimonios de los profesores de Sapporo, el arroz se cultiva también en el sur de Sajalín,* llegando casi hasta los 50-60º de latitud. Son las formas de arroz que maduran más rápidamente. Cueste lo que cueste, hay que conseguirlas para nuestras regiones septentrionales de cultivo arrocero. Pero a diferencia de los americanos y los europeos, los japoneses hacen gala de gran avaricia. De hecho recibimos una negativa. Alegan la necesidad de conseguir un permiso especial del gobierno. En una palabra, empieza la historia habitual, los famosos líos diplomáticos. Posteriormente conseguimos gran cantidad del necesario arroz de Sajalín en la exposición imperial japonesa de Corea, donde estaban representadas todas las partes del país.

El arroz del Japón está mayormente representado por formas sin aristas y de flor blanca. Según demostraron investigaciones

* Actualmente este territorio pertenece a Rusia, pero en la época del viaje de Vavílov pertenecía a Japón. La frontera entre los dos países estaba situada en el paralelo 50º N.

posteriores, aquí se puede ver la gama completa de transición del arroz, desde las formas tardías hasta las precoces que avanzan hasta el extremo norte del Japón.

En la isla de Hokkaidō se cultiva lúpulo. En los bazares se vende gran cantidad de frutos de *Actinidia*, cuyo sabor recuerda a la uva espina. No la hemos visto en cultivos, a lo que parece solo está extendida en su forma silvestre. Con el profesor Akemine vimos por primera vez bardana natural, la verdura *konjac*[34] y petasites.[35]

Los japoneses han desarrollado una capacidad de absorción excepcional respecto a todo lo europeo occidental. Al explorar las librerías de Tokio junto con el traductor de nuestra representación comercial, nos asombró la abundancia de traducciones de lenguas europeas al japonés. La colección completa de las obras de Lenin en varias ediciones. Todos los compendios extranjeros fundamentales sobre ciencias naturales. En Tokio hay hileras enteras formadas por centenares de librerías. Muestran la sed de libros, la disposición a utilizar rápidamente todo lo que tiene de valioso la cultura europea. Al viajar al interior del Japón y a Taiwán, nos tocó sorprendernos por las ricas bibliotecas de pequeñas estaciones experimentales, que recibían todas las publicaciones importantes de Alemania, América e Inglaterra.

Las peculiares condiciones del clima japonés y la intensidad de la selección japonesa han llevado a que las formas de plantas cultivadas traídas hasta aquí desde Asia Suroriental, la India e incluso desde América, hayan sufrido más transformaciones. La calabaza almizclera,[36] indudablemente traída desde América, se ha vuelto pequeña, precoz, cubierta por unas verrugas características. La berenjena, aparentemente traída desde el suroeste de la India, se distingue por el pequeño tamaño de su fruto. Es difícil enumerar todas las plantas aromáticas y las medicinales.

Nos dirigimos a Shizuoka, la principal región de té del Japón. Es una región boscosa. Bosques de *Cryptomeria*, un paisaje de colinas y suelos rojos. En parcelas bien trabajadas se extienden interminablemente plantas de té esféricas, podadas con esmero. La cosecha de té se lleva a cabo con ayuda de unas tijeras especiales. Es un cultivo de siglos. Se calcula que las plantas tienen unos

Fig. 15. *El konjac, curiosa arácea que puede sobrepasar el metro y medio de altura. Tiene un grueso tubérculo, del que crece cada año una gran hoja, muy dividida. A partir de cierto tamaño puede empezar a producir la inflorescencia, de forma característica y olor desagradable.*

100-200 años. Y hay plantaciones más antiguas. Té japonés típico, de hoja pequeña. El negocio del té está bien organizado solo en sentido industrial, desde el punto de vista de una elección cuidadosa, de la separación en numerosas clases, de una tasación detallada, del uso de la maquinaria correspondiente para ello. En puridad, todavía no ha tenido lugar mejora genética alguna. Se trabaja con las poblaciones naturales, recortándolas en cultivo desde hace milenios. Las plantas se abonan con una mezcla líquida fertilizante, la poda es minuciosa.

En la región de Shizuoka recordamos involuntariamente nuestro viaje por las regiones del té cercanas a Batumi,* cuyo paisaje en verdad recuerda a Shizuoka. La misma criptomeria japonesa, el mismo bambú japonés, el mismo té chino-japonés.

Al principio teníamos que comprar, junto con té indio, una cantidad significativa de té verde japonés. A los japoneses les costaba creer que el té soviético fuera una realidad importante. Sin embargo, después de comprar la gran cantidad de semillas necesarias para nuestro país, los representantes de la asociación de té enviados de Shizuoka a conocer las regiones del té de orillas del mar Negro se convencieron de que en efecto muchas regiones, especialmente Adzharia, recuerdan al Japón. Sin duda alguna, el momento en que la Unión Soviética pueda pasar sin el té japonés ya no está lejos.†

La agricultura del Japón sorprende por su intensidad. En el centro y en el sur del Japón se utiliza cada metro de tierra. Los campos se fertilizan generosamente con estiércol líquido. El abonado de las plantas es un fenómeno muy habitual. En campos y huertos no se ve ninguna mala hierba. El Japón no conoce las plantas adventicias. Prácticamente no existen y, si aparecen, las eliminan enseguida.

Nos familiarizamos con la organización del sistema educativo del país. Comprender el *katakana* y el *hiragana* más varios miles de jeroglíficos chinos es mucho más difícil que estudiar algunas lenguas europeas. Ya desde los 4-5 años los niños japoneses tienen que empezar a estudiar. No hemos notado entre los japoneses unas capacidades lingüísticas especiales en lo que a las lenguas europeas se refiere. Incluso los que han estado en América y Europa suelen pronunciar mal las palabras europeas. Aun así, todo científico mínimamente formal utiliza con autonomía la bibliografía europea. Es más, el Comité Nacional encargado de elevar el prestigio de la ciencia japonesa edita una serie de magníficas revistas sobre casi todas las ramas de la ciencia (botánica,

* Ciudad de la actual Georgia en la costa oriental del mar Negro.

† Actualmente, en la URSS hay más de 70 000 ha. de plantaciones de té (N. ed. 1962).

zoología, química, física, etc.) en alemán e inglés, donde se publican tanto importantes trabajos originales como compendios de toda la literatura científica japonesa.

En el Japón hay más de 400 sociedades científicas, cada una cuenta con varios cientos de socios y algunas con varios miles. Se publica una serie de revistas internacionales como, por ejemplo, *Cytologia*, dedicada a la citogenética. El famoso citólogo Fujii, redactor de esta revista, nos contó que había accedido a ser el redactor con la condición de que la revista se editara en lenguas europeas. Esta tendencia a estar en contacto con la ciencia mundial es característica de la mayoría de los trabajadores científicos del Japón. Un japonés bien instruido suele conocer bastante la escritura jeroglífica china, puede leer literatura china. Y por eso la literatura japonesa, más accesible para nosotros al estar en lenguas europeas, permite conocer mejor China.

En Kioto nos vimos con el famoso citogenetista Kihara, quien trabaja con excepcional productividad en la rama de la genética de los cereales con descubrimientos de primer orden. En Kioto se improvisó una conferencia mía en alemán para estudiantes y profesores. Como regalo recibí una obra en varios tomos y con numerosos grabados sobre la historia de la agricultura en el Japón.

Tuvimos la oportunidad de estudiar en Kioto la enorme colección de arroces del mundo reunida por el profesor Katō, donde se veía claramente que la mayor diversidad de formas y variedades no está concentrada en el Japón ni en China, sino en la India.

Al viajar por los alrededores de Kioto, al estudiar su agricultura, pudimos observar el original cultivo de sagitarias, cultivadas por sus rizomas afectados por el tizón. Los tallos por sí solos, sin enfermar, no son muy comestibles. Con el tizón se vuelven más jugosos, adquieren un sabor especial y son una de las especies habituales en la alimentación de la población, tanto china como japonesa.

Una de las tareas imprescindibles de nuestro viaje era ver la isla de Sakurajima,* cuna del rábano de Sakurajima, uno de los tesoros de la selección mundial. Al llegar a Kagoshima, donde hay

* En realidad, la isla no se llama Sakurajima, sino Kyūshū. Sakurajima es el nombre del volcán que domina esta antigua isla y cuya gran erupción provocó, en 1914, la unión de la misma a la península de Ōsumi.

una pequeña universidad, buscamos a un profesor de horticultura con quien nos dirigimos al día siguiente a la isla Sakurajima. No habríamos podido elegir mejor el momento. Había empezado la extracción de rábanos y pudimos contemplar una estampa extraordinaria. Los mejores ejemplares de rábano de Sakurajima alcanzan un *pud* o más de peso. En las carretillas de las que se ayudaban para la cosecha entraban dos o tres ejemplares de rábanos. De lejos, estas hortalizas podían tomarse por cochinillos grandes. Después en Seúl, Corea, vimos en una exposición un rábano de dos metros de largo que había crecido en los ligeros suelos costeros. Recorrimos la isla, decenas de pueblos, intentando comprender de qué manera había surgido esa maravilla. Aparentemente, todo se debe a los fértiles suelos basálticos porosos, a los muchos cuidados y a una persistente selección. El profesor no pudo explicarnos cómo se había criado ese rábano. Lo habían hecho los campesinos de la isla por medio de la selección en unas condiciones favorables. Y eso era todo lo que se podía decir de esta variante extrema. El campesino japonés es un seleccionador nato que combina hábilmente su conocimiento de las condiciones del medio y la observación imprescindible para seleccionar.

Al recorrer por la tarde las aldeas, se puede ver a numerosos niños vestidos, como norma, con extraordinario aseo. Al caer la tarde no falta junto a las casas una cuba con agua caliente donde la chiquillería se lava. No importa a donde llegues o lo pobre que sea la casa, en el norte o en el sur del Japón, hay que quitarse el calzado antes de entrar, ponerse unas sandalias y, si se pasa la noche en la casa, entonces es obligatorio darse un baño caliente. Tales son las costumbres del país.

La recolección y el estudio directo de la composición de las plantas cultivadas demostraron el carácter completamente original de la flora cultivada, que surgió, indudablemente, de forma autónoma, independiente de la antigua cultura agrícola de Asia Suroccidental. Centenares de plantas son endemismos de China o del Japón. Muchas de estas plantas siguen teniendo en la actualidad parientes silvestres en uno u otro país. La riqueza de los frutales silvestres es realmente asombrosa: guindas, ciruelas, albaricoques, manzanas, peras. Bajo las condiciones de un clima monzónico, los cultivos introducidos de cebada, arroz y trigo han experimentado aquí grandes transformaciones, que han llevado a la creación de subespecies propias o de grupos originales. Los aguaceros que caen a mediados del verano y que provocan pérdidas a causa de las plagas de hongos, han llevado a criar en Asia Oriental, por medio de selección natural y artificial, formas muy tempranas que desarrollan el grano rápidamente y, por consiguiente, han perdido o han acortado las aristas y se han convertido en formas de grano pequeño. La cebada y el trigo sorprenden por su tamaño diminuto, su grano reducido y espiga no muy grande, así como por su buen desarrollo.

A pesar de las limitaciones de su territorio, el Japón tiene cerca de 80 millones de habitantes, es decir, el doble que Gran Bretaña o Francia. La superficie total de cultivos se estima en 20 millones de hectáreas, ocupadas en primer lugar por arroz, seguido por trigo y cebada. Cítricos, peras y membrillo ocupan una gran superficie y conforman el paisaje habitual de los pueblos. Las mandarinas y las naranjas son en el Japón lo mismo que las manzanas en Europa. Cestas llenas de excelentes mandarinas (variedad 'Unshiu')[37] se venden a un precio increíblemente bajo.

Al igual que el centro de origen chino de la agricultura, el Japón se caracteriza por un gran número de plantas, incluyendo tanto representantes de zonas subtropicales moderadas como, en lugares del sur, también tropicales. Los alimentos de origen vegetal y animal de japoneses y chinos, sobre todo de estos últimos, son extremadamente variados: brotes de diversos bambúes, gran cantidad de plantas acuáticas cultivadas, entre ellas la *Zizania latifolia*, una hierba cultivada por su vaina foliar afectada por el tizón,[38] bardana comestible, especies originales de col, de rábanos, gran cantidad de platos de soja sustitutivos de la carne, incluido el queso «tofu», numerosos frutos preparados de distintas formas. Esta es la composición habitual de la alimentación de chinos y japoneses.

Por la riqueza en especies endémicas de plantas cultivadas, el Japón y China sobresalen entre otros antiguos centros de origen agrícolas del mundo. Además estas especies están representadas, como norma general, por gran número de variedades. La diversidad de soja, de judía *adzuki*, de caqui, de cítricos, comprende literalmente miles de formas fácilmente reconocibles. Si, aparte de las plantas cultivadas, se tiene en cuenta el enorme número de plantas silvestres que se utilizan en China, se puede entender hasta cierto punto que aquí puedan vivir cientos de millones de habitantes.

Viaje a Taiwán

Taiwán es, sin duda, una isla puramente china. De sus cuatro millones de habitantes el 90% son chinos. Taiwán fue anexionada por el Japón hace solo cincuenta años.* La situación insular ha conservado aquí, prácticamente sin alterar, la cultura agrícola de China y por eso teníamos gran interés en visitar esta isla.

La isla se alarga 80 km en dirección meridional, su parte sur está situada tras el Trópico de Cáncer entrando, así, en zona tropical. El carácter montañoso de la isla determina la enorme diversidad de climas y vegetación. Pareciera que confluyen la flora subtropical y la septentrional, que se ha conservado en las regiones montañosas.

Por la bibliografía sabíamos de los trabajos de uno de los más importantes especialistas en cítricos, el doctor Tanaka, profesor de la universidad de Taiwán. Tras localizar a nuestro colega, nos sorprendimos al encontrar a una persona que hablaba el inglés con fluidez, que había vivido muchos años en los EE. UU. y que era amigo de muchos de nuestros amigos de América. Enseguida se entabló una relación amistosa. Ese mismo día quedó elaborado el itinerario a seguir por la isla, hacia el interior y hacia el sur. Las autoridades nos permitieron disponer a nuestra voluntad de medios para comunicarnos, nos entregaron datos telegráficos sobre encuentros y lugares donde pernoctar. En el itinerario se incluyó la visita a las regiones montañosas pobladas por tribus malayas, los habitantes más belicosos de la isla, los llamados «cazadores de cráneos».

Antes de nada queríamos ver ejemplares de alcanforero *(Cinnamomum camphora)*.[39] Taiwán es la cuna del alcanfor. En

* El Japón se apoderó de Taiwán en 1895. Después de la formación de la República Popular China en 1949, la isla se convirtió en refugio del Kuomintang y está ocupada de facto por los EE. UU. (N. ed. 1962)

regiones situadas a una altitud de 1900 metros se encuentran macizos forestales compuestos casi exclusivamente de alcanforeros. De sus hojas y frutos se extrae, mediante destilación por calor, el aceite de alcanfor, sometido después a un tratamiento más complejo, un refinado que se realiza ya en fábricas estatales específicas. El alcanforero no se cultiva, solo se explota, pero se han tomado medidas para la renovación nacional de los bosques de alcanforeros, para aislar los núcleos más valiosos. Con la materia prima se elabora una serie de productos complejos. La química del alcanfor ha sido estudiada al detalle y está clasificada como secreto: es uno de los monopolios estatales del Japón.

En unas vagonetas pequeñas nos desplazamos a las montañas por una estrecha vía artificial. Las vagonetas, llamadas *pushcar* (del inglés 'push', empujar y 'car', coche) son empujadas por malayos y rápidamente, a una velocidad de unos 15-20 km/h, transportan al viajero hasta la cima de la montaña.

Nos quedamos a pasar la noche en la reserva, junto a la línea que tienen prohibido traspasar las tribus aborígenes que habitan las alturas. A la mañana siguiente nos dirigimos a visitar a los malayos. Viven en chozas levantadas sobre estacas para defenderse de fieras e insectos.

Estas chozas tienen un original paraguas de madera.[40] Nos acordamos de las construcciones palafíticas de Asturias, aunque estas son más sólidas, levantadas en piedra, también tienen paraguas de piedra o de madera. También son así, en realidad, las construcciones de Georgia Occidental.

Los malayos fabrican magníficos artículos trenzados: cestas, escudos, esteras. La población se alimenta, principalmente, de la recolección de frutos y bayas silvestres, y de la caza. Así debían de ser los antiguos habitantes del Asia tropical meridional, de Paleo-Asia. Se diferencian claramente de los japoneses, recuerdan un poco a los indios de América del Norte y del Sur.

Las montañas taiwanesas están cubiertas de bosques formados en gran medida por frutales silvestres: peras y manzanas de especies propias. En las aldeas se suele ver el manzano silvestre taiwanés. Por el sabor de sus frutos recuerda a nuestro manzano, pero este se distingue por sus hojas dentadas.

Al bajar de las montañas ponemos rumbo a Kagee,* a una estación experimental para el estudio del trópico, donde se ha recopilado todo lo valioso de la flora mundial y se hacen intentos perseverantes para introducir en el cultivo especies frutales e industriales particularmente valiosas. Aquí hay plantaciones de la cauchera *Castilla elastica*,[41] mango, mangostán, y una colección excelente de cítricos tropicales de tamaño gigantesco, del volumen de una cabeza humana. Se lleva a cabo la mejora de la patata dulce o batata. El puñado de semillas que se nos entregó ha servido para que la estación de Sujum introduzca una serie de variedades valiosas de batata. También aquí nos dieron muestras de ramio seleccionado, la ortiga china.[42] La buena relación con Tanaka nos permitió conseguir una magnífica colección de los cultivos subtropicales más necesarios para nuestros fines científicos.

El bazar de Kagee y sus huertos sembrados se incluyen en el reino hortícola de China. Hay especies y variedades originales, todavía sin estudiar. En el bazar de Taiwán, en los puestos medicinales, hacemos acopio junto con Tanaka de varios cientos de plantas medicinales. En resumen, esta es la medicina china, contra todas las enfermedades, para todas las edades y sexos.

A propuesta del rector de la universidad de Taiwán di una conferencia en inglés sobre el origen de las plantas cultivadas. Los profesores y estudiantes del público estuvieron increíblemente atentos y, por sus preguntas, se podía sentir que habían entendido lo principal de la conferencia.

Lo más notable de Taiwán, aparte del alcanfor, es su famoso té de montaña *oolong*. Visitar una estación de té era una de las tareas de nuestro viaje. En las montañas de Taiwán se pueden ver plantas silvestres de té que llegan a tener el tamaño de un árbol no muy grande, unos cuatro o cinco metros de altura. El cultivo es muy primitivo; la cosecha, mínima. El té se cultiva en terrenos pedregosos. Lo más llamativo es su reproducción vegetativa por medio de acodos. Del té taiwanés se fabrica un producto de media fermentación, de color marrón claro, que produce una bebida de sabor especialmente agradable y color claro, brillante. Este té es muy valorado, sobre todo en el mercado americano, donde se

* Actual Chiayi.

vende casi todo y por un precio elevado. Si el té verde común, sin fermentar, está orientado sobre todo al consumo interno, el *oolong tea* se prepara exclusivamente para su exportación. La universidad y el gobernador nos hacen entrega de un regalo: ocho libras del mejor *oolong tea*.

La parte baja de la isla está densamente colonizada por población agrícola china. No falta junto a cada casa una jaula para los cerdos negros chinos. La cría de cerdos está aquí más desarrollada que en cualquier lugar de Europa Occidental. Las tierras tienen un uso intensivo como huertos, las grandes extensiones irrigadas están ocupadas por arroz acuático *(Zizania latifolia)*, representado aquí por productivas formas tardías, incluyendo formas de invierno. Hay una enorme variedad de cítricos, de frutales y toda clase de hortalizas. En mi cuaderno de notas hay anotadas más de 150 plantas cultivadas encontradas, en esencia, en una pequeña franja costera de la isla. Se recolecta una gran cantidad de semillas. Gracias a Tanaka, nuestra corta visita a Taiwán resulta extraordinariamente productiva.

Tanaka me informa sobre los endemismos de China y del Japón. En Taiwán se ha fundado una pequeña estación de cítricos de primer orden y un excelente herbario. Aquí está recogido todo el mundo de los cítricos. Se publica la revista internacional *Citrologia*,* en inglés y en japonés. La actividad de la estación del doctor Tanaka no tiene menos valor que los trabajos de Swingle y Robertson[43] en los EE. UU.

Prácticamente toda la universidad se congrega en la estación. Viaja conmigo un profesor geólogo al que su universidad envía tres años a Europa y a los EE. UU. Su ruta incluye tres cuartas partes del mundo. Estudiamos juntos el plan de su misión, que sería la envidia de cualquier geólogo de renombre mundial. El Japón da una importancia excepcional a la preparación de sus científicos, al aprovechamiento de toda la experiencia mundial. Tales viajes no son un fenómeno aislado, sino que son algo corriente, habitual, en la vida de la universidad. Llegamos al puerto y desde Taiwán nos dirigimos por mar a la península de Corea.

---

* El nombre completo de la revista es *Studia Citrologica*.

Viaje por Corea

Corea fue ocupada por el Japón en el año 1904. La población es principalmente coreana; tiene su propia lengua y forma un grupo étnico diferente, sin duda alguna, de chinos y japoneses. Cuesta entender a qué se debe este aislamiento geográfico de unos territorios relativamente poco separados, pero la diferenciación es, sin duda, real. Por su vestimenta, costumbres, modo de vida y psicología el pueblo coreano se diferencia visiblemente del chino y del japonés. Ropa blanca y un pequeño gorro negro, que cubre solo una parte del cabello, son los atributos de los coreanos.

En la última década (1918-1928) ha tenido lugar una niponización intensiva. Todas las manufacturas importantes están en manos japonesas, mientras que los coreanos son, básicamente, población agrícola.

Atravesamos la península y nos dirigimos a la capital de Corea, Seúl, un importante centro con medio millón de habitantes, con una gran exposición dedicada a los veinte años de la anexión de Corea al Japón. Según el itinerario trazado junto con el cónsul general, cruzamos transversalmente la península para acercarnos a la variedad de sus cultivos, reunir el mayor número de muestras posibles y comprender en un tiempo breve las particularidades de la agricultura coreana.

Una parte significativa del territorio de Corea sigue todavía hoy sin labrar. En la parte interior hay bosques de coníferas. La composición de los cultivos es básicamente igual a la del Japón: arroz y soja. Vemos gran cantidad de campos de judía china *adzuki* en una asombrosa variedad de formas. Las huertas están representadas mayormente por caqui japonés y jinjolero o *yu-yu*. Este fruto está ampliamente extendido en China y en Corea y se utiliza tanto desecado como fresco. Desecado, su sabor recuerda al dátil y por eso a veces también se lo conoce como «dátil chino».

A diferencia de las regiones meridionales de China, una parte significativa de Corea es todavía un territorio casi inalterado, que necesita desarrollar caminos, roturar sus bosques y matorrales de poco valor y regular la irrigación.

Cuanto más nos adentramos, más primitivo se vuelve el paisaje. Se acaban los campos roturados, empieza la región forestal con numerosos frutales silvestres. Aquí todavía se pueden observar, en su estado primitivo, todas las transiciones de las formas cultivadas a las silvestres, y por eso se puede averiguar en gran medida el origen de muchas plantas cultivadas chinas. En esta región, todavía hoy se puede ver soja silvestre de semilla pequeña, de legumbre que se abre;[44] es un pariente de la forma cultivada que llegó, en sus estadios más tempranos, al Lejano Oriente soviético, a la región de Amur.

Inesperadamente, en Seúl nos encontramos con nuestros colegas los doctores Dorsett y Morse, introductores americanos a los que conocimos en Washington. El doctor Morse es coautor de una famosa monografía sobre la soja, realizada junto al doctor Piper, otro introductor americano que se ha dedicado fanáticamente al estudio de la soja. Durante varios años, por encargo del Departamento de Agricultura, ha investigado China, Corea, Manchuria y el Japón, estudiando el cultivo de soja, recolectando semillas y enviándolas a los EE. UU.

La soja y el arroz son el elemento básico de la población agrícola de China, de Corea y, en gran parte, del Japón. Con ella se preparan decenas de variadísimos platos, incluyendo un queso especial, el *tofu*. Las plántulas de soja son ricas en vitaminas y gran cantidad de ellas se venden en todos los bazares del Japón. La soja sirve como aderezo de la carne y del arroz y, por último, produce un aceite magnífico que se utiliza en la preparación de margarina y para fines industriales. Al ser un cultivo extraordinariamente apropiado para el clima monzónico, la soja se ha convertido en la planta industrial más importante de las últimas décadas. Debido a la influencia de la demanda americana y europea, vastas superficies de tierra han sido ocupadas por la soja. En las últimas dos décadas sus campos en Manchuria han alcanzado los siete millones de hectáreas, y la superficie total mundial supera los quince millones de hectáreas. Cuesta imaginarse una planta más plástica desde el punto de vista de la diversidad de sus variedades tanto por sus propiedades biológicas como por otros aspectos. Las variedades de la soja se cuentan por varios miles.

La industria americana actual ha introducido todavía más diversidad en los usos de la soja. Al igual que con el maíz, de ella se están produciendo literalmente cientos de artículos de toda clase, pues se aprovechan las cualidades plásticas de su proteína.

Continuando el trabajo de sus predecesores, Piper y Morse han estudiado este cultivo en profundidad. Tal tenacidad y seriedad en el estudio son inherentes de los introductores americanos. Por lo mismo se distinguió Frank Meyer, quien estudió China durante nueve años, recogió todo lo que tuviese valor para los EE. UU. y murió en el año 1913 en el río Yangtsé. También era así Carleton, quien, a pesar de la terquedad de los molineros, consiguió introducir extensos cultivos de trigo duro ruso. Y lo era Swingle, responsable de la aplicación extensiva de la experiencia china, llegando incluso a crear una biblioteca completa de literatura china en Washington, donde una plantilla de traductores puso al descubierto los tesoros de la antigua agronomía china. Los resultados de este trabajo se han manifestado en los últimos años. Las condiciones similares a China de una significativa parte del territorio de los EE. UU. han permitido extender ampliamente el cultivo de soja, que en los últimos años ha alcanzado el millón y medio de hectáreas.

Tranquilamente, sin prisas, viajando con su familia —su mujer y su hija—, Morse se desplazaba de una ciudad a otra, alojándose en los mejores hoteles. El compañero de viajes de Morse era el doctor Dorsett, un viejo introductor que acaba de celebrar su setenta cumpleaños. Su *hobby** (pasión, tema favorito) era el caqui japonés. Durante varios años recorrió miles de kilómetros en China, Corea y el Japón, eligiendo las mejores muestras de esta planta que, incomprensiblemente, se llama caqui «japonés». Cierto que está muy extendida en el Japón, como un sustituto tanto de las manzanas como de los cítricos, pero el principal centro de origen del caqui es, según Dorsett, China. La cantidad de formas es infinita. En cada aldea, casi en cada patio, crece una forma diferente. El meollo de las investigaciones de Dorsett se reducía a examinar esta cantidad ingente de formas, desechar poco a poco las peores y dejar unas cuantas muestras, las más notables. Animado, Dorsett nos dibujó un cuadro con la diversidad de las

* En inglés en el original.

variedades de caquis que podrían ser utilizadas como alimento, tanto frescas, directamente de los árboles, como en gelatina, tras su total maduración y, en particular, después de haber sido congeladas.

Extasiado, nos habló de su último hallazgo en China ese invierno. En el mes de enero, mientras recogía frutos del caqui caídos de los árboles, encontró una variedad que, congelada, era literalmente de la misma consistencia que la gelatina y que tenía un excelente sabor a helado. En opinión de Dorsett, en toda su vida no había probado un fruto más sabroso. Había enviado esquejes de esa variedad a Washington como si fueran un objeto sagrado.

Insistía en que era necesario que los introductores estudiaran la experiencia de los campesinos chinos que, en su opinión, habían reunido una sabiduría milenaria que aún no habíamos aprendido a valorar y utilizar. Dorsett, como muchos de los que nos hemos aproximado a la original cultura china, era un gran admirador de la tenacidad, de la laboriosidad y del talento de los campesinos chinos.

Además del caqui, Dorsett estaba recolectando plantas ornamentales, investigando especialmente unas interesantes especies de árboles y arbustos, para continuar el trabajo de Wilson, autor del excelente libro *China, madre de los jardines** y que había dedicado nueve años al estudio y recolección de la flora ornamental de China.

Hay que señalar el excelente trabajo introductor realizado en China por los investigadores americanos, cuyos resultados debemos aprovechar, en gran medida, también nosotros. Los seleccionadores americanos más importantes, como el profesor Love y el profesor Hayes pasaron varios años en los campos de Nankín estudiando con mejoradores chinos la flora cultivada local.

De regreso a Seúl desde el oeste, deteniéndonos por el camino en aldeas y fincas, fuimos a dar con una original granja gubernamental para el cultivo de ginseng. El legendario ginseng es una medicina contra todas las enfermedades, es un estimulante con el que se relacionan muchísimos relatos fantásticos. La raíz de ginseng adquiere formas originales al reaccionar con extraordinaria facilidad a los obstáculos que se encuentra en el suelo. Se ramifica, a veces adquiere una forma que recuerda a una persona, a una

* Wilson, Ernest Henry, China, *Mother of Gardens*, 1929 [N. del A.].

mujer o a un hombre. Se valora especialmente el ginseng silvestre. Los buscadores de ginseng recorren los bosques desenterrando esta valiosa raíz. Se utiliza seca y en tintura.

El gobierno japonés comprendió enseguida los beneficios de cultivar esta planta tan interesante. Agrónomos americanos han desarrollado las técnicas de cultivo. No pudimos enterarnos de los detalles, por cuanto se considera un secreto, pero al menos pudimos ver lo básico al atravesar rápidamente las plantaciones. Se cultiva en un terreno bien preparado, con muchos fertilizantes, revistiendo cada planta con un cono de cristal rojo. Al parecer, la acción de esa luz roja resulta especialmente favorable para el crecimiento de las raíces.

La gente adinerada suele terminar su comida invitando a ginseng. Nosotros lo probamos más de una vez. Tiene un sabor especial, de un dulzor moderado, leñoso. Por lo visto, es necesario creer en sus efectos milagrosos. Como no teníamos esa fe, no experimentamos el efecto de esta encomiable raíz.

En las tiendas de Seúl se podía ver también ginseng americano. Los prácticos yanquis, tras descubrir en la flora americana su propia especie de ginseng, lo introdujeron en cultivo con la vista puesta en el mercado chino. Los entendidos siempre prefieren el ginseng chino, en particular el silvestre, pero poco a poco la costumbre parece que ha limado las diferencias entre el ginseng americano introducido y la especie asiático-oriental local.

Una enorme exposición en Seúl dedicada a los logros de la industria y la agricultura en el Japón mostraba de forma excelente, con pequeños ejemplos, todas las nuevas y grandes empresas dedicadas a la explotación de oro y plata, y sus importantes instalaciones para regadío. Se podía admirar la pericia en la elaboración en cartón piedra de piezas de modelismo, a las que se dotaba de movimiento con unos pequeños motores eléctricos. En este aspecto es posible que los japoneses no tengan competidores. La exposición certificaba visualmente el desarrollo de la industria japonesa, el enorme crecimiento en la extracción de metales, el desarrollo de su industria algodonera, las enormes posibilidades de su agricultura.

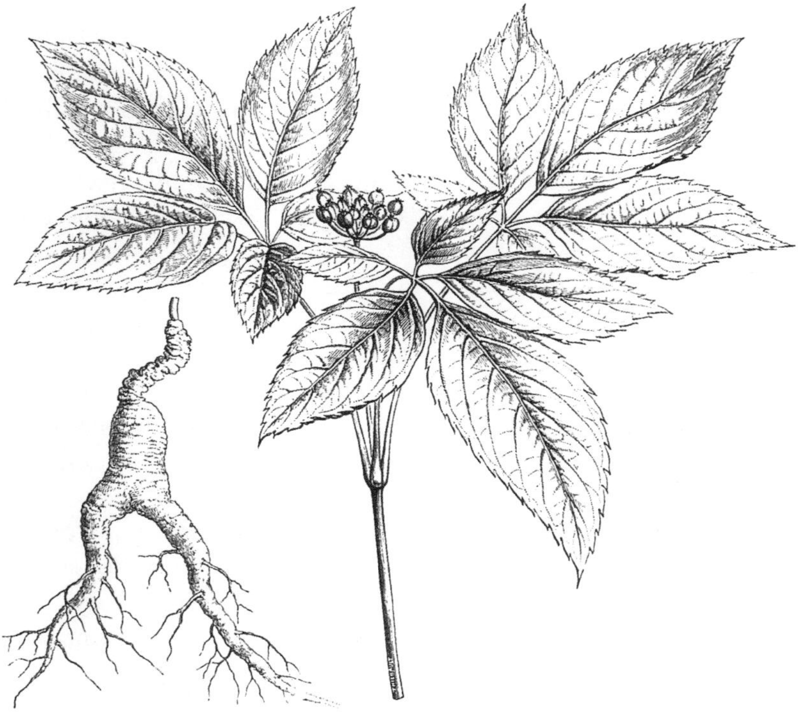

Fig. 16. *Ginseng chino, una araliácea perenne que produce cada año tres hojas divididas y una pequeña inflorescencia en su centro. La parte empleada como medicinal (adaptógeno) es la raíz, carnosa, que va engrosando cada año y puede adoptar extrañas formas [Dib. Auguste Faguet].*

En Corea terminaba el ciclo asiático-oriental de nuestro viaje. Conocer la civilización china de forma periférica en la provincia de Sinkiang, estudiarla in situ en Taiwán, Corea y el Japón, nos llevó a convencernos definitivamente de la completa originalidad de esta gran civilización, de la composición realmente única de sus plantas cultivadas, de su original destreza en técnicas agrícolas, de la total autonomía del centro de origen agrícola de la antigua Asia Oriental, que ha levantado una agricultura propia basándose en especies y géneros autónomos de plantas. Al exponer la historia del Antiguo Oriente, normalmente toda la atención de los estudiosos se centra en las civilizaciones de Asia Occidental, de Egipto y de los países mediterráneos. De vez en cuando se citan las expediciones a la India. La poderosa civilización china y, en general, la asiático-oriental han quedado fuera del camino seguido por la ciencia histórica europea. Solo en tiempos recientes el estudio de la Ruta de la Seda en el oeste de China empieza a arrojar luz sobre la antigua civilización china.

Un estudioso de la agricultura, de la flora cultivada, de los usos, las destrezas de la población agrícola de Asia Oriental, tanto en la periferia, en el Japón y Taiwán, como en la propia China, no alberga duda alguna sobre el desarrollo único de esta gran civilización, de su introducción autónoma de un gran número de plantas, de que aquí se domesticó el cerdo, la gallina, el gusano de seda, la carpa dorada, y el gusano de cera.

La rica flora de China, todavía poco estudiada, solo conocida por fragmentos de viajeros europeos y americanos, sigue escondiendo, sin lugar a duda, muchos valores. El árbol *tung*,[45] la *Eucommia* de gutapercha,[46] el ramio, miles de plantas ornamentales, leñosas y herbáceas, plurianuales y anuales, han entrado en los cultivos europeos y americanos o están en fase experimental. En las regiones de montaña y alta montaña se han producido formas precoces merecedoras de ser llevadas a latitudes septentrionales.

En las peculiares condiciones del clima monzónico, la cultura china ha modificado en el transcurso de milenios las formas introducidas de trigo y cebada, creando sus propias subespecies originales. El arroz, cuyo centro de origen es la India —donde todavía hoy se pueden seguir los vínculos de este cultivo con sus parientes silvestres—, penetró en China y dio origen a variedades originales, más cultivables. En China tienen su origen una serie de mijos. El sorgo que llegó aquí desde África se transformó en una subespecie original, el *gāoliang*.

La gran cultura agrícola de China, donde se concentra la mayor densidad de población —quinientos millones de habitantes—, todavía está esperando a sus investigadores. Por delante queda el ingente trabajo de estudiar detalladamente los recursos vegetales de China y de sintetizar los conocimientos de esos recursos. El camino por el que avanza la historia de las civilizaciones debe girar hacia Asia Oriental y Suroriental, donde durante milenios se han ido concentrando grandes masas de población agrícola. En la actualidad Asia Suroriental sigue resaltando en el globo terráqueo por la concentración de su gran número de habitantes. Casi la mitad de la población de la tierra reside hoy en Asia Suroriental. En el pasado, el valor relativo de la población de esta parte de Asia era aún mayor.

Exponer los recursos de Asia Suroriental, considerar de forma crítica su enorme experiencia, revelar los ingenios de sus pueblos, echar abajo la muralla que aísla a China, estas son las tareas prioritarias de las ciencias naturales e históricas.

Los países del Mediterráneo

Los documentos más antiguos sobre la cultura agrícola están ligados a los países del mar Mediterráneo —Egipto, Siria, Palestina—, a la antigua civilización etrusca de la península apenina y a la antigua Hélade.

Los vestigios más antiguos de trigo y cebada están ligados a Egipto, Siria y Palestina. Ya en los últimos siglos anteriores y en el primero después de Cristo, los escritores de la Roma y la Grecia clásicas nos legaron informaciones detalladas sobre la cultura agrícola de esos países. Todavía hoy leemos maravillados el curso de agricultura de Columela, escrito en el siglo I a. de C. Su contenido sigue siendo válido para la docencia en nuestra época. Virgilio, Plinio o Teofrasto nos han dado indicaciones valiosísimas de cómo llevar a cabo la selección de cara a mejorar las variedades.

En 1926 nos pusimos como tarea visitar, en la medida de lo posible, todos los países del Mediterráneo, recolectar material varietal completo y estudiar las condiciones de los cultivos. Empezó una compleja epopeya para conseguir los visados. Con ayuda de amigos de Londres, en especial del doctor Daniel Hall, uno de los agrónomos más importantes de Inglaterra, conseguimos el visado para Palestina y la isla de Chipre. El viaje a Londres y las gestiones para conseguir visados para Sudán y Egipto no se vieron coronados por el éxito, a pesar de la ayuda de muchos amigos de prestigio. Parece que Egipto era independiente a la hora de entregar visados y que había que solicitarlo directamente a El Cairo. Así que aprovechamos Londres para, principalmente, conseguir cartas de recomendación y estudiar los trabajos más recientes sobre los países mediterráneos en las magníficas bibliotecas del Ministerio de las Colonias, de la *Science Library* y del Museo Británico. Aquí nos hicimos con mapas de gran valor para el viaje. Según nuestra experiencia, lo que comprobaríamos después en más de una ocasión, Londres ofrece muchísimas posibilidades en este sentido, sobre todo la conocida empresa Standford.

Mucho más sencillo resultó conseguir los visados franceses, favorecido por el hecho de haber trabajado varias semanas en 1914 cerca de París, en la famosa empresa de semillas de Vilmorin y Andrieux, la dinastía que, desde hace más de dos siglos, se dedica a la mejora vegetal. En la historia mundial de esta especialidad, les corresponde a los Vilmorin el desarrollo de los métodos de selección y la puesta en cultivo de la remolacha azucarera. Es un instituto completísimo con un museo excelente, una biblioteca magnífica y manuscritos valiosísimos.

Las relaciones diplomáticas con Francia no auguraban por entonces muchas esperanzas. L. B. Krasin, que en esa época desempeñaba la misión de representante soviético plenipotenciario en París, calificaba la petición de visados de un asunto sin solución. La solicitud al Ministerio de Asuntos Exteriores confirmó, en principio, lo inútil de nuestros intentos.

Lo único que podía ayudar, en opinión de nuestro amigo Auguste Chevalier, botánico, director del Laboratorio de Botánica Aplicada de París y académico en la actualidad, era la intervención de la mujer más enérgica del mundo —según sus palabras—, la señora Ph. de Vilmorin, cabeza visible de la citada empresa de semillas y que, junto a su marido, había dado la vuelta al mundo. Hubo que convencer a la señora Ph. de Vilmorin de que nos ayudara y demostrarle que este botánico y horticultor soviético necesitaba sin falta visitar Argelia, Túnez, Marruecos, Siria, es decir, todas las posesiones francesas en el Mediterráneo. El asunto se complicaba por el levantamiento de los rifeños en el Marruecos montañoso y de los drusos en Siria.

Tras escuchar atentamente todos los argumentos por los que necesitaba visitar todas las regiones agrícolas de las colonias francesas, que la vida es corta y que no podía dejarlo para otro momento, la señora Ph. de Vilmorin dijo que estaba completamente de acuerdo y convencida de que debía ir. Sin duda, esos dos días exigieron unas dotes diplomáticas poco corrientes y toda la influencia de la autoridad de los Vilmorin. La señora Ph. de Vilmorin fue a ver al presidente Poincaré y al entonces primer ministro Briand. La cuestión fundamental era, por supuesto, si el profesor soviético iba a hacer propaganda bolchevique, si se le podía dejar pasar a las colonias en un momento tan peligroso, en pleno levantamiento.

En contra de nuestras expectativas, la señora de Vilmorin cumplió su misión de forma brillante. «*Amigo mío* —me dijo—, *se le permite viajar cuando usted quiera. Diríjase al Ministerio de Asuntos Exteriores, de allí a la prefectura, consiga los visados y luego venga a despedirse*».

En el Ministerio de Asuntos Exteriores me pidieron explicaciones detalladas: a dónde, cuánto tiempo, en qué dirección iba a moverse el viajero soviético, a quién conocía en Argelia, Túnez, Marruecos y Siria. Pero, para mi sorpresa, no se me impuso limitación alguna. Claramente, las disposiciones eran completamente excepcionales. En la prefectura, a donde fui con el pasaporte para formalizar definitivamente los visados, me dijeron que era imposible, que tenía que haber algún error, pues en ese momento hasta los ciudadanos franceses tenían prohibida la entrada en Marruecos o Siria sin un permiso especial. «*¿Se ha enterado de lo que ocurre?*», me preguntó el funcionario. Hube de responder que para cualquier aclaración debía dirigirse al Ministerio de Asuntos Exteriores, de donde me habían enviado a la prefectura. La larga conversación telefónica parece que al fin convenció al prefecto y una hora después tenía en el bolsillo mi pasaporte con los cuatro visados que me abrían el camino a los países mediterráneos.

Solo faltaba Egipto. Los amigos del Instituto Pasteur, con los que me unían antiguos trabajos en el campo de la inmunidad, se lanzaron a conseguirme los visados para Egipto. El mismo Roux, el director del instituto, Besredka y otros conmilitones del gran I. I. Méchnikov vinieron en mi ayuda. Era un caso extraordinario. En ese momento las relaciones entre Inglaterra y Egipto eran muy

Fig. 17. *El pino piñonero,* Pinus pinea, *elemento característico del paisaje mediterráneo, es inconfundible por su porte aparasolado. Sus semillas son los piñones, un alimento muy antiguo que llevó a la selección de algunas formas con la cubierta seminal más delgada [Dibujo de Auguste Faguet].*

tensas. Las vías diplomáticas resultaron ineficaces. Sin embargo, los amigos de París buscaron otra solución: recurrir a los banqueros egipcios que por entonces estaban siguiendo tratamiento médico en París. El asunto no era nada sencillo, en cualquier caso, tocaba esperar. Dado que el verano se había acabado, había que darse prisa e ir al campo, el visado siempre podía recibirse en algún lugar del trayecto. El «todopoderoso» banquero Mosseri —según palabras de los *pasteurianos*—, hermano de un importante agrónomo egipcio, estaba convencido de que por recomendación suya le darían el visado incluso a un bolchevique.

En ese momento nuestro compatriota I. I. Ivanov estaba pertrechando, también con ayuda del Instituto Pasteur, la expedición al norte de África. Empezó el rápido equipamiento de la expedición, la adquisición del equipo. Además del viaje por los países del Mediterráneo, mi intención era, una vez acabado este, llegar hasta Abisinia. Había que prever las dificultades de esta expedición, por entonces poco probable, y por eso mismo había que proveerse con tiempo de los mapas necesarios, de manuales y de los trabajos más importantes dedicados a Abisinia.

A mitad de junio habíamos terminado con los preparativos. Tras despedirnos de nuestra hada buena, Ph. de Vilmorin, y prometer que le informaríamos de los resultados de las investigaciones en cada país, provisto de cartas de recomendación del Instituto Pasteur y de la señora de Vilmorin, puse rumbo a Marsella, desde donde los barcos de la empresa *Messageries* cubrían las rutas a todos los puntos del Mediterráneo.

La Francia meridional ya forma parte del Mediterráneo. En la concepción del Mediterráneo es imprescindible tener en cuenta el carácter montañoso de una parte significativa de su litoral. Por su clima suave y sus cultivos subtropicales, la Riviera —una estrecha franja costera del sur de Francia— se incluye en la región propiamente mediterránea. Su principal particularidad son los inviernos suaves, los veranos calurosos. Las precipitaciones se concentran en otoño, invierno y la primavera temprana. Como los veranos son calurosos, no es raro ver el uso de la irrigación en los cultivos. El clima suave ha permitido que en esta zona se concentre una excepcional riqueza de flora subtropical.

La Riviera francesa es uno de los lugares más poblados de Francia, con numerosas villas inundadas de rosas trepadoras y de palmeras. Aquí se concentran, sobre todo, los cultivos de vid, olivos y frutales meridionales. Las montañas cercanas al litoral sufren cambios en la composición de su flora, pues se diferencian ostensiblemente de la Riviera propiamente mediterránea.

Las orillas accidentadas, el clima suave, la fertilidad de la tierra, la abundancia de agua, el mar relativamente tranquilo, todo esto ha creado una condiciones realmente excepcionales para el desarrollo de la gran cultura mediterránea. Las condiciones geográficas del mar Mediterráneo han favorecido, sin duda, el asentamiento poblacional. El gran desarrollo de la línea costera, la existencia de las penínsulas pirenaica, apenina, balcánica y de Asia Menor, de numerosas islas grandes y pequeñas, los accidentes de su franja costera, todo ha propiciado la distribución en pequeños grupos dispersos de numerosas poblaciones que desarrollaron su civilización de forma independiente, duradera, relativamente tranquilas y sucediéndose unas a otras. Quizá sea difícil imaginar en el pasado unas condiciones más propicias para el desarrollo de las grandes civilizaciones agrícolas que las del Mediterráneo.

Sin duda, en la formación de la cultura agrícola mediterránea ha tenido un gran papel el árbol frutal. La planta alimenticia más importante es el olivo, capaz de crecer en suelos pedregosos, resistente y con una excepcional tolerancia a la sequía. Su fruto, tanto en el presente como sobre todo en el pasado, ha sido uno de los alimentos más importantes. Un valor similar tenía, en especial en islas como Chipre o Creta, el algarrobo,[47] cuyos ejemplares silvestres y plantaciones ofrecen un producto alimenticio y forrajero, las denominadas algarrobas de Constantinopla. Los castañares siguen siendo la base vital de algunas regiones de Portugal, España e Italia. Si a esto le añadimos la higuera, la vid y, de entre los frutos secos, el nogal y el avellano de Lambert se puede entender el importante papel de los árboles frutales para la población del Mediterráneo, predecesores aquí de los cereales cultivados.

El clima suave y el carácter montañoso han condicionado el desarrollo de la riquísima flora del Mediterráneo, con unos cálculos

Fig. 18. *El algarrobo, uno de los cultivos arbóreos de importancia histórica en el Mediterráneo. En el grabado de A. Faguet se ven un par de inflorescencias, las hojas terminadas en dos foliolos y los frutos o algarrobas. Estos son legumbres que nunca se abren, y tienen una pulpa más o menos dulzona [Dibujo de Auguste Faguet].*

aproximados de no menos de 20 000 especies. Incluso en la escala de la flora mundial, el Mediterráneo sobresale por su excepcional riqueza. Entre la flora silvestre el agricultor primitivo encontró gran cantidad de plantas valiosas, usadas primero en estado silvestre, y posteriormente puestas en cultivo. El Mediterráneo es la región de origen de gran parte de los cultivos hortícolas europeos.

En la composición de su flora silvestre se han encontrado plantas tan valiosas —de las que se aprovechaba tanto el grano como las partes verdes— como son las algarrobas,[48] el tojo, el trébol de Alejandría, la almorta, la almorta de gorgona, la zulla, el trébol blanco de flor grande, los yeros, etc. Aquí también se han domesticado una serie de animales ganaderos.

Al mismo tiempo la cuenca cerrada y tranquila del mar Mediterráneo ha favorecido el desarrollo de las comunicaciones marítimas y de la navegación. La diversidad de culturas ha favorecido el intercambio de productos y, ya en la época de los fenicios, aquí floreció el comercio marítimo, el intercambio de prácticas, de productos, el intercambio de cultivos. La existencia de estados dispersos, su carácter sedentario, tranquilo, duradero y en continua sucesión, ayudó a elevar el excepcional nivel de la cultura mediterránea, con gran influencia ulterior en la cultura mundial. Como veremos a continuación, también en la agricultura y en el desarrollo de las variedades cultivadas están siempre visibles las particularidades de la cultura mediterránea. Indudablemente, las condiciones geográficas han conducido en gran medida a la creación de una gran civilización, de una gran cultura sin parangón en el pasado.

Viaje a Siria

Habría sido difícil elegir un momento menos oportuno para viajar por Siria. El pasaporte con visado francés que mostramos en el puerto de Beirut provocó muchas sospechas. Nadie estaba dispuesto a creer que el gobierno francés pudiera haber concedido el visado a un ciudadano soviético (sin duda un bolchevique, según la idea que tenían las autoridades) cuando ni siquiera se dejaba entrar a ciudadanos franceses. A través de toda la ciudad, nos enviaron a pie y bajo vigilancia a la prefectura para comprobar nuestra documentación. Un registro minucioso de nuestro equipaje y de las cartas, así como informes telegráficos complementarios, terminaron tranquilizando al a todas luces alarmado prefecto, y nos dirigimos a uno de los hoteles para turistas más importante. Más tarde nos quedaría claro el por qué de la inquietud de las autoridades.

Beirut está situada en una zona litoral subtropical, típicamente mediterránea. A su alrededor hay plantaciones enormes de plátanos, de caña de azúcar, huertas, viñedos. La franja costera de Beirut es una ciudad europea con alamedas rectas y bonitas, casas confortables y parques excelentes. Aquí hay un gran colegio americano donde imparten clase profesores americanos. Muy cerca hay un centro jesuita de enseñanza, especialmente interesante para nosotros por cuanto que en él, según teníamos entendido, debía de conservarse el enorme herbario del jesuita Bouloumoy.

El itinerario del viaje lo habíamos elaborado tiempo atrás, mientras nos preparábamos para el viaje en Londres y París. Siria es un país complicado para investigar sobre plantas cultivadas y agricultura. El litoral mediterráneo del país se extiende desde Beirut hasta Latakia. Está dedicado principalmente a cultivos introducidos, como el plátano, la caña de azúcar o los cítricos, y no tenía especial interés para nosotros. Era importante llegar hasta el interior del país, al sur de Siria, hasta la zona fronteriza con Palestina, a las montañas donde el botánico Aaronsohn recogió trigo silvestre por primera vez en el año 1906. Según los datos de los que disponíamos, la meseta de Hawran era uno de los territorios más importantes para el cultivo del trigo y, al mismo tiempo, cuna del trigo silvestre.

Nada más salir de Beirut entendimos el por qué de la preocupación de la prefectura. Desde Beirut hacia el sur y hacia el sureste, todo el montañoso país se encontraba en estado de guerra. Las tribus drusas de las montañas se habían sublevado e iniciado una guerra de guerrillas contra los destacamentos franceses, librando con éxito acciones ofensivas. Los franceses defendían con barricadas los lugares más peligrosos por los ataques. Una locomotora blindada conducía nuestro tren. Al llegar al último puesto en Hawran tuvimos que ir a ver a las autoridades militares para presentar nuestros documentos y recibir el permiso para proseguir el viaje.

Como compañero de viaje se me había unido uno de los profesores del colegio americano, que pasaba viajando su periodo de asueto.

Ya las primeras excursiones por las aldeas árabes, entre campos, revelaron una singular composición de trigos. Aquí recogimos por primera vez una subespecie singular a la que posteriormente dimos el nombre de 'Khoranka'. Es un excelente trigo duro de grano grande con paja que no se encama, con espiga compacta muy productiva. Actualmente el 'Khoranka' ya está introducido en decenas de miles de hectáreas de campos del Azerbaiyán montano. Pero fue aquí, en las laderas de las montañas, en las lindes de los sembrados, entre piedras, donde vimos por primera vez manchas de trigo silvestre.

Fig. 19 *(dcha.). Un trigo duro (Anexo II) de los cultivados en el sur de España y el Levante a comienzos del XIX [lámina realizada para la obra inédita de Lagasca y Clemente,* Ceres hispanica, *v. pág. 257].*

Hay toda una epopeya unida al descubrimiento en 1906 del trigo silvestre en Siria y Palestina por parte del botánico Aaronsohn. Con el arrebato de fantasía propio de los investigadores del este, Aaronsohn proclamó una nueva era en la mejora del trigo. El trigo silvestre que crece en regiones semidesérticas, tolerante a la sequía indudablemente, de grano relativamente grande le pareció a Aaronsohn un material excelente para mejorar los trigos cultivados y aumentar su resistencia a la sequía. Las pocas exigencias del trigo silvestre, su desarrollo entre piedras, en tierras inservibles, parecían abrir nuevas posibilidades. No menos entusiasta, el representante del Departamento de Agricultura de los Estados Unidos, el doctor Cook, que en 1913 viajó ex profeso a Siria y Palestina para estudiar el trigo silvestre, también le atribuyó entusiasmado una importancia excepcional. Una cantidad enorme de cajas con espiguillas de trigo silvestre fue enviada a los EE. UU.

Nosotros llegamos al lugar de crecimiento del trigo silvestre cuando la mayor parte de las espiguillas ya se habían desarticulado y, a pesar de su gran cantidad, solo esforzándonos y limpiando entre las piedras, pudimos encontrar las que habían caído al suelo. Sin embargo, la resistencia a la sequía y el bajo nivel de exigencia del trigo silvestre se habían exagerado considerablemente. Un estudio posterior reveló que el trigo silvestre, incluso entre rocas, crece en un terreno blando, rico en humus y que conserva la humedad al amparo de las rocas. En este aspecto se diferenciaba poco del trigo cultivado. Había que hacer una corrección importante a las hiperbólicas descripciones de Aaronsohn y Cook. Además, la subespecie siria del trigo silvestre resultó de grano relativamente pequeño y las espiguillas, medianas. Sin duda alguna, tenía bastante más interés la resistencia a la sequía de las formas locales de trigo cultivado y ampliamente sembrado por la población árabe, en las que nosotros, como es natural, centramos nuestra atención.

El trigo silvestre era, por supuesto, interesante como eslabón evolutivo. Posteriormente, al estudiar el trigo silvestre por medio de ensayos de hibridación, nos quedamos aún más convencidos de la dificultad de su utilización con fines prácticos. De cualquier forma, la hipérbole de Aaronsohn había jugado un papel positivo.

Los americanos, espléndidos, habían construido una estación experimental agrícola especial cerca de Haifa, que estaba desarrollando un trabajo de selección útil y amplio.

Fuertes ataques de malaria entorpecieron considerablemente mi trabajo. En lugar de recolectar, en condiciones difíciles ya de por sí, el trigo silvestre que ya se había dispersado y la cebada silvestre, me vi obligado a guardar cama unas cuantas horas. El clima bélico de Hawran apremiaba nuestra investigación y nos obligaba a dirigirnos a lugares en los que fuera posible recibir asistencia médica en caso de necesidad. Para mi sorpresa, un oficial francés declaró que, si tan imprescindible me era el adentrarme en Hawran, en las montañas, no existía ningún impedimento. Solamente necesitaba colgar un pañuelo blanco en un palo, señal de ir en son de paz, y podía ir donde necesitara, pues encontrarse con los drusos solo era peligroso para los franceses, pero no para los rusos, tanto más si eran bolcheviques.

Aprovechando este insólito consejo, me dirigí a las montañas junto con el profesor del colegio americano, a una aldea drusa donde, en efecto, nos ofrecieron un recibimiento de lo más cordial, reunieron todas las muestras de semillas que necesitábamos, recibimos informes completos, recorrimos a caballo una parte significativa de los campos y tranquilamente, acompañados por guías drusos, regresamos a la estación de ferrocarril, desde donde nos dirigimos a Damasco.

Y ahí estaba la ciudad más antigua del mundo, la célebre Damasco. Su situación geográfica es realmente magnífica. Se encuentra en medio de montañas desérticas, en una depresión que recoge las aguas desde las laderas, que alcanzan los 1500 metros. Aunque a su alrededor hay un desierto estéril, las cercanías de Damasco son un mar verde. La ciudad está inundada de jardines, rodeada de campos fértiles. El viajero, tras muchos días recorriendo el camino largo y desértico de las caravanas, entra en Damasco y encuentra aquí una especie de El Dorado: agua y vegetación. Es una ciudad antigua, sólidamente construida, con un gran número de mezquitas y minaretes, con numerosos y grandes caravasares. Aquí la agricultura es exclusivamente de regadío. Es, en esencia, un oasis en medio de un desierto montañoso. Gracias a su altura sobre el nivel del mar el clima es moderado, favorable para el desarrollo de frutales, vides y cereales.

Lamentablemente, Damasco estaba en estado de guerra por la amenaza de la ofensiva drusa. Las afueras estaban protegidas por barricadas y las autoridades recomendaban no alejarse mucho de la ciudad. Hubo que limitar la investigación a los bazares de semillas de la ciudad, y visitar solo unos pocos campos.

Damasco es el centro de las ciencias árabes. Aquí se encuentra la famosa Academia Árabe de Ciencias, con cuyo presidente, el profesor Kurd Ali, entablamos amistad. Resultó que teníamos conocidos comunes. Aquí trabajó en una ocasión el académico I. Yu. Krachkovski, de cuyos conocimientos en el ámbito de la arabística nos habló Kurd Ali entusiasmado: «*Vuestro Krachkovski* —contaba Kurd Ali— *nos dejó sorprendidos. Sabía muchísimo de literatura árabe y leía como pocos de nosotros*».

La convergencia de muchos caminos en Damasco ha determinado el carácter de préstamo de las plantas cultivadas. Pero indudablemente también aquí había una serie de endemismos. En ninguna parte habíamos visto una uva tan grande y de piel tan dura como las que encontramos en el bazar de Damasco. La composición varietal de los trigos era excepcionalmente heterogénea, lo que reflejaba influencias de Asia Suroccidental y del Mediterráneo. Aquí estaba representada en abundancia la peculiar almorta,[49] endémica del Mediterráneo montañoso, una de las más importantes plantas alimenticias, que ha sustituido a la cebada en el forraje para caballos.

La existencia de Damasco está documentada desde hace más de 4000 años. Es posible que sea incluso más antigua. De esta antigüedad nos habla la solidez de sus calles. Es como si se hubieran petrificado, como si estuvieran arraigadas en la tierra. Incluso los tenderetes del bazar tienen cierto carácter inmutable. En los peculiares restaurantes árabes, debajo de las mesitas hay siempre unos *aryks*, por donde fluye murmurante el agua y refresca la temporada estival. Otra cosa curiosa: por alguna razón en las peluquerías de Damasco, después del corte de pelo, se considera de buen gusto rociar la cabeza con alcohol y prender fuego al cabello sobrante. La primera vez que se realiza esta operación, sin previo aviso, causa perplejidad —la cabeza arde por completo—, y el cliente se pone de pie espantado. Pero el asunto tiene un final feliz, para deleite del operador.

Tras haber seleccionado y enviado por correo mucho material, partimos hacia la Siria Septentrional, en dirección a Mesopotamia, a través de Homs, Hama y Alepo, desde donde teníamos intención de llegar en coche hasta el Éufrates.

Toda esta enorme región, habitada por típicos árabes esbeltos en albornoz y turbante, es el granero de Siria. Los campos de trigo se extienden sin fin. Se siembran enormes superficies. Incluso hay intentos de una especie de mecanización utilizando unas peculiares y primitivas trilladoras, pero en general domina el tipo habitual de agricultura mediterránea: arado romano de surco que no voltea el sustrato, tablón de madera con pedernales encajados donde se trilla el grano extendido, la avienta se hace con pala. Se siembra en otoño. Hay un monocultivo, principalmente de trigo duro y cebada de dos carreras.

Y ahí estaba el gran Éufrates, donde en una época floreció la cultura asirio-babilónica, donde se decidió el destino de Asia Occidental, donde el Código de Hammurabi definió las normas de la economía y de los derechos y deberes. La mayoría de los cultivos agrícolas no se riegan. Las aguas del Éufrates fluyen sin freno hacia el océano Índico. Solo allí donde el agua está cerca, por donde pasan pequeños ríos, se han instalado ruedas de noria para elevar el agua y se practica la irrigación. La mayor parte de la superficie es agricultura de secano. Su pasado es, sin duda alguna, más rico, más pleno e interesante que su presente. No hay ninguna duda de que se puede regresar al pasado desde el punto de vista de la explotación racional de estos recursos hídricos y de estas excelentes tierras. Las posibilidades son reales. Los franceses, sobresaturados con sus colonias, no lo necesitan, y la oprimida población árabe se ve obligada a conformarse con una explotación primitiva de sus enormes y ricos recursos naturales.

Es el momento más apropiado para recolectar. En los campos todavía queda mucho trigo y cebada sin segar. La cosecha está en su apogeo. Aquí la composición de especies es completamente diferente de la de Asia Suroccidental, y de la región irano-turquestana. El trigo es exclusivamente duro, y solo hay cebada de dos carreras. No hay ninguna duda de la originalidad de este territorio, de su autonomía y de su diferencia bien marcada con el Asia Suroccidental. También son singulares las leguminosas de grano de este territorio. Como demostró la experimentación posterior, el material seleccionado en la Siria septentrional, esteparia y seca, tiene especial interés para las regiones áridas de Ucrania.

Desde Alepo nos dirigimos de nuevo a Beirut, y luego al norte, a Latakia y a la cordillera del Líbano. Es esta una región espléndida que linda directamente con el litoral. La cordillera del Líbano mira al mar Mediterráneo y se eleva hasta alturas de 2000 metros. Con mucho esfuerzo el automóvil asciende por las pendientes escarpadas casi hasta la cima de la cordillera del Líbano. El lugar está considerablemente poblado, es una región de veraneo a la que acuden numerosos ricos de Egipto. Originales villas y casitas de campo alegran el camino y armonizan magníficamente con el paraje montañoso.

Todo el terreno útil de las laderas está ocupado por vides, higueras, olivos. Se aprovecha cada palmo de tierra. La rica flora de la montaña mediterránea es especialmente interesante por incluir numerosos parientes de plantas cultivadas. Aquí encontramos las interesantes avena loca, guisante silvestre, olivo silvestre, algarrobo.

La ascensión se vuelve cada vez más difícil. Hay que dejar el coche y subir a caballo hasta los célebres bosques de cedros del Líbano. Ya Salomón envió hasta aquí una expedición en busca de material para construir un templo. Ahora es una de las reservas naturales más notables, excepcional por su belleza. No es muy grande, unas 200 hectáreas en total, y se extiende por las montañas en forma de escalones. Estos árboles enormes de ramas

---

Fig. 20. *A la izquierda, grabado del siglo XIX representando los bosques de cedros del Líbano [Dibujo de Auguste Faguet].*

ligeramente inclinadas, casi horizontales, forman grandes grupos. Tranquila y majestuosamente se yerguen estos colosos que han sido testigos de muchas cosas a lo largo de su vida. En el lindero hay una vigorosa regeneración con cedros jóvenes de diferentes edades. Entre ellos encontramos macollas de centeno silvestre plurianual.

Los cedros del Líbano nos trasladan involuntariamente a milenios remotos. Son uno de los más excelentes vestigios que nos da testimonio de la flora antigua. Sin duda alguna, las enormes extensiones de macizo montañoso que avanzan desde Beirut hacia el norte estuvieron una vez cubiertas de bosques de coníferas. Ahora solo quedan grupos dispersos que son conservados como espacios protegidos. Cerca de los cedros hay un pequeño centro para turistas y, anejo a él, un museo no muy grande dedicado al cedro del Líbano.

Continuamos nuestro camino hacia el norte, hacia Latakia. Todo el camino está repleto de ruinas que dan testimonio de un pasado glorioso, de la concentración en este lugar de una gran cultura. Ahora solo hay pequeños pueblos árabes y escasas escuelas árabes. Hay muchas cosas sin carácter, copiadas de fuera, y hay que esforzarse para separar lo traído de lo propio y antiguo, de lo formado a lo largo de los años.

Regresamos a Beirut haciendo balance de las complejas impresiones causadas por un país tan diverso. Nos apresuramos a visitar el herbario del jesuita Bouloumoy. El padre Bouloumoy está muy enfermo. El superior del centro de enseñanza eclesiástico nos proporciona las llaves de este gran herbario, sorprendido por que sepamos de su existencia. En breve debe ver la luz *La flora de Siria* de Bouloumoy,* cuyo manuscrito me facilitan durante el tiempo de trabajo en el herbario. Esta colección de plantas es indudablemente el resultado de un trabajo inmenso. Cientos de carpetas atestiguan la gran perseverancia de quien las ha recogido. Pero todo ha sido devorado por coleópteros y polillas. El herbario está en un estado lamentable y da realmente pena que, a pesar

* Bouloumoy L., 1930. *Flore du Liban et de La Syrie*, Vigot Freres. (N. del A.)

de su excepcional importancia y de los pocos estudios realizados sobre la flora de Siria, tan rica e importante, esté de hecho perdido. Con ayuda del manuscrito intento encontrar los grupos que más me interesan, pero en seguida me convenzo de la inutilidad de mi búsqueda, pues en el herbario todo está mezclado. Resulta que en este centro eclesiástico el herbario ha sido entregado al olvido y nuestra visita es la primera de los últimos cuatro años. Y así se ha perdido el mejor herbario, sin duda, de la rica flora de Siria, hay que empezar de nuevo.

Tras despedirnos de Siria, nos dirigimos a Baalbek, a las ruinas de un templo que data del periodo de dominación romana. Los modestos trabajos de restauración que empezaban a desarrollarse ya están dejando al descubierto su extraordinario valor. Las plazas fuertes del Imperio romano se construyeron sólidamente, como todo lo que se hacía en esa época. El teatro, el templo de columnas corintias, las hileras de puestos con mostradores construidos a tal fin, buenos caminos en todas las direcciones, baños, canalización... Incluso en la periferia, en el límite del desierto, los romanos fundaban ciudades con el mínimo de comodidades que se consideraba imprescindible en la época. Todos los edificios de la ciudad se habían desplegado en un orden preciso, en un sistema que todavía hoy puede observarse.

De ese pasado grandioso queda poco. A relevar a la cultura sedentaria de los romanos, que una vez floreciera en Siria, llegó la cultura seminómada de los árabes, también grandiosa a su manera. Sin embargo, la dominación posterior por el Imperio otomano supuso la decadencia del pasado.

La transformación de Siria después de la guerra imperialista* y del denominado mandato francés no mejoró en modo alguno la situación. En 1926 en la enorme Siria, que por extensión supera las dimensiones de Francia, solo encontramos a un agrónomo, el señor Achard, que además era consejero de asuntos económicos del gobierno de Siria.

El país de la gran cultura clásica, que vivió periodos de sólidas construcciones, ahora atraviesa en esencia un periodo de deca-

* La Primera Guerra Mundial.

dencia profunda, despoblado, desaprovechando unos enormes recursos naturales que podrían brindar una posibilidad de subsistencia a muchos millones de personas. Lo único en lo que se nota la influencia francesa es en las estratégicas carreteras militares construidas en los últimos años.

Como territorio bajo mandato, Siria es el típico ejemplo de la ineptitud político-económica que todavía domina el mundo. ¿Para qué necesita el pueblo francés el mandato de Siria? Probablemente ni un solo francés razonable pueda responder esta pregunta.

Viaje a Palestina y Transjordania

Siguiendo la costa de Siria nos dirigimos en coche desde Beirut a Palestina. Es el camino más interesante hasta la antigua Fenicia, pasando por Tiro y Sidón. De estas queda más bien poco, apenas unas ruinas de algunas zonas portuarias, testigos mudos de la gloriosa historia pasada.

Frontera de Palestina. El paso es relativamente fácil, se interesan más por el equipaje que por la documentación. Tras el control el paisaje es el mismo. El puesto fronterizo en modo alguno responde a una frontera natural. La misma franja angosta del Mediterráneo, las mismas mesetas secas con el matorral llamado «maquis», y en cuya composición se podían ver olivos silvestres, higueras silvestres, caraganas, almendros silvestres. Una vez llegados a Haifa, el principal puerto del norte, nos dirigimos enseguida al centro de Palestina, a Jerusalén. Para estar más cerca del Oriente clásico nos alojamos en la ciudad vieja, cerca de los templos árabes y cristianos.

Esperando los visados para Egipto y Abisinia, nos vimos obligados a quedarnos dos meses en Palestina, mucho tiempo para este pequeño país, lo que nos permitió también recorrer de arriba abajo Transjordania.

En el pasado reciente, hasta el año 1918, Palestina formaba parte de Turquía; después fue ocupada por tropas inglesas, y en 1920 se convirtió en mandato inglés. Desde entonces en Jerusalén, junto con la administración inglesa está la sede del Ejecutivo Sionista y prácticamente se ha creado la sede de un estado sionista. Las relaciones son bastante complicadas. La administración inglesa, con un personal comparativamente escaso, se apoya en gran medida en la población judía.

A los sionistas se les ha otorgado el derecho a comprar tierras para instalar a emigrantes judíos. Las propiedades adquiridas son de momento relativamente pequeñas, apenas una pequeña parte de Palestina, que está poblada mayoritariamente por árabes. Frente al 20 % de judíos hay un 80 % de población árabe, quienes en los últimos tiempos, como es sabido, han iniciado una campaña en contra de la concesión de tierras a los judíos. El comportamiento de las autoridades inglesas es bastante particular. En Palestina suelen defender los derechos de los judíos, pero al mismo tiempo obstaculizan su penetración en Transjordania, también bajo mandato inglés. Así, por ejemplo, poco faltó para que no se frustrase nuestra salida de Palestina a Transjordania con unos botánicos palestinos. Solo gracias a la intervención del coronel Sawer, director del Departamento de Agricultura, quien actuó a petición nuestra, se le permitió al doctor Eig —un botánico palestino— y a sus asistentes viajar con nosotros por Transjordania. La población de Jerusalén es un conglomerado absolutamente original de antiguos habitantes árabes y de judíos, sobre todo emigrantes recién llegados de diferentes países del mundo. Después del árabe, la lengua más extendida es sin duda el ruso, por cuanto una gran parte de los judíos que ha encontrado aquí su patria es originaria de Rusia.

Mencionaremos un episodio del primer día. Teníamos que entregar una carta de recomendación. Tras llegar a la dirección indicada y llamar a la puerta, empezamos a pedir que nos abrieran, primero en inglés, naturalmente. No hubo respuesta. Pasamos al alemán suponiendo que nos entenderían dada la cercanía de la lengua hebrea* al alemán. No fue así. Pasamos al francés, con el mismo resultado. Pasamos a la fuerza al ruso y por fin nos entendieron, la puerta se abrió y nos aconsejaron que en Palestina habláramos en ruso.

Ya al final de nuestro viaje, por invitación de unos agrónomos palestinos, tuvimos que dar una conferencia sobre nuestro trabajo, sobre el origen de la flora cultivada de Palestina. Se congregó

* Es de suponer que Vavílov se refiere al ídish.

mucho público, cerca de 200-300 personas, llegadas en parte de otras ciudades. Se esperaba la presencia del coronel Sawer, director del Departamento de Agricultura. La ponencia debía ser en inglés, naturalmente. Sin embargo, por determinadas razones, Sawer no pudo venir, lo que provocó una discusión sobre en qué lengua sería la ponencia más accesible al público, dado que no todos los congregados sabían inglés. Yo podía hablar en alemán y en francés. Una votación demostró, sin embargo, que el idioma más apropiado era el ruso, y así se hizo la comunicación, con traducción complementaria al antiguo hebreo (saberlo era obligatorio para los sionistas).

Es más, viajando por el país continuamente dábamos con escuelas árabes en las que los maestros tenían no pocos conocimientos de ruso. Resulta que un número significativo de escuelas árabes fueron en su día construidas con ayuda de rusos que habían ido en peregrinación a Palestina, a condición de que en ellas se enseñara el ruso junto con el árabe.

Un país pequeño como Palestina ofrece facilidades excepcionales para estudiar los cultivos mediterráneos. Descubrimos que la estación experimental agrícola de Tel Aviv era una institución científica de primer orden, con relevante personal científico reclutado por todo el mundo. En un laboratorio la conversación tenía lugar en inglés, en otro en ruso, en un tercero en alemán y en otro en francés. Este internacionalismo es característico de Palestina. Es lo que le otorga su carácter específico. También aumenta el nivel intelectual del país. La universidad de Jerusalén, de primera categoría, creada a iniciativa del importante botánico Warburg y del famoso físico Einstein, es indudablemente una institución magnífica tanto por sus profesores como por el extraordinario valor de los libros reunidos en su biblioteca.

Las magníficas carreteras construidas en los últimos tiempos permiten estudiar fácil y rápidamente el país en toda su diversidad. Palestina, pequeña por su territorio, ofrece gran diversidad de condiciones naturales gracias a su relieve montañoso y a la presencia de una depresión tan profunda como es el mar Muerto, situado casi a 400 m por debajo del nivel del océano. La agricultura de regadío y de secano, la cercanía al desierto árabe, todo esto nos da la posibilidad de ver en poco tiempo numerosos paisajes contrastados.

En cuanto a trabajos de investigación sobre Palestina, estos tienen muchísimo más nivel que los de Siria. En los últimos años la botánica y la geografía de Palestina han sido descritas de forma magnífica por el doctor Eig, autor de unos trabajos excelentes de geobotánica y de taxonomía. El herbario de la universidad de Jerusalén ofrece una representación exhaustiva de la flora de Palestina, de Transjordania y de los estados vecinos. Las condiciones edafológicas se describen en los trabajos de la estación de Tel Aviv. El excelente trabajo de Wilkanski *Del modelo primitivo de agricultura al actual* nos brinda la posibilidad de comprender las particularidades del sistema agrícola de este país. El museo de la agricultura fundado por el agrónomo Ettinger es extremadamente completo y sirve de introducción a la vida agrícola del país.

La Vieja Jerusalén está hoy rodeada de una ciudad grande y nueva donde se sitúan la universidad y gran parte de los hoteles. Todas las obras se concentran principalmente en la Nueva Jerusalén. Hasta la fecha la Vieja Jerusalén ha conservado sus características de ciudad antigua. Tras el muro, en muy buen estado de conservación, están las mezquitas musulmanas, vestigios de los tiempos de Mahoma. Allí cerca, junto a las ruinas, desde la mañana hasta bien entrada la noche lloran los fieles cristianos la pérdida de su templo.* El nuevo templo cristiano es una acumulación de altares construidos sin orden alguno por varios estados. Ortodoxos, protestantes, católicos, coptos, todos tienen su propio altar, su propio servicio. La Vieja Jerusalén es un museo continuo donde cada calle, cada casa, es una página de la historia bíblica. También se conserva hoy el jardín de Getsemaní y sus enormes olivos milenarios. La ciudad está rodeada de hospitales, asilos y otras instituciones de caridad.

Jerusalén está situada en una región montañosa, a una altitud de 500 m sobre el nivel del mar y con un clima típicamente semidesértico. Los veranos son completamente secos. No llueve hasta

* Parece que Vavílov mezcla aquí el ritual judío con la explicación de los templos cristianos de Jerusalén.

muy avanzado el otoño. Las precipitaciones ocurren a finales del otoño, durante el invierno y hasta el principio de la primavera. La población de Jerusalén sufre de falta de agua. La ciudad se abastece de agua de las montañas circundantes, en cuya base se recoge en unos depósitos especiales. Desde aquí el agua se conduce a Jerusalén por canales y galerías subterráneas. Es insuficiente, sobre todo hacia el otoño. No es raro que en septiembre u octubre en Jerusalén sea más fácil encontrar un vaso de vino que uno de agua. Una vez, en noviembre, nos despertamos y oímos mucho ruido en la calle. Era la primera lluvia del otoño. Una alegría para la población, sobre todo para los niños. La ciudad estaba literalmente exultante, recogían el agua de los canalones y la bebían con avidez.

Habiendo elaborado el plan de viaje en Jerusalén y Tel Aviv, me encaminé con el agrónomo Ettinger a la llanura de Esdrelón, donde actualmente se concentra la colonización judía y donde Aaronsohn hizo sus importantes descubrimientos de trigo silvestre. La vegetación es principalmente leñosa. Solo a principios de la primavera se pueden ver herbáceas efímeras y, entre ellas, trigo silvestre.

A los pies de las montañas donde nace el riachuelo subterráneo Esdrelón descubrimos, en efecto, grandes manchas de trigo silvestre junto con cebada silvestre de dos carreras. Era un erial de tierra blanda y fértil situado cerca de los sembrados. El trigo aquí tenía un aspecto ostensiblemente diferente del que habíamos recolectado en Hawran, en Siria. Las espiguillas y las espigas eran grandes, recordaban al trigo cultivado, pero las aristas eran gruesas, los granos grandes. Ya no era un xerófito extremo, como lo es el trigo sirio, sino en realidad una planta próxima al trigo cultivado.

Examinando los sembrados de la llanura de Esdrelón descubrimos en las lindes, por los bordes, grandes cantidades de trigo silvestre. No hay ninguna duda de que es un pariente silvestre muy próximo a los trigos cultivados, especialmente al duro. A diferencia del sirio, el trigo silvestre de Palestina está representado por una gran diversidad de formas, de las que C. A. Flaksberger ha descrito un gran número de variedades. Ya el mismo hecho de encontrar cebada junto al trigo silvestre demostraba que en efecto Palestina, al igual que Siria, forma parte del centro de origen de los cereales más importantes del mundo: el trigo y la cebada. Aquí, donde los documentos arqueológicos nos hablan de la presencia de una cultura antiquísima, también se ha descubierto el emplazamiento de eslabones evolutivos fundamentales para los cultivos mencionados.

Una parte considerable de las tierras de la llanura de Esdrelón ha sido acaparada por el Ejecutivo Sionista, y en las últimas décadas se está dirigiendo aquí una oleada ingente de colonizadores judíos. Las condiciones son bastante peculiares. A cada familia se le ofrece un crédito a largo plazo de mil libras esterlinas, que pueden utilizarse de varias formas. Se puede pasar a formar parte de una comuna, se puede ir de forma individual, se puede ser cooperativista. En la comuna todo es comunal, los hijos de sus miembros duermen en un único cuarto separados de sus padres. En la comuna hay también un vínculo absoluto con la agricultura y normalmente las familias se trasladan a la ciudad a ganar algo de dinero y luego regresan, en función de la temporada, a los trabajos del campo. La llanura de Esdrelón parece un campo experimental donde se prueban diferentes modelos sociales. Es grato ver el empeño por mecanizar todas las labores agrícolas.

La amplia llanura de Esdrelón, con su suelo tipo chernozem, es particularmente favorable para la agricultura. El carácter llano del terreno permite la aplicación de una completa mecanización de las labores. De la composición de trigos locales se han separado las formas más productivas, que son las que cultivan los agricultores judíos.

Los trabajos de la estación experimental de Tel Aviv han permitido definir rápidamente las formas más racionales para trabajar la tierra. La primera idea fue, naturalmente, pasar al arado reversible europeo tipo Sack. Sin embargo, los ensayos en la estación demostraron que no podía sustituirse el surcador árabe o el romano. Para una mayor productividad lo colocaron sobre ruedas. El volteo del sustrato se usa aquí solo en aquellas partes donde la tierra está especialmente obstruida por malas hierbas. Donde está suficientemente bien cultivada, el volteo del arado es innecesario y el arado surcador romano común es completamente adecuado para labrarla.

En la estación se realizan ensayos de riego parcial en cultivos subtropicales: diferentes clases de plátanos y de caña de azúcar.

Nos dirigimos al lago de Genesaret. Aquí se ha desarrollado, al igual que en el pasado lejano, la piscicultura. Sin duda alguna, la población de la antigua Palestina era considerablemente mayor que la actual. Centenares de construcciones desmoronadas tiempo atrás y despoblación forman el cuadro actual. Todo está abandonado, descuidado, olvidado. El lago azul nos transporta a los tiempos bíblicos.

Aquí también está Nazaret. Cerca hay densas formaciones de cactus, principalmente sin espinas, traídos hace unos 160 años. Lo que demuestra que ya era conocido mucho antes de Burbank, a quien normalmente se le atribuye el cultivo del cactus sin espinas. El cactus es una planta típica mejicana y la existencia del cactus sin espinas en Palestina evidencia el origen antiquísimo de esta forma.

La composición varietal de las plantas cultivadas en Palestina presenta muchos elementos propios, locales y endémicos, pero al mismo tiempo también hay, gracias a los grandes movimientos poblacionales, especies sin duda alguna foráneas introducidas fortuitamente.

Nos acercamos a la frontera norte de Palestina, a Siria, donde el Hawran sirio se transforma imperceptiblemente en el Hawran palestino. La misma flora, la misma meseta seca, el mismo trigo duro, el 'Khoranka'. Giramos hacia el este y nos dirigimos al río Jordán, que desemboca en el mar Muerto. Como una franja estrecha, brillante, azul de mar, el Jordán se extiende a lo largo de un paraje cenagoso, separando Transjordania de Palestina. Cerca del río, y a veces en su orilla, hay extensas formaciones de bellos papiros que alcanzan los dos metros de altura. Tras ellos hay una hilera de adelfas con flores de color rosa vivo. Las adelfas florecen en septiembre. Desde lejos parece como si una rosaleda se extendiera por todo el valle. Los papiros y las adelfas que flanquean el Jordán le proporcionan un aspecto realmente pintoresco. El agua está limpia, es potable. Por el lado de Palestina se extiende un terreno cenagoso. Al otro lado, en las mesetas de Transjordania, empieza la Palestina rural, donde se concentran enormes campos de cereales.

El mar Muerto, situado a casi 400 m por debajo del nivel del océano, es una depresión profunda, rellenada con agua amargo-salada, no apta para la vida. En la abrupta orilla oriental se ven formaciones de palmera común silvestre, que le dan una apariencia singular.

Nos subimos a un barco que se dirige al sur del mar Muerto. Un árbol arrojado al mar estaría casi todo él a flote. No hay costumbre de nadar en este mar: el agua te impulsa a la superficie. Tiene un sabor muy desagradable. Cuando sales del mar, se produce la sensación de tener el cuerpo cubierto por una costra.

En la orilla occidental del mar Muerto se encuentra el antiguo Jericó, rodeado de huertos de regadío y palmeras, y hacia el sur se divisan las bellas montañas Gilboa y sus laderas sombrías de diferentes colores, aunque predomina el marrón oscuro. A su alrededor, un desierto marchito. Solo en algunos puntos se dejan ver plantas solitarias, el peculiar manzano de Sodoma *(Calotropis procera)* de frutos inflados, y los originales pepinos del profeta o «calabaza espina» *(Cucumis prophetarum)*. No son muy grandes de tamaño, como una ciruela pequeña, están cubiertos de espinas y, aunque comestibles, no son agradables, pues están un poco salados. Y esta es toda la pobre vegetación de estas extensiones amarillas arcillosas o arenosas.

Cerca de la aldea de Jaffa, en la orilla del mar Mediterráneo, ha surgido en la última década una ciudad nueva, Tel Aviv («la flor de la primavera»).* A diferencia de la Jaffa antigua, una típica ciudad árabe de tejados planos, Tel Aviv es una ciudad moderna con casas bonitas y cómodas, hoteles europeos, teatro, escuelas, fábricas; una ciudad levantada en poquísimo tiempo utilizando los métodos americanos de construcción acelerada.

En las tierras rojas que rodean Jaffa se concentran las plantaciones de las famosas naranjas de Jaffa. Es uno de los artículos más importantes de la agricultura palestina, bien organizada en cuanto a técnicas de riego, mantenimiento, empleo de abonos y lucha contra enfermedades y plagas. Aquí se aplica rigurosamente

* Vavílov se equivoca con la traducción del nombre de la ciudad pues, en realidad, Tel Aviv significa «la colina de la primavera».

la selección de las mejores plantas. La clase 'Shamouti' surgió, según parece, como una mutación vegetativa, tal como demostró el investigador holandés Oppenheim. Las naranjas de Jaffa se distinguen por su cáscara lisa y gruesa, por el gran tamaño de sus jugosos frutos y por el momento no tienen competencia real. Su mercado está prácticamente asegurado y casi no tiene restricciones.

Desde Jaffa hacia el sur el camino nos conduce a Egipto, a Gaza. El clima se vuelve cada vez más árido y el terreno, arenoso, se dispersa con facilidad. Y ahí está Gaza, ciudad fronteriza con Egipto, situada en un gran oasis con miles de palmeras comunes. Se practica la polinización artificial. Los árboles se mantienen minuciosamente. Hay irrigación. Los dátiles son de calidad superior y no desmerecen ante los dátiles de los oasis del Sáhara.

No importa a donde se vaya en Palestina, por todas partes hay ruinas de grandes construcciones, y son frecuentes las huellas de vías romanas.

Las posibilidades agrícolas de este país son escasas. Las principales áreas están ocupadas por mesetas aptas solo para el cultivo de olivos. Las áreas para otros cultivos son limitadas y en buena medida están ya ocupadas. Se está elaborando una serie de importantes proyectos de irrigación, que tienen muchas posibilidades si se desembolsa una considerable cantidad de dinero.

Hay muchas más posibilidades para el desarrollo de los cultivos agrícolas al otro lado del Jordán, en Transjordania. Siendo la prolongación natural de Palestina, Transjordania, que linda directamente con Mesopotamia, es un vasto territorio llano y apto para el cultivo de cereales. Los campos, que se extienden hasta el horizonte en extensiones inmensas, son principalmente de trigo duro y de cebada palestina de dos carreras, resistentes a la sequía.

Hasta aquí llegó la influencia del Imperio romano. En el centro de Transjordania se han conservado los restos de una importante plaza fuerte, con ruinas de un templo de columnas corintias. El carácter agrícola de Transjordania está impreso incluso en las ruinas de esta ciudad romana. Se han conservado gran cantidad de ralladores de piedra cónicos que se usaban para molturar el grano sobre la piedra. Están mucho más acabados que los ralladores de piedra primitivos y elementales. En resumen, también aquí todo nos lleva al pasado. Es probable que en un determinado momento en este territorio se dieran los primeros cultivos de cereales: trigo y cebada. Sin duda en el pasado se sembró aquí trigo y cebada en grandes extensiones de terreno, lo que fue posible gracias al desarrollo de la agricultura de arado. Según los datos documentados, Transjordania no solo era el granero de Palestina, sino que sus cereales se transportaban más allá de los límites del país.

El destino próximo de la agricultura en Palestina no está muy claro. Solo está completamente claro que el sistema de administración y construcción de la Palestina actual no tiene una base sólida. Es notablemente artificial, no tiene raíces y está lleno de contradicciones. El exceso de *intelligentsia*, incluso agronómica, en realidad no garantiza una aplicación racional del trabajo. No hay que pasar por alto las anomalías nacionales, la disensión que se cultiva en este país, la mayoría de las veces de manera artificial.

Argelia

En solo ocho horas un barco veloz nos lleva desde Marsella al puerto de Argel. A África. Sin embargo, la primera impresión es que aquí queda muy poco de África. Se mire donde se mire en Argel, es una extraordinaria internacional de la flora: el bonito falso pimentero del Perú de hojas rasgadas, masas enormes de eucaliptos, acacias y casuarinas australianas; cítricos procedentes del sureste asiático, cactus y agaves mexicanos plantados por las lindes a guisa de cercados; viñedos infinitos que se extendían decenas de kilómetros en todas direcciones. Esto es lo que define en la actualidad al Argel agrícola.

Nos dirigimos a ver al principal «culpable», al gran introductor francés Louis Trabut. Era el verano de 1926. En los días de nuestro viaje la sociedad argelina homenajeaba a Trabut con motivo de su 75 cumpleaños, y habían acuñado en su honor una medalla de bronce. En el transcurso de más de 40 años Trabut había estudiado incansablemente la flora de Argelia y, junto con Battandier, había redactado un magnífico resumen de ella; también ha estudiado la evolución de la flora cultivada de Argelia. Trabut fue el primero en comprender la relación de la avena amarilla cultivada, *Avena byzantina*,[50] con la avena caballuna silvestre, *Avena sterilis*; encontró un pariente silvestre del haba en las regiones montañosas de Argelia llamado *Vicia pliniana*. Pero la hazaña más importante en la vida de Trabut fue la amplia introducción científica y planificada de todo lo valioso que puede encontrarse en el mundo vegetal, de todos los países con clima tropical y subtropical.

A diferencia de los introductores americanos, Trabut es un especialista bien formado florísticamente, es fitogeógrafo, es un evolucionista; ha abordado en profundidad la selección de especies y géneros. Sus excelentes monografías son estudios sobre la evolución de eucaliptos, acacias y agaves. Ha aplicado la amplitud de miras de un geobotánico a la selección de los cítricos. Ha creado un jardín botánico magnífico en el que se concentra la flora tropical y subtropical del mundo. Aquí reúne lo más valioso. Además, todo está subordinado a una única idea evolutiva y ecológica. Los logros de Trabut son imperecederos y sus trabajos son utilizados no solo en diferentes países a orillas del mar Mediterráneo, sino también en las regiones subtropicales de nuestro país.

Bajo su apariencia de anciano huraño estaba, a lo que parece, muy contento con la visita llegada del país soviético. Nos ofreció amablemente su herbario y nos suministró semillas, bibliografía. Elaboramos con él el itinerario del viaje por Argelia, con parada en el Sáhara. Conversar con Trabut fue un gran placer debido a su amplitud de miras, sus conocimientos concretos y el alcance de sus pensamientos y sus ideas evolutivas.

El modestísimo ambiente doméstico probaba que también en los ricos países capitalistas son los trabajadores quienes hacen avanzar la ciencia, que en gran medida este trabajo es desinteresado, que en ningún caso llega a ser compensando de manera equivalente a los resultados producidos por ese trabajo científico. Esto es especialmente cierto en los científicos franceses, de lo que hemos podido convencernos más de una vez. Bien modestas eran las condiciones del Instituto Pasteur, que probablemente haya dado a la humanidad más que cualquier otro instituto del mundo. Y también lo hemos podido observar en Túnez y en la propia Francia.

Antes de nada hay que ir al Sáhara, ver los oasis. En julio, declaró Trabut, allí solo se va si te has vuelto loco o en caso de extrema necesidad. Para encontrar algo en los sembrados debíamos partir inmediatamente. No había nada que pensar. Los oasis importantes más cercanos eran Biskra y Touggourt. Hasta allí llegaba un ferrocarril de vía estrecha. Los alrededores de los oasis se podían recorrer en automóvil.

Habiendo dejado atrás las regiones montañosas de la Cabilia y enlazado con el ferrocarril de vía estrecha, nos dirigimos a Biskra en un tren no muy grande de locomotora pequeña. Tras las estribaciones de la cordillera del Atlas empieza el desierto exánime. Hay escasos arbustos, y la vegetación está quemada en verano. Decenas de kilómetros de desierto monótono y aburrido.

Y llegamos a Biskra, al gran oasis. Todo un bosque de palmeras enormes, con frutos que maduran en septiembre. De sus coronas cuelgan racimos del tamaño de un *pud*, los frutos son de un amarillo brillante y oscurecen al madurar. Todo el oasis produce una impresión extraña. Para regar los árboles se han trazado unos surcos profundos por los que se suelta el agua gradual y periódicamente. Andar es muy incómodo. El agua se mantiene unos cuantos días y empantana la superficie.

En Biskra hay un centro turístico invernal de renombre. Al final del otoño y en invierno llegan de todo el mundo enfermos de pulmón y gente que busca descanso en general. Hay hoteles americanos y franceses de primera categoría. En julio, naturalmente, todos estaban cerrados. Costó encontrar refugio en uno de los hoteles.

En el límite del oasis se han instalado poblados árabes de tejado plano sobre los que suelen inclinarse los racimos de las palmeras. Huertos pequeños repletos de zanahorias, remolachas, cebollas. El trigo, naturalmente, ya había sido recolectado. Al pasar de una casa a otra, recopilamos adornos de espigas, que normalmente penden sobre los edificios. Los adornos se hacen con las espigas de la cosecha del año en curso o del anterior. La ganancia fue muy satisfactoria. Recogimos varios centenares de espigas, sobre todo de trigo duro, algo menos de harinero, traído de fuera. En algunos puntos de los oasis se han cultivado durante siglos, como demostraron las investigaciones del profesor Ducellier de la Universidad de Argel, formas singulares de trigo harinero de caña gruesa, muy productivas, evidentemente de regadío, y a las que identificó como un grupo especial de trigos de oasis.

En un coche con neumáticos anchos especiales para alcanzar las regiones desérticas, nos dirigimos al interior con un guía árabe, en dirección a Touggourt, interesados principalmente en detenernos en los escasos pueblos. A veces, a decenas de kilómetros de distancia, aparecían pequeños oasis con el obligatorio grupo de palmeras, y unas cuantas casas. En el desierto hay instalada una estación experimental especial para el cultivo y selección de la palmera común. Todo esto, sin embargo, tiene carácter primitivo y, por consiguiente, al estudiar el cultivo de la palmera común en Argel y en California, vimos que el introductor americano Swingle y sus colegas habían hecho en las últimas décadas más que árabes y franceses en toda la existencia de los oasis.

En primavera el desierto se cubre de bonita vegetación efímera. En julio todo está pelado, muerto. Después de haber recorrido cerca de 150 km, decidimos regresar a Biskra, apresurándonos para la maduración de los cereales en las regiones montañosas. Decidimos hacer con el profesor Ducellier una excursión de varios días a la Cabilia, a las regiones montañosas de Argelia, siguiendo una ruta por él elaborada, y que debía ofrecernos una representación de la flora silvestre y de la cultura vegetal de los cabileños.

Los primeros viajes por campos y huertos del litoral de una región propiamente mediterránea ofrecieron hallazgos de importancia excepcional. Caminando por los bazares árabes y por los huertos contiguos nos topamos con unos bulbos enormes de cebolla, que alcanzaban dos kilos de peso. No era una casualidad ni ninguna paradoja. Habas, lentejas, almorta, trigo, cebada, lino, zanahoria silvestre, veza,… en la región mediterránea todas ellas se distinguen por el sorprendente tamaño de sus flores, semillas y frutos. Y lo mismo sucedía con la cebolla. El gigantismo de órganos aislados es un fenómeno singular, indudablemente común, específico de toda la región mediterránea, como supimos más tarde. Por supuesto el hombre ha tenido aquí un papel importante; el elevado nivel de la cultura agrícola de los países mediterráneos, su antigüedad y, por otra parte, la selección natural han favorecido sin duda la formación y segregación de estas formas voluminosas.

Son característicos de la región mediterránea, como ya se ha señalado con anterioridad, los veranos calurosos, los otoños lluviosos, y los inviernos y primaveras suaves y húmedos. Como resultado de un aprovechamiento óptimo de la humedad, en la naturaleza se han generado, sobre todo, formas de grano o semilla grande y de fruto voluminoso e incluso formas de bulbo voluminoso, de crecimiento rápido al estar provistas de numerosas sustancias nutritivas, vigorosas gracias al rápido crecimiento inicial que les permite aprovechar al máximo las precipitaciones asociadas al otoño y al invierno cálidos. Por el contrario, en las últimas fases de desarrollo las plantas cultivadas se distinguen por su relativa resistencia a la sequía que se ha ido conformando debido al clima árido de los meses estivales.

Este mayor grosor también es propio de la avena mediterránea y de la avena loca que invade los cultivos. En el litoral se podían ver grandes cantidades de acelga silvestre *Beta maritima*, un pariente de la remolacha azucarera.[51] Sin embargo, es bien evidente que las formas anuales de crecimiento rápido de la *Beta maritima* difícilmente pueden ser los antepasados de la forma cultivada. Una investigación reciente ha demostrado que lo fueron ciertas formas bianuales del Báltico que se distinguen por un crecimiento vigoroso y raíz gruesa, más próximas ecológicamente y, sin duda, más cercanas por su clase y por sus formas cultivadas a las remolachas azucarera y forrajera.

Las montañas de la Cabilia se distinguen ostensiblemente por su tipo de laboreo. Aquí se concentraron los antiguos asentamientos de los cabileños, cercanos a los bereberes, con una lengua diferente al árabe, con casitas limpias cubiertas de tejas, en lugar de las casas planas árabes.

Todo aquí nos habla de una cultura relativamente elevada, propia de las regiones montanas y submontanas del Mediterráneo. Las aldeas de la Cabilia recordaban a los pueblos griegos. Los terrenos agrícolas se aprovechaban cuidadosamente para la siembra de cultivos extensivos y de hortalizas. El análisis de la composición de las plantas cultivadas enseguida reveló su ostensible diferencia con las de las regiones propiamente mediterráneas. Las habas, lentejas, guisantes y almortas recogidas en los pueblos de la Cabilia se distinguían por sus semillas menudas y oscuras, que en gran medida recordaban a las formas asiáticas que ya conocíamos y que se sitúan en Irán, Asia Interior y Afganistán. Aquí había trigo harinero en abundancia. Podía observarse afinidad con Asia Suroccidental, algunos relictos que atestiguan relaciones en un pasado lejano de los pobladores de las regiones montañosas del norte de África con los pueblos agrarios que poblaban Asia Suroccidental.

La flora silvestre de la Cabilia incluye numerosas especies afines a las cultivadas. Es posible establecer hasta cierto grado el origen de algunas especies cultivadas. Fue precisamente aquí donde Trabut encontró las curiosas habas silvestres, *Vicia pliniana*,[52] que indudablemente tienen estrechos vínculos genéticos con las formas cultivadas de las pequeñas habas negras de Afganistán y de la India. En cualquier caso, no queda duda alguna de la necesidad de diferenciar, en el norte de África, entre regiones montanas, costeras y submontanas. Al mismo tiempo, parece que las regiones montanas son más antiguas; las costeras, aunque también con una cultura milenaria, son más jóvenes y han sufrido en gran medida una evolución independiente de las formas montanas, no por un camino directo, sino por otro que las vincula, aparentemente, con la vegetación cultivada mediterránea.

El siguiente itinerario por Argelia, elaborado junto con Trabut, Ducellier y el Ministerio de Agricultura sobre la base de un excelente mapa agronómico editado por el Departamento de Agricultura de Francia, debía abarcar en especial las regiones agrícolas cerealistas. Era el momento más indicado para recolectar. Elegimos las regiones de Sétif, Timgad y Tiaret, pobladas por árabes. Era el reino del trigo duro, representado por un grupo mediterráneo singular de espiga gruesa y granos grandes, diferente de nuestros habituales 'garnovka' y 'kubanka'. Los colonos franceses también han preparado aquí superficies significativas para el cultivo de cereales. La técnica agrícola es sencilla. Hay rotación de un par de cultivos, el trigo a veces se alterna con la cebada. Las extensiones de tierra permiten utilizar grandes superficies para el monocultivo y de manera aún más intensiva. Se siembra, por regla general, con las lluvias de otoño, a finales de octubre y en noviembre. Por extraño que parezca, la población árabe de estos lugares no tiene mucha inclinación por la agricultura, prefiriendo el camino más sencillo del intercambio comercial.

Fig. 21. *Trigo duro, una espiga de la variedad 'kubanka'. Los trigos duros son tetraploides de grano desnudo (v. Anexo II). Su endosperma es más duro que el del trigo blando o harinero, que es el que se utiliza para hacer el pan. Este es el más indicado para elaborar pasta y sémolas, y por ello es el segundo trigo más cultivado del mundo [Dibujo de Annemarie Tröger].*

Tiaret es el centro de la cultura árabe, con escuelas árabes —madrasas— y mezquitas. Salimos de la ciudad pasando junto a una mezquita magnífica, ejemplo de un arte espléndido, con maravillosos arabescos, con una armonía sorprendente de líneas, bóvedas y ornamentos. Fue construida varios siglos atrás y da testimonio del excepcional nivel del arte árabe del pasado. La rodean, sin embargo, las habituales aldeas primitivas, miserables, con aljibes sucios. Los niños enferman de tracoma. La cultura agrícola, primitiva, se deja en manos del azar.

Precisamente llegamos en día de bazar. De todas las aldeas llegaban, cabalgando con elegancia sobre sus bonitos caballos, árabes estirados, la mayoría de piel clara, con sombreros de paja de un metro y en albornoz. No era raro ver jinetes con dos gorros puestos, uno sobre el otro, por lo visto para aparentar. El tamaño en sí de los sombreros difícilmente podía estar marcado por necesidad alguna, sino que más bien era una hipertrofia de la moda, como ponerse un sombrero sobre otro.

Lo primitivo y los logros más grandiosos del arte, aquí todo había confluido, todas estas contradicciones nos sorprendieron y eran difíciles de comprender.

En cualquier caso, al viajar por Siria, Palestina y, posteriormente, por Túnez y Marruecos, no era difícil percibir la gran cultura árabe que produjo geógrafos inmortales, el arte árabe o el estilo moro, de la misma manera que, al visitar Grecia, se puede comprender cómo la Atenas contemporánea, construida por mercachifles y que ocupa un pobre lugar culturalmente hablando, estuvo en una época en la primera fila de la cultura, dejando tras de sí modelos insuperables y grandiosos de arte y de ciencia, abarcando todas las ramas desde la medicina de Heráclito[53] y las ciencias naturales de Aristóteles, hasta la historia de Herodoto y Estrabón. ¿Por qué en lugar de avanzar, cuando parecía que las condiciones eran más propicias, en realidad se dio una caída enorme, una degradación?

Con ayuda de Ducellier recolectamos mucho material de todos los cultivos útiles. Trabut y su alumno y sucesor Ducellier, lamentablemente también fallecido, poseían unos saberes enormes sobre la naturaleza del país. Sus conocimientos enciclopédicos nos permitieron, en poco tiempo, hacernos una idea clara de la composición de plantas cultivadas, recolectar el material varietal imprescindible y comprender las cuestiones evolutivas relacionadas con el origen de la flora cultivada del África septentrional.

Marruecos

En autobús —medio de viaje habitual en Argelia y Marruecos— nos dirigimos a Marruecos, con la tarea de familiarizarnos en un breve periodo de tiempo (10-12 días) con las principales regiones agrícolas de este país.

Por el camino desde Argelia atravesamos enormes extensiones de viñas. Aquí se percibe un importante cultivo industrial. Es el artículo más rentable de la colonia francesa. El Departamento de Agricultura concede gran atención a esta parte de la economía. Aquí han fijado su atención los colonizadores más emprendedores. Plantaciones en buenas condiciones de cultivo, plantas podadas regularmente, distribuidas en hileras. Se fumiga regularmente para combatir el oídio *(Oidium tuckeri)* y el mildiú *(Plasmopara viticola)*.[54] Se recogen variedades estándar.

En el autobús, que sigue unas carreteras especialmente trazadas a una velocidad que alcanza con frecuencia los 40 km/h, atravesamos con rapidez las regiones septentrionales de Marruecos, desérticas y semidesérticas. Las inmensas extensiones del norte de Marruecos son regiones despobladas, con sembrados míseros solo a los pies de las cordilleras, sobre todo hacia el sur. La agricultura en el norte de Marruecos está concentrada únicamente en los oasis.

Ante nosotros aparece el primer oasis importante, situado cerca de la ciudad de Fez. Es una ciudad antigua, con torres y ruinas. Tiene centenares de casas, está rodeada de jardines y extensiones inmensas de campos de regadío. Es el reino de los trigos duros. Un repaso a las semillas del bazar nos revela la presencia de formas diferentes a las mediterráneas. El carácter del oasis deja su sello. Se siente la influencia de Asia Suroccidental.

La capital de Marruecos está en la ciudad de Rabat, donde se encuentra la estación experimental agrícola y el Departamento de Agricultura. Al frente de la estación está el doctor Miège, autor de trabajos independientes sobre las plantas cultivadas y al que conocemos bien por la bibliografía. Estudiamos al detalle el amplio material sobre Marruecos recopilado en la estación, el material de la colección, representado sobre todo por trigos duros locales y por cebadas locales.

Rabat, situada a orillas del océano Atlántico, se caracteriza por su clima marítimo suave y los cultivos de secano. En realidad, se incluye dentro de la típica región mediterránea. Las formas de espiga gruesa y granos grandes recuerdan al surtido típico del litoral argelino.

Gracias al trabajo previo del introductor americano Scofield, quien investigó minuciosamente los cereales de Argelia, a los trabajos de Ducellier, Trabut y Miège, y de Boeuf en Túnez, conocemos bien la composición varietal de los cultivos locales. En general, es el reino de los trigos duros mediterráneos, con escasa mezcla de otras especies, y también de la cebada de seis carreras.

En la estación se hacen ensayos con cultivos diversos. A su manera, es un centro introductor que está continuamente ampliando su trabajo. La pequeña plantilla de modestos científicos franceses realiza un trabajo de investigación agrícola ingente con un significado económico de primer orden.

Desde Rabat nos dirigimos a Casablanca, también situada en la orilla del océano Atlántico y cuyas condiciones difieren poco de las de Rabat. Tanto Rabat como Casablanca son ciudades nuevas, construidas por los franceses al estilo árabe, con tejados planos. Pero de los árabes han tomado prestado solo el estilo, todo lo demás es europeo. Desde Casablanca nos dirigimos a la cordillera del Atlas, al oasis de Marrakech, con el propósito de, en la medida de lo posible, llegar hasta los límites de los cultivos montanos del Atlas.

Fig. 22. *A la derecha, un trigo duro del tipo de los llamados antiguamente «fanfarrones», cultivados en el sur de la Península Ibérica y norte de África [lámina para la* Ceres hispanica, *v. pág. 257].*

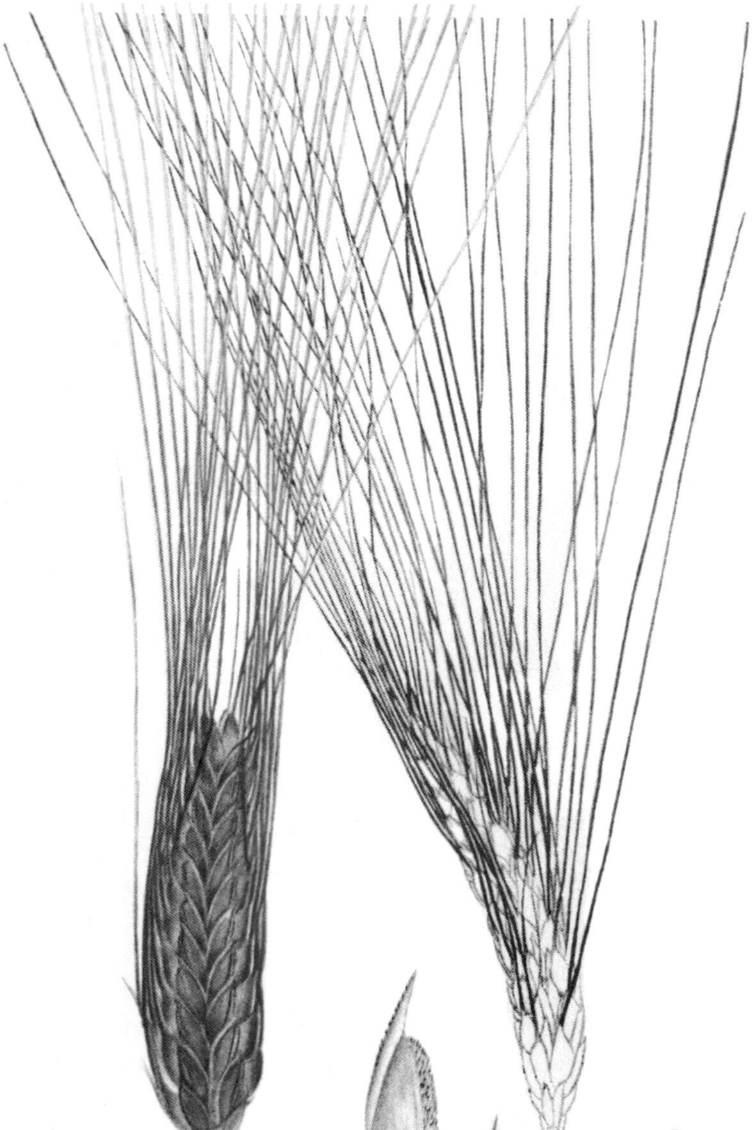

Marrakech es una ciudad antiquísima que ofrece un oasis espléndido con un sistema ampliamente usado de irrigación por *qanat*, la extracción de agua por galerías subterráneas hasta los campos. Hay agua suficiente. El oasis ocupa una gran superficie. Hay numerosos cultivos: cereales, leguminosas, plantas oleíferas y una variada composición de trigos que recuerda en parte a Asia Suroccidental, de donde es probable que haya adoptado la irrigación por *qanat*.

En Marrakech contratamos guías y caballos y nos dirigimos al Atlas. Las inmensas extensiones a los pies de las montañas están dominadas por una peculiar atocha de África septentrional, el esparto *(Stipa tenacissima)*, una planta herbácea que produce papel de altísima calidad. El esparto se recolecta en grandes cantidades en Argelia y Marruecos. Los intentos de cultivarla aún no han dado, por lo que sabemos, resultados positivos. Solo se utilizan las macollas silvestres.

Empieza la zona forestal, representada por el alcornoque. De estos enormes árboles milenarios se extrae una capa gruesa de corcho. Es un artículo muy rentable por cuanto que el cultivo del alcornoque mediterráneo no está extendido por ahora.

La cordillera del Atlas, al igual que la Cabilia, está ocupada por población beréber, completamente diferentes de los árabes, sedentaria, con una gran cultura agrícola. Aquí también son comunes los tejados de teja y se siente una civilización antigua que ha conservado todas sus prácticas. Sin duda hay algo tras la leyenda de la Atlántida, interpretada por Benoit con tanto acierto. En cualquier caso, en la profundidad del norte de África se siente la influencia de civilizaciones vivas. Es posible que los pueblos de tipo ario tuvieran algo en común con Asia Suroccidental, como evidencia la composición de los cultivos a los que se dedicaban.

Para nuestra sorpresa, en la cordillera del Atlas encontramos los primeros sembrados de centeno local, un cultivo cuyo origen

---

Fig. 23 *(a la derecha). La palmera común de Vavílov es la palmera datilera, una domesticación muy antigua de los oasis de Asia Menor y norte de África. Es unisexual, y en cultivo se mantiene un ejemplar masculino por cada 25-50 femeninos [Dibujo de Auguste Faguet].*

se relaciona con el Cáucaso, en Asia Occidental. Subiendo a la cordillera del Atlas, descubrimos una selección original de trigo duro que se desgrana fácilmente, algo anómalo en el trigo duro y que solo existe, por lo que sabemos, en el Atlas. También hay cáñamo, guisante y almorta, las plantas típicas de Asia Suroccidental. En conjunto, todo nos hablaba de una relación indudable de las regiones montañosas de África no solo con la gran cultura mediterránea, sino también con Asia Suroccidental.

De regreso a Marrakech, aún dimos una vuelta más en nuestro itinerario por la cordillera del Atlas. Para sorpresa nuestra, en el este nos topamos con un grupo de población procedente del África Interior. Eran principalmente tribus negroides de cultura primitiva, con míseras chozas cubiertas con arpilleras y trenzados, con sembrados de mijo negro y sorgo, en una palabra, los especímenes típicos del África Interior con todos sus primitivismos y su población semidesnuda, como más tarde pudimos observar más de una vez al viajar por África Oriental.

La validez de nuestro visado para Marruecos había llegado a su fin. Entusiasmados, nos habíamos demorado más del tiempo establecido. Tras enviar a nuestro ayudante francés a Argelia con el equipaje, decidimos elegir el medio de locomoción más corto, tras conseguir con ayuda del doctor Miège una plaza en un aeroplano militar que se dirigía, temprano por la mañana del día siguiente, de Rabat a Orán, evitando así los puestos fronterizos entre Argelia y Marruecos. Durante la travesía vivimos una aventura. Antes de llegar a la frontera con Argelia algo le pasó al motor. Bajo el aeroplano se extendía el desierto marchito. El piloto, que evidentemente no deseaba quedarse atrapado en un lugar deshabitado, decidió llegar a Orán fuera como fuera, haciendo virajes alambicados. En la diminuta cabina nos golpeábamos con el oficial francés y con la pared. En un estado de semiinconsciencia, al final nos llevaron a Orán, donde solo nos recuperamos pasadas varias horas, y en ferrocarril nos dirigimos de nuevo a Argel.

Túnez

Por las regiones esteparias de Argelia, cubiertas de trigo duro, pasan los caminos que llevan a Túnez. Habíamos avisado de nuestra llegada al profesor Boeuf, director del jardín botánico de Túnez, y fuimos cordialmente recibidos, como viejos conocidos. Repetidas veces durante nuestros viajes hemos podido convencernos de primera mano de lo que significa el internacionalismo en las ciencias. Basta con que conozcan el trabajo de uno, con que lo valoren un poco, basta con cartearse con antelación y uno ya es un huésped querido, ya tiene asegurada esa enorme ayuda que solo puede prestar un amigo cercano.

El profesor Boeuf es un gran investigador de las plantas cultivadas de Túnez. Por sus dimensiones, el instituto botánico, en realidad una estación agrícola de envergadura, se diferenciaba notablemente de las modestas instituciones de Argelia y Marruecos. Era un instituto en todos los sentidos, con una plantilla importante, con laboratorios, con un servicio meteorológico magnífico, con herbario. En una palabra, era un instituto completo de botánica aplicada. Boeuf nos suministró numerosos trabajos en mejora vegetal. En poco tiempo pudimos conocer los numerosos materiales que había recogido por todo el país, con su clasificación de los cereales. Nos entregaron una gran selección de plantas cultivadas.

Boeuf tenía bien pensado un viaje interesantísimo por todo Túnez que abarcaba las principales regiones agrícolas. Tenía interés en viajar con nosotros, máxime cuando era el mejor momento: la recolección en las regiones montañosas acababa de empezar, la mies se alzaba en los campos. Estaba claro que nos esperaba una recolección amplia e interesante. Habiendo preparado el material imprescindible para la expedición —barómetro aneroide, bolsitas, talegos—, a la mañana siguiente nos dirigimos al interior de Túnez, a las estribaciones de la cordillera del Atlas.

El actual Túnez está situado cerca de las célebres ruinas de Cartago, que se han conservado hasta nuestros días. En el pasado, en época de los romanos, Túnez era un granero que abastecía de gran cantidad de trigo al Imperio romano. En la misma frontera de Túnez, ya cerca del Sáhara, se encuentra una antigua plaza fuerte del Imperio romano. Y aquí vemos lo mismo que en Transjordania y en Palestina, el mismo teatro con anfiteatro, la canalización bien conservada, el templo con columnas, calles, el bazar con mostradores. Como puede observarse, la influencia de Roma se extendió hasta las fronteras de los grandes desiertos de Asia y África.

El Túnez actual es una ciudad no muy grande, parcialmente europeizada. En su mayor parte es una ciudad árabe con las habituales construcciones de tejados planos y un gran bazar de semillas que refleja con gran colorido la composición varietal del Mediterráneo. Semillas voluminosas de trigo, cebada, lino, habas, lentejas, almortas. Cerca de los restos de Cartago se podía ver la típica irrigación con noria, un pozo original que bombea el agua con ayuda de odres (al pozo se bajan los odres, que tensan unos caballos «a rueda»).

Las enormes extensiones del Túnez submontano y de las mesetas están cubiertas de trigo duro. Hasta el momento aquí se cultivan casi exclusivamente clases locales y antiguas, representadas por combinaciones heterogéneas de muchas especies con la habitual mezcla entre formas de espiga blanca, roja y negra. La pugna entre el trigo harinero y el duro también ha llegado hasta aquí. La población de las ciudades y los colonos franceses prefieren pan de trigo harinero. La población árabe resiste tenaz con el trigo duro. Para ello tienen fundamentos muy sólidos, de lo que nos convencimos personalmente viajando por Túnez. Después de trillar el trigo, utilizando parte del mismo para semillas, el resto normalmente se conserva en montones. Las semillas del trigo duro se riegan con agua y se mantienen así un día y medio o dos. Las semillas se hinchan y se inician procesos de fermentación. Se produce la transformación del almidón en azúcar. Después las semillas «se extienden», se secan y luego se utilizan parar preparar *kasha*.* Esta especie de trigo fermentado se vende en cualquier bazar de Túnez y de Argelia bajo el nombre de cuscús. Es una forma muy primitiva de utilización del grano, una reliquia del pasado que tiene, por lo visto, cierta relación con Asia Suroriental, cuya población se alimenta básicamente de arroz hervido. El cuscús es una especie de «arroz de trigo».

Al igual que en Argelia, la agricultura de Túnez es muy primitiva. Los utensilios son el arado surcador árabe, el tablón de madera con pedernales encajados para trillar y la pala de madera para aventar el salvado del trigo. La siembra es manual, al voleo. Se siembra en otoño. La rotación habitual es de tres campos: trigo-cebada-barbecho. Este es el pilar agronómico de este antiguo país agrícola. La composición varietal está representada por mezclas de excelentes clases locales de trigo duro que, si bien varían por el tono de la espiga, en general se han conservado como resultado de una larga selección natural.

En conjunto, África Septentrional aparece como una unidad. Un análisis geobotánico ha demostrado claramente la singularidad de los cultivos mediterráneos, el imperio de originales trigos duros locales de grano grande y de cebada de seis carreras. En la zona costera está concentrado el cultivo de leguminosas de semillas gruesas y de lino de semilla gruesa.

Las regiones montañosas del Atlas, la Cabilia, reflejan una influencia doble: por un lado parece haber una antigua influencia de Asia Suroccidental, mientras que, por otra parte, se ve la influencia de plantas cultivadas mediterráneas que no han estado sometidas al efecto de condiciones externas, y que han producido aquí, en las montañas, los correspondientes grupos especiales, algo diferentes de los de la zona costera. La relativa uniformidad de las plantas cultivadas, el carácter extensivo de la agricultura, propio

* Comida rusa consistente en gramíneas cocidas en agua y aliñadas con manteca, aceite vegetal o grasa animal.

de una superficie considerable, demuestran claramente que no fue aquí donde empezó el cultivo. Para los cereales, esos orígenes hay que buscarlos sin duda en Asia Occidental. Aquí, solo bajo la influencia de una selección tanto artificial como natural, se han producido las formas correspondientes a las condiciones propicias de siembra otoñal, de inviernos suaves y con una distribución relativamente favorable de precipitaciones.

Viaje a Abisinia

A continuación venía nuestro viaje a Egipto. Los interminables intentos por conseguir un visado no habían dado resultados positivos. Con toda su influencia, el banquero Mosseri no pudo conseguirnos el permiso necesario. Nada logró la ayuda de Kurd Ali, presidente de la Academia Árabe de Ciencias en Damasco. Tampoco ayudaron las peticiones de los agrónomos más importantes de Inglaterra, Daniel Hall y John Russell.

Recibí una respuesta bastante cortés desde Alejandría, firmada por el coronel inglés que administraba la entrada de extranjeros y que lamentaba que, dadas las condiciones existentes en la actualidad, nuestra entrada no fuera posible. Mi propuesta de ir acompañado por un policía, a expensas mías, durante mi breve viaje por las regiones agrícolas de Egipto tampoco encontró apoyo. Pero, costara lo que costara, había que asegurar una recolección de semillas de Egipto. Invité como colaborador a Guzzoni, un juicioso estudiante italiano, lo preparé, le equipé con el material imprescindible para la recolección —barómetro aneroide y otros recursos—, le obligué a llevarse toda la bibliografía necesaria y lo envié a Egipto. Guzzoni cumplió su misión a conciencia, recorriendo según el itinerario indicado todas las regiones agrícolas, llegando hasta la presa de Asuán en el Alto Egipto.

Hubo que dirigir toda la atención a conseguir el visado para entrar en Abisinia y Eritrea. Las conversaciones previas en París no habían culminado con éxito. La señora de Vilmorin había prometido escribir una carta al embajador francés en Adís Abeba, lo que efectivamente hizo, como averigüé más tarde, con su habitual

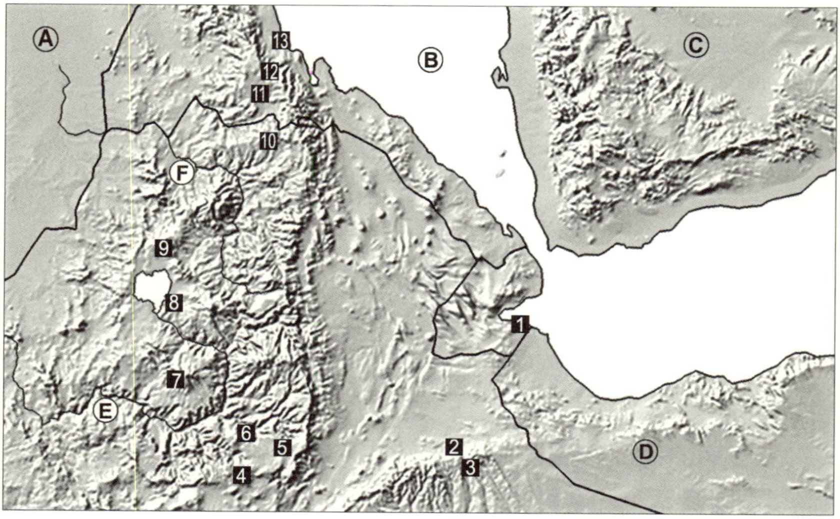

VIAJE A ABISINIA Y ERITREA (1926-1927)

1. Yibuti
2. Dire Dawa (Etiopía)
3. Harar
4. Adís Abeba
5. Ankober
6. Fiche
7. Región de Gojjam
8. Lago Tana
9. Gondar
10. Adwa
11. Adi-Ugri (Eritrea)
12. Asmara
13. Massawa

A. Sudán
B. Mar Rojo
C. Yemen
D. Somalia
E. Río Nilo Azul
F. Río Tekezé

buena voluntad. Las dificultades aumentaron porque en esa época Abisinia no tenía representantes diplomáticos en Europa. Los intentos de telegrafiar y escribir desde varios países al gobierno de Abisinia también fueron infructuosos. El doctor Harlan, un agrónomo americano amigo nuestro que había estado en Abisinia en el año 1923 y había sido recibido cordialmente por el gobernador de Etiopía, intentó por su parte ayudarnos desde Washington, pero evidentemente fue una voz clamando en la espesura de la diplomacia abisinia. Parecía que no quedaba más que renunciar a la idea utópica de llegar a Abisinia, pero yo no podía en modo alguno resignarme a esta situación, ya que según todas nuestras hipótesis, el África Oriental debía caracterizarse por una flora cultivada autónoma, todavía no estudiada por nadie y conocida solo por fragmentos de investigaciones florísticas.

El Instituto Internacional de Agricultura de Roma,[55] a donde me aconsejaron que me dirigiera, me ayudó a conseguir el visado para Eritrea, colonia italiana, pero declaró que el asunto con Abisinia no era de su competencia. Sin embargo, esto ya era algo real e infundía esperanzas. Tras darle vueltas a lo complicado de la situación, hubo que quedarse con la opción de visitar Eritrea, contigua a Abisinia, y desde aquí probar a internarse en Abisinia, si era posible, aunque la amarga experiencia demostraba que las cuestiones de los visados se resolvían con bastante más facilidad en los núcleos grandes.

El camino a Abisinia atravesaba la Somalia francesa. Con el visado listo para Eritrea, me dirigí al cónsul francés en Roma para pedirle que emitiera un visado de tránsito para Somalia. El cónsul declaró que un visado de tránsito no garantizaba la entrada en Abisinia, sin embargo, al ver en mi pasaporte los visados sirio, marroquí, argelino y tunecino decidió concederme enseguida, sin pensárselo especialmente, un visado que a él no le comprometía a nada, válido para transitar varios días por la Somalia francesa, atravesada por el ferrocarril desde el puerto de Yibuti, a orillas del mar Rojo, hasta Adís Abeba, la capital de Abisinia. Para llegar al barco que se dirigía a Yibuti, hubo que regresar a Marsella cruzando de nuevo el mar Mediterráneo, lo que ya era una costumbre para nosotros. Solo nos queda soñar con que la humanidad regresará de nuevo a los tiempos de Marco Polo, cuando el viajero podía atravesar sin visado continentes y océanos hasta el destino marcado, y en todas partes era recibido como un huésped anhelado.

El viaje desde Marsella a Yibuti dura nueve largos días. Ahí estaban Alejandría, El Cairo y Port Said. En ese momento Guzzoni trabajaba felizmente en Egipto, mientras que yo tuve que contentarme con la visita de las ciudades portuarias y con observar las orillas de Egipto mientras cruzábamos el mar Rojo.

Tras pasar el canal de Suez después de un largo procedimiento, el barco entra en el tranquilo mar Rojo cuyas aguas son, en realidad, de color amarillento-rojizo. Las orillas occidental y oriental están despobladas. Como es sabido, toda la agricultura de Egipto está concentrada en una franja estrecha cerca del Nilo. El abundante material recogido por Guzzoni, que analizamos posteriormente, demostró la singularidad de la flora cultivada de Egipto, que se diferencia significativamente de la de la zona mediterránea.

Aquí el carácter desértico y la cultura de regadío han producido formas originales de cereales precoces enanos, extremadamente sensibles a plagas y diferentes en este aspecto a los mediterráneos típicos. Pero, en general, Egipto sigue teniendo relación con la cultura mediterránea en sentido amplio, con predominio del trigo duro y de la cebada de seis carreras. De los cultivos originales mencionaremos solo el trébol de Alejandría y el denominado algodonero egipcio,[56] producido en Egipto a partir del algodonero americano de fibra larga, que se trajo aquí en el curso del último siglo.

En el barco entablamos relación con el ex director del Departamento de Agricultura de la isla de Madagascar, el señor Carle, quien desde París se dirigía de nuevo a Madagascar. Para sorpresa nuestra, Carle ya conocía nuestro trabajo *Sobre el origen de las plantas cultivadas*,* publicado brevemente en la revista francesa *Revue de botanique appliqué*. La internacional de la ciencia volvió a ayudar. El señor Carle se ofreció, en caso necesario, a ir a ver al gobernador francés en Yibuti y ayudarnos a obtener el permiso de entrada en Abisinia. Desembarcamos con él en Yibuti. El barco

* En francés *Études sur l'origine des plantes cultivées*.

debía esperar medio día a que terminaran de cargarlo. Había tiempo suficiente. Nos dirigimos al capitán francés que registraba a los viajeros. Asombrosamente, todo fue muchísimo más sencillo de lo esperado. Resulta que nunca había existido ningún reglamento sobre visados para entrar en Abisinia. El capitán cogió el pasaporte para recibir la firma del gobernador, nos hizo muchas preguntas sobre la Gran Revolución de Octubre y añadió con aprobación que «todo va a salir bien» *(ça ira)*,* basándose por lo visto en la experiencia de la revolución en su patria.

Por si acaso, decidí acudir a ver al cónsul abisinio, que no se encontraba muy lejos, una persona muy amable que también confirmó que los sellos del gobernador francés de Somalia eran del todo suficientes para la entrada libre en Abisinia.

Había trenes desde Yibuti a Adís Abeba dos veces por semana. El próximo salía al día siguiente, había que darse prisa. Aprovechamos lo que quedaba de jornada para visitar aldeas cercanas a Yibuti. Ya era la auténtica África. Chiquillos negros desnudos con piel que parecía de terciopelo nos rodeaban a Carle y a mí y nos guiaban a las aldeas. Chozas míseras cubiertas de arpilleras y de esteras.

Somalia es un típico país ganadero. Las numerosas ovejas y cabras que había cerca de las aldeas revelaban con claridad unas razas, y puede que también especies, realmente singulares, bien diferenciadas de las que habíamos podido ver en los viajes por los países asiáticos y en el Mediterráneo. Cabras elegantes de piel fina y lisa, ovejas con lana de fibra corta. En todo caso, era un grupo de animales completamente singular, unas razas completamente singulares, seguramente también especies singulares.

La mañana del 27 de diciembre nos dirigimos en tren a la Abisinia Interior. Por entonces en Abisinia los trenes solo circulaban de día. Atravesando la sabana somalí de escasas acacias, el tren se acerca a terreno montañoso. Empieza un brusco ascenso. Como si fuera un castillo enorme, la altiplanicie abisinia se alza en medio de la sabana somalí. El ascenso cada vez es más empinado. Dos locomotoras arrastran varios vagones.

* Canción emblemática de la Revolución Francesa.

Los principales núcleos agrícolas de Abisinia están situados entre los 1600 y los 3000 metros de altitud. Por su clima y su vegetación, Abisinia se divide en tres zonas principales: *woina*, situada por debajo de 1800 m con clima casi tropical; *dega*, regiones montañosas a altitudes entre 2400 y 3000 m, y *degawoina*, entre los 1800 y los 2400 m.

El tren se detiene en la estación de Dire Dawa, que dista unos 50 km de Harar, el primer centro agrícola importante en nuestro camino. Sin llegar a Adís Abeba, decidimos detenernos aquí y empezar la investigación. Desconocemos qué va a pasar ahora y cuál va a ser la acogida del gobierno. Aquí mismo puede organizarse modestamente, con ayuda de unos conocidos del viaje, una pequeña caravana para, en el transcurso de varios días, recorrer esta importante región y recoger material. Mejor no pudo haber salido.

La región de Harar, entre los 1600 y los 2000 metros de altitud, ya nos había dado una representación clara del carácter específico de la cultura Abisinia. Aquí todo era completamente original, la composición de plantas cultivadas y silvestres, las técnicas agrícolas, el clima. Toda la cultura agrícola estaba representada por un continuo de especies endémicas.

Los originales trigos que se cultivan en cantidades enormes en la región de Harar estaban indudablemente relacionados con especies particulares y diferentes a todas las que habíamos tenido oportunidad de ver y recoger en otras regiones agrícolas del mundo. Los campos ofrecían un colorido increíble de especies. Habría que recolectar centenares de espigas para obtener una noción de la composición botánica. Habíamos llegado en el momento más apropiado. Los cereales se alzaban en los campos, la recolección acababa de empezar. La cebada también estaba representada por una mezcla abigarrada, sobre todo había formas de dos carreras.

Entre el trigo enseguida descubrimos formas endémicas no conocidas en ninguna parte del mundo, con granos violetas. Por el sabor, el pan de este trigo recuerda al de centeno.

Por primera vez pudimos ver las peculiares formas endémicas de Abisinia, el original cereal llamado tef *(Eragrostis abyssinica)*,

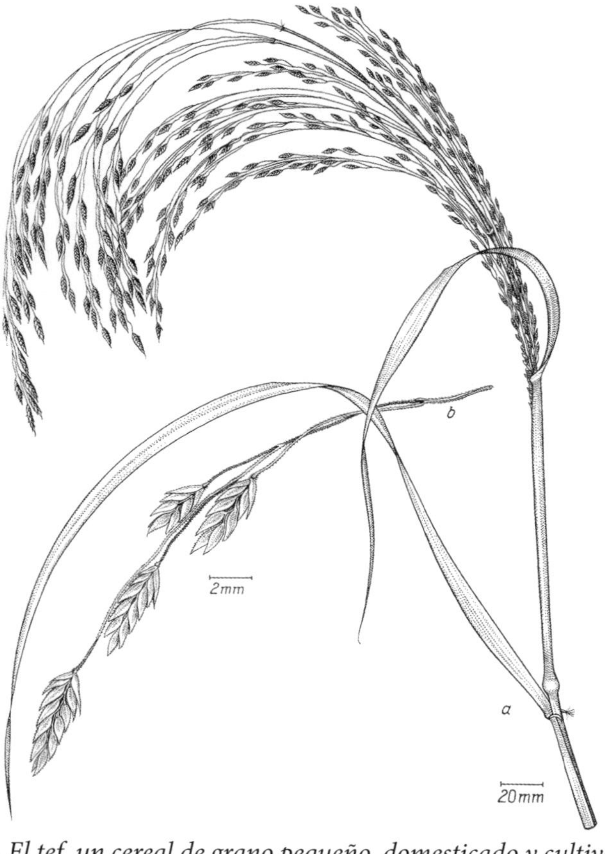

Fig. 24. *El tef, un cereal de grano pequeño, domesticado y cultivado en Abisinia. Dibujo de Ruth Kilian.*

una especie de mijo menudo con cuya harina, de calidad excepcional, se preparan *bliny.** Este cereal endémico abisinio fue puesto en cultivo por primera vez en este país.

Luego está el nug o semilla Níger *(Guizotia abyssinica)*, una planta oleífera nueva y original con semillas negras. Formas, y puede que especies, singulares son el berro hortelano *(Lepidium sativum)*, un original cártamo alto y un peculiar sésamo tardío.

* Plato tradicional ruso, torta de harina que se toma con relleno tanto dulce como salado.

En las zonas bajas se cultiva muchísimo el sorgo cerealístico, en una diversidad excepcional de formas según los tonos de semillas y brácteas. La vegetación silvestre está representada por matorrales de euforbia en forma de candelabro, a veces utilizada para cercados. La zona forestal está representada por la conífera *Juniperus excelsa*.[57]

Para la geografía de las plantas cultivadas estos hechos tenían un significado primordial, cuya importancia solo podría comprenderse tras las investigaciones correspondientes. La recolección superó todas las expectativas. Todo el ajetreo se vio justificado en una semana de viaje por la región de Harar. Las primeras cuarenta cajas de cinco kilos cada una salieron para Leningrado.

Harar es un centro de comercio de café. Abisinia es, sin duda, la cuna del cafeto. En la parte sur se concentran matorrales enormes de cafeto, cuyo fruto maduro es recolectado diligentemente por la población y enviado a Harar. Alrededor de esta se concentran también importantes plantaciones de café cultivado, con follaje más grande y semillas más voluminosas. Por su cantidad, el café silvestre supera al cultivado, diferenciándose por su mayor contenido en cafeína.

No éramos la única expedición. El célebre Hagenbeck, propietario del famoso zoológico de Hamburgo, había enviado todo un barco con una expedición para capturar en África Oriental animales para su parque zoológico y para comerciar con ellos en Europa. Harar había sido elegida como base para la expedición del zoo de Hamburgo. Miles de aves, numerosas especies de monos, antílopes varios estaban siendo reunidos por los cazadores hamburgueses. Especialmente grande era la colección de monos. Centenares de babuinos, de oropéndolas monje, pintadas comunes, gansos salvajes de diferentes colores —rojos, verdes— caminaban solemnemente en jaulas grandes esperando a ser cargados en el barco.

En la zona de Harar entran en contacto varios grupos étnicos. Los somalíes ocupan principalmente las sabanas de las depresiones. En Harar empieza a predominar la población amhara, sobre todo abisinios. Los somalíes tienen algunos rasgos de aspecto mongoloide que se manifiestan sobre todo en los ojos estrechos, en los pómulos anchos y en el cabello hirsuto. Los amhara son normalmente de tipo ario o semítico, con cabello rizado y piel oscura. Van en calzones blancos, normalmente descalzos y envueltos en una *shamma* o sábana, que sirve al mismo tiempo de ropa y de manta en las horas nocturnas. Los somalíes se diferencian claramente de los amhara tanto por su lengua como por su religión. Los somalíes suelen ser musulmanes, los amhara profesan una fe cristiana peculiar, próxima a la ortodoxa.

Al acabar el viaje por la región de Harar, nos dirigimos de nuevo a Dire Dawa, y desde aquí en tren a Adís Abeba.

Aquí también el «hada buena» hizo su parte. Según es costumbre, uno de los embajadores debía presentar al extranjero recién llegado al gobierno de Etiopía. El embajador francés, que había recibido la carta de recomendación de la señora de Vilmorin, accedió a presentarnos al regente *Ras* Tafari, quien posteriormente sería emperador de Abisinia.

Habíamos realizado nuestro fantástico viaje por Harar de una forma algo arriesgada. Para viajar por el país era obligatorio disponer de un permiso oficial del gobierno que solo se podía conseguir si se disponía del sello del regente, del gobierno y de la emperatriz Zauditu.

La capital de Abisinia Adís Abeba, que traducido significa «flor de primavera», está situada en un bosque frondoso de eucaliptos australianos. Hubo un tiempo, no muy lejano, en que la capital etíope cambiaba cada siglo. Al destruir la selva para combustible, los habitantes se veían obligados a trasladar periódicamente la capital de un sitio a otro. Alguna de las misiones extranjeras introdujo los eucaliptos australianos, que tuvieron un crecimiento excepcionalmente rápido en las condiciones del clima abisinio, superando ostensiblemente en este respecto a las coníferas locales. El inteligente Menelik se dio cuenta enseguida de la importancia de este árbol valioso y en la actualidad la capital, al igual que muchas otras ciudades de Abisinia, es una selva de eucaliptos. También se han plantado en los caminos que llevan al norte de Abisinia.

Regalamos al gobierno un mapa de la agricultura en la URSS, recién publicado por el Instituto de Investigación en Industria Vegetal, le contamos brevemente las tareas de la expedición, hablamos de la agricultura en nuestro país y le obsequiamos con nuestro nuevo libro *Centros de origen de las plantas cultivadas.** El regente asentía con la cabeza y declaró que el trigo de Abisinia era malo, que era mucho mejor el americano. Se fue a sus aposentos y trajo ¡mazorcas enormes de maíz! «*Aquí no tenemos esta clase de trigo*», dijo el emperador. Pero al menos nos dieron su conformidad para el viaje.

Había que esperar el permiso oficial. *Ras* Tafari dominaba relativamente bien el francés. Podíamos explicarnos sin traductores. Pasaron varios días. En el hotel francés donde se estaba equipando nuestra caravana apareció un mensajero de *Ras* Tafari con la propuesta de que visitásemos esa tarde al gobernante del país. Estuvimos los dos solos. Con interés, *Ras* Tafari me hizo muchas preguntas sobre nuestro país. Le interesaba especialmente la revolución y el destino de la corte imperial. En pocas palabras le expliqué toda la consabida epopeya.

Es difícil imaginarse un oyente más atento. Como si fuera un cuento, además interesantísimo, así escuchaba el gobernante de Etiopía el breve relato sobre nuestro país, los sucesos allí ocurridos.

Se nos prometió concedernos el permiso en un brevísimo plazo de tiempo y, en efecto, a los pocos días estaba en nuestras manos. Una expedición americana de Chicago, del museo Field, obtuvo el permiso tras cinco semanas, nosotros lo conseguimos en diez días. En este importante documento con el escudo nacional, un león, se nombraba invitado de Etiopía al viajero ruso y se ordenaba a todas las autoridades locales que le prestaran su colaboración, que le abastecieran de cartuchos y víveres, y que le permitieran cruzar las fronteras sin obstáculos.

La atención prestada por el embajador francés, que nos había presentado al gobierno de Etiopía, y su visita al hotel, atrajo a otros representantes diplomáticos. Nos invitaron a comer en casa del embajador japonés, quien estaba organizando la apertura de tiendas japonesas en Adís Abeba. En su día había sido cónsul en Vladivostok y por eso consideró un deber ineludible de cortesía trabar conocimiento con representantes del país en el que había

* Центры происхождения культурных растений [Tsentry proisjozhdenia kultúrnyj rasteni].

estado acreditado. También deseaba vernos el embajador griego. Nosotros queríamos vernos con el embajador inglés, puesto que estábamos interesados en salir al Sudán y, desde aquí, a Egipto. Pero a pesar de que el embajador resultó ser un antiguo estudiante de la universidad de Cambridge, donde también nosotros habíamos trabajado más de un año, no logramos entendernos.

La legación italiana manifestó gran interés por el profesor soviético. Tomando en consideración nuestra intención de salir hacia Asmara, en Eritrea, la embajada italiana nos asignó temporalmente a su empleado Hakim, un amhara que, hasta cierto punto, podía hacer también de traductor, por cuanto dominaba el italiano, y podíamos comprendernos mutuamente. Hakim resultó una persona muy útil, pues conocía un poco el camino, tenía muchos conocidos en diferentes aldeas y ciudades y ya había estado una vez en Eritrea. Poder practicar italiano con él me permitió recordar ese idioma, algo especialmente importante si teníamos en cuenta el futuro viaje por Eritrea, colonia italiana, y el regreso a Italia desde Eritrea.

El tiempo que se necesitaba para aguardar el permiso oficial no lo perdimos en vano, al realizar pequeñas expediciones en todas direcciones, enviando grupos de gente hacia todas partes. Este último método resultó especialmente cómodo y el más económico. Personas previamente preparadas, que ya habían realizado expediciones similares, salían con talegos y bolsitas en una dirección determinada, si era posible allí donde tuvieran familiares o algún tipo de lazo, con el encargo de recolectar una cantidad determinada de espigas y un número determinado de muestras de semillas. Así, pudimos conseguir material de los lugares menos accesibles, donde se manifestaban formas y especies interesantes.

El propio bazar de Adís Abeba era de enorme interés. Por la mañana temprano, hasta aquí llegaban campesinos de todas partes, transportando en pañuelos y saquitos granos para vender, y los distribuían por la plaza del mercado. Era, a su manera, una exposición donde en poco tiempo podía contemplarse qué se cultivaba en el país y de qué vivía la población. Cierto que, por orden de alguien, enseguida empezaron los obstáculos para adquirir semillas. Corría el rumor de que el ojo maldito de un europeo había mirado «mal» y esto traería feas consecuencias. El personal preparado, sin embargo, cumplió la parte indispensable de su misión, consiguiendo muestras de semillas, que después fueron enviadas a Leningrado.

Empezó la rutina habitual para pertrechar la caravana. El camino era largo, había que calcular al menos tres meses de viaje. Las conversaciones con el embajador inglés para salir por Sudán no culminaron con éxito. Hubo que elegir la opción de salir por Eritrea. Tras elaborar el itinerario con los datos bibliográficos y con los informes obtenidos en Adís Abeba, nos proponíamos abarcar todas las regiones agrícolas importantes de la Abisinia Interior, saliendo por Gondar y yendo desde aquí a la capital de Eritrea, Asmara. La recolección de semillas y plantas prometía ser grande. El momento de la expedición resultó muy propicio. Era el periodo de maduración de los cereales y, aparte de grano, se presentaba la posibilidad de recoger gran cantidad de material espigado.

El bajo coste de la vida en Abisinia normalmente permite a las expediciones equipar caravanas grandes. La expedición zoológica del museo Field tenía una caravana de unas cincuenta personas. Normalmente los caminos largos se recorrían en mulas y los caballos solo se utilizaban para distancias cortas, puesto que eran menos resistentes a las condiciones de Abisinia. Según las costumbres de este país, había que llevar guarda armada y abastecerse de fusiles, imprescindibles para defenderse de las fieras, sobre todo en los pasos por el Nilo, donde abundan los cocodrilos.

Había que proveerse de víveres, de conservas y de envases para la recolección. Decidimos equipar a nuestros compañeros de viaje. Sin embargo, el intento de abastecerlos de calzado no tuvo éxito. Las sandalias adquiridas y distribuidas entre los miembros de la expedición desaparecieron rápidamente, y antes de la salida de la caravana ante nosotros volvía a haber un «equipo descalzo». En vista del camino montañoso y pedregoso, tuvimos que comprar una docena de sandalias de repuesto, pero sin repartirlas hasta que fueran necesarias. Como al principio no conocíamos las costumbres del país, cometimos un gran error. Normalmente la gente de la caravana, a excepción del traductor principal, va a pie. Nuestra intención era adquirir un burro por persona para que pudiera cargar, al menos, con sus bártulos. Sin embargo, en cuanto los burros aparecieron en el patio del hotel, todo el personal que habíamos reunido con tanto esfuerzo se dispersó corriendo. Nos explicaron que para un hombre adulto era denigrante viajar en burro, que solo los niños y las mujeres viajan así. Tuvimos que vender los burros y cambiarlos por algunas mulas, que costaban muchísimo más. Téngase en cuenta que Abisinia es la cuna de los burros. Todavía hoy se puede ver una gran cantidad de burros grandes en estado salvaje corriendo por la sabana.

Según las normas fijadas por el gobierno de Abisinia, antes de la partida de una caravana a un largo viaje cada viajero cierra un acuerdo con toda la caravana en la sede del gobernador de Adís Abeba. En este acuerdo se recogen las obligaciones del jefe de la expedición. Este debe ser considerado con toda la caravana, alimentarlos, curarles, darles vermífugos tres veces al mes y, en caso de muerte, enterrarlos de forma apropiada y según las costumbres del país. Cuando le pregunté al gobernador qué hacer en caso de que se infringiera la disciplina, este me aconsejó que llevara cantidad suficiente de grilletes, indicándome que era lo que hacían todos, franceses e ingleses. Ante mi negativa a seguir su ejemplo, el gobernador meneó la cabeza y dijo: «*Ya verá, joven, ya verá…*»

El 7 de febrero una caravana compuesta por doce mulas y catorce personas armadas con fusiles y lanzas se puso en camino en dirección a Ankober, una importante región agrícola merecedora de estudio.

En la Abisinia Interior

El camino principal transcurría por la *dega*, es decir, por las tierras altas. Ankober está situada a 2700 metros de altitud. Adís Abeba, la capital, está a 2440 m. En esta altiplanicie se concentra una parte importante de la población agrícola del país. Esta es la principal zona de siembra.

La caravana avanza despacio, recorre unos 35-40 km al día. Abisinia se sitúa entre los 4º y 14º de latitud norte. El día es corto, de doce horas. Hay que valorar cada media hora de luz diurna. Por las noches se montan las tiendas y se ordena el material recogido durante el día, se escribe en el diario, y una hora antes del amanecer hay que levantar a la caravana para ponernos en camino con las primeras luces.

El relieve montañoso diversifica el paisaje. El terreno es negro, basáltico.

El tiempo elegido para el viaje es, por fortuna, extraordinariamente propicio, no solo en el sentido de la maduración de los cereales, sino también en relación con la temporada de lluvias. El periodo de grandes aguaceros (gran *kremt)* va de julio a septiembre. Es el momento de la siembra. A partir de octubre empieza la estación seca que se alarga hasta finales de febrero, cuando empieza la estación de lluvias débiles (pequeño *kremt).* A finales de febrero o principios de marzo empieza de nuevo la estación seca.* Durante las lluvias, entre julio y septiembre, los caminos se vuelven intransitables y cesa cualquier comunicación por el país. En 1927, cuando tuvo lugar nuestra expedición, no había ferrocarril, excepto la línea que unía Yibuti con Adís Abeba. Ante mi pregunta a uno de los hombres del gobierno de por qué no se construían carreteras, aquel sabio me respondió: si construimos carreteras, vendrán los europeos, si vienen los europeos será el fin de Etiopía.

Una altiplanicie relativamente llana, a pesar de su gran altitud, determina la presencia de grandes superficies de sembrado. Una parte significativa del camino transcurría por senderos cercanos a los campos. Llegamos a Ankober, una de las antiguas capitales del país. Varios cientos de casas bajas y construidas sólidamente, de piedra, habían echado raíces en la tierra. No tenían solado. Animales y personas vivían bajo el mismo techo.

Nos detenemos a visitar al jefe del poblado. El recibimiento es acogedor. Llega el forraje, los *bliny* de tef y trigo, una jarra grande de *tala* —cerveza abisinia hecha de cebada—, una jarra pequeña de *tej* —miel espiritosa—. Es una bebida excelente que se prepara fermentando miel de abeja. Aparecen unas gallinas, una clase extraordinariamente pequeña de Bantam. Sin embargo

* En realidad, sería finales de abril y principios de mayo.

su plumaje es muy variado y se asemeja al de los grupos europeos habituales. Los huevos son extraordinariamente pequeños, unas dos veces más pequeños que los de las razas europeas habituales.

Cambiamos de guías y nos movemos en dirección a Fiche, desde donde el camino lleva a Gojjam, una importante región agrícola. Fiche es una ciudad pequeña en la que está encarcelado —y cubierto de grilletes según aseguran— el hijo loco de Menelik II. Afirman que uno de los motivos de que haya sido arrestado por el actual gobernador de Abisinia, *Ras* Tafari, ha sido su conversión al islam y su deseo de convertir al islam el país cristiano. Aquí nos encontramos con un alemán que comercia con pieles y cueros de fieras. Hacemos acopio de cantidad suficiente de conservas y nos encaminamos al centro de la agricultura montañosa. El camino es llevadero, aunque no sea más que una senda. Los guías se orientan relativamente bien, aunque cada vez se ayudan más de la brújula y de un detallado mapa francés. Para las mulas hay pasto de sobra en la sabana. Hay mucha agua por todas partes y siempre se pueden conseguir cebada y víveres.

El interior de Abisinia, al igual que la región de Gondar, está repleto de especies endémicas. Sembrados ingentes de tef abisinio, curiosos trigos abisinios, singulares y variados en una increíble diversidad de formas, campos mixtos de cebada, incluyendo aquí la cebada negra desnuda, que excepto en este país no se conoce en ninguna parte del mundo. Encontramos numerosas y originales formas locales abisinias de lenteja, garbanzo, guisante y almorta. Cerca de las edificaciones suelen crecer arbustos enormes de ricino silvestre. También hay una curiosa col, la mostaza abisinia, que produce gran cantidad de semillas, pero de la que también se utilizan las hojas. Hay mucha escaña.

La población es hospitalaria, pero su economía es todavía muy primitiva. La gente va semidesnuda, y con bastante frecuencia completamente desnuda. La edad de piedra ante nuestros ojos. Por doquier hay ralladores de piedra en los que manualmente se restriegan contra la piedra los granos de trigo, cebada, sorgo tipo durra. La escaña se trilla con morteros de madera. Por doquier puede conseguirse cerveza que se elabora con cebada germinada.

Fig. 25. *La escaña, una de las primeras plantas domesticadas en Asia Menor a partir del trigo silvestre del que habla Vavílov en la expedición a Palestina. Es un trigo tetraploide, como el trigo duro, pero vestido (v. Anexo II), y muy cultivado en Europa, África y Asia, al menos hasta la primera mitad del siglo XX [Dibujo de Annemarie Tröger].*

Esta bebida se prepara también con métodos muy primitivos. La cebada germinada se arroja en una jarra de barro muy grande, donde se produce la fermentación. Por lo general la jarra se cubre con un trozo de estiércol seco. Periódicamente una mujer da vueltas al líquido con la mano sucia.

El ganado aquí es del tipo cebú, mayor, con gran variedad, con las típicas papadas en forma de pechera y pelaje con dibujos peculiares. Hay originales ovejas y cabras.

Toda la Abisinia Interior es una altiplanicie surcada por cañones profundos, casi siempre de mil o más metros de profundidad. Todos los días la caravana tiene que ascender un cañón, bajar y de nuevo ascender.

Tras pasar por la región de Gojjam, nos dirigimos a la región selvática, a la cuna del café silvestre. El sendero por el que a duras penas avanzaba la caravana, agarrándose a los árboles, descendía. En el fondo del cañón corría el Nilo Azul (Abbai). En el río que debemos vadear pululan cocodrilos enormes que alcanzan los cuatro o cinco metros y que exhiben abiertas sus enormes fauces.

Pasamos la noche a orillas del Nilo. Se nos une una caravana comercial que va de paso. Por la mañana, antes del amanecer, enviamos a los guardias a disparar al agua para dispersar a los cocodrilos. Parece que hayan empezado operaciones militares. Centenares de disparos nos despejan una parte considerable del camino más cómodo. Algunos cocodrilos emergen a la superficie panza arriba. La caravana cruza al otro lado poco a poco. De vez en cuando, disparamos al agua para amedrentar. En marzo el paso es sencillo y sin riesgos. En otras épocas es bastante más peligroso. Empieza otra ascensión desde los 800 a los 2500 metros. Y otro descenso cerca del lago Tana, del que nace el Nilo Azul.

Nos encontramos con el general que vigila el curso superior del Nilo. En Abisinia el encuentro con autoridades se lleva mucho tiempo. Empiezan unas largas ceremonias. El anfitrión no solo debe alimentar a la caravana, sino también, y esto es lo importante, darle de beber. Abisinia no es solo un país de excelentes cereales, sino también de buenas bebidas espiritosas. Por las tardes cuesta encontrar en las poblaciones a una persona sobria. Las paradas en las ciudades y las visitas a las autoridades sirven de pretexto para borracheras que acaban trastocando una disciplina que ya de por sí cuesta mantener en un viaje largo y difícil. El general desea que nos quedemos con él varios días. Nos muestra una leona que han cazado, nos ofrece ir a cazar. Todo está muy bien, pero hay que darse prisa y, lo que es más importante, después de tres días seríamos incapaces de reunir a la mitad de los caravaneros. Sea o no educado, dejamos a nuestro hospitalario anfitrión. La caravana iba algo alegre.

Nos acercamos al lago Tana, en cuyas islas hay unos curiosos edificios, unos pequeños monasterios. También está repleto de cocodrilos. El lago es poco profundo. Por la mañana aparecieron en la orilla manadas enormes de hipopótamos.

A la hora de pernoctar se produce un incidente importante que nos obliga a recordar el consejo del gobernador. Ha empezado el «gran ayuno» cristiano. Nuestra caravana es en gran medida internacional. Junto a los amhara había somalíes, representantes de otras nacionalidades, una parte de los cuales era cristiana, la otra musulmana. Antes del comienzo del ayuno había que comer carne en abundancia para no tocarla luego durante seis semanas, como prescriben las normas de la iglesia. El traductor nos aconsejó comprar un cordero. En las aldeas consiguieron gran cantidad de alcohol. Por la noche, cuando el cordero estaba asado, empezó la fiesta. Uno de los caravaneros, que se mantenía algo aislado de los demás participantes de la caravana, organizó bastante alboroto. Decidió soltar las trabas de las mulas y dejarlas ir libres. Los intentos para disuadirle no dieron resultado alguno. Empezó una pelea, aparecieron cuchillos. El jaleo amenazaba con desbaratar toda la caravana. Era especialmente peligroso perder las mulas, difíciles de conseguir en este lugar. Haciendo de tripas corazón, tuvimos que atar al caravanero alborotador. Para la mañana había vuelto en sí y todo se solucionó con relativa fortuna.

La siguiente parada nocturna, en la selva, me obligó a estar de guardia la mayor parte de la noche. La caravana, agotada y aún no sobria del todo, durmió a pierna suelta. Hechos un ovillo y envueltos en *shamma*, la gente dormía en la tierra desnuda. En la selva se oían rugidos de leopardos, habituales de este país. Las mulas empezaron a resollar, a ir de un lado a otro. Hubo que hacer guardia, disparar al aire de vez en cuando, alimentar el fuego. De gran ayuda resultó el café abisinio hecho de granos del arbusto del café silvestre. Dos vasos del mismo fueron suficientes para no dormir por la noche, mantener el buen humor y cumplir con las obligaciones de la guardia.

Fig. 26. *Rama fructificada de cafeto, un arbolito originario de Etiopía. El café son las semillas tostadas, y esta tecnología se desarroló en la Península arábiga [Dibujo de Auguste Faguet].*

Nos apresuramos en llegar a la antigua capital etíope, Gondar. La caravana se había desgastado después de mes y medio de viaje ininterrumpido. En el mapa había un círculo grande: una gran ciudad, la antigua capital, pero resulta que en esa capital no había ni un puestecito ni un bazar permanente, solo se montaba una vez por semana. El dinero había perdido todo significado, no había nada que comprar. Era un auténtico intercambio. Había que ir a ver al gobernador para de alguna manera convertir el dinero en las mulas que tanto necesitábamos y adquirir otras mercancías. Este nos envía al bazar, repleto de miles de personas que deambulan por el lugar haciendo recados o sin nada que hacer. La mayoría con pequeñas sombrillas de mimbre. No hace calor, puede pasarse sin sombrilla, pero está de moda y, además, la siguen no solo las mujeres, sino sobre todo los hombres. Es una especie de etiqueta.

En un pequeño puesto especial conseguimos sal y pimienta a cambio de dinero. La sal cristalina es la divisa en las operaciones importantes, el pimiento rojo molido, que provoca estornudos increíbles, funciona como moneda pequeña. Al comprar muestras de semillas pagamos con un puñado de pimiento rojo. El coste de una mula oscila entre los 20 o 30 terrones de sal cristalina.

Y este es el reino de Aksum, una antiquísima cultura sedentaria en la historia del curso alto del Nilo Azul. Se han conservado de maravilla los enormes obeliscos con inscripciones ilegibles, testigos de una cultura antigua, sincrónica con los tiempos de los faraones. Los suelos son rocosos, el clima se ha vuelto más seco, las cosechas son pobres.

Entre Gondar y Aksum hacemos un descubrimiento de primer orden: encontramos en los campos un singular trigo duro sin aristas desconocido por la ciencia. Durante décadas, seleccionadores de plantas de diferentes países han intentado obtener trigo duro sin aristas por medio del cruzamiento de trigo duro con aristas ordinario con trigo harinero sin aristas. Esta creación conlleva no pocas dificultades en vista de la distancia genética que hay entre el trigo duro y el harinero. En Abisinia, sin embargo, la naturaleza ha creado por sí sola formas de trigo duro sin aristas, análogas a las del trigo harinero. El cereal está crecido. Recolectamos miles de espigas. Quizá estemos ante el hallazgo más interesante, tanto teórico como práctico, de todo nuestro viaje por Abisinia.

En el camino desde Fiche hasta Gojjam, hacia Gondar y Aksum, la caravana solía encontrar cementerios a cada paso. Eran una especie de «jardín botánico». Normalmente el cementerio se instalaba en la selva. En torno a las tumbas se plantaba toda clase de árboles, en buena parte traídos desde lejos. A veces también se encontraban especies inusuales, incluso cítricos. Pero lo más habitual eran los grupos de eucalipto, muy del agrado de los abisinios. Los cementerios atraían al viajero, aparte de por su sombra, porque en ellos siempre se podía encontrar forraje para las mulas y víveres para la gente. Según es costumbre, cuarenta días después del entierro se hace un ágape funerario junto al cementerio. Y ya se sabe, en este ágape hay *tala* en abundancia, y también *tej* y *bliny* de trigo y de tef. En una palabra, es una especie de posada donde siempre puede confiarse en encontrar lo imprescindible.

Cerca del cementerio normalmente hay una iglesia pequeña, una choza con tejado cónico de paja cuidadosamente colocada. Los muros están cubiertos de arcilla o guarnecidos con piedras. En los alrededores no suele haber ningún adorno. Una excepción es la gran iglesia de Adís Abeba, a la que en su día se envió desde Rusia una colección importante de iconos y vasos sagrados, buscando el acercamiento y la integración de la iglesia etíope a la ortodoxa.

De nuevo iniciamos el descenso por cañones hacia el río Tekezé, que corre cerca de la frontera eritrea. Es un río caudaloso de orillas suaves cubiertas de ricino silvestre de fruto pequeño. En el Tekezé, como en el Nilo, pululan los cocodrilos. Nos detenemos a pernoctar en la orilla arenosa. Montamos el campamento. Por la noche ocurre algo increíble. El traductor se ha quedado dormido, yo escribo en mi diario junto a un pequeño farol. Al poco todo el suelo de la tienda empieza a agitarse al cubrirse de una cantidad enorme de solífugos negros y escorpiones muy grandes. El traductor, que se había despertado, gritaba a voz en cuello. Los solífugos habían trepado a las camas con las mandíbulas bien abiertas. Salimos escopetados de la tienda, había quien ya había recibido algún mordisco, teníamos que marcharnos de tan peligroso lugar. Pero cruzar el río por la noche también era arriesgado, teníamos que esperar a que amaneciera. Sin embargo algo había que hacer. Estaba claro que solífugos y escorpiones habían acudido a la luz de las tiendas. Apagar la luz implicaba dejar en las tiendas una cantidad importante de huéspedes no invitados. Intuyo que debemos sacar las lámparas fuera. El efecto no se hace esperar, enseguida empezó la salida masiva de solífugos y escorpiones. Reduzco la ranura de luz del farol y literalmente empieza una sesión de amaestramiento. Solífugos y escorpiones forman en hilera a lo largo del haz de luz y poco a poco se va creando una línea regular viva, aunque algunos aún remolonean. Entonces meto el farol en la tienda. En la estrecha franja de luz se reúnen los solífugos y escorpiones que quedaban. Despacito, sacando con cuidado el farol, guío fuera de la tienda a la retaguardia y la dejo en libertad. La tienda está limpia, podemos dormir tranquilamente.

Al otro lado del río Tekezé aparece otro motivo de preocupación. El amhara que nos había asignado la embajada italiana nos explicó que el camino por el que transcurría la caravana se volvía peligroso, había muchos salteadores y quizá debiéramos elegir otro camino. La gente de la caravana miraba asustada a las matas de sorgo de los lados. Debíamos seguir avanzando para darles ánimos. No habíamos andado más que unas pocas horas después de cruzar cuando, de entre la espesura de la sabana salieron unos hombres armados, claramente acostumbrados a asaltar caravanas. El encuentro imprevisto con europeos les causó, al parecer, la impresión esperable. En este país saben de sobra que todo europeo va bien armado y que, para evitar disgustos, es mejor dejarles tranquilos. Empezaron los saludos corteses y las invitaciones a pasar la noche en una aldea próxima. Era tarde y pernoctar era inevitable, pero ¿cómo actuar? Porque la fisonomía de los recién llegados no inspiraba simpatía. Se celebró un concilio en una tienda. El peligro era evidente. En el mejor de los casos podíamos perder las mulas.

El consejo decidió obsequiar al cabecilla de la banda con dos botellas de coñac, últimas existencias de nuestra reserva especial, por si acaso. En caso de que esto no surtiera el efecto debido, nos libraríamos con táleros, pero este sería el último recurso. Convenía estar preparados, cargar los revólveres, hacer más café y no dormir por la noche. El regalo de las dos botellas del mejor coñac de cinco estrellas parece que produjo una impresión muy favorable. El traductor regresó de la misión un poco alegre, con gallinas fritas, una jarra de *tej* y un brazado de *bliny* de tef. Sin embargo, no podíamos relajarnos. A las tres de la mañana, mucho antes del amanecer, la caravana se había puesto en pie sin grandes esfuerzos. La gente comprendía muy bien lo que ocurría. Había que salir cuanto antes de este paraje, librarse de esos compañeros de viaje no invitados que, de momento, dormían como benditos. A las cuatro de la mañana, a oscuras, la caravana se ponía en camino dejando que la banda, que había bebido de más, durmiera hasta la mañana.

Varios días más hasta Eritrea. Desaparecieron los sembrados. El paraje se volvía cada vez más deshabitado y más bonito. Delante se abría el panorama de una cuenca enorme y pintoresca. En la depresión, por los profundos desfiladeros, se erguían palmeras silvestres parientes de la palmera común *(Phoenix abyssinica)*.[58] Los troncos, delgados y espigados, están adornados por copas vistosas de hojas pinnadas. El paraje está densamente cubierto de sotobosque, de hierba. Cuesta imaginarse un lugar más cómodo para pasar la noche. Pero está casi deshabitado y esa noche solo conseguimos un saco de *durra* para las mulas tras muchos esfuerzos.

Por la mañana, un nuevo contratiempo. A causa del brusco cambio a una comida copiosa después de un ayuno bastante largo, a las mulas se les hinchó el estómago, un cuadro típico de timpanitis. Cayeron dos mulas. Hacia la tarde otras cuatro. Para no abandonar nuestra valiosa carga toda la caravana, empezando por el jefe, pasa a ir a pie, y las mulas que siguen vivas son cargadas hasta el límite. Andando alcanzamos Admura[*] al cabo de tres días, una pequeña ciudad fronteriza con Eritrea donde estaba instalado el consulado italiano. Las dificultades habían quedado atrás. Aquí podían conseguirse, si no mulas, sí caballos y forraje. Podíamos tomar aliento y poner en orden la caravana.

El *signore* Pollera, quien en esa época desempeñaba las funciones de cónsul, era un hombre muy hospitalario, culto, autor de un extenso libro dedicado a las mujeres de Etiopía, por lo visto debido en gran medida a su esposa abisinia. El segundo libro, aún más extenso y con el que nos obsequió, estaba dedicado a la iglesia en Abisinia.

En Eritrea

Tras despedirnos de Pollera, el hospitalario cónsul italiano, y poner en orden la caravana, emprendimos camino hacia la frontera siguiendo el camino más corto en dirección a la capital, Asmara, situada en una región montañosa.

---

* A todas luces parece que Vavílov se refiere a Adwa.

La Eritrea montana es, en puridad, una continuación de Abisinia. Asmara se encuentra a 2300 metros de altitud. Los mismos suelos de color negro, basálticos. El clima es cada vez más seco. La caravana atraviesa continuamente oasis pequeños y grandes con palmera común silvestre. Por delante se abre un muro de bosque de olivos silvestres. Los olivos eritreos tienen frutos diminutos, completamente incomestibles, insípidos. También son incomestibles los frutos de la palmera común silvestre. Involuntariamente se piensa en los enormes cambios que podrían introducirse en la vida de estos países si en lugar de la palmera silvestre aquí creciera la palmera cultivada, y en lugar del olivo silvestre su especie mediterránea. Los intentos de cruzarlas de momento no han dado resultados visibles a causa de la distancia entre el olivo abisinio silvestre y el cultivado. Al unir el patrón con el injerto se forman excrecencias enormes.

Desde Adi-Ugri* salen automóviles y camiones. Trasladamos todo el equipaje a uno de ellos. Llega el solemne momento de despedirnos de nuestros compañeros de viaje con los que hemos recorrido más de 2000 km en dos meses y medio. No importan los disgustos ni las dificultades, el trabajo se ha hecho, hemos recogido material de enorme valor en forma de miles de muestras de semillas. La gente de la caravana se despide de nosotros de mala gana, recelando sobre todo de un encuentro con los salteadores de los que en su momento nos libramos tan felizmente. Nos despedimos amistosamente. El amhara asignado por la embajada italiana y Kassia, el encargado de la caravana, vienen con nosotros hasta Asmara para hacer algunas compras y regresar desde allí.

Los caminos son completamente diferentes. Se han acabado los senderos, empieza una carretera espléndida. Se percibe un hábito conservado de tiempos del Imperio romano. Los romanos y, en gran medida también los italianos, son espléndidos constructores de caminos. Recorreremos rápidamente una región forestal de olivos silvestres. Empiezan las plantaciones de cafeto *(Coffea arabica)*, de papayos *(Carica papaya)* y huertas.

Asmara es una ciudad civilizada con jardines grandes, parterres desgastados por el uso, caminos pavimentados y hoteles aceptables.

---

* Actual Mendefera.

Nos dirigimos a ver al gobernador para devolverle algunas armas que ya no necesitamos. El gobernador de Asmara nos invita por la tarde a una cena en la que va a juntarse toda la nobleza local. Entre los invitados está el director del Departamento de Agricultura el doctor Benedictis. Se elabora el plan del nuevo viaje en el que participará también el doctor Benedictis. Había que ver todas las regiones importantes de Eritrea y visitar la hacienda experimental de Baldrati. Benedictis es un agrónomo que lleva trabajando aquí muchos años, autor de una obra excelente sobre la ecología de Eritrea.

A diferencia de Abisinia, en Eritrea hay mayor variedad de climas, suelos y otras condiciones naturales. Hacia el norte, en dirección a Sudán, el clima es más seco. En Karen, en vez de los 1500 mm de precipitaciones habituales en Abisinia, se registran cerca de 600 mm. Este es el reino de los grandiosos baobabs. Las extensiones montañosas con solitarios baobabs que se alzan en medio de la hierba baja de la sabana presentan una imagen pintoresca. En abril las hojas se han caído y a la vista se le ofrece un extraño espectáculo de troncos gigantes con numerosas ramas desplegándose cual brazos. Los troncos suelen alcanzar tal grosor que en ellos podría instalarse una vivienda grande de varias habitaciones, un apartamento completo.

También ha cambiado la estructura étnica. Hay nuevas lenguas. Cierto que del tipo amhara, pero con unas costumbres completamente diferentes. Es especialmente curiosa una forma de hacer pan que vimos por primera vez en este país. Unas piedras grandes se cubren con una masa preparada con harina de trigo o de tef. Se enciende una hoguera y, cuando solo quedan brasas, se colocan sobre ellas las piedras cubiertas de masa. El pan, claro está, se chamusca y hace falta mucha maña para que no se queme del todo.

En la región de los baobabs se cultiva gran cantidad de *henequén*, el agave del Yucatán,[59] uno de los artículos rentables de la agricultura del lugar. Al norte de Asmara se encuentran una serie de haciendas donde unos italianos emprendedores intentan cultivar cítricos, papayo, mango *(Mangifera indica)* y otros frutales tropicales.

La composición de cereales y de leguminosas de grano es bastante cercana a la propia de Abisinia, pero con algunas diferencias. La Eritrea montana complementa a Abisinia desde el punto de vista de la diversidad de la composición varietal. Aquí se refleja más la influencia de Europa. La Abisinia Septentrional y la Eritrea montañosa fueron ocupadas por los portugueses en el siglo XV. Las huellas de esa ocupación se han conservado hasta hoy en forma de palacios, caminos y, hasta cierto punto, en la composición de las plantas cultivadas. Fueron los portugueses quienes introdujeron el cultivo del pimiento *(Capsicum annuum)*, que se ha convertido en planta nacional tanto en Eritrea como en Abisinia.

Después de un viaje de cuatro meses por Abisinia y Eritrea hacemos balance de nuestras impresiones. No hay ninguna duda de que este territorio montañoso relativamente pequeño es un centro de origen independiente de cultivos agrícolas. Aunque los historiadores y los arqueólogos contemporáneos se inclinan por considerar la cultura abisinia como adquirida, secundaria, el estudio de la composición de las especies y de las variedades de plantas cultivadas y las técnicas agrícolas demuestran lo contrario. La presencia de endemismos como el tef, el nug, el banano abisinio o ensete,[60] una especie de mostaza de abisinia *(Brassica carinata)*, especies completamente originales de trigo, singulares tanto citológica como anatómicamente, así como por su conjunto de caracteres, en un estudio comparativo nos lleva inevitable y lógicamente al reconocimiento del centro de origen abisinio como independiente, merecedor de ser aislado. El singular ganado, ovejas y cabras, el arado original con cama, los aperos autóctonos, la conservación de la agricultura de azada, todos los usos, la preparación de bebidas alcohólicas y, por último, los alimentos y las plantas medicinales como el coso *(Hagenia abyssinica)*, todo demuestra firmemente la considerable autonomía del centro de origen abisinio. Sin duda, una serie de cultivos surgieron precisamente aquí (tef, nug, bananos), pero aquí no hay ni trigo ni cebada silvestres, tampoco leguminosas de grano silvestres, por lo que presumiblemente los orígenes de estas plantas están ligados a otros territorios vecinos y, sobre todo, a Asia Occidental en un sentido amplio. Sin embargo, no hay ninguna duda de que en Abisinia el aislamiento de las especies cultivadas tuvo lugar en la antigüedad, lo que certifican la presencia de caracteres endémicos como los granos violetas del trigo, las numerosas particularidades endémicas que diferencian a la cebada abisinia, y rasgos anatómicos como el escaso número de haces conductores en el coleóptilo.

Al contrastar los principales centros de origen de los cultivos agrícolas del Viejo Mundo que hemos estudiado, vemos con precisión la necesidad de separar Abisinia y la Eritrea montana contigua a ella como un centro de origen independiente. No hay que sobrevalorar su importancia. La composición de los cultivos es relativamente pobre. No encontramos los árboles frutales tan característicos de Asia Suroccidental, del Mediterráneo y de los centros de origen asiático-oriental e indio. La composición de los cultivos hortícolas también es mísera. Ni siquiera hay un cultivo tan habitual como la cebolla o representantes del género *Cucumis*. No hay cultivos de cucurbitáceas. Pero precisamente esta ausencia de los modelos de cultivo del Viejo Mundo certifica la originalidad de la cultura agrícola de Abisinia, principalmente de regadío. Las investigaciones directas demostraron el valor excepcional de las cebadas abisinias, resistentes a las enfermedades infecciosas europeas, y que se distinguen por no encamarse, por su grano grande y por no precisar de calor. El guisante abisinio merece gran atención, sobre todo como especie forrajera, con fines de sideración,* pues produce muchísima masa vegetativa. Interés extraordinario tienen los trigos duros sin aristas.

En la evolución del mundo vegetal Abisinia, al igual que la Eritrea montana, están indudablemente vinculadas por cierta homogeneidad. Esto fue perfectamente demostrado por Engler en sus investigaciones clásicas sobre la flora de África. En el espectro de géneros de las floras de la región del Cabo, de Abisinia y de la Eritrea Montana, así como del Himalaya y del Mediterráneo, hay muchos elementos comunes. El corredor montañoso que se extiende desde la región del Cabo a lo largo de África Oriental

* Abonado verde.

y de la península Arábiga, incluyendo el Yemen, en dirección al Himalaya, se caracteriza por una particular unidad florística. Sin embargo, en sentido histórico-cultural, esta unidad está interrumpida, como pudimos ver claramente en, por ejemplo, el olivo silvestre de Abisinia o la palmera común silvestre, ostensiblemente diferentes y que no ofrecen la posibilidad de poner aquí en cultivo estas plantas de tanta importancia.

Estuvimos cuatro meses en Abisinia y Eritrea. Es indiscutible la necesidad de seguir investigando de forma más exhaustiva esta región y las adyacentes a ella, y aclarar sus lazos con el Yemen, cuya flora presenta elementos tanto de Asia Suroccidental como de Abisinia. Además, pueden revelarse muchos misterios evolutivos interesantes con una investigación profunda y duradera que abarque un territorio lo más amplio posible.

Habiendo enviado desde Asmara ochenta paquetes de cinco kilos con semillas y espigas, nos dirigimos en ferrocarril a Massawa, ciudad portuaria de Eritrea a orillas del mar Rojo. Desde los 2400 m el camino desciende hasta el nivel del océano. Es una vía excelente, construida con maestría por los italianos. Massawa es la ciudad más calurosa del mundo. Aquí es muy difícil, y en verano casi imposible, andar por las calles durante el día. Las tiendas y las instituciones gubernamentales abren por la mañana temprano, cierran a las diez y vuelven a abrir cuando el sol se ha puesto. Toda la vida se aplaza a la tarde y a la noche. El calor alcanza los 50° a la sombra.

A nuestra disposición tenemos varios días para esperar el barco que se dirige a Europa. Los utilizamos para realizar excursiones por las zonas desérticas que rodean Massawa. En las extensiones de arena encontramos gran cantidad de especies diferentes de melón y una sandía silvestre que conocemos bien, la coloquíntida. La mayor parte de los melones silvestres se distinguen por sus frutos cubiertos de pequeñas espinas, que recuerdan al «pepino del profeta» que recogimos a orillas del mar Muerto en Palestina. Este es un reino de pueblos nómadas. Muy de vez en cuando, adentrándose en el desierto, aparecen sembrados de mijo negro, una planta que exige pocos cuidados. Allí donde las aguas freáticas se aproximan a la superficie, se encuentran numerosas palmeras duma *(Hyphaene thebaica)* con cuyos frutos duros se fabrican resistentes botones. Para manufacturar estos artículos, se han construido cerca de Massawa verdaderas fábricas a las que se transportan cantidades ingentes de frutos de las dumas.

Massawa resulta un lugar más interesante de lo que suponíamos al principio. Por el puerto de Massawa, cruzando el mar Rojo, se dirige a La Meca todo el África Central musulmana. Continuamente, grupos de peregrinos con los más variados tonos de piel y muy diferentes vestiduras se dirigen a Massawa. Desde la lejana África Oriental* y Senegambia, desde el Nilo y el Sáhara, riadas de gente de todas partes confluyen aquí. Algunos llevan años caminando. Son mendigos, principalmente. Todos sus bártulos caben en un calabacino, dentro hay una pequeña reserva de alimento y ropa. Vestidos con harapos, cuando no completamente desnudos, caminan día tras día. En las paradas tienen que buscar trabajo para arreglárselas de alguna manera, para conseguir la forma de comprarse el billete de barco. En esta especie de museo étnico podía contemplarse interminablemente toda la mezcla de pueblos, y tribus, en los que tan rica era África.

Subimos al barco italiano. Con nosotros viaja el gobernador de la Somalia italiana. Involuntariamente la conversación lleva a la política colonial italiana. Tiene una «mala fortuna» extraordinaria. La Somalia italiana, Libia, Tripolitania, todo son desiertos, interesantes quizá para los investigadores, pero muy poco atrayentes para los colonizadores. De todas ellas la mejor es Eritrea, pero tampoco esta promete muchas cosas. En este sentido, Francia se encuentra en una situación completamente diferente por sus riquísimas colonias, como Marruecos, Argelia, Túnez, Madagascar, Indochina... Tampoco son muchos los recursos de Abisinia, donde Italia tiene puesta la mirada. Sus posibilidades agrícolas y sus riquezas minerales no son, al parecer, tan grandes como les gustaría a los italianos, y el pueblo abisinio, amante de

* Parece que hay algún error en el original, puesto que Vavílov se encontraba en ese momento en África Oriental. Lo lógico es pensar que se refiere a la lejana África Occidental.

la libertad y que ha protegido su independencia a lo largo de los siglos, no está muy dispuesto a cargar el yugo colonial. Los resultados de nuestra valoración de los recursos agrícolas idóneos para la agricultura coinciden con los datos italianos, que calculan la superficie de siembra en aproximadamente 1,5-2 millones de hectáreas. Una parte significativa de este territorio son terrenos débiles y pedregosos que ofrecen una pobre cosecha capaz de satisfacer únicamente las necesidades internas del país. De un modo u otro, las difíciles cuestiones de la recuperación de la economía de Italia no pueden ser resueltas, y por supuesto que no van a resolverse, con la ocupación italiana de este notable y antiguo país con una cultura única.

Viaje a Grecia y a las islas de Chipre y Creta

Aguardaba la tarea de estudiar los cultivos agrícolas de las tres penínsulas principales del sur de Europa —la de los Balcanes, la de los Apeninos y la de los Pirineos— y de las islas más importantes del mar Mediterráneo. En primer lugar nos dirigimos a Atenas con la misión de familiarizarnos con las regiones agrícolas más importantes y, ante todo, con el valle de Tesalia, el granero principal de la antigua Hélade.

La superficie agrícola de la Grecia contemporánea es insignificante. Las principales áreas de siembra están concentradas en Tesalia y en Macedonia. Una gran parte del territorio de Grecia son viñedos y plantaciones de olivos.

La Atenas de hoy conserva pocos rasgos de la grandeza de antaño. El gran pasado de este país solo se puede estudiar en el espléndido museo de escultura. La Acrópolis está en ruinas. Solamente en las últimas décadas, y con ayuda de capital extranjero, se han iniciado los intentos de una restauración seria. Por extraño que parezca, están más interesados en ella los negociantes americanos que la propia Grecia. Afortunadamente, en los magníficos bajorrelieves de la Acrópolis con la imagen de Baco se han conservado magníficas representaciones de parras, de racimos de uvas.

El cultivo de la vid sigue siendo actualmente uno de los artículos más rentables de Grecia. El bazar de semillas de Atenas refleja en gran medida una internacional desordenada de semillas, tomadas de Europa Occidental y de América, alternando con cultivos mediterráneos locales.

Fig. 27. *La curiosa palmera duma, una de las pocas plantas con semilla cuyo tallo se ramifica dicotómicamente. En la figura se ve una planta femenina en fruto, frente al paisaje de la segunda catarata del Nilo, hoy en día bajo las aguas del lago de Nubia (o lago Nasser), en Sudán [de la* Historia naturalis Palmarum *de Martius, 1850-1853].*

Nos dirigimos al Instituto de Botánica de la universidad. Por medio del conservador del herbario, un modesto botánico, averiguamos que los herbarios principales de Grecia y los Balcanes se encuentran, lamentablemente, fuera de Grecia, en Alemania, en Londres y en Ginebra. Este pequeño herbario está en mal estado. Devorado en gran medida por los insectos, solo ofrece representaciones fragmentadas de la rica flora balcánica. Las publicaciones sobre botánica hace tiempo que cesaron en el país, no interesan a nadie. La Atenas contemporánea es la típica ciudad mercantil con poca altura de miras.

Nos dirigimos al Parnaso siguiendo la franja de la costa. Aquí, al igual que en los alrededores de Atenas, la agricultura está representada principalmente por olivos y vides. El tren llega a Lárisa, la capital de Tesalia. Aquí hay un instituto agrícola, una estación agrícola experimental, liderada por el joven agrónomo doctor Papadakis. Viajamos por el valle de Tesalia parte en automóvil, parte a caballo. Vemos vastos sembrados de trigo, cebada, leguminosas de grano.

Observamos las interesantes regularidades en los cambios de las composiciones de variedades y de especies a medida que ascendemos por las montañas. Abajo, los alrededores de Lárisa son en gran medida el reino del trigo harinero. Más arriba hay trigo duro. Al pie de las montañas, al aumentar la cantidad de precipitaciones, entra en escena el trigo redondillo *(Triticum turgidum)*. Desaparece la típica composición mediterránea de plantas cultivadas. Se perfila el tránsito hacia Macedonia, hacia la Europa meridional esteparia. En cualquier caso, la Hélade no fue un centro agrícola importante, sus cultivos estaban constituidos principalmente por plantas leñosas: olivos, algarrobos *(Ceratonia siliqua)* y vides.

Desde Atenas cruzamos a Creta en unas cuantas horas en barco, al antiguo reino de Minos, donde se ha conservado espléndidamente el trono del rey Minos en la cueva sagrada.

La mayor parte de la isla está ocupada por campos de cereales. Las regiones montañosas del sur se centraron principalmente en el cultivo de vid y algarrobo. Un museo excelente pero que, lamentablemente, sufrió daños durante un terremoto, nos lleva al pasado de la isla. En recipientes grandes y antiguos se han conservado semillas carbonizadas de leguminosas, lino, trigo y cebada datadas por lo menos del primer o del segundo milenio antes de Cristo. Aquí se puede contemplar de primera mano cómo siglos atrás se formaron las especies mediterráneas actuales de plantas cultivadas, cómo ya en esos tiempos remotos se diferenciaban por el tamaño de sus semillas.

Recolectando semillas descubrimos una serie de formas endémicas de leguminosas de grano, sobre todo almorta. Hay grandes superficies ocupadas con sembrados de lino mediterráneo de semilla y flor grande. Viajamos con el agrónomo griego por las aldeas. Toda la población es griega, sedentaria, se dedica a la agricultura, a la viticultura, a la sericicultura.

El arzobispo de Creta acoge cordialmente a los viajeros. Como regalo recibimos un cuchillo de ciprés pintado, los inevitables rosarios (también de ciprés) y una botella de vino de uva cretense, malo, con el obligatorio añadido de cedria. Desde tiempos antiguos Grecia y sus islas han conservado la costumbre de añadir resina al vino para detener la fermentación y para mejorar la conservación. Al principio, el regusto de la resina es insoportable y cuesta creer que la gente pueda tomar esta bebida. Sin embargo, poco a poco uno va acostumbrándose y la bebe. Es probable que este sea el vino que se utilizaba en grandes cantidades ya en tiempos de Pericles, Sócrates, Heráclito y Aristóteles.

Grecia ofrece muestras evidentes de la antigüedad de los cultivos mediterráneos, de los milenios transcurridos desde los tiempos de la formación de los cereales y de las leguminosas de semillas y espigas grandes, específicos del Mediterráneo.

En medio de una tormenta, vamos a bordo de un pequeño barco desde Creta a Famagusta, el puerto de la isla de Chipre. Hace algunas décadas Inglaterra se anexionó Chipre, pero probablemente en toda la isla no haya más que unas pocas decenas de ingleses. La población es, principalmente, griega y la isla refleja, en realidad, la cultura griega clásica. Pero al mismo tiempo, al igual que Creta, Chipre ha conservado huellas de la antigua cultura romana, puesto que en tiempos la isla formó parte del Imperio romano.

La isla es montañosa. La capital, Nicosia, está en un paraje boscoso a 1700 metros de altitud. El clima es templado. El escaso bosque está formado por pinos y abetos. A mayor altitud se han producido unas curiosas formas endémicas de trigo duro sin lígula. La condición insular ha favorecido la segregación de las formas originales «simples», las denominadas recesivas, en una mayor diversidad. Para los trigos harineros, como pudimos observar, el centro de formación del trigo sin lígula resultó el Pamir, una isla en el Asia Interior. En el caso de los trigos duros del Mediterráneo, las islas tuvieron este papel.

Al dirigirnos desde Nicosia al oeste, nos adentramos en una zona boscosa compuesta casi ininterrumpidamente por algarrobos. Es la cuna de las algarrobas de Constantinopla. Se recogen cantidades enormes, montañas enteras, de algarrobas constantinopolitanas, exportadas a todos los rincones del Mediterráneo. Es un forraje apreciado, en parte utilizado para la alimentación humana. Una superficie importante sigue ocupada actualmente por bosques silvestres de algarrobos, pero ahora ya hay decenas de miles de hectáreas sembradas y convertidas en plantaciones de algarrobos.

Descendemos a la llanura, hacia el este, entramos en el reino del cultivo del lino, representado, junto con el lino de fibra larga septentrional, por las formas originales mediterráneas de semilla y baga grandes.

Es posible que en el limitado espacio de Chipre se pueda observar mejor que en ningún otro sitio el gran papel del ambiente en el desarrollo de especies y variedades. Aquí es especialmente evidente que no se puede considerar toda la vasta región mediterránea como un todo único, algo a lo que tienden los botánicos. Esta región también está sujeta a diferencias de acuerdo con el carácter montañoso del relieve, las condiciones del clima y el papel jugado por el aislamiento geográfico.

La diversidad de los trigos de Chipre es realmente excepcional. En un territorio pequeño delimitado por unas decenas de miles de hectáreas, la cantidad de tipos de trigo llegan literalmente al centenar. Es exclusivamente trigo duro, pero desplegado en una riqueza de formas tanto por características fisiológicas como morfológicas, desde las formas de espigas menudas, sin lígula, hasta las gigantes, similares a las formas del norte de África. En Chipre se pueden contemplar espigas tanto menudas y sin lígula como gigantes y barbudas, propias de Túnez.

Vastas regiones de Chipre están ocupadas por cultivos intensivos de tabaco. Nuestro compañero griego nos cuenta la «filosofía» del tabaco, la filosofía de su ecología mundial, que en este cultivo se reduce a una elección especialmente meticulosa de suelos no demasiado ricos ni demasiado pobres en cuanto a fertilidad. La elección de los terrenos determina la calidad del tabaco. Y esta es toda la esencia de su valoración. Pero solo unos pocos conocen las particularidades del cultivo del tabaco, y la consiguiente experiencia se transmite de generación en generación. En todo el mundo, según las palabras de nuestro experto, hay muy pocas tierras donde se pueda producir un tabaco como el de Chipre, Macedonia o la isla de Cuba. La tasación del tabaco está basada en su aroma. Pero no es solo cosa de las hojas y de la acción del suelo, sino también de los métodos de preparación y del grado de fermentación. En resumen, es un arte delicado.

Por Italia

Tuve que pasar por Italia varias veces, atravesarla a lo largo y a lo ancho. Estuve en Sicilia y la crucé por entero, de Palermo a Catania. Parte de nuestra expedición investigó Cerdeña ampliamente.

Italia es, ante todo, Roma. Siempre que uno se acerca a Roma, experimenta un sentimiento especial de estar acercándose a algo grande, en eterno movimiento y, al mismo tiempo, constante. El estudio de Italia y de sus islas tiene un significado crucial en la comprensión del desarrollo de los cultivos mediterráneos. Italia sorprende sobre todo por su excepcional tierra de cultivo. Incluyendo los Apeninos, los Alpes italianos, sus nieves perpetuas y sus glaciares, el 47 % del territorio del país se utiliza para el cultivo: huertas, vides y campos. En la parte sur y central de Italia los campos se alternan con vides y huertas. Una parte significativa del territorio montano está ocupado por plantaciones de árboles frutales o industriales, plantados en hileras regulares, rodeados de vides en cuyos entresurcos se extienden campos sembrados de trigo, legumbres, cebada y otros cultivos. La vid aquí se ha casado con el olmo. Es el símbolo de la Italia central montañosa, de las comarcas de la Umbría.

Desde 1910 Roma es un centro internacional de las ciencias agronómicas. El Instituto Romano de Agricultura, situado en una villa cercana a la ciudad eterna, se ha convertido en una importante institución científica que centraliza los documentos sobre el desarrollo de la agricultura en todo el mundo. Aquí se reúnen informes valiosísimos sobre la historia de la agricultura mundial y sobre las estadísticas de todos los países. El instituto recibe unas cuatro mil revistas agrícolas. La pequeña plantilla de este centro de información agronómica mundial lleva a cabo un gran trabajo; de ejemplo puede servir la excepcional monografía de Azzi *El clima de los trigos del mundo.*[*] Es una introducción excelente para un viaje agronómico por Italia. En este libro el autor ofrece con gran maestría las características de toda Italia, de las regiones donde se cultiva trigo y sus particularidades en cuanto al suelo y al clima.

Junto a las ruinas de Herculano y de Pompeya pudimos ver restos de los cultivos agrícolas de principios del primer milenio de nuestra era: el mismo trigo, la misma cebada y el mismo lino de semilla grande de nuestros días. En dos mil años la composición de los cultivos en este antiguo país, agrícola por excelencia, ha cambiado realmente poco. A pesar de las lecciones amargas del pasado, la población agrícola también ahora asciende prácticamente hasta el mismo cráter del volcán, aprovechando las fértiles tierras y cenizas volcánicas. Como es sabido, el gran naturalista de nuestra era Plinio el Viejo murió mientras estudiaba la erupción en el borde del cráter. Esta despreocupación es propia también hoy de los habitantes de la provincia de Nápoles.

En primer lugar nos dirigimos al granero de Italia, a la Lombardía, que se extiende a los pies de los Alpes italianos en el valle del río Po. Los suelos profundos, ricos y fértiles, han condicionado el fuerte desarrollo de los cultivos agrícolas. Alrededor de Vercelli se ha concentrado el cultivo intensivo de arroz, con una cosecha de 400-500 *puds* por hectárea.[†] Esta es la patria del excelso poeta de Italia, de Virgilio, quien dedicara un poema clásico a la agricultura de su país.

En Mantua, a orillas del Po, hay un monumento al gran poeta que cantó a los campos de su país. Las *Geórgicas* de Virgilio no solo son un poema, sino un magnífico documento de importancia histórica, insuperable por la abundancia de datos y por la capacidad de observación de su autor. Al igual que hace dos mil años los

---

* G. Azzi, *Le climat du blé dans le monde*, Rome, Institut Internacional d'Agriculture, 1927.

† Unos 6500-8100 kg/ha.

labradores eran todo oídos ante los versos de este poema agrónomo, también ahora las *Geórgicas* sirven de libro de cabecera a todo campesino italiano.

El cultivo de arroz en Vercelli constituye la cima de las técnicas agrícolas. Una red de canales de hormigón ramificados acerca el agua a los campos. Los muros de los canales, tratados con vitriolo azul, están libres de algas y fango. El agua corriente ha eliminado todo rastro de malaria. Con su experiencia, la Lombardía demuestra claramente la posibilidad real de simultanear el cultivo del arroz y un ambiente salubre.

La pequeña estación experimental de Vercelli, como de ordinario toda institución científica agrícola italiana, con una plantilla modesta, con laboratorios magníficos, con edificios residenciales repletos de hiedra y rosas donde vive el personal agrónomo, lleva a cabo un trabajo de enorme importancia práctica. Se han cultivado magníficas clases precoces muy productivas, que también tienen interés para nuestras regiones, especialmente para el Cáucaso norte. En un invernadero especial se están realizando importantes ensayos de precisión sobre los efectos de los fertilizantes. La estación publica una magnífica revista dedicada al cultivo del arroz, una de las publicaciones internacionales de más valor en este campo. Es una auténtica enciclopedia sobre el cultivo del arroz. El cultivo se realiza con trasplante, al igual que en España. Presenciamos un concurso de calidad de máquinas trasplantadoras que solucionan en gran medida la mecanización de este laborioso proceso.

Viaje a España (1927)

1. Barcelona
2. Madrid
3. Toledo
4. Cuenca
5. Alicante
6. Valencia
7. Murcia
8. Almería
9. Málaga
10. Granada
11. Córdoba
12. Sevilla
13. Lisboa (Portugal)
14. Valladolid
15. Lugo (Galicia)
16. Gijón (Asturias)
17. Cueva de Altamira (Cantabria)
18. Pamplona
19. San Sebastián

A. Sierra de Guadarrama
B. La Mancha
C. Bicorp, Valencia (cueva de La Araña)
D. Marruecos
E. Argelia

Viaje a España

Objetivos y posibilidades del viaje

En el plano general de las investigaciones sobre la agricultura mundial y las plantas cultivadas, España tenía un interés extraordinario para nosotros como uno de los principales países mediterráneos donde la agricultura existe desde hace miles de años.

Después de la expedición al este y norte de África y a los países del Mediterráneo oriental, en junio de 1927 nos dirigimos a Barcelona desde Génova. Era el periodo de la dictadura de Primo de Rivera. Nada más llegar a España podía sentirse la atmósfera tensa por la dictadura del general: se comprobaba la documentación en los trenes, los pasaportes debían mostrarse no solo en la frontera, sino también al viajar por el país. El pasaporte rojo soviético con la hoz y el martillo actuaba como un resorte en los señores de paisano que comprobaban la documentación. Su incomodidad aumentaba a medida que nos adentrábamos en España.

Por parte de los círculos científicos tuvimos un recibimiento realmente cordial, especialmente del director del Museo de Historia Natural, el conocido entomólogo y profesor Bolívar y de su hijo, y también del botánico y profesor Crespí. En las aldeas, al viajar en coche o a caballo siempre recibíamos el trato extraordinariamente amistoso y la hospitalidad propios de los españoles.

Nuestra tarea era familiarizarnos con todas las regiones agrícolas de España, recorrerla en todas direcciones y recolectar la mayor cantidad de semillas en cultivos extensivos y hortícolas. Elegimos Madrid como punto de partida desde el que dirigirnos radialmente a las diferentes regiones del país, siguiendo la temporada de maduración de los cereales, empezando por el sureste y terminando en el norte, en Galicia, Asturias y Basconia.

El visado que se nos había concedido gracias a la recomendación de nuestros amigos solo tenía validez para un mes. A medida que avanzaba el viaje se hacía evidente la imposibilidad de abarcar toda la diversidad de las regiones agrícolas, aun seleccionándolas, en un periodo de tiempo tan breve. Nuestros amigos Bolívar y Crespí nos aconsejaron que gestionáramos en la prefectura de Madrid la ampliación del visado para un mes más.

En un calurosísimo día de julio fuimos invitados a ver al prefecto, al jefe de policía, para presentar una declaración.

El viejo edificio de la prefectura con ventanas estrechas y con rejas se conservaba, con seguridad, desde los tiempos de la Inquisición. Nos condujeron al recibidor por unos pasillos estrechos y en semipenumbra. El botánico Crespí, que nos acompañaba, nos susurró que, al parecer, el prefecto sabía ruso. Unos minutos después y sin tener que guardar turno, fuimos recibidos por el prefecto de la ciudad de Madrid en una habitación lúgubre de bóvedas pintadas.

Junto al escritorio, en levita de civil, con la mano en el pecho a lo Napoleón, había un funcionario robusto, con porte de militar y que chapurreaba en ruso una canción: «*Crepitaba, llameaba el incendio en Moscú…*».*

El aviso de Crespí me había preparado un poco para esa declamación inesperada, a la que respondí también con versos:

Desde Sevilla a Granada
en la oscuridad serena de las noches,
resuenan las serenatas,
resuena el toque de espadas…†

El general resultó ser el antiguo agregado militar en la Rusia zarista, había vivido en nuestro país seis años y conocía bien el Cáucaso y el Volga. El objetivo de nuestro viaje no fue de mucho

* Canción popular rusa sobre los incendios de Moscú durante la invasión de las tropas napoleónicas en 1812.

† Los versos pertenecen a *Serenata de don Juan*, escrita por Alekséi Tolstói y musicada por Piotr Chaikovski.

interés para el general. Nos aconsejó que prestáramos más atención al arte español, arrancándonos la promesa de visitar El Escorial y Toledo.

El visado se prorrogó sin demora para dos meses más, con la aseveración de que si el profesor ruso deseaba pasar más tiempo en España, no había ningún obstáculo para ello, puesto que el prefecto confiaba en que el profesor no iba a dedicarse a la propaganda. Como recuerdo de este encuentro, recibí del prefecto una tarjeta de visita sorprendente por su gran tamaño.

Aun así, como supe más tarde, desde mi entrada en España había tenido detrás a dos policías de paisano que me habían acompañado en todos los viajes, bien los dos juntos, bien por turnos. Como estaba absorto en el trabajo, en la recolección y envío de materiales, reparé poco en estos involuntarios compañeros de viaje.

Una vez terminados mis estudios en el sur, me dirigí a León a mediados de junio, donde tenía pensado empezar a estudiar las regiones de Asturias, Galicia y Basconia. Me acompañaba el profesor Crespí, quien se dirigía junto con su familia a las montañas para las vacaciones de verano. Antes de partir para las montañas, se me acercó con aspecto de desconcierto y me anunció que tenía que comentarme un asunto confidencial. Resulta que los agentes que me acompañaban desde la misma frontera, convencidos de mis intenciones pacíficas, habían pedido al profesor que iniciara conversaciones conmigo con el objeto de cerrar un acuerdo. Estos hombres habían declarado que el profesor ruso con sus rápidos desplazamientos en coche, ferrocarril o a caballo por las montañas, los había llevado a la extenuación, por lo que ellos, preocupados por su propia salud, le proponían el siguiente acuerdo: el profesor debía comunicarles con antelación la dirección y las localidades de su viaje, puesto que oficialmente ellos debían acompañarlo, pero que no iban a seguirlo ni en las montañas, ni sobre todo en los viajes a caballo, sino que lo esperarían en un lugar determinado, en los hoteles de las ciudades. A cambio se comprometían a ayudar en todo lo posible durante el viaje, a reservar billetes y habitaciones de hotel, y a enviar los paquetes.

Tras darle vueltas al asunto, decidí cerrar el trato. Nos presentaron. Reconocí las dos fisionomías tanto tiempo familiares, en bombín y vestidos de paisano. Los primeros días después de la firma de nuestro acuerdo transcurrieron relativamente bien. Yo tenía que trabajar sobre todo en zonas montañosas y ellos pasaban el rato, a lo que parece bien satisfechos, en las ciudades, en los hoteles. Pero posteriormente tuve que romper el acuerdo en vista de su permanente disposición a reservar habitaciones en hoteles preferentemente caros, en el centro de las ciudades y su empeño general en darse a la buena vida.

Madrid

Decidí pasar unos diez días en Madrid para, con ayuda de ministerios, estaciones experimentales y profesores, reunir todos los informes posibles sobre la agricultura en España, y al mismo tiempo conocer la ciencia española y estudiar el centro de España.

Por situación geográfica, Madrid se encuentra en el centro geométrico de España, sin conexión con la economía, en medio del área menos productiva del país. Surgida en el siglo XVI, se ha constituido en el punto estratégico del país. Toda la red ferroviaria está subordinada al nudo madrileño.

Sin duda, Madrid es una de las mejores ciudades del mundo. Calles anchas, con plátanos, que se extienden a lo largo de kilómetros, atraviesan plazas amplias con monumentos magníficos; los grandes edificios de las calles centrales concitan atención por su variada arquitectura; la ciudad tiene muchas zonas verdes y plazoletas, la circulación es animada.

Está situada a 635 m sobre el nivel del mar, a los pies de la sierra de Guadarrama. Merece la pena salir a unos veinte o treinta kilómetros al norte de la ciudad para llegar a una zona montañosa semidesértica a 1700 metros de altura. En otoño y en la época invernal desde las montañas soplan vientos intensos y penetrantes, que causan como en ningún sitio resfriados generales y pulmonías. La famosa «gripe española» es un fenómeno bastante frecuente en Madrid precisamente.[61]

Todas las instituciones científicas importantes, también las agronómicas, están concentradas principalmente en Madrid. Aquí se halla el excelente Museo de Historia Natural, con colecciones zoológicas y entomológicas excepcionalmente ricas. Por su magnífico montaje, estas colecciones son comparables únicamente con las del museo Field de Chicago. El taller de animales disecados, anejo al museo, es un modelo de montaje artístico.[62] En el museo también hay un herbario, dirigido entonces por el profesor Fragoso. El museo está vinculado a la sociedad de naturalistas y edita una serie de publicaciones de primer orden, entre ellas una revista internacional de entomología.

El Jardín Botánico de Madrid es famoso por su historia. En él se conservan los herbarios de las primeras expediciones al Perú, a Chile, a México y a Filipinas. Sus directores a principios del siglo XIX fueron los célebres Cavanilles y La Gasca, el mismo La Gasca que emigró a Inglaterra e instruyó al coronel Le Couteur sobre la mejora del trigo. La Gasca fue el primero en mostrar cómo distinguir en el campo formas hereditarias diversas; con él se inicia la selección individual, es decir, es la primera etapa en el mundo de la ciencia de la mejora.

En el Jardín Botánico de Madrid tuve la fortuna de poder estudiar pormenorizadamente el herbario de cereales cultivados recolectado por La Gasca en 1818, con sus dibujos personales que acreditan los profundos conocimientos de este botánico excepcional de principios del siglo XIX. El herbario de La Gasca es el mejor de los herbarios antiguos de plantas cultivadas, con su ayuda podría recuperarse en gran medida la composición de la vegetación cultivada en la España de principios del siglo XIX. En cuanto al conocimiento de las plantas cultivadas, España iba por entonces a la cabeza de otros países.

No tengo por menos que recordar el generoso proceder de las familias de La Gasca y Cavanilles, a quienes acudí para que me ayudaran a conseguir un libro raro editado por la familia de

---

Figs. 28 y 29 (págs. siguientes). *Para su* Ceres hispanica, *obra inconclusa e inédita de Lagasca y Clemente, se encargaron una serie de láminas de trigos. La figura 28 representa una espelta y la 29 una escaña, ambas de Asturias (v. figs. 32 y 33), en donde se conocen como «escanda», y de las que hablará Vavílov más adelante.*

los grandes botánicos de España. En respuesta recibí una carta conmovedora en la que se me comunicaba que la familia tenía un único ejemplar de ese libro, pero que, tras discutir mi petición, había decidido entregárselo al profesor ruso, puesto que el libro era necesario para los botánicos, con el deseo de que la ciencia soviética prosperara.

Uno de los lugares de mayor interés de Madrid, el conocido Museo del Prado, es un tesoro valiosísimo del arte, que no desmerece del Louvre, la Galería de Dresde o el Hermitage, abarrotado de miles de cuadros de los mejores maestros de España: Velázquez, Murillo, Goya, ... Aquí está el cuadro de Goya —asombroso por su realismo y tan cercano a la actualidad— *Los fusilamientos de los patriotas españoles por los franceses el 2 de mayo*[*] durante la invasión de Napoleón. Aquí también está el *Auto de fe* de Goya, que representa la quema de unos herejes en Valladolid en la época de la Inquisición,[†] y *Prometeo encadenado* de Tiziano. Uno no se cansaría nunca de ver todos los tesoros de este museo, que encarnan el genio del pueblo español, su gran nivel en el arte mundial.

Madrid es rica en magníficos monumentos, por ejemplo, el monumento a Cervantes con magníficos bajorrelieves. Uno representa la escena de la partida de don Quijote dirigiéndose con su Rocinante en busca de hazañas, otro bajorrelieve representa el duelo del caballero de la triste figura con un león enjaulado. O el enorme monumento a Cristóbal Colón. Colón es un héroe nacional y en todas las ciudades de España se puede encontrar un monumento en su honor.

En las cercanías de Madrid hay una estación experimental agrícola, una excelente estación central de viticultura y un gran instituto de estudios agrícolas.

En el noroeste de Madrid está el sombrío Escorial, construido por Felipe II, cuyo nombre se vincula con la siniestra historia de

---

* Lógicamente, Vavílov se refiere a la obra *Los fusilamientos del 3 de mayo*.

† Seguramente el autor esté haciendo referencia al cuadro *Auto de fe* de Berruguete, puesto que el de Goya no tiene hogueras ni ha pertenecido al Museo del Prado. No se sabe si la obra de Berruguete está ambientada en Valladolid, así que es posible que Vavílov se dejara llevar por los acontecimientos históricos.

la Inquisición española, el asesinato de don Carlos y de la reina Isabel. Construido de granito gris en las estribaciones de la sierra de Guadarrama, el Escorial se funde con la lejanía gris azulado del paisaje desértico de las montañas. En El Escorial hay palacios lujosos, un monasterio, iglesias y una biblioteca enorme. Es el sepulcro de los reyes españoles, de los Carlos, Alfonsos, Fernandos y Felipes que se han ido relevando en una retahíla interminable siglo tras siglo.

Al sur de Madrid, a orillas del Tajo y junto a las montañas, se ubica una de las ciudades más antiguas de España, Toledo, una especie de museo donde han dejado sus hitos históricos fenicios, romanos y visigodos. Toledo fue la capital de España en tiempos de los visigodos. Es célebre por su catedral gótica, equiparable por su valor arquitectónico a las catedrales de Colonia, Milán o Roma. La ciudad se caracteriza por sus calles estrechas, es famosa por sus palacios, puentes y portalones. Aquí se pueden estudiar todos los estilos arquitectónicos, una estratificación completa de culturas. Es un El Dorado para arqueólogos y especialistas en arte. En el pasado Toledo jugó un papel importante como fortaleza.

En España, uno de los primeros puestos entre las diferentes ramas de las ciencias lo ocupan la geografía y la activa Sociedad Geográfica. Creo no equivocarme al decir que España ocupa uno de los primeros puestos por su extensa literatura geográfica nacional. En ningún otro país he podido ver tal cantidad de manuales y libros sobre geografía, incluyendo una enciclopedia geográfica. La cartografía en España se encuentra en un nivel bastante alto, lo que se puede apreciar en los mapas buenos y detallados del país en su conjunto, y de las provincias por separado. Señalaré que la vieja enciclopedia agrícola de España (del año 1888) es una de las mejores del mundo. En un nivel relativamente alto están las ciencias naturales, la geología y la arqueología. En España se han celebrado una serie de congresos internacionales de química, geología, arqueología y agricultura.

Sin embargo, hay que señalar el carácter cerrado de la ciencia en España: en general la literatura científica se publica en español, y es raro encontrar, incluso entre los profesores, a personas que hablen otros idiomas. En esto se diferencian de la vecina Portugal, donde es posible arreglarse sin saber portugués, si se domina el francés o el inglés.

Madrid es famoso por sus teatros y por su estadio. En el día a día de España se han conservado muchas reminiscencias del pasado. Y esto se refleja en su forma de divertirse y, sobre todo, en las corridas de toros. En los pueblos y en las ciudades pequeñas, incluso a las afueras de Madrid, para cuyos habitantes las corridas de toros son un espectáculo demasiado caro, estas se sustituyen por peleas de gallos. Se cría una raza especial de gallos de músculos fuertemente desarrollados, patas altas y espolones poderosos. Para las peleas se suelen escoger gallos de igual peso. Los espectadores se sitúan alrededor de una barrera, lanzan a la banca pesetas por uno u otro gallo y empieza la pelea, que dura bastante, unos cuarenta minutos, hasta que uno de los combatientes desangra y abate al contrario entre los aplausos de los ganadores.

Tuve ocasión de ver una corrida de toros en Madrid, y después en México y en el Perú. El patrón de estas luchas tan mentadas es fijo y se mantiene casi sin cambios desde hace siglos en los países de América Latina. Se selecciona una raza especial de toros, normalmente negros, muy fuertes, de musculatura bien desarrollada y que recuerdan a los uros. Esta raza es diferente del habitual ganado bovino comercial que se cría en España. Todo el procedimiento de las corridas está rodeado de mucha pompa, desde la primera salida a la arena de todos los participantes —toreros, picadores, matadores— al son de una marcha, ataviados con trajes nacionales coloridos y envueltos en capas. En el momento de la suelta del toro a la arena, rodeada por una valla, el matador hunde en la cerviz del animal un gancho con una aguja afilada en la punta y con una serie de cintas atadas, lo que enoja al toro, pues le causa un dolor intenso. Después salen a escena los picadores, en caballos con los ojos vendados y que se mantienen recelosos cerca de la valla. Los picadores van armados con picas afiladas con las que también se azuza a los toros.

Los enjutos caballos de los picadores están predestinados en su mayor parte a ser pinchados por los toros. Están pensados para desgastar las fuerzas del toro antes de su combate con el torero.

Los caballos muertos, y a veces los picadores gravemente heridos, son retirados de la arena. Después aparecen los banderilleros con unos palos adornados con cintas y con ganchos afilados en la punta: las banderillas. Los banderilleros clavan con destreza las banderillas en la cerviz del toro y terminan de encolerizarlo. Por fin salen a la arena los toreros en sus tradicionales trajes dorados, con capas rojo fuego, con una espada en la mano. El final del espectáculo es la muerte del toro con una estocada diestra. Normalmente en cada exhibición se realizan cinco o seis combates.

El enorme estadio de Madrid para las corridas de toros da cabida a más de treinta mil espectadores. Cada ciudad tiene sus toros. La muerte semanal por todo el país de cientos de caballos en las corridas de toros ha destruido, naturalmente, una buena raza, quedando solo pencos lastimosos. En las granjas de España está muy extendido el uso de mulas en lugar de caballos.

La agricultura en España

De los cincuenta millones de hectáreas del territorio español, las tierras de labor ocupan cerca de veinte millones y medio. De estas, unos cinco millones están destinados al barbecho. Así, la superficie total anual de cultivos, incluyendo huertas y huertos, se ha fijado en quince millones y medio de hectáreas, lo que equivale a 1/9 de la superficie cultivada en nuestro país. En un momento en que en la URSS se utiliza para cultivo, incluyendo el barbecho, no más del 9 % de la tierra firme, en España se utiliza hasta el 40 % de la misma, barbecho incluido. En España hay un millón y medio de hectáreas ocupadas por la agricultura de regadío. Las tierras de regadío se concentran principalmente en Murcia, Valencia, Granada y Aragón.

Por sus condiciones naturales e históricas, España es un país de contrastes sorprendentes. La flora de España es extraordinariamente variada, hay cerca de seis mil especies,[63] de las cuales un 25 % son endemismos, es decir, exclusivas de España. Según los cálculos de M. Rikli, más del 50 % de las especies de la flora silvestre es común para Andalucía y el norte de África: incluso la costa sur de España, poco accidentada, recuerda a África.

Sobre todo la recuerdan los paisajes con importantes manchas de esparto *(Stipa tenacissima)*, alharma *(Peganum harmala)* y palmito silvestre *(Chamaerops humilis)*. Incluso la palmera común africana *(Phoenix dactylifera)* se siente de maravilla y da frutos en la España meridional.

El centro de España, que ocupan Castilla la Nueva y la Vieja, a las que divide la sierra de Guadarrama, se caracteriza por su clima también relativamente seco, especialmente en dirección al norte, a Valladolid. Las regiones centrales se utilizan mayormente para el cultivo de cereales, mientras que el sur de Andalucía y el noreste, es decir, Cataluña, son el centro de los cultivos intensivos —huertas, viñedos, olivares y naranjales— y de los cultivos intensivos de hortalizas y de arroz.

El norte, limitado por la cordillera Cantábrica y los Pirineos recibe, a diferencia de toda la España interior y meridional, una gran cantidad de precipitaciones. Es mayormente una zona ganadera y de tierra de pastos. Aquí se concentra el cultivo extenso de castaños *(Castanea vesca)*.

Es característico de España, al igual que de todo el Mediterráneo, el papel excepcional de los árboles frutales, que ocupan una superficie enorme, cerca de cuatro millones de hectáreas. Muchas regiones del este y el sur de España son como una huerta continua: más de dos millones de hectáreas están dedicadas a olivares, un millón y medio a viñedos y cerca de 400 000 hectáreas a diferentes frutales. En otras palabras, casi el 30 % de toda la superficie cultivada de España pertenece a cultivos de frutales. A cereales y leguminosas de grano se dedican unas ocho millones de hectáreas, de las que más de la mitad corresponden a trigo.

Por la diversidad de la composición de cultivos, España debe ocupar el primer puesto en Europa. En las regiones del sur, cerca de Granada, maduran la palmera común, la caña de azúcar, plátanos, limones, y crecen magníficamente muchas plantas decorativas subtropicales, como el falso pimentero, la buganvilla sudamericana *(Bougainvillea spectabilis)*, eucaliptos y algodonero egipcio. En el centro de España se cultivan unas especies forrajeras desconocidas en otros países del mundo, la algarroba y el denominado alberjón.[64] En el norte se siembra la original afreita,[65] el tojo

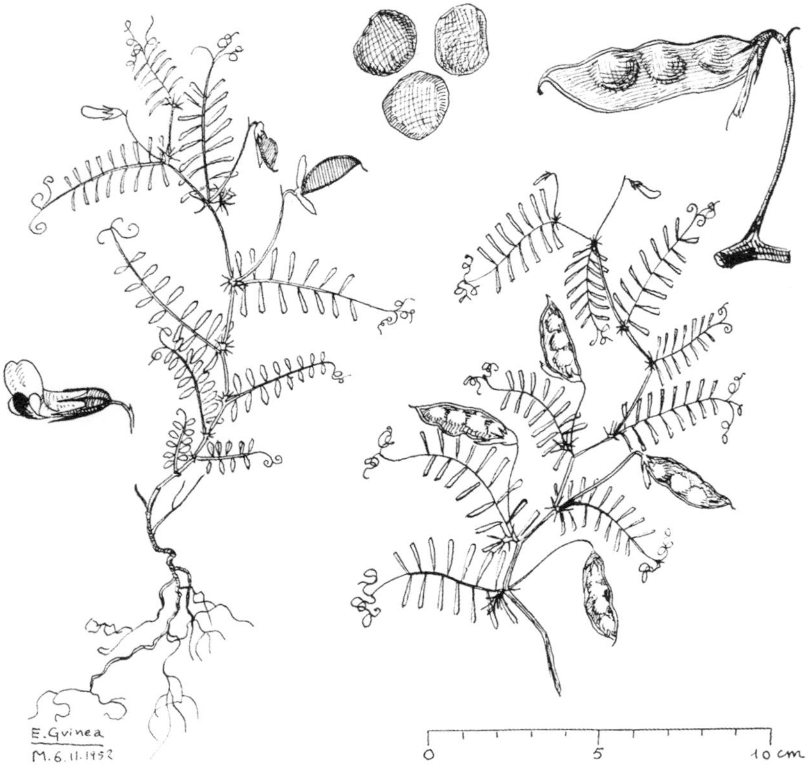

Fig. 30. *La algarroba, una interesante leguminosa forrajera domesticada probablemente en la Península Ibérica, en donde fue una de las leguminosas más cultivadas, con el garbanzo, habas y judías, hasta los años 30 del pasado siglo [Dibujo de Emilio Guinea].*

como planta forrajera *(Ulex europaeus)* y una especie original de trigo: la auténtica espelta. Según nuestros cálculos, en España se cultivan en agricultura extensiva más de un centenar de plantas diferentes, sin contar las ornamentales.

Al igual que en otros países del Mediterráneo, amén de la importancia excepcional de la fruticultura, los cultivos de leguminosas tienen un gran papel en la rotación de cultivos de España. No menos de un millón de hectáreas se dedican a las leguminosas de grano como son el haba, el garbanzo, los yeros.[66]

El sur de España puede llamarse el país de las huertas. En vastas extensiones crecen almendros, higueras, granados y melocotoneros. Por su producción de naranjas España está a la cabeza de Europa. La superficie de naranjales supera las 60 000 hectáreas.

El amplio desarrollo de la irrigación en España está históricamente ligado a la llegada de moriscos y árabes, quienes en primer término usaron la nieve derretida de las montañas de Sierra Nevada.

El clima seco de gran parte del país condiciona el bajo promedio de cosechas, considerablemente bajo en relación con otros países de Europa Occidental. La cosecha media de trigo de los últimos años equivalía a 8-9 q/ha. Es aproximadamente igual en las cosechas de cebada y centeno. El promedio de las cosechas de maíz no supera los 11 q/ha. Las cosechas en tierras de regadío son, de media, dos veces superiores. Son características de España las variaciones considerables según los años. Las malas cosechas, condicionadas por las sequías, son bastante habituales y tienen un alcance muy grave en la vida de la población del país, que alcanza actualmente los 25 millones de personas.

En condiciones de irrigación y con el clima propicio de las regiones del sur y del este, los cultivos agrícolas están entre los más intensivos del mundo. La cosecha de arroz en la zona de Valencia alcanza los 65 q/ha de media, un récord mundial. La cosecha de la famosa cebolla valenciana también alcanza una cantidad de récord: unos cuatro o cinco mil *puds* por hectárea, siendo el promedio habitual los dos mil *puds* por hectárea.

Hasta hace pocos años España era un país predominantemente agrario. La actividad agraria ocupa el primer puesto en la renta nacional. Más de la mitad de la población está vinculada a este sector.

Se conservan las formas arcaicas de distribución de las tierras, es el reino de los latifundios; según datos del año 1934, el 65% de la superficie agrícola cultivable estaba en manos de terratenientes. La iglesia católica era dueña de cuantiosas extensiones agrícolas. Actualmente España se caracteriza por numerosas explotaciones agrícolas diminutas, así como por fincas de gran tamaño. En Castilla la Vieja hay miles de parcelas de tierra que miden menos de 0,1 hectáreas. El número total de explotaciones agrícolas en el país se calcula en torno a unos cinco millones menores de una hectárea, es decir, que pertenecen a campesinos pobres. Esta cantidad es especialmente representativa si tenemos en cuenta el promedio tan bajo de las cosechas.

En el país hay entre dos y dos millones y medio de trabajadores agrícolas. Las reminiscencias del feudalismo explican esta gran cantidad de braceros. Todavía hoy siguen existiendo grandes terratenientes, como el duque de Alba o el conde de Romanones, a quienes pertenecen decenas de miles de hectáreas. Este contraste excepcional en la distribución de la tierra es un elemento básico para comprender el destino de la España contemporánea, el auge de los movimientos revolucionarios.

En general, el nivel técnico de la agricultura española es bajo, como prueba el uso bastante limitado de maquinaria agrícola. Todavía hoy las bases de la agricultura se caracterizan por su primitivismo, de los tiempos romanos en el mejor de los casos. Normalmente se ara con el arado surcador romano, que ahueca el terreno pero no voltea el sustrato; la trilla se lleva a cabo con rodillo de piedra o con tablas de madera con piedras encajadas, a veces con ayuda de mayales o simplemente haciendo pasar al ganado sobre las gavillas extendidas. Todavía hoy en el centro de España se pueden ver molinos de viento tal como eran en tiempos de Cervantes.

La pobreza técnica de la agricultura española se explica, sobre todo, porque no se han suprimido las reminiscencias feudales, porque es un reino de terratenientes latifundistas. Aunque el régimen de servidumbre fue abolido ya en el siglo XIV, las reminiscencias del feudalismo se reflejan todavía hoy en la desigual distribución de las tierras, en los sistemas de explotación de las mismas y, principalmente, en el predominio del arrendamiento. Dos tercios de las tierras trabajadas por campesinos están gravadas de una u otra forma por tributos a favor de los terratenientes. Casi la mitad de los campesinos españoles son arrendatarios; además está muy extendido el denominado subarrendamiento, es decir, volver a arrendar la tierra, algo que en ocasiones llega a hacerse hasta cinco veces.

A consecuencia del arrendamiento el uso de las tierras es muy extensivo. Nadie está interesado en invertir ni medios ni mucho trabajo en la tierra. La parcelación y el cercado de grandes latifundios se han conservado en gran medida hasta tiempos recientes. En la última década, la entrada de capital en la agricultura ha reforzado aún más el proceso de diferenciación del campesino español. Hasta la crisis económica mundial, desplegada sobre todo en los últimos años, todos los años se registraba una gran emigración hacia América Latina.

Estos hechos son realmente imprescindibles para comprender la marcha de los acontecimientos actuales, la agrupación de fuerzas y el peso específico del Frente Nacional. Probablemente no nos equivoquemos al decir que, en los últimos años, en ningún país europeo han manifestado las disensiones de clase en el sector agrícola tan ostensiblemente como en España.

Al investigar España hay que tener en cuenta las complejas estratificaciones históricas del país, el relevo de influencias de culturas y pueblos diferentes. Ni un solo país europeo ha cambiado de civilización con tanta frecuencia como España. Cambiaban también las capitales: en lugar de Elche, durante la época romana la capital fue Mérida, con los visigodos Toledo, la capital de los árabes fue Córdoba, la de los moriscos Granada y, finalmente, Madrid. En la arquitectura de las ciudades antiguas como Toledo es posible seguir la estratificación de los diversos estilos: románico, gótico, renacimiento, barroco; a partir del siglo VIII llegó desde el sur una oleada intensa de influencia morisca.

La diversidad de clima y de suelos, debido al relieve montañoso, la influencia de civilizaciones diferentes, la variedad de nacionalidades que pueblan la península pirenaica, todo esto se refleja naturalmente en la composición de los cultivos y en la agricultura. Desde tiempos inmemoriales se han transportado hasta aquí semillas y plantas de diferentes países del mar Mediterráneo y de Asia Suroccidental. Con el descubrimiento de América surgió una oleada de introducciones americanas: cactus mejicanos, yuca, agave, aguacate, frutales diversos de América Central, judías,[67] patatas y, en especial, maíz. La antigüedad de los cultivos y la intensidad de la agricultura de regadío explican la atención excepcional que se prestó a la selección de variedades.

Nuestro cometido era, ante todo, estudiar la composición de los cultivos y compararlos con los cultivos y variedades de otros países. El cotejo de España con otros países de Europa, África y Asia ha permitido establecer de forma precisa la influencia de las migraciones y de los préstamos y, al mismo tiempo, la presencia de una cultura autónoma. En este sentido, la península pirenaica es una de las zonas más interesantes de Europa.

Pasemos a conocer gradualmente las diferentes regiones importantes de España. Empecemos a viajar por España.

La España central

Ya en las cercanías de Madrid las montañas alcanzan gran altura. Empieza la típica «garriga», un paraje semidesértico con vegetación de matorral bajo, entre la que podían encontrarse escasas matas altas de cerrillo.En las laderas podía verse un paisaje típico: maquis, matorrales bajos con espinas y siempre verdes.

Desde Madrid empezamos nuestro viaje por la zona central de España. El clima extremo de la parte central elevada del país es poco idóneo para los cultivos intensivos, las huertas y la viticultura. Es una región mayormente de cereales y de leguminosas de grano. Aquí se incluyen las provincias de Madrid, Toledo, Cuenca, Ciudad Real, Albacete y Cáceres, situadas al sur de la sierra de Guadarrama, y las provincias al noroeste: Salamanca, Zamora, Valladolid, Palencia, Burgos y León.

Castilla la Vieja ha conservado hasta hoy, a pesar de su situación céntrica, numerosos relictos del pasado. Una serie de cultivos útiles del interior del país son propios solo de España; evidentemente, provienen de plantas silvestres de la propia España. Es el caso, sobre todo, de las leguminosas de grano forrajeras —la algarroba y el alberjón.[64] El laboreo del campo se realiza aquí, como por otra parte en toda España y también en todo el Mediterráneo, con el viejo arado romano.

La búsqueda de relictos nos llevó hasta La Mancha, a la patria de don Quijote. La Mancha es un paraje monótono, llano y pobre en flora. En algunas partes se dejan ver olivos solitarios. Para sorpresa nuestra, en las inmediaciones de los pueblos divisamos un bosque de

Fig. 31. *El trigo carraón fue, junto con la escaña, una de las primeras plantas domesticadas en Asia Menor. Es un trigo diploide y vestido, cuyo cultivo fue desapareciendo en todas partes a lo largo de la primera mitad del siglo XX. La fotografía proviene de un cultivo en el Jardín Botánico de la Universidad de Ratisbona, Alemania.*

---

molinos de viento iguales a aquellos con los que una vez combatió el honorable caballero. Todavía hoy son característicos del paisaje de La Mancha. Es más, hasta la fecha se ha conservado el cultivo relicto de una forma primitiva de trigo carraón que, en cierto tiempo, en la época de la Troya clásica, estaba ampliamente extendido, y ahora ha desaparecido en todas partes, excepto en España. Cerca de Cuenca, a 60 km de La Mancha, hay 13 000 hectáreas ocupadas por trigo carraón. Se utiliza como alimento para caballos, cerdos y mulas; crece bien en terrenos pobres. Después del trigo carraón la tierra siempre se deja en barbecho. Todavía hoy en aldeas de Cuenca y de La Mancha está extendida la práctica de trenzar artículos con hierbas. Además de trigo y cebada, aquí se cultivan ampliamente endemismos españoles, la arvejas[68] forrajeras; una de ellas —la algarroba— ocupa hasta 200 000 hectáreas.

Es poco probable que las recias casas con ventanas pequeñas y rejas de hierro hayan cambiado desde los tiempos de don Quijote. Las calles estrechas, revestidas de piedras, existen desde hace siglos. Los enseres domésticos —recipientes cónicos para el aceite de oliva, para el vino o para aceitunas— reflejan una cultura milenaria. Esta se diferencia poco de la cultura minoica de la isla de Creta, sincrónica con el antiguo Egipto.

Cuanto más estudiábamos España, más se nos representaba como un magnífico museo histórico, donde todavía era posible seguir las diferentes etapas del desarrollo de la cultura agrícola y del arte. Cada provincia de España, cada ciudad, tiene marcas de originalidad.

La España oriental

Desde Madrid nos dirigimos a la ciudad costera de Alicante, desde donde empezamos nuestro viaje a Murcia y a Valencia. Desde Valencia atravesamos Almería y Málaga hacia Granada.

A diferencia de los campos monótonos del centro de España, el litoral de Valencia a Málaga es un continuo de olivos, almendros y viñas que alternan con huertas intensamente cultivadas, con vastos campos de cacahuete y de patata.

El noreste de España lo ocupa Cataluña, habitada por un pueblo diferente que tiene su propia lengua, sensiblemente diferente del antiguo español de Castilla, aunque también de raíz latina. La capital de Cataluña es Barcelona, la ciudad portuaria más importante de España, con industria y comercio firmemente desarrollados. A Barcelona se la compara con la inglesa Manchester. Y a Cataluña con Lancaster. Es una típica ciudad europea, aquí se percibe poco la vieja España. Por su comercio, está estrechamente ligada con todos los países del mar Mediterráneo.

La lucha por la autonomía de Cataluña dura ya siglos. Hasta hace poco se podían ver en las casas antiguas de Cataluña mesas con cuchillos encadenados a ellas, recuerdos de los tiempos de Felipe V, quien, al sofocar el levantamiento de los catalanes, llevó su venganza al punto de dictar una orden sobre el desarme total de los catalanes, lo que incluía encadenar los cuchillos de cocina a las mesas, como símbolo de vasallaje.

Cataluña es un país de huertas: las vides ocupan extensas áreas. El cultivo de hortalizas está firmemente desarrollado. La región de Valencia es notable por su agricultura intensiva, tiene un clima cálido que se caracteriza por una distribución regular de las precipitaciones anuales y por una cantidad suficiente de agua para riego. La cultura agrícola de Valencia es de gran nivel y se puede decir que no tiene rival en el mundo en cuanto al mantenimiento minucioso de campos y huertas. La preparación ideal de la tierra es simplemente asombrosa. Los terrenos de Valencia son arcillosos y, para mejorar sus propiedades físicas se transporta arena desde el mar. Aquí está concentrado el cultivo de arroz, que se realiza exclusivamente por trasplante. La plantación se hace a cordel. Para aumentar el rendimiento se suele fertilizar el arroz añadiendo abonos minerales (en especial sulfato amónico y superfosfato). La cosecha de arroz en Valencia es el doble que la de Japón y supera seis o siete veces la de la India.

No es raro que un único bulbo de la famosa cebolla valenciana alcance el kilo de peso y que aporte cosechas fabulosas. Se le añade una gran cantidad de abonos. En España la cebolla ocupa cerca de 29 000 hectáreas, de las que un tercio están en Valencia. La voluminosa cebolla valenciana, de color dorado, se conserva muy bien y se exporta a Inglaterra, a los EE.UU., a la Argentina y a los países escandinavos.

España produce la mayor cantidad de naranjas de Europa y, por lo visto, en un futuro próximo su papel en este aspecto va a aumentar. La recolección de naranjas suele hacerse en febrero. Los naranjales se riegan con ayuda de pozos árabes y norias. La famosa variedad de naranjas españolas 'Valencia'[69] se distribuye a toda Europa. La mitad de los naranjales (más de 30 000 ha) están en Valencia. De los quince millones de cajas de naranjas que exporta España, doce millones los suministra Valencia.

Toda Valencia es una huerta en flor, aquí se puede cultivar con éxito casi de todo. Grandes áreas está ocupadas por almendros, algarrobos, higueras, manzanos y melocotoneros. La diversidad de cultivos es asombrosa, en este aspecto supera a todas las demás zonas. Aquí es posible ver gran cantidad de un cultivo infrecuente en otros países, la chufa *(Cyperus esculentus)*, que produce unos tubérculos diminutos y sabrosos utilizados para preparar una bebida muy querida por los españoles, la horchata. En las montañas hay mucha retama de olor *(Spartium junceum)*.

Valencia es el territorio agrícola más rico de España.

Andalucía

Desde Valencia nos dirigimos en coche a Granada, por la costa y deteniéndonos en Murcia, Cartagena, Almería y Málaga.* La carretera atraviesa vastos viñedos, huertas con naranjales y olivares. Y llegamos a Granada, situada a los pies de Sierra Nevada. En su mayor parte esta cadena montañosa está cubierta de nieves perpetuas. Sus cumbres alcanzan casi los 3500 m de altura.

En Andalucía se percibe vivamente la influencia de la cultura árabe como en ninguna otra parte de España. Todavía hoy nos hablan de ella el estilo de los edificios de las ciudades, los diseños de los jardines, la composición de la agricultura, la amplia difusión del regadío. A pesar del exterminio implacable de la cultura musulmana por parte de la iglesia católica, se ha conservado mucho, especialmente en Córdoba y en Granada.

En el siglo VIII Andalucía se convierte en el centro de la cultura árabe. Uno de sus monumentos más espléndidos es el palacio de la Alhambra. Su construcción se inició en 1232 y se prolongó un siglo.

El palacio de la Alhambra, edificado en una colina, domina toda la ciudad. Es una combinación exótica de salas, patios y torres. Desde sus ventanas se abre un panorama maravilloso. El ornamento geométrico de la cúpula y las bóvedas recuerda a panales de miel o a un tejido de encaje; las celdas de colmena en los techos son de color azul, amarillo, rojo, verde, negro. Por todas partes hay molduras decoradas con inscripciones árabes, toda una red de tallas en piedra. En el interior del palacio los variados suelos de mosaicos son de azulejos multicolores.

Al mismo tiempo que el palacio se construyó el jardín del Generalife, cuya traducción del árabe significa «jardín arquitectónico». El Generalife se alimenta de las aguas de Sierra Nevada:

* En el original aparece el topónimo 'Madera', dado el recorrido que cita Vavílov anteriormente, creemos que se refiere a esta ciudad.

cuanto más cálido es el día, más se derriten las nieves en las cumbres y más agua hay en los depósitos. Un canal orlado con mármol blanco abastece de agua a un jardín de mirtos y cipreses caprichosamente podados. Por entre los mirtos se alzan esbeltas palmeras comunes, en los bordes se han plantado naranjos y cipreses.

Granada es justamente comparada con Damasco por su emplazamiento a los pies de las montañas y por su abundante agua. Sus alrededores están cubiertos de retamas de olor floridas.

Otro claro ejemplo del arte morisco es la famosa mezquita que se ha conservado en Córdoba, cuya construcción se empezó ya en el siglo VIII. Está rodeada de numerosas columnas de piedras diversas: jaspe, mármol, malaquita de diferentes tonos; una columna rosa se oculta tras una amarilla, una azul tras una verde; cada columna sostiene un arco ligero, calado, sobre el que se alza un segundo arco. Estos arcos dobles cuelgan en el aire como enormes herraduras pétreas. Diecinueve arboledas de columnas multicolores conducen hacia la mezquita. En el bosque de columnas de la mezquita de Córdoba pareciera perderse la sensación de las fronteras espaciales. Hubo un tiempo en que esta magnífica obra arquitectónica fue, por lo visto, aun más bonita, pero ha sido desfigurada por fanáticos que intentaron convertirla en un templo católico. Después de la expulsión de los musulmanes fueron destruidas ocho filas de columnas y en su lugar se construyó una iglesia católica en forma de cruz latina.

Córdoba fue el centro de las ciencias árabes, de la medicina, las matemáticas, la astronomía y la botánica. En el siglo XII Abu Zakariya escribió aquí su célebre libro sobre la agricultura que, afortunadamente, salió ileso del auto de fe organizado en la famosa biblioteca de Córdoba por el cardenal Jiménez [de Cisneros]. En este espléndido libro del siglo XII, traducido al francés y al español, se cuenta la estructura de los jardines de Andalucía y el uso de plantas silvestres con fines ornamentales. En tiempos del primer emir Abderramán se enviaron agentes a Siria, Damasco, al Turkestán y a la India para recolectar flores y árboles raros, exóticos y decorativos. En esa época se introdujo en España la palma común y el granado, que, además, se convirtió en el emblema de Granada.

De las demás ciudades de Andalucía, la más interesante es Sevilla. Hay un bulevar de plátanos a lo largo del lento Guadalquivir. A cada momento se ven sombríos cipreses, yucas gigantescas. Los jardines de Sevilla y de su ciudadela —el Alcázar— se han reformado varias veces, pero en general han conservado el trazado morisco y están llenos de vistosa vegetación gracias a la abundancia de agua. El plano de los jardines es, en términos generales, monótono. Está compuesto de macizos cuadrados rodeados por setos anchos podados, tras los que se alzan esbeltas palmeras. Los creadores de jardines y palacios moriscos prestaban mucha atención a los detalles. Una particularidad característica del estilo morisco es la habilidad para armonizar el aspecto de los edificios y las formas de la vegetación. Típicos de Sevilla, Córdoba y, sobre todo, de Granada son los denominados «cármenes», conjunción de casa y jardín. El jardín es una parte inalienable de la casa, es su continuación lógica. Todavía hoy el aspecto de las ciudades andaluzas se caracteriza por casas tejadas en las que no faltan patios, fuentes y flores. La parte antigua de las ciudades se diferencia por sus calles estrechas y por los pequeños portillos de los portalones. Las casas son blancas con tejados planos y con balcones.

Una particularidad de las viviendas árabes es el desprecio por los acabados exteriores y la tendencia a centrar el lujo de la decoración en el interior, lo que es especialmente perceptible en Córdoba. En los arquitectos árabes se distingue claramente el afán por darle a la casa un aspecto ligero que recuerde a una tienda nómada del desierto, de ahí la relativa falta de solidez y de durabilidad de una gran parte de las obras erigidas. Las ciudades antiguas de Grecia y de Roma se han visto expuestas a derrumbes y a saqueos y, a pesar de ello, se han conservado hasta nuestros días en mayor o menor grado. Por el contrario, los monumentos de la arquitectura árabe son relativamente escasos.

La catedral gótica de Sevilla conserva una excelente galería de pinturas. Aquí se han reunido materiales geográficos también de excepcional valor: mapas y obras relacionadas con el descubrimiento de Colón, con la conquista de México y del Perú y con las expediciones de Magallanes, Pizarro y Cortés. En la catedral se encuentra la célebre biblioteca de Colón, también está aquí su sarcófago, sostenido por las esculturas de cuatro reyes. Varias complejas peripecias de la vida de Colón están relacionadas con Sevilla: aquí fue solemnemente recibido en 1493 y colmado de honores de gran navegante, aquí también se presentó en 1498, encadenado ante la reina Isabel y el rey Fernando. Sevilla es la patria del gran pintor Murillo.

Andalucía se distingue por su clima suave subtropical: aquí maduran los dátiles, y el paisaje lo componen en gran medida huertas, naranjales, almendros, higueras; las calles de las ciudades están sembradas de palmeras y adelfas.

Por la composición de sus cultivos, Andalucía es típicamente del litoral mediterráneo. Es propicia para eucaliptos, plátanos, caña de azúcar, aguacate y, en los lugares más cálidos, incluso para el cafeto. De países tropicales y subtropicales de todo el mundo se han tomado prestadas multitud de bonitas plantas decorativas. Más hacia las montañas se cultiva el característico y productivo trigo duro del Mediterráneo, que madura en mayo, y en las laderas de las montañas, entre el matorral bajo de encinas *(Quercus ilex)*, continuamente se encuentran grupos de palmito. Un área significativa está ocupada por viñedos.

Tras regresar desde Sevilla a Madrid, nos fuimos unos días a Portugal. Desde Madrid a Lisboa solo hay dieciséis horas en tren, 700 km aproximadamente. Al principio el camino atraviesa una zona árida, espacios montuosos con olivares y grandes sembrados de cereales. Las explotaciones son pequeñas; en los linderos hay gran cantidad de aciano.

A medida que nos acercamos a Portugal empiezan a verse cada vez más manchas forestales de alcornoque *(Quercus suber)*, especialmente en las pendientes de la parte occidental de Sierra Morena. En Extremadura se puede ver cómo se extraen capas gruesas de su corteza, el corcho. Las cubiertas de las colmenas de los grandes colmenares que encontramos por el camino están hechas de corteza de alcornoque. La superficie total de alcornoque silvestre alcanza las 255 000 hectáreas, superada solo por Argelia. La exportación de corcho es una fuente importante de ingresos (hasta los treinta millones de pesetas anuales). Los principales núcleos de alcornoque se concentran uno cerca de la frontera con Portugal, el otro cerca de Barcelona. Hay alcornocales dispersos en los alrededores de Málaga y de Sevilla.

Galicia

Mientras nos dirigíamos al norte de España, a Galicia, nos detuvimos varios días en Valladolid, una ciudad históricamente ligada al apogeo de la Inquisición, a los nombres del rey Felipe II y del fanático Torquemada. En dieciséis años Torquemada hizo arder en la hoguera a más de 8000 herejes para gloria de la iglesia católica. Muchos de los mejores de España perecieron en esa época. En Valladolid murió Colón. Todavía hoy la ciudad mantiene las huellas de antaño: las calles estrechas, los templos católicos, las plazas donde se realizaban los castigos.

Cerca de esta ciudad se encuentra una de las mejores estaciones experimentales cerealistas de España. El clima seco, la cantidad insuficiente de precipitaciones, su distribución irregular, han obligado a la estación experimental a centrar toda su atención en el desarrollo de los fundamentos de una agricultura de secano, en la selección de variedades tolerantes a la sequía y en el empleo de campos de entresurcos amplios. El principal núcleo de trigales de España está concentrado en los alrededores de Valladolid. Por su paisaje, esta es la región más aburrida y monótona de España, con vastas extensiones semidesérticas.

Tras cruzar un puerto a 1200 metros de altitud, llegamos desde el sur al centro de la provincia de Galicia, a la ciudad de Lugo. Todo ha cambiado: después del fondo gris y amarillo de las regiones centrales semidesérticas, Galicia recibe a los viajeros con el verde vivo de sus prados y pastos y con enormes rebaños de ovejas. De Galicia son característicos los grandes castañares, que ocupan decenas de miles de hectáreas. El castaño es el árbol predominante en los bosques gallegos. Se encuentra tanto en estado silvestre como cultivado. Sus frutos sirven de alimento para las personas y de forraje para los animales.

Aquí todo es original y diferente de la España interior y meridional. En cantidades ingentes se cultiva tojo, una leguminosa subarbustiva espinosa, con flores amarillas y cuyas ramas, astilladas con martillos de madera, sirven de valioso forraje para el ganado bovino. Periódicamente, las matas de tojo se queman para abonar los campos, lo que implica una mejora radical de la fertilidad del terreno.

Galicia es la provincia más lluviosa de España. Una rica vegetación de pradera caracteriza el paisaje. Además del castaño, aquí es común ver nogales. Los cultivos extensivos son completamente distintos al resto de España. Es el reino del centeno: la población come pan negro, la paja centenaza está muy extendida como forraje para el ganado y para recubrir las construcciones.

Un endemismo mundial característico de Galicia es la singular afreita,[65] ampliamente cultivada en terrenos poco profundos, ligeros y ácidos. Aquí y en la región noroccidental del vecino Portugal pudimos esclarecer con total precisión la relación de este cultivo con las avenas silvestres genéticamente próximas a él. No hay ninguna duda de que la afreita y las especies próximas a ella son originarias del territorio noroccidental de los Pirineos. Al invadir otros cultivos, y en particular el trigo, esta avena fue desplazando poco a poco al trigo, más exigente con el terreno, y pasó a ser un cultivo autónomo. Aquí se han descubierto dos especies de afreita con gran diversidad varietal y desconocidas en otros países.

Entre la hierba alta se encuentran abundantes manchas de lino silvestre, genéticamente próximo a nuestro lino cultivado.

En Galicia se ha introducido en cultivo una peculiar col plurianual de hoja.[70] A diferencia del sur y del interior de España, las variedades de leguminosas de grano —almorta, lenteja, garbanzo y guisante— son claramente de origen asiático, traídas probablemente en tiempos muy remotos de la Transcaucasia o de Asia Suroccidental. Ofrecen un fuerte contraste con las formas de semilla grande originales del sur de España.

También se ven cultivos de lino para fibra, desconocidos en el centro y sur de España; hay mucha patata y cebada. Se cultiva gran cantidad de maíz.

Las construcciones son de piedra con tejados de paja. Además de los tejados de paja, es frecuente ver tejados de pizarra oscura, algo muy característico de Galicia. Las carreteras son buenas. Los habitantes de los pueblos llevan calzado de madera; los útiles de labranza son primitivos, por ejemplo, el arado surcador romano; el cereal se trilla con mayal y se siega con hoz; continuamente se ven mujeres recogiendo estiércol por los caminos. Como en toda España, aquí también hay muchos palomares: el excremento de paloma se utiliza como abono.

Predomina sobre todo la ganadería, las granjas lecheras. Desde hace mucho tiempo la abundancia de robledales ha hecho que la zona de Lugo sea especialmente apta para la cría de cerdos. Todavía hoy en sus bosques hay jabalíes. En conjunto, Galicia no produce cereal suficiente y tiene que importarlo.

Por todas partes se percibe una cultura antigua, estacionaria y primitiva, pero original al mismo tiempo. Galicia constituye una unidad geográfica especial tanto por su paisaje, por la composición de sus cultivos y el desarrollo de la ganadería, como por su idioma.

Asturias[71]

Andalucía tiene fama desde hace tiempo como una región pintoresca de España, que se distingue por la riqueza de su vegetación subtropical y por los importantes restos de arte morisco. Sin embargo, la desconocida Asturias puede competir con ella, dada la originalidad de sus cultivos y su importancia histórica.

Hasta Asturias nos llevó el estudio de la historia de la agricultura mundial, un intento de reconstruir los eslabones históricos en el proceso de desarrollo de la cultura agrícola europea. Asturias es un rincón de Europa casi intacto: las gentes, las construcciones, la cultura, todo aquí es especial. El tipo predominante de construcción es el denominado «palafito»: edificios sobre estacas de piedra o de madera, separadas de la construcción en sí por un paraguas de piedra.[40] Se hace así para preservarlas de la humedad y de los ratones. El tipo palafito es habitual no solo para conservar el grano, sino también para las viviendas. Las construcciones palafíticas se encuentran en muchos países con civilizaciones antiguas, se pue-

Fig. 32. *La espelta asturiana («escanda» o «fisga»), un trigo hexaploide vestido que se continúa cultivando y cosechando hoy en Asturias tal y como describe Vavílov (v. fig. 28).*

den ver en la Transcaucasia, en Lenkorán, Georgia Occidental, Abjasia y en Taiwán y las islas malayas.

Dentro de España, solo se ha conservado en Asturias el cultivo de la auténtica espelta,[72] un trigo vestido especial cuya procedencia sigue siendo hoy un misterio sin resolver. Mientras que el centro mundial de los trigos harineros se circunscribe a la Transcaucasia y a Oriente Próximo, hace ya muchos siglos, probablemente milenios, se aisló en los límites de Baviera, del Tirol y en Asturias una rama especial, genéticamente más próxima a los trigos harineros, pero completamente original, difícil de trillar y propia de las regiones montañosas. De todas formas, la espelta asturiana es diferente a la tirolesa o la bávara, no es otoñal, sino exclusivamente de primavera. En Asturias se concentran mayormente formas de espelta con aristas.

Llegamos a Asturias justo para la cosecha de la espelta. Para nuestra sorpresa, este cultivo no se siega con hoz o con guadaña, sino con ayuda de unas varas de madera[73] con las que se truncan

Fig. 33. *Escaña. En Asturias suele estar mezclada con la espelta en los campos de escanda, y se llama «pavia» o «povia» (v. fig. 29). Ambas son de grano vestido, y se cosechan y procesan juntas.*

---

las espigas y después se lanzan a una cesta. En todos nuestros numerosísimos viajes por sesenta países no habíamos visto ni una sola vez un método de recolección así, y solo posteriormente nos encontraríamos un procedimiento similar en el oeste montañoso de Georgia, en la aldea de Lechjumi, donde se ha descubierto recientemente un magnífico grupo endémico de trigos, entre ellos una especie singular, genéticamente más próxima a la auténtica espelta.

De esta forma se ha logrado establecer agronómica y botánicamente una conexión sorprendente entre el norte de España y Georgia. Además, el mismo objeto y la técnica agrícola son tan específicas y únicas que pocas dudas puede haber de que se trata de una conexión significativa. Recuerdo con qué emoción escuchó el académico N. Ya. Marr nuestro relato al respecto. Para él este hecho era la mejor prueba de la veracidad de la teoría jafética, según la cual los pueblos del norte de España están genéticamente conectados por su lengua a una familia común con los antiguos pueblos mediterráneos y con los caucásicos actuales.

La composición de todos los cultivos asturianos es original. Aquí no hay nada de centeno, tan extendido en la vecina Galicia, no hay afreita, endémica de Galicia y de la zona noroccidental de Portugal. En lugar de centeno se cultiva espelta, a veces mezclada con escaña, un particular endemismo botánico. La cultura agrícola asturiana mantiene huellas de cultivos primitivos y, al mismo tiempo, intensivos. Es frecuente encontrar terrazas bien roturadas. La trilla de la espelta se realiza sobre unas piedras molares especiales. Los arreos de bueyes y vacas son singulares. A los animales se les pone en la cabeza unos originales sombreros de piel, algo que solo hemos visto en Asturias. El cereal se transporta desde los campos en rastras.

De entre los lugares de interés de Asturias hay que citar la llamada Capilla Sixtina de la Edad de Piedra. Es la famosa cueva de Altamira del hombre primitivo, que se encuentra cerca de Santander, con magníficas representaciones pictóricas policromadas de la vida de las gentes a principios de la Edad de Piedra. Tenemos ante nosotros un ilustre monumento del hombre prehistórico. A la cueva solo se puede acceder a rastras. Actualmente está iluminada por lámparas eléctricas. En un techo bajo, que no permite ponerse en pie, las pinturas representan una escena de caza con animales que hace mucho que no existen en Europa en estado salvaje: bisontes, caballos y renos. Las figuras, que el pintor primitivo dibujó semiechado, asombran por su expresividad. Para preservar sus obras de la humedad, el morador primitivo de la cueva preparó las pinturas con grasa derretida, por eso se han conservado durante milenios.

La cueva de Altamira ha sido muy bien estudiada por el arqueólogo alemán Obermaier. Se han encontrado conchas de moluscos, recogidos aparentemente a orillas del mar por el cazador primitivo y utilizados como alimento. Las diferentes salas de la cueva son de gran tamaño, en algunas podrían caber hasta 500 personas. De los techos penden estalactitas y en algunos puntos fluye agua. Obermaier determinó la edad de la cueva en al menos 15 000 años. En cualquier caso, tenemos ante nosotros uno de los vestigios más antiguos de la civilización del hombre paleolítico. Por representaciones artísticas similares son famosas otras cuevas de Asturias y de los cercanos Pirineos franceses.

En los alrededores de la cueva de Altamira crecen numerosos árboles y arbustos frutales silvestres: manzanos, frambueso, perales. Los espacios despejados están cubiertos de lino silvestre. No es difícil recomponer con total precisión los modos de vida de las gentes primitivas que poblaron Asturias: caza de animales salvajes, recolección de moluscos, pesca, recolección de frutos y bayas silvestres, uso de plantas silvestres.

En una de las cuevas se ha descubierto una pintura,[74] magnífica por su expresividad, del proceso de recolección de miel de abejas salvajes.Un hombre escala un peñasco por una escalera de cuerda, parece que hecha de hilos de palmito local que crece en abundancia al sur de la cordillera Cantábrica y de los Pirineos, otro sujeta la escalera; en las manos del que escala hay un recipiente para la miel y una antorcha con la que aparta al enjambre. Escenas de recolección de miel silvestre como la representada en la cueva paleolítica todavía se pueden ver en las zonas montañosas de España.

Asturias, con estas etapas históricas grabadas de la evolución de la agricultura y del arte, es indudablemente única en Europa y, obviamente, se ha granjeado mucha atención por parte de los investigadores.

El país de los vascos

Hace mucho que la vecina Basconia atrae más atención que Asturias. Los vascos están considerados los últimos representantes de los iberos, quienes antes ocupaban toda la península. Es difícil

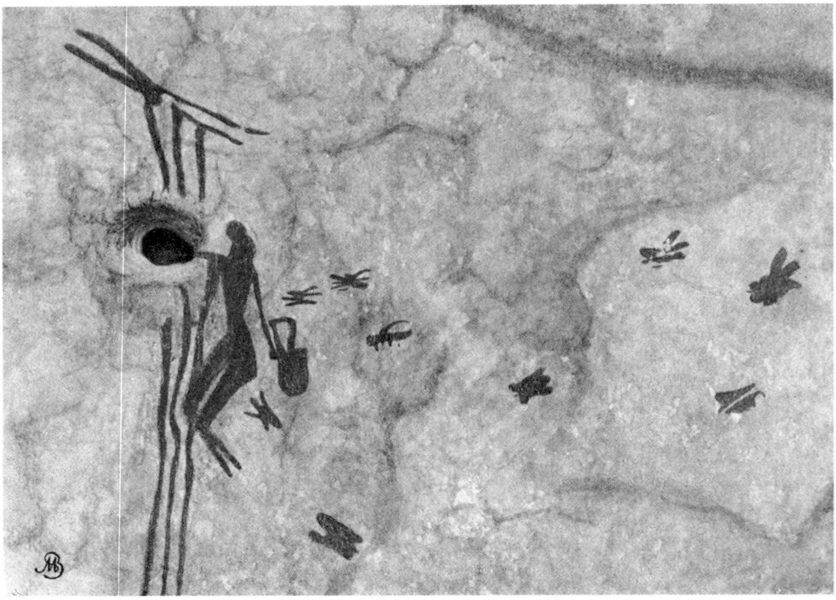

Fig. 34. *Parte superior de la pintura rupestre que representa la recolección de miel salvaje, a la que con toda probabilidad se refiere Vavílov. Se encuentra en la cueva de La Araña, en Bicorp, Valencia.*

decir de dónde proceden los vascos, si son o no autóctonos de Europa. En Estrabón ya hay indicios de que en tiempos remotos la Transcaucasia se llamaba Iberia, y algunos datos y consideraciones hacen suponer la posibilidad de la llegada de pueblos transcaucásicos a la península Ibérica y su asentamiento en las estribaciones de los Pirineos y de la cordillera Cantábrica, más parecidas a la Transcaucasia por el clima.

El académico N. Ya. Marr ha encontrado en el idioma de los vascos raíces jaféticas. En cualquier caso, actualmente el idioma de los vascos es completamente diferente del español y los separa del resto de pueblos de España. El vasco, a su vez, se divide en una serie de dialectos. Una serie de investigadores relaciona el vasco con el grupo camito-semítico. Otros, como N. Ya. Marr, consideran que esta lengua pertenece al amplio grupo de lenguas mediterráneas donde también se incluye la lengua de los etruscos y de los pueblos caucasianos.* Se presupone que en el pasado lejano prehistórico toda España hablaba la lengua de los vascos. A pesar de su proximidad a Francia, de los amplios contactos y del ferrocarril, en la vida cotidiana de los vascos todavía se pueden observar antiguas costumbres. Por ejemplo, sus cementerios se caracterizan por unos originales monumentos, las estelas.

En el paisaje de Basconia, al igual que en el de Galicia, abundan los prados verdes, los arbustos y los bosques. Aquí abundan robles, castaños, pinos. Las aldeas están diseminadas por pequeños valles, aisladas unas de otras. La agricultura en las zonas montañosas se desarrolla en pequeños valles.

En la composición de los cultivos extensivos también pudimos encontrar muchas cosas originales. Es el reino de la escaña, de singulares avenas que no se encuentran en otros países. En cualquier caso, la España oriental es marcadamente diferente de la parte noroccidental de Galicia. Aquí no encontramos afreita ni el centeno tan frecuente en Galicia. El trigo es excepcionalmente variado, es frecuente el denominado trigo redondillo. Se siembra mucha hierba forrajera: alfalfa, trébol rojo. En las montañas está extendido el avellano, hay muchos frambuesos. Cerca de Pamplona observamos el fenómeno poco habitual de una masiva hibridación natural de trigo harinero con la gramínea silvestre *Aegilops*. No hay espelta auténtica.

No puedo por menos que recordar un ejemplo característico de la gran cultura de los vascos. Habiendo llegado a Pamplona a principios de agosto, quería reunir la mayor cantidad posible de muestras de plantas cultivadas endémicas. Las aldeas aquí están aisladas y la recolección es excepcionalmente difícil. El agrónomo local[75] estaba enfermo —se había roto una pierna— y solo podía desplazarse en vehículo. Viajé con él varias decenas de kilómetros, pero no recolecté mucho material. El agrónomo me dijo que, para recoger más, debía pasar varias semanas en esos lugares y recorrer a caballo el País Vasco en varias direcciones. Él me prometió ampliar mi recolección cuando se recuperara y enviarme las muestras a Leningrado. Cuando regresé a Leningrado me encontré, para

* Svanidze A. para la cuestión sobre los hititas y su parentesco con las tribus georgianas, *Izvestia*, 11 de febrero de 1937. (N. del A.)

mi sorpresa, una caja enorme con muestras de escaña, recogidas cuidadosamente en toda Basconia por aquel agrónomo, rigurosamente etiquetadas, indicando la altitud, con un mapa detallado que mostraba dónde se había desarrollado la recolección. Tuvo que gastar no pocos días para cumplir lo prometido. Tampoco puedo olvidar la gran ayuda que me prestó otro botánico español, el profesor Crespí, al que conocí en Madrid y con quien por las noches empaqueté decenas de cajas con semillas y espigas para enviarlas a Leningrado.

Desde Pamplona nos dirigimos a San Sebastián, una ciudad portuaria con una playa magnífica. Nuestro viaje por España había terminado. Salimos para Francia.

Resultados de las investigaciones

Unas pocas palabras sobre los resultados de nuestras investigaciones agronómicas. España resultó un país realmente interesante para comprender el desarrollo de la agricultura europea. Aquí se ha logrado establecer sin lugar a dudas la presencia de una serie de cultivos endémicos, específicamente propios de la península pirenaica: la afreita, especies singulares de arvejas, espelta auténtica, la planta forrajera tojo, el castaño. Además, durante su desarrollo algunos cultivos han pasado una etapa de planta adventicia hasta desplazar a otros más antiguos. Esto se ve especialmente bien en el caso de la avena.[76]

En España se pueden trazar las diversas etapas de la agricultura hasta el presente, empezando por el laboreo primitivo de los campos, de la siega y de la trilla. La inmensa mayoría de los cultivos principales de España, como demuestra el estudio comparado con Asia Occidental y otros países, son préstamos. La adopción de estos cultivos empezó hace milenios. Es posible reconocer la influencia de las culturas romana, siria, egipcia y árabe. España se empapó de toda la agricultura mediterránea, tras modificarla parcialmente y crear sus propias variedades nuevas. Su carácter selectivo y la falta de sistemas completos de especies confirman que el material varietal ha sido principalmente introducido.

En España, como en todo el Mediterráneo, tienen mucha presencia los árboles frutales, los olivos, la vid. El cultivo intensivo del este y del sur de España ha favorecido la selección de excelentes variedades, muchas de las cuales son las mejores del mundo. Ya hemos citado las gruesas cebollas de Valencia, las variedades de semillas grandes de las leguminosas de grano, sobre todo de garbanzos, habas, almorta, así como los olivos, que han merecido una atención particular de los seleccionadores soviéticos. La antigüedad del país, la diversidad de cultivos y de ambientes, determinan su excepcional riqueza de variedades. El surtido de frutales del sur de España merece atención para su uso en las secas regiones subtropicales soviéticas.

En las regiones montañosas del centro de España se manifiesta la influencia de la cultura de Asia Suroccidental o de la Transcaucasia. Aquí es posible encontrar inesperadamente lentejas, almortas o garbanzos que no se diferencian de las variedades transcaucáseas o iraníes, iguales a las que también encontramos en las regiones montañosas de la Cabilia argelina.

El norte de España —Asturias, Galicia y el País Vasco— refleja una clara influencia de la flora endémica original de las regiones septentrionales de la península pirenaica. La experiencia de la vieja agricultura española tiene gran interés para la agricultura soviética, en especial las valiosas leguminosas de grano, el surtido variado de trigos, las variedades de hortalizas de tamaño excepcional, las avenas resistentes a las plagas y el valioso surtido de cultivos frutales. La composición de los cultivos vegetales y de las variedades, así como sus técnicas agrícolas específicas permiten hacer un análisis muy minucioso de la historia de la agricultura, examinar la influencia de las migraciones, de las condiciones del medio, de la flora silvestre original y el papel del hombre.

★ ★ ★

En España están teniendo lugar sucesos de gran importancia.* Todo el mundo los sigue con tensión. La historia de este maravilloso país pone de manifiesto los magníficos logros del genio

* N. I. Vavílov escribió estas líneas en la época de la lucha del pueblo español contra el fascismo. (N. ed. 1962)

humano. El mundo le debe a España grandísimos descubrimientos geográficos. En el ámbito de las artes España ocupa uno de los primeros lugares. Ya en la cueva de Altamira resplandece el genio de la humanidad recién nacida. El soberbio arte de árabes y moriscos se ha conservado en magníficos monumentos en Andalucía. Muestras de la literatura como *Don Quijote* no tienen parangón. Ya hemos visto que en el ámbito de la agricultura Valencia ha alcanzado récords mundiales.

Al mismo tiempo, la historia de España está repleta de páginas realmente oscuras, de crímenes gravísimos perpetrados por las clases dominantes, los reyes, la iglesia católica. A causa del oro y de la plata fueron exterminadas las grandes civilizaciones antiguas de Perú y de México. Ante nuestros ojos el fascismo comete crímenes terribles.

Es tarea de toda la humanidad liberar a los pueblos de España.

Recuerdo el enorme interés con que, hace nueve años, los profesores de un liceo de León escucharon mi relato sobre el país soviético y sobre la ciencia. Varias decenas de profesores se congregaron una tarde para oír mi intervención. Pero apareció un oficial de policía y la reunión se acabó.

Los sucesos que están teniendo lugar en España afectan especialmente a Latinoamérica, al mundo de habla hispana. No hay ninguna duda de que todo lo bueno y lo progresivo está en el lado que combate por la república democrática española. Los sucesos de España afectan a todo el globo terráqueo: aquí, como en un foco, está centralizada la lucha de dos mundos.

Deseamos vehementemente la victoria de los pueblos de España, quienes han creado grandes muestras de cultura y de arte y que, en el futuro, serán capaces de realizar obras aún mayores.

La victoria del Frente Nacional sobre el fascismo liberará el genio de los pueblos de España y dará al mundo nuevos valores y más grandiosos.

¡Salud, España democrática y republicana!

VIAJE A BRASIL

Desde Montevideo, la capital de Uruguay, el aeroplano se dirige al norte y aterriza en la ciudad de Puerto Alegre, situada en el estado más meridional del Brasil, Rio Grande do Sul. Es a finales del año 1932* cuando empezamos a conocer un país del que los europeos tienen noticias desde hace más de cuatrocientos años.

En el año 1500 el navegante portugués Cabral llegó al Brasil por casualidad, de camino a la India. Al principio pensó que había descubierto una gran isla, una de las legendarias islas que se encuentran en el camino a la India. En los bosques del Brasil los portugueses encontraron el famoso árbol rojo *(Swietenia mahagoni)*[77] que antes se conocía en Asia con el nombre de «árbol brasil».† Por eso también a la tierra descubierta por Cabral se le dio el nombre de Brasil, el país del color rojo en los árboles. En esa época los españoles estaban completamente inmersos en la conquista de los Andes y por eso un puñado de portugueses, en realidad poquísimos, estuvo en condiciones de ocupar buena parte de las tierras bajas de Sudamérica. Durante unos 300 años Portugal casi no prestó atención a la colonia ocupada y solo el descubrimiento de yacimientos de oro en el siglo XIX atrajo la atención de la metrópoli.

Ante nosotros tenemos un país enorme que ocupa tres cuartas partes del continente sudamericano, un país que supera en tamaño a Australia y a los Estados Unidos de Norteamérica, y que equivale a dos quintas partes de Europa. Se extiende más de 4000 km de este a oeste, de norte a sur. Unos cuarenta y tantos millones de

---

* En el original aparece erróneamente el año 1933.

† Del portugués 'brasil, brasa' por el color que recordaba a las brasas de carbón.

habitantes pueblan este enorme territorio en el que podría establecerse una población varias veces superior.

El sur del Brasil es una prolongación de las praderas de la Argentina y del Uruguay. El aeroplano sobrevuela extensiones infinitas de praderas verdes en las que pacen rebaños bien hermosos de ganado bovino. Los pastos ilimitados, la gran cantidad de ricos prados, han condicionado el desarrollo excepcional de la ganadería. A lo largo de la franja costera se pueden ver mataderos enormes y gigantescas industrias conserveras de carne. Es la principal región ganadera, suministra gran cantidad de carne en conserva a los mercados de América del Norte y de Europa.

Las praderas roturadas están ocupadas por campos de cereales. En conjunto, el Brasil meridional se caracteriza por un paisaje especial y claramente diferenciado del Brasil tropical del interior y del norte. El clima aquí es subtropical, similar al clima del Uruguay y de la Argentina.

Alegre no es muy grande, es en esencia una ciudad alemana: tiendas alemanas, varios periódicos alemanes, restaurantes alemanes, cervecerías, cerveza de Munich. Resumiendo, Alemania tiene aquí de facto su propia colonia sudamericana, importante y rica. La mayoría de las empresas, de los mataderos, de las conserveras y haciendas importantes pertenecen a súbditos germanos.

Tras una breve parada en Paranaguá, el avión se dirige al puerto de Santos, donde culmina nuestro viaje aéreo. Nuestro siguiente viaje es al interior del país, al Brasil montañoso, al centro mundial del cultivo del cafeto. Nueve décimas partes de la producción mundial del café se producen en el estado de Sao Paulo. Hace 150 años se trajeron de forma casual al Brasil unas semillas de cafeto desde el este de África, y aquí, en las condiciones del clima subtropical moderado de las mesetas interiores y meridionales del Brasil, el café encontró su segunda patria.

Sao Paulo es una ciudad moderna y bonita, un importante centro productor de café desde donde se envían cientos de miles de toneladas de este producto al puerto de Santos para su exportación. El camino hacia Sao Paulo es realmente magnífico. Desde el océano se inicia la ascensión hasta los 2000 metros de altitud, poco a poco un paisaje sucede a otro. La zona de cultivo de caña de azúcar es sustituida por una zona de frutales. A lo lejos se distinguen bosques intactos de vegetación exuberante, de un verde vivo, envueltos en lianas. Y luego empiezan las plantaciones infinitas, bosques enteros de cafeto que ocupan dos millones de hectáreas.

Sao Paulo resultó un importante centro científico con un instituto agronómico de primera categoría, encabezado por el director Camargo, discípulo del famoso fisiólogo alemán Pfeffer, quien conocía a la perfección los trabajos de los científicos soviéticos. El instituto tiene laboratorios de química y de fisiología, invernaderos donde se comprueba la acción de los abonos en el café, en su composición química.

En Sao Paulo hay un instituto biológico[78] excelentemente equipado con departamentos de botánica y de zoología, y con un criadero enorme de serpientes venenosas diversas para obtener vacunas. El Brasil está considerado el reino de las serpientes, que pueblan en gran número los bosques tropicales. La mordedura de serpientes venenosas es un fenómeno corriente que ha obligado al gobierno a tomar medidas especiales. La vacunación preventiva es obligatoria para quienes se dirijan al interior de los bosques y para los trabajadores de las plantaciones de café.

Como todas las ciudades sudamericanas, Sao Paulo tiene muy buenos hoteles, con todas las comodidades habituales para los europeos. En las calles se han plantado árboles tropicales. Los paseantes van bien vestidos. En resumen, aparentemente todo es maravilloso. Pero, en realidad, el estado de Sao Paulo estaba sumido en una gran tragedia. La crisis mundial ha afectado sobre todo al monopolio fundamental del Brasil: la producción de café. La disminución de la demanda en los mercados europeos ha provocado la depreciación del café. Simultáneamente, la competencia de Colombia, Guatemala, Ecuador y Java ha hecho bajar aun más los precios. La gran economía cafetera a la que está vinculada la vida de todo el Brasil se encuentra en un callejón sin salida. Para luchar contra la depreciación del café se ha recurrido a medidas tales como destruir las existencias. El gigantesco puerto de Santos, de importancia mundial, estaba literalmente sepultado bajo sacas y

montones de café. Por orden del gobierno, solo entre 1927 y 1932 fueron arrojados al océano cerca de cien millones de quintales de café. Con objeto de una destrucción más «racional» se construyeron unos hornos gigantes para quemar el café y usarlo como abono. Las cenizas de este fantástico producto alimenticio se convirtieron en uno de los principales métodos de abono en las plantaciones.

Mientras me dirigía con los agrónomos al interior del continente, al Mato Grosso, a veces en ferrocarril, a veces en automóviles por carreteras completamente satisfactorias construidas para transportar el café, se podía ver un cuadro peculiar: vastas extensiones de plantaciones cafeteras abandonadas, cosechas sin recogerse desde hace varios años. Solo se trabajaba la tierra en los entresurcos (entre las hileras de café), donde se cultiva caña de azúcar, algodonero, arroz, plátanos. El pánico reina entre la población: ¿cómo arreglárselas, cómo pagar el elevado arrendamiento y qué hacer con las extensas plantaciones? El cultivo del cafeto lleva muchos años y terminar con él de golpe significa perder la esperanza en que la crisis vaya a acabarse. Porque puede que al cabo de un tiempo Europa vuelva a ser un consumidor habitual del café brasileño.

Podría haber una solución: el Brasil necesita gasolina, petróleo, hay miles de automóviles parados en Sao Paulo; nada más sencillo, quizá, que buscar un intercambio mutuamente ventajoso con la Unión Soviética. Hay conversaciones al respecto, pero nadie se decide a dar un paso en serio. Este callejón sin salida de contradicciones lleva a situaciones absurdas. El estado de Sao Paulo, que determinaba de facto el presupuesto de todo el país, que alimentaba las finanzas de los demás estados y mantenía la administración del país en momentos de dificultades económicas, ha planteado la cuestión de convertirse en un país independiente. Ha habido disturbios y se inició una guerra entre estados que acabó con la derrota de los paulistas sublevados. Estos incidentes bélicos desbarataron aun más la ya de por sí tensa economía del país.

Fig. 35 (pág. anterior). *La recogida del café [dibujo de Percy Lau].*

El país está alterado políticamente hablando. La población discute sobre la posibilidad de que se repita el levantamiento. La denominada revolución brasileña, es decir, el cambio de gobierno, el cambio de presidente, ocurre cada varios meses. El sistema monetario está completamente destruido. A un viajero que se mueve con especial rapidez le cuesta entender qué son los «miles»* y cuál es su peso específico. Le salva el «todopoderoso» dólar americano. La devaluación ha alcanzado niveles enormes. Esto es algo habitual en el Brasil. Las estaciones experimentales en los estados que se desmoronan están sufriendo una catástrofe. Se ven obligadas a autoabastecerse. Nadie ve la luz al final del túnel en medio de esta riqueza natural sobrecogedora.

Atravesando en automóvil las grandes extensiones de las regiones montañosas del estado de Sao Paulo, en dirección al Mato Grosso, se puede apreciar la asombrosa fertilidad de los suelos tropicales y subtropicales brasileños, típicamente lateríticos, rojos. Por las excavaciones de las carreteras se puede ver que las tierras rojas alcanzan muchos metros de profundidad. Aquí tienen de 1500 a 2000 mm de precipitaciones, y es posible el cultivo del arroz sin irrigación. En realidad, todos los cultivos comerciales tropicales y subtropicales pueden desarrollarse con éxito sin utilizar fertilizantes. Las huertas de frutales incluyen literalmente todo el mundo de la fruticultura tropical: mangostán, mango, papayo, diferentes clases de árbol del pan y todos los cítricos posibles, pampelmusa, naranjales y limonares. El clima es el ideal para un país tropical. La situación entre 500 y 1000 metros de altitud ofrece unas posibilidades muy favorables. El clima de Sao Paulo es realmente salubre. En realidad es un balneario al que se dirigen enfermos de todo el Brasil. Los edafólogos explican que una parte significativa de Sao Paulo recuerda, por el tipo de suelos y por el clima, a las regiones más pobladas del mundo del Asia Suroriental tropical, donde se concentran cerca de mil millones de personas (la mitad de la población del globo terráqueo). En realidad, todavía hoy el Brasil sigue siendo un país vacío. El litoral acoge a la población, que se apelotona alrededor de las plantaciones de café de Sao Paulo.

* Se refiere al *mil-reis*, la moneda brasileña.

Charlando con periodistas y respondiendo a sus preguntas acerca de nuestras impresiones sobre el Brasil, bromeamos diciéndoles que en Brasil está todo por hacer.

Tenemos ante nosotros una fábrica enorme donde se prepara el café para su exportación, se le quita la pulpa exterior, se pule, se limpia, se seca. Todos estos procesos son extraordinariamente sencillos, sin embargo exigen mucha atención para conseguir del café la calidad necesaria. Cada vez más los brasileños se ven obligados a pensar en cómo mejorar su producción, pues la competencia —Ecuador, Guatemala, Java— ya ha superado al Brasil en este aspecto y amenaza su monopolio del café. A la fuerza, incluso en medio de la catástrofe, el gobierno brasileño está obligado a poner en marcha, con retraso, trabajos de selección. Para nuestra sorpresa, en un periodo de crisis fuimos testigos del desarrollo de unos trabajos de selección realmente interesantes y profundos bajo la dirección del joven doctor Krug, quien procedía de la escuela alemana de genetistas y seleccionadores. Así que en el callejón sin salida de la crisis económica a la fuerza había que recurrir a la ciencia.

Era el 25 de diciembre de 1932. Al botánico alemán Hoehne, director del Departamento de Botánica del Instituto de Biología, se le ocurrió la mejor de las ideas. Por la mañana temprano emprendimos camino a una reserva tropical, 100 km al oeste de Sao Paulo.[79] Es un enorme bosque tropical virgen con una temperatura termostática casi constante y 3000 mm de precipitaciones. Llueve todos los días y varias veces al día.

La reserva tropical es una de las maravillas del lugar. La entrada en un bosque tropical húmedo de América del Sur presenta no pocas dificultades, pues suele ser un pantano estancado por el que andar es peligroso debido a los miasmas de la malaria, a las serpientes y a la gran cantidad de pequeñas fieras y de insectos. El Instituto de Biología de Sao Paulo había tenido una idea brillante: escoger el rincón más típico del bosque tropical virgen, construir en él unos senderos especiales elevados, cubiertos con tablas de madera y cubriendo varias direcciones. En el linde se ha construido un hotel. No tiene personal a su servicio, pero sí todas las comodidades imprescindibles, se puede pasar la noche, hay reserva de conservas, de pan tostado. A esta reserva vienen botánicos de todo el mundo, aquí ha trabajado el célebre Haberlandt y muchos botánicos europeos se consideraron afortunados por haber estado aquí.

Algunos de los senderos trazados en la reserva llevan el nombre de grandes naturalistas del mundo: Linneo, Lamarck, Jussieu.

Nos dirigimos al interior del bosque tropical. Tuvimos que proveernos de impermeables y paraguas. Aunque la lluvia enseguida da paso a un sol brillante. Mientras llueve todo calla, la vida se detiene. Pero en cuanto pasa el aguacero, aparece el cielo azul y el sol empieza a brillar, todo revive. Aparecen el increíble chirrido de las cigarras, una especie de original murmullo, el crujido de las ramas. Salen volando numerosos colibríes, diferentes insectos entre los que continuamente se ven unas mariposas nacaradas azules de gran tamaño y de belleza asombrosa. Apresarlas implica grandes dificultades en vista del terreno pantanoso. Y llegamos al auténtico bosque. Es curioso que haya, en primer lugar, una enorme cantidad de árboles ladeados, caídos. Pero todos estos árboles moribundos se cubren rápidamente de epifitos y constituyen por sí solos una flora completa de orquidáceas y de helechos epifitos. En un único árbol caído se puede reunir un centenar de diferentes musgos, líquenes, orquidáceas y helechos. En un tramo pequeño el bosque tropical presenta incluso una flora completa de centenares de especies de plantas inferiores y superiores. Esta riqueza en vida vegetal es el rasgo más característico de los trópicos. En una parcela diminuta de 2000 hectáreas los especialistas que investigaron la flora encontraron más de 2000 especies de plantas con flor, es decir, la flora de un país europeo grande. Y sin tener en cuenta musgos, algas y hongos, que probablemente multipliquen por dos la composición de especies de este pequeño rincón típico de los trópicos cálidos y húmedos.

Una peculiaridad de los bosques tropicales de América del Sur es la casi ausencia de animales grandes. Por el contrario, hay una gran cantidad de animales pequeños, empezando por monos de todos los colores —alazán, pardo, negro, pintojo— trepando por los árboles, agarrándose unos a otros. Y siempre entre gritos y chillidos.

Los suelos son asombrosamente fértiles, pues se enriquecen anualmente con el humus de los árboles caídos y podridos. La temperatura en el bosque no baja de los 20° C, incluso por la noche. El bosque maravilla por su originalidad. Lo más notable son sus diversas especies de palmeras.

Ríos y riachuelos son la vía de comunicación habitual en este bosque tropical, como si fuera un sistema de canales por el que es posible desplazarse en barcas, aunque con cierta dificultad. Continuamente hay que estar abriendo camino, apartando árboles caídos. En los riachuelos de los bosques tropicales abundan peces, caimanes y tortugas. Los bosques pantanosos están repletos de ranas, serpientes y hormigas. Es realmente increíble la cantidad de formas diversas de todas las especies de las que está repleto un bosque tropical. De vez en cuando se pueden oír rugidos de jaguares, el único animal grande de los bosques tropicales sudamericanos. Entre los árboles y sobre ellos vuelan, sobre todo después de la lluvia, bandadas de aves del paraíso y de papagayos multicolor que atestan el aire con su singular cháchara. Casi a cada momento sobrevuelan nuestras cabezas escarabajos enormes, del tamaño de un pájaro pequeño.

No es fácil vivir en un bosque de este tipo, por eso vastas extensiones de los bosques tropicales siguen estando muy poco pobladas, aunque no hay duda, como lo demuestra la experiencia de otros países, de la posibilidad de deforestar el bosque tropical, de tender carreteras, de lo que fuimos testigos en el Amazonas. Pequeños grupos de indios, habitantes de los bosques, basan su existencia en el cultivo de mandioca o casava *(Manihot utilissima)*, maíz, arroz y caña de azúcar. Aquí es posible encontrar indios que siguen manteniendo una economía primitiva, que han conservado sus canoas rudimentarias y que se alimentan de frutos y raíces silvestres, de peces, aves y monos. La población aborigen del país es muy escasa, en el enorme Brasil selvático tropical no hay más de un millón de habitantes, es decir, la población de una ciudad grande. Una buena parte de la misma se ha asentado a lo largo de los ríos.

Para un naturalista, estar en los trópicos es estar en un gran laboratorio. La maravillosa abundancia de formas y de especies, las complejas interrelaciones permiten estudiar aquí, mejor que en ningún otro sitio, la pluralidad de las manifestaciones de la vida, la evolución de las formas y de las especies. Desde los tiempos de los primeros grandes naturalistas —Humboldt, Wallace, Darwin— los trópicos húmedos atraen a los investigadores, sin reparar en dificultades. Son inabarcables y poco accesibles. Es obligatorio ponerse una malla, guantes, taparse casi herméticamente para defenderse de los ataques de la increíble cantidad de garrapatas de todo tipo y de las mordeduras de hormigas y de los efectos tóxicos de las hojas. Hay que ser cauteloso para no quedarse atascado en un pantano, para no caer en un cenagal. Pero todo naturalista debe visitar los trópicos para percibir, al menos una vez, todo el desarrollo impetuoso de la vida, toda la gama de colores del mundo animal y vegetal, todas las complejas interrelaciones desde lo vivo a lo muerto, de los epifitos a los parásitos, para sentir la fuerza creadora de la vida.

La capital del Brasil, Río de Janeiro, es una de las ciudades más bellas del mundo. Está situada en una espléndida bahía y encuadrada entre dos picos, el Pan de Azúcar y el Corcovado. A poca distancia se vislumbra la Serra dos Órgãos, en cuyo fantástico perfil sobresalen «los cinco dedos de Dios». Tras este relieve montañoso se abre el panorama de la parte interna del país con su vegetación tropical exuberante, sus tonos y colores cambiantes. La ciudad tiene más de 170 000 habitantes. Las calles son muy buenas. Recuerda a Nueva York, Chicago o San Francisco. La avenida Rio Branco se extiende casi dos kilómetros. Aquí se han plantado árboles tropicales. Especialmente llamativa es la alameda de palmas reales de troncos poderosos y como recubiertos de tela.

También tenemos el célebre Jardín Botánico de Río de Janeiro, un segundo Buitenzorg* por la riqueza de las especies tropicales en él reunidas. Aquí se recogen cerca de un centenar de especies de palmeras. Hay una alameda con árboles del pan. Se puede caminar horas admirando la diversidad de especies, las formas infinitas en las que se ha cristalizado el reino vegetal. El director

* Jardín Botánico en la actual ciudad indonesia de Bogor, capital del país durante el mandato holandés. El nombre se debe a que era el nombre de la ciudad en esa época.

del jardín, el doctor Franco, organizó una degustación de frutos tropicales: árbol del pan, papaya, piña, mango, mangostán... El grupo de botánicos valoró en una escala de cinco puntos las cualidades de su sabor. La piña, el mangostán y las naranjas ocuparon los primeros puestos.

En medio de la crisis que atravesaba el Brasil, como alternativa al café, que en el pasado había concentrado irracionalmente la atención del país, y como resultado de la depresión económica, se observa un giro hacia otros cultivos y, sobre todo, hacia el cultivo del algodón. Las investigaciones del doctor Harland, uno de los expertos mundiales en cultivo de algodón, han demostrado que para desarrollar el cultivo del algodonero no hay otro país que reúna tantísimas posibilidades desde el punto de vista del espacio, de la idoneidad de los suelos y del clima. En el Brasil, según cálculos aproximados, se pueden usar hasta 80 millones de hectáreas para cultivar algodón, con o sin irrigación, es decir, que con una organización adecuada y aumentando la población, se puede crear un área algodonera que doblaría la superficie mundial actual de campos de algodón.

El enorme interior del Brasil está ligeramente elevado y bien drenado, contrasta ostensiblemente con los bosques tropicales. En gran medida son tierras áridas donde es habitual que predomine la sequía, donde no llueve durante varios meses y la vegetación se seca. Con el uso de la irrigación, en la frontera de este territorio, incluso dentro de sus límites es posible un cultivo amplísimo del algodonero. El algodonero es esencialmente una planta de zonas áridas. Aquí se encuentra especialmente bien, sufre menos enfermedades, y aquí está centrada la atención de los cultivadores de algodón del Brasil. Presenciamos importantes acontecimientos en el sector de la industria algodonera, que demuestran claramente las posibilidades del Brasil, como atestigua el aumento en los últimos diez años de la superficie cultivada con algodonero: desde el millón de hectáreas hasta los tres millones. Se han creado ocho estaciones experimentales y veinticinco firmas de producción de semillas. En los últimos años el doctor S. Harland ha sido el asesor de estos cultivos.

En la zona árida se ha introducido el cultivo de la piña y del cacahuete. Hace mucho que la población del Brasil empezó a utilizar la yerba del Paraguay *(Ilex paraguariensis)* para preparar una infusión. El mate o té paraguayo es la bebida principal del sur de Brasil, así como del Uruguay y del Paraguay. Aquí se concentran los arbustos silvestres de té paraguayo y también aquí se han creado importantes plantaciones comerciales en las últimas décadas. El mate compite cada vez más con el té chino y con el café.

Hace mucho que grupos dispersos de indios se internaron en el continente, en los alrededores de los ríos, y en lomas, en lugares abiertos o semiabiertos. Ellos introdujeron el cultivo de dos tipos de mandioca: una amarga que exige cocción para su consumo, y otra dulce que puede ser consumida también cruda.[80]

Pero en conjunto este país colosal ha mantenido, en esencia, su estado casi primitivo. Los grupos dispersos de indios no dieron origen a una cultura o civilización conjunta más o menos notable, equivalente aunque fuera en menor grado a la andina o a la de América Central.

Río de Janeiro y Sao Paulo son los centros intelectuales del Brasil. En estas ciudades hay universidades, museos, estaciones experimentales, institutos. En Río de Janeiro hay un museo etnográfico excelente, con muchísimos materiales recogidos por todo el Brasil* y bellamente dispuestos. En poco tiempo se puede aprehender en el museo las conclusiones del estudio de los indios primitivos y las diferencias entre tribus según su lengua y sus costumbres.

Desde Río de Janeiro el avión pone rumbo a Bahía, al reino del cacao.

Los cocoteros se extienden formando una cenefa en la orilla del océano, como si los hubieran plantado artificialmente. La población recoge con diligencia sus frutos debido a sus gigantescas nueces. A lo lejos se ve el fondo amarillo de la zona árida, con cactus y la *caatinga* caducifolia. El paisaje de la *caatinga* es singular, recuerda un poco a los paisajes septentrionales de México.

---

* Nos complace señalar que en un lugar visible del museo se encuentra el retrato del académico ruso G. I. Langsdorff, uno de los investigadores más importante del Brasil, quien se adentró en el interior del país hace 130 años y que dejó una admirable descripción del mismo. (N. del A.)

Cerca de Bahía hay un importante centro mundial de cultivo de cacao. La crisis del monopolio del café ha obligado a pensar a los propietarios agrícolas del Brasil y a buscar cultivos nuevos. Uno de los más valiosos es el cacao. Cerca de la ciudad empiezan las vastas plantaciones de estos originales árboles de fruto romboidal que crece directamente en el tronco. Los frutos se someten a fermentación. Como resultado las semillas se separan, estas también se someten a los efectos de la fermentación y sirven de materia prima para obtener el cacao. La pulpa que rodea las semillas tiene un gusto muy agradable y es completamente comestible.

En la ciudad de Bahía hay un importante instituto para el estudio del cacao. Fuimos a la búsqueda del director. Para sorpresa nuestra, resultó ser Mirón Filíppovich Bóndar,* entomólogo ruso que ha estudiado la historia del cultivo del cacao, su selección, la lucha contra las enfermedades y que es, en la práctica, el director científico de las plantaciones comerciales.

Por extraño que parezca, la antigua cultura del cacao, que proviene de los mayas y de los aztecas, ha estado relativamente poco sometida a la selección. En rigor, se han multiplicado unas variedades locales mejicanas que se han aclimatado bien en su segunda patria. Dirigir el proceso de fermentación no supone ninguna dificultad especial. El cultivo solo exige terrenos fértiles y condiciones tropicales con suficiente humedad. Para esto la región de Bahía reúne unas condiciones particularmente favorables, y poco a poco van apareciendo competidores a la Costa de Oro africana, hasta hace poco el principal monopolista mundial de este cultivo. El árbol del cacao empieza a dar fruto al noveno o décimo año, produciendo media tonelada por cosecha.

La amarga experiencia del monopolio del café demuestra que también en este caso hay que estar alerta, mejorar el cultivo, aumentar la calidad y no perder de vista a la competencia, sobre todo porque es mucha. Es imprescindible observar los trabajos tanto de la Costa de Oro de África, como del Ecuador y de Trinidad, donde el cacao se desarrolla muy bien.

* En realidad se trata de Grigori Grigórovich Bóndar, conocido en Brasil como Gregorio Bondar, agrónomo y botánico que nació en la región de Poltava, actual Ucrania.

La particularidad de toda la economía del Brasil reside en que se basa principalmente en la exportación. De ahí la extrema dependencia de lo que ocurra fuera del país.

El 1 de enero de 1933 nos dirigimos en hidroavión desde Bahía a Pernambuco, y desde allí al anhelado objetivo, el valle del Amazonas. El camino es largo. Al alba, a las cinco de la mañana, el hidroavión sigue el largo camino hacia Belén. Por el camino hacemos una breve parada en Pernambuco, un importante centro de cultivo de algodón y de caña de azúcar. A lo lejos se divisan naranjales. Estamos en un importante centro agrícola. Durante la parada del hidroavión en la orilla recibimos, vía telegrama, el cordial saludo que nos envían unos agrónomos de Pernambuco que han traducido al portugués algunos de nuestros trabajos. Lamentan haberse enterado demasiado tarde de nuestro paso y no haber podido llegar a tiempo al aeródromo.

Reemprendemos la ruta. El bosque tropical, denso, se acerca a la orilla. El hidroplano sobrevuela un mar forestal. Cimas aisladas destacan sobre el fondo general de un bosque tropical multicolor. Cuando el hidroplano desciende, es posible distinguir con gemelos de campo las siluetas de algunos árboles tropicales conocidos. Son vastos territorios completamente despoblados. Durante varios cientos de kilómetros el hidroplano sobrevuela extensiones desiertas. Todavía hay muchos lugares donde el hombre no ha puesto el pie. A lo lejos se vislumbra un río gigantesco, al que con razón se llama mar Amazónico. Su desembocadura alcanza los 300 km de ancho. Los grandes barcos oceánicos entran libremente en el río a lo largo de 1000 km. No hay río en el mundo que pueda compararse con el Amazonas por su potencia. En la desembocadura se encuentra la pintoresca ciudad de Belén y sus 200 000 habitantes, hasta hace poco centro mundial del caucho natural.

Fig. 36 (pág. anterior). *Plantación de cacao en Brasil. En lugar de producir las flores en los extremos de las ramas, en el cacao se forman en el tronco principal, en donde pueden verse los frutos [Dibujo de Percy Lau].*

El hidroplano entra en la desembocadura del Amazonas, se posa en el agua y se detiene junto al aeródromo. Para mi sorpresa, en la orilla me estaba esperando una delegación desconocida. La diligente compañía de aviación panamericana notifica de antemano la llegada de los pasajeros. En su informe señalaban que iba a llegar y a detenerse en Belén el presidente de la Sociedad Geográfica del país soviético. Uno de los que me esperaban llevaba un sombrero de candil y espada, tenía aire de viejo diplomático. En total la delegación se componía de tres hombres, pues lo acompañaban dos correspondientes. La figura más importante era el antiguo vicecónsul ruso en el Brasil, brasileño de origen, que hablaba bien el francés y que había venido a saludar al visitante ruso por simpatía hacia nuestro país. El segundo era Kasílov, de nacionalidad judía, antiguo súbdito ruso que se había mudado al Brasil antes de la revolución. El destino lo había traído a Belén, donde tenía una pequeña fábrica de artículos de madera. El tercero era un zapatero judío procedente de Rusia al que también las circunstancias hacía tiempo que le habían llevado hasta el Brasil. En un ruso bastante básico y en francés logramos explicarnos.

El fabricante resultó sernos de utilidad, por cuanto conocía muy bien los bosques del Amazonas. El antiguo vicecónsul estaba extraordinariamente interesado por lo que acaecía en el país soviético. La coyuntura financiera adversa le había llevado a pensar en la posibilidad de restablecer los lazos económicos del Brasil con nuestro país, y en exportar caucho, aunque fuera a los bolcheviques. El zapatero mostraba una fuerte simpatía por nuestro país.

Habiendo llegado a Belén, y de camino a visitar al gobernador, enseguida nos marcamos la tarea de internarnos en el Amazonas al menos una semana, de contemplar la exuberante vegetación tropical que en su momento describiera A. Wallace —compañero de filas de Darwin— y a la que dedicó toda una monografía. Afortunadamente, resultó más fácil de lo que se pudiera pensar en un principio. En día y medio teníamos fijado el programa.

Cerca de Belén se habían establecido dos concesiones extranjeras importantes. El célebre *mister* Ford, dueño de las fábricas de automóviles más importantes de los Estados Unidos, habiendo tropezado tiempo atrás con el problema del caucho, había decidido crear una empresa propia que abasteciera a la producción automovilística de sus fábricas con caucho natural de primera calidad.[81] En el interior de los Estados Unidos, como en nuestro país, hay de todo excepto suficiente caucho natural. El valle del Amazonas es el lugar de origen del árbol del caucho *(Hevea brasiliensis)*. Ni en los Estados Unidos, ni en Florida, ni siquiera en Puerto Rico se dan las condiciones para establecer plantaciones del árbol del caucho. El resuelto Ford ideó la gran aventura de establecer vastas plantaciones en millones de hectáreas en la patria del árbol del caucho, en el valle del Amazonas. Aquí, bien en el interior, a 600 km de Belén, el gobierno del Brasil le concedió en 1932 un terreno de un millón de hectáreas. Con la energía aventurera propia del yanqui se puso en marcha un trabajo intenso. Se creó toda una flota para garantizar la construcción de la enorme explotación, y traer a trabajadores, ingenieros y agrónomos. Antes de ponerse con las plantaciones, se decidió construir la ciudad de Fordzonia[*] con todas las comodidades imprescindibles, empezando por iglesias, hoteles y clubes. Encontramos la fase constructora en su apogeo. En Belén había una representación de la empresa de Ford completamente dispuesta a recibirnos en Fordzonia.

Un año antes de la aparición de la empresa de Ford en el Amazonas, también el gobierno japonés recibió una concesión, pero esta estaba más cerca de la desembocadura del río. Varios cientos de miles de hectáreas controladas por los japoneses se convirtieron en objeto de una colonización intensiva.

A nuestra llegada, la empresa japonesa dispuso de un pequeño barco en el que se nos ofreció la posibilidad de llegar hasta las concesiones, de recorrer los brazos del grandioso río y adentrarnos así en la cuenca y ver el valle del Amazonas.

También nos ayudó a conocer el Amazonas el excelente museo comercial de Belén, a cuya cabeza estaba su fundador, el naturalista francés Le Cointe, que llevaba cuarenta años viviendo allí. Resultó uno de los mayores entendidos en el valle del Amazonas,

* En realidad el nombre de la ciudad fue Fordlandia. Es probable que Vavílov la llamara así por influencia del topónimo Amazonia.

autor de la excelente obra en dos tomos *El valle del Amazonas*,* con la que nos obsequió.

En el museo se exhibían unas colecciones espléndidas de muestras de maderas y de todos los productos del Brasil, sobre todo del valle del Amazonas. Habían sido reunidos durante décadas y estaban expuestos de manera apropiada. En resumen, el museo y su director eran, en el sentido más amplio de la palabra, una enciclopedia del Amazonas. El director puso todos sus conocimientos a nuestra disposición. Durante las largas tardes tropicales el señor Le Cointe compartió gustosamente con nosotros sus amplios conocimientos, mostrándonos a cada rato ejemplares de árboles en el herbario.

En el jardín zoológico de Belén había una colección realmente satisfactoria de animales del valle del Amazonas. Pero debíamos adentrarnos cuanto antes en los trópicos.

El barco que nos habían ofrecido los japoneses gracias a la mediación de la representación de Ford estaba listo para ser equipado. Se tomaron las reservas imprescindibles de conservas y pan para varios días y un cocinero. Un pequeño grupo inició el camino al interior del Amazonas. Tras salir del mar amazónico, es decir, de la boca del Amazonas, recorrimos el brazo meridional deteniéndonos allí donde se podía ver la orilla; a cada rato veíamos decenas de caimanes asomando el hocico.

En el río Amazonas abundan especies originales de peces de diferentes colores: azules oscuros y claros, rosas, multicolores. A veces costaba apartar la vista del extraordinario espectáculo que suponía la alternancia de colores en las profundidades del agua producida por los peces pequeños y grandes que allí nadaban. Pero lo realmente espléndido eran las orillas del Amazonas, su exuberante vegetación y, sobre todo, la diversidad de palmas. En el valle del Amazonas los botánicos han contabilizado hasta 800 especies de palmeras. Es, en el sentido más amplio de la palabra, el reino de las palmeras. En ninguna otra parte del mundo hay tanta diversidad, tanta amplitud de variabilidad como la que se puede ver aquí. Son especialmente impactantes los grandes grupos de palmas de tronco esbelto, con las copas en lo alto y vistosos

* Le Cointe Paul, *L'Amazonie brésilienne*. 2 vols, París, Challamel, 1922.

frutos apiñados en umbelas o en panículas. Conforman un paisaje completamente singular que no se repite en ningún otra parte de los trópicos. Bien en grupos, bien creciendo aisladamente, exhiben tal diversidad de formas que costaba apartar la vista. Daban ganas de verlas una y otra vez.

El barco sigue avanzando, empiezan las zonas de bosque frondoso y nuestro barquito pasa con dificultad entre las orillas, cada vez más próximas entre sí. Los matorrales penden sobre el río. Llaman nuestra atención las siluetas de unos árboles que conocemos. Estamos atravesando matorrales de cacao silvestre gigante.[82] Esta especie da frutos, flores y hojas más grandes que la cultivada. El valle del Amazonas es una segunda zona de origen, un punto de concentración de diversidad para especies del género del cacao e, indudablemente, algunas especies merecen mayor atención para su uso en agricultura. Los primeros seleccionadores del cacao fueron, al parecer, los monos. En los enormes árboles del cacao se pueden ver grupos de monos disfrutando de los frutos. Las semillas les interesan menos. Aprovechan la pulpa, la carne vegetal, entre la que están dispuestas las semillas, que son desechadas por los monos. Al comerse principalmente los frutos de pulpa más dulce, han facilitado, parece que tanto aquí como en América Central, una selección de semillas teniendo en cuenta este rasgo, que en realidad no tiene ninguna importancia para el hombre.

En medio del bosque, cerca de un pequeño afluente, encontramos chozas de negros y de indios. Pasamos por debajo de un grupo de árboles gigantescos que captan nuestra atención ya desde lejos por su increíble altura. Estos colosos del bosque tropical son la nuez de Brasil *(Bertholletia excelsa)*, que producen las nueces más sabrosas y con mayor contenido de «aceite nacarado» (hasta un 75 %). La cáscara es extraordinariamente dura y ¡ay de aquél a quien le caiga una de estas nueces sobre la cabeza! Son uno de los productos más valorados de los bosques del Amazonas, el objetivo principal de muchos habitantes que las recolectan y las llevan a Belén.

Los bosques tropicales del Amazonas están repletos de frutales silvestres. Se pueden contar más de cien especies que abarrotan el mercado de Belén. Como maduran en épocas diferentes, se van sucediendo en los puestos. Por su calidad estas frutas diversas están lejos de las demandas habituales de un europeo. Normalmente son amargas, ásperas, duras y, aun así, comestibles. En el bosque tropical del Amazonas se puede sobrevivir alimentándose solo de frutas; si a esto añadimos los monos comestibles, los caimanes y todo tipo de peces y de aves, se comprende cómo subsisten en la profundidad del bosque tropical y en condiciones casi primitivas los indígenas del país.

Llegamos a la concesión japonesa. Un grupo de japoneses recibe inquieto a los huéspedes inesperados. Sin embargo, las cartas de recomendación disipan las dudas. Nos llevan a pernoctar a unas casitas japonesas limpias, nos preparan arroz y nos lo sirven a la japonesa, con palillos. Todo el día siguiente se dedica a conocer la colonia. Con ayuda de unas máquinas especiales se arrancan de raíz los árboles grandes, a mano y mecánicamente los pequeños y los arbustos. La primera tarea es abrir carreteras suficientemente anchas, adecuadas para los automóviles. Las vías de comunicación son básicas en la conquista de los trópicos. Antes de nada, se construyen unos canales profundos de drenaje a ambos lados del camino. En los lugares pantanosos el camino se cubre con troncos de árbol. Hay algunos trechos de hasta un kilómetro de camino revestido con troncos cuidadosamente encajados. A veces el camino continúa por un terraplén artificial.

Una vez desbrozado, en lugar de los árboles arrancados se siembran plantaciones de cacao, de árbol del caucho, de vainilla. Se ha organizado una gran plantación de té, que crece bien aquí. En áreas aisladas se pueden ver plantaciones de arroz en muy buen estado. Por delante queda un trabajo enorme, puesto que la concesión acaba de empezar a desbrozar y las extensiones son

---

Fig. 37 (pág. siguiente). *El árbol que produce la nuez del Brasil es un auténtico gigante de la selva amazónica de Pará. Las «nueces» son semillas. El fruto que las contiene, grande y leñoso, puede alcanzar los 2 kg de peso, por lo que faenar bajo estos árboles es bastante peligroso [dibujo de Percy Lau].*

PERCY LAU

considerables. En opinión de los japoneses, el clima es igual al de Japón, y aquí se puede vivir. En esencia, la concesión es como una estación experimental que muestra lo que se puede hacer en los trópicos brasileños y las enormes posibilidades que esconden estos bosques aún infranqueables, donde crece literalmente todo lo que se ha traído de los subtrópicos húmedos. Aquí se cultivan con éxito, especialmente en los lugares drenados, las formas tropicales del algodonero plurianual. También han arraigado muy bien la piña, el papayo y el mango. En una palabra, las pruebas realizadas con unas decenas de especies diferentes de frutas y de verduras tropicales han dado unos resultados excelentes, e incluso cuesta decidirse por alguna de las plantas. Los japoneses se han percatado rápidamente de que el Brasil es, en su esencia, un territorio virgen y de que la gran experiencia de la agricultura subtropical japonesa puede ser utilizada aquí con gran éxito y en un corto plazo.

Naturalmente, a nosotros nos interesaba sobre todo la extracción del caucho. La principal época para su extracción va de mayo a noviembre.

No hace tanto, unos 30 o 40 años antes, el valle del Amazonas atrajo a muchos miles de forasteros que buscaban ganar dinero recogiendo caucho natural. A lo largo de todo el Amazonas, casi hasta los Andes, se encuentra en abundancia el enorme árbol del caucho, que aparece en grupos o, con mayor frecuencia, aislado. Con ayuda de un cuchillo grande con mango se hacen incisiones y se colocan debajo unos platillos de estaño en los que por la noche gotea el látex, que se solidifica formando una masa elástica. Se va juntando el contenido de los diferentes platillos. En el fuego las bolitas formadas se convierten en una pelota grande. El caucho natural obtenido aquí es el mejor del mundo. Los indios conocen el caucho desde hace cientos de años y con él hacían pelotas para jugar, pero el valor del caucho solo empezó a ser apreciado en el siglo XIX, cuando empieza la auténtica epopeya cauchera, la extracción masiva de los ejemplares silvestres del árbol del caucho. Los ingleses, representados por Wickham, se llevaron en 1876 semillas del árbol del caucho al Real Jardín Botánico de Kew en Londres, desde donde se enviaron las semillas germinadas a la India, a Ceilán y posteriormente a Java. El caucho se aclimató muy bien a estos lugares y ya a finales del siglo XIX las plantaciones nuevas suponían una amenaza para el Amazonas. El árbol del caucho arraigó muy bien en Malasia, y es aquí donde se han seleccionado las formas más productivas. Una adecuada distribución en las plantaciones ha permitido organizar de forma racional la recolección del caucho. La extracción rapiñadora de los árboles del Amazonas ya no produce los beneficios de antes y ha empezado un descenso catastrófico de la extracción de caucho silvestre. Para sustituirlo ha llegado el caucho de las plantaciones y ahora el 90% del caucho natural se extrae en el Asia tropical, en la segunda patria del árbol del caucho. Y cuanto más tiempo pasa, menor es el porcentaje de recogida de este caucho, sobre todo porque las principales florestas, las más accesibles, están destrozadas. En sustitución de los bosques destruidos van creciendo nuevos, y con una correcta organización todavía podría hacerse mucho, pero esta explotación sigue cayendo ya por inercia.

La primera iniciativa en esta dirección es obra de Ford, quien ha decidido establecer plantaciones modernas en el lugar de origen del árbol del caucho, seleccionando entre los bosques las mejores formas. La idea es, sin duda, digna de atención, pero es poco probable que sea económicamente productiva, dada la distancia hasta el interior del Amazonas donde los aventureros yanquis han concentrado sus plantaciones.

Ante nosotros aparece un grupo de árboles colosales de cuatro brazadas de circunferencia, de corteza vieja y cubierta por numerosas muescas. Por su tamaño y forma, las semillas recuerdan al ricino.

A pesar de su valentía, tanto la aventura americana como la japonesa no son más que unos primeros intentos serios de aportar un enfoque moderno y mecanizado al uso de los recursos del Brasil. Aún está todo por hacer.

Por las carreteras trazadas por la concesión japonesa conseguimos adentrarnos en los bosques tropicales, observar el magnífico árbol de la ceiba *(Ceiba pentandra)*[83] de original base en pirámide triangular, que parece tener cuerdas tensoras en cada uno de sus tres lados, y cuyos frutos contienen una pelusa sedosa.

Nuestra lancha regresa a Belén por un camino nuevo, por un cauce diferente.

Comida de despedida. Nuestros nuevos amigos han decidido hacernos una demostración de la cocina brasileña. El primer plato es caimán cocido. La textura es como de gelatina de pescado con cartílago. Es el plato más extendido. En el bazar de Belén hemos visto a compradores indios o negros llevar caimanes vivos por la calle, con una cuerda entre los ojos. En el bazar, junto al pescado, hay toda una hilera ocupada por caimanes vivos y apaleados.

El segundo plato es mono amarillo frito, de un sabor peculiar pero no muy agradable. El tercero es serpiente roja, de textura parecida a las salchichas, pero más compacta. A continuación papagayos fritos, de sabor bastante agradable. Después de esto, los frutos tropicales más diversos, sobre todo mango. Este fruto singular, que recuerda por su sabor al albaricoque, solo que de carne más compacta, tiene el tamaño de una manzana grande y un hueso grande y redondo que ocupa casi la mitad del fruto.

Uno de los gobernadores benefactores de Belén decidió dar una alegría a la población pobre de la ciudad y plantó de mangos varias alamedas. Sin embargo, el gobernador no tuvo en cuenta la circunstancia de que, al madurar, los frutos caen sobre la cabeza de los transeúntes y, a requerimiento de los ciudadanos, hubo que retirar los mangos.

Había también toda clase de zapotes *(Achras sapota)*[84] amarillos y negros, y los originales frutos de *Eugenia*, género representado por numerosas especies en el Brasil. Y la culminación fue el fruto más barato, el más democrático del Brasil: la piña. En las casas respetables, en las comidas de gala la piña se considera un plato demasiado vulgar. En 1933, por dos centavos americanos se podían comprar tres piñas de buena calidad. En Río de Janeiro hay por las mañanas barcazas enteras sepultadas bajo piñas, como si fueran zanahorias.

Fig. 38 (pág. anterior). «Seringueiro» *extrayendo mediante incisiones el látex que, tras su coagulación, se convertirá en caucho [Dibujo de Percy Lau].*

La comida de gala terminó con una agradable bebida de nuez de cola, una especie de limonada que empieza a estar cada vez más de moda.

El fabricante de artículos de madera nos trajo de recuerdo varias decenas de reglas hechas con maderas de todos los colores posibles. Había reglas azul oscuro y sin color, reglas rojo oscuro, marrones y rosas. Era el mejor regalo para los dendrólogos soviéticos. Le Cointe, el director del museo, trajo una nuez *(Bertolletia)* grandísima y una colección de semillas del árbol del caucho, el principal valor del valle del Amazonas.

Después de empaquetar cuidadosamente las muestras de todos los frutos y semillas posibles reunidos en el valle del Amazonas, de enviar los paquetes a Leningrado, de adquirir vistosas muestras de la mariposa brasileña con la que se preparan unos prodigiosos dibujos recortables que brillan en la oscuridad, de rompernos la cabeza embalando el equipaje pues, según las normas de los viajes aéreos, no debía superar un peso determinado, acabamos nuestra estancia en el hospitalario valle del Amazonas. Por la mañana temprano, antes del amanecer, volvimos a encontrar a todos nuestros amigos en el aeródromo. Y ya estábamos volando.

El tiempo estaba gris, llovía.

El camino seguía el extremo norte del Brasil y atravesaba después la Guayana, sobrevolando las vastas extensiones de selva tropical. Se desató una borrasca. El hidroavión era zarandeado en los abismos aéreos. Entrada la noche, después de un vuelo de quince horas, el hidroavión llegó a la isla de Trinidad. A pesar de lo tarde que era, el doctor inglés S. Harland, el famoso especialista en algodón, nos estaba esperando.

Por América del Norte y del Sur[85]

Las principales tareas de mi viaje a América del Norte y del Sur, que realicé desde agosto de 1932 hasta febrero de 1933, fueron:

1) participar en el VI Congreso Internacional de Genética y Mejora Vegetal, en la ciudad de Ithaca, en los Estados Unidos. Había sido elegido vicepresidente del congreso y miembro del presídium del comité organizador;
2) dar a conocer —a propuesta de sociedades científicas extranjeras— a científicos, estudiantes y trabajadores prácticos de la agricultura de Francia, Alemania y los Estados Unidos, los logros de los últimos años en la agronomía de la Unión Soviética;
3) conocer las condiciones de los cultivos extensivos y las posibilidades de la agricultura en el Canadá y Argentina;
4) estudiar de forma especial las cuestiones de las técnicas agrícolas en los campos irrigados en regiones con precipitaciones escasas (el Canadá, los EE. UU.) con vistas a la realización de un proyecto de irrigación en la región de Transvolga;
5) recolectar semillas de las plantas cultivadas más importantes que sean de interés para la Unión Soviética, a saber: algodonero, patata, maíz, nuevas plantas forrajeras, quino y otras plantas medicinales;
6) conocer los nuevos métodos de mejora del algodonero en la isla de Trinidad, situada al norte de América del Sur y donde se encuentra uno de los mejores institutos mundiales de estudios del algodón;
7) en conjunto, nuestro objetivo era conocer los avances y las novedades en el área de la agricultura, los métodos nuevos de

investigación y, en general, el estado actual de la agronomía mundial, sobre todo con arreglo al cultivo de plantas. En concreto, debíamos prestar gran atención a las cuestiones relacionadas con el desarrollo de variedades resistentes a las enfermedades.

Condiciones del viaje

En un primer momento en Berlín, y pesar de un aviso del presídium del congreso sobre el envío del visado americano, se me denegó inesperadamente la entrega urgente del mismo para viajar a los EE.UU. hasta que se recibiera documentación complementaria. Según se supo después, unos agentes del consulado americano en Berlín, con base en Riga, informaron de que yo era miembro de la Komintern, confundiendo obviamente el TsIK,* del cual soy miembro, con la Komintern.

Además, muchas de las expediciones en las que he participado en los últimos años han sido interpretadas por la prensa de la Guardia Blanca en el extranjero como la ejecución de misiones políticas especiales de la Komintern. Incluso la expedición de 1927 a Abisinia resultó ser inesperadamente, a ojos de emigrantes que han perdido la razón, un plan contra el gobierno de Abisinia, y la Sociedad de Naciones está implicada de manera especial. Con todo, la intervención insistente del presídium del congreso y del Ministerio de Asuntos Exteriores en Washington surtieron efecto y se me concedió el visado para los EE.UU. antes de que empezara el congreso.

La obtención del gran número de visados necesarios para entrar en las numerosas repúblicas de América del Sur y Central, en las que me iba a detener para trabajos de investigación o por las que debía pasar, también tropezó con todos los obstáculos posibles. Los cónsules exigían cantidades interminables de documentación sobre mi conducta, sobre la no pertenencia a grupos anarquistas y cosas así. Mi participación en calidad de vicepresidente en un congreso en el que participaban representantes de muchos países, sobre todo de América del Sur, facilitó extraordinariamente el proceso. Conseguí recibir gran parte de los visados

* Siglas del Comité Ejecutivo Central (v. pág. 22 de la Introducción).

por intermediación de diferentes científicos que se hicieron cargo de los trámites para conseguir los permisos de entrada. Inesperadamente, surgieron dificultades especiales a la hora de conseguir el visado de entrada en Méjico (Yucatán). Según supe después, fueron provocadas porque una compañía americana de caucho, *Intercontinental Co.*, enojada al saber del envío en 1931 de una expedición para recolectar guayule en Méjico por parte del *trust Kauchukonos* —a instancias mías y siguiendo un plan elaborado por mí—, había iniciado una campaña en la prensa mejicana sobre el expolio de las riquezas nacionales por parte de los bolcheviques. Sin embargo, es realmente importante señalar que el cultivo de guayule no interesa a nadie en Méjico, excepto a la citada empresa extranjera, pero incluso esta tiene sus cultivos en California, y no en Méjico. Según pude averiguar más tarde, mi nombre estaba incluido en la lista de extranjeros especialmente peligrosos para Méjico.

En Chile y en Yucatán me vi sometido a breves arrestos a pesar de que todos mis documentos estaban en regla.

Junto con estas dificultades, las habituales para un científico soviético en el extranjero, especialmente en los países donde no hay representantes soviéticos, debo señalar la excepcional ayuda que me prestaron trabajadores científicos y agrónomos de todos los países en los que tuve ocasión de estar. Por parte de los Ministerios y ministros de Agricultura de Bolivia, la Argentina, Chile, el Perú, el Brasil y Trinidad, así como del Canadá, recibí un trato extraordinariamente atento y favorable. Se me ofrecieron posibilidades excepcionales para conocer en un breve periodo de tiempo todos los materiales. En mis viajes casi siempre fui acompañado de agrónomos muy competentes y de directores de instituciones científicas. Con su ayuda pude conseguir material valiosísimo imprescindible para la URSS. El Departamento de Agricultura de Washington hacía tiempo que había normalizado las relaciones de amistad con las instituciones científicas de la URSS.

El interés por la Unión Soviética y por los trabajos de nuestras instituciones científicas es excepcional, aunque en algunos países esté prohibida la entrada de cualquier tipo de literatura de la URSS.

Conferencias y ponencias

Durante el viaje, y a invitación de diferentes sociedades y círculos científicos, tuvimos que presentar un gran número de ponencias y de conferencias en inglés, francés y alemán. Las ponencias congregaban un público numeroso y de lo más variado. En los Estados Unidos se dieron nueve conferencias, en los estados de Washington, Nueva York, Kansas y Florida, y en la ciudad de Washington; en Río de Janeiro, en el Brasil, se ofreció una conferencia a la que asistió el Ministerio de Agricultura en pleno, así como un gran número de trabajadores agrónomos y científicos. Esta conferencia atrajo tanta atención por haber sido, a lo que parece, el primer intento de informar sobre lo que hace la ciencia soviética. Es posible hacerse una idea al respecto por el hecho de que la conferencia fuera ampliamente resumida en todos los periódicos brasileños.

En los periódicos de Chile incluimos el extenso artículo *Ciencia y agricultura en la URSS*.

En París, la Sociedad para el acercamiento científico a la URSS organizó tres de nuestras conferencias de dos horas dedicadas a la agronomía y a la agricultura en la URSS. Estas conferencias congregaron a un público muy numeroso, entre los participantes había importantísimos representantes de la ciencia.

En Alemania, en la Academia de las Ciencias de Halle, se leyó una larga ponencia sobre el trabajo en el sector de la agricultura.

Una parte de estas ponencias —en un formato más desarrollado— se entregó para su publicación en las correspondientes publicaciones periódicas extranjeras.

Daré algunos ejemplos para ilustrar el recelo a conocer la verdad sobre nuestro país. Invitados por la Sociedad francesa para el acercamiento científico a la Unión Soviética, propusimos dar una conferencia dedicada a la agronomía y la agricultura de la URSS en el Instituto Agronómico Nacional, en París. Pretendíamos leer en el famoso Museo de Historia Natural de París una segunda ponencia, redactada *ex profeso* por nosotros, sobre un tema puramente evolutivo como es la cuestión del origen de las plantas cultivadas.

El asustado director del Instituto Agronómico de la República «libre» de Francia, por temor, según me escribió en una carta, a alborotar los jóvenes cerebros de los estudiantes tomó todo tipo de medidas para enviar mi ponencia sobre la agronomía soviética al Museo de Historia Natural, mientras que la ponencia sobre el origen de las plantas cultivadas sí fue leída en el Instituto Agronómico.

Para desgracia del director, se consiguió el efecto contrario, pues también a la hora de explicar el origen de las plantas cultivadas tuvimos que hablar, principalmente, de los trabajos concretos que han realizado los científicos soviéticos en los últimos años a fin de dominar los recursos vegetales mundiales, así que la ponencia no estuvo dedicada a una disciplina abstracta, sino a los logros reales de la ciencia soviética.

En la isla de Trinidad, que ahora pertenece al Imperio Británico, leímos una extensa ponencia a propuesta de los círculos agronómicos sobre la organización de la agronomía y sus logros en la URSS. Después nos enteraríamos de que un periódico local no se atrevió a publicar una nota sobre esta conferencia, a pesar de que un representante suyo había estado en la misma. El director del Instituto Agronómico de Trinidad se apresuró a clausurar cuanto antes el encuentro, asustado por el extraordinario interés y por los aplausos con los que se recibió el relato sobre el país soviético y sobre lo que había hecho la ciencia soviética. Al parecer, los promotores de la ponencia recibieron una reprimenda grave.

La conferencia fijada en Santiago (en Chile) sobre la agronomía de la URSS, organizada por deseo de profesores y estudiantes, al final no se celebró. Al rector le asustó la gran cantidad de gente deseosa de asistir.

El Congreso Internacional de Genética

Los congresos internacionales de genética dedicados a la teoría de la mejora y de la genética se celebran cada cinco años. El congreso actual, a pesar de las dificultades de la crisis, reunió a un gran número de científicos extranjeros y fue, sin duda, un encuentro muy fructífero. Una gran exposición mostraba el enorme trabajo mundial que se ha realizado en el sector de mejora de la ganadería y de la agricultura. Los Estados Unidos, donde se celebró el congreso, han avanzado considerablemente en los últimos años en la genética teórica.

Sobre todo ha habido grandes logros en la comprensión del mecanismo de la herencia, en el campo de la hibridación interespecífica y en el desarrollo de variedades resistentes a las enfermedades.

El papel de la ciencia soviética es, sin duda, realmente importante en este movimiento progresivo de la genética, como puede verse en un programa que, planificado con mucho rigor, incluía en las sesiones generales cinco ponencias dedicadas al trabajo soviético, todas ellas sin límite de tiempo. Lamentablemente, tres de ellas fueron canceladas porque los ponentes no se presentaron, y hube de representar solo a la Unión Soviética. El interés por nuestro trabajo puede palparse en el hecho de que la mayoría de los participantes del congreso expresaron su deseo de que el siguiente congreso se celebrara, en la medida de lo posible, en Leningrado o en Moscú.

Una comisión de quince personas, representantes de los diferentes países donde es especialmente intensivo el trabajo en el campo de la genética y de la mejora, está encargada de aclarar en un plazo de dos años la cuestión del siguiente congreso. De la Unión Soviética yo fui el elegido para este comité.[86]

La exposición en la que mostramos los logros de la selección y de la genética soviética atrajo mucha atención. Pudimos desarrollarla con bastante amplitud. A este fin en la Unión Soviética publicamos dos folletos en inglés: *La mejora vegetal en la URSS* y *La genética en la URSS*, que ofrecían un resumen de los últimos avances.

Lo más significativo que reveló el congreso fueron los nuevos caminos en la demostración experimental del problema de la evolución de animales y plantas, un campo particularmente importante tanto en la teoría como en la práctica y que abre nuevas posibilidades para desarrollar variedades en animales y plantas. Sin duda, en este campo se pueden esperar los descubrimientos más importantes en los próximos años y se puede afirmar que la Unión Soviética tiene un papel activo en el perfeccionamiento de esta rama particularmente prometedora de la ciencia.

En algunas direcciones ya ocupamos, sin duda alguna, una posición avanzada (el uso sistemático de los recursos vegetales mundiales, la vernalización como método que ofrece la posibilidad de utilizar un surtido mundial amplio con fines seleccionadores de mejora, y la hibridación interespecífica).

Problemas técnicos más importantes de la agricultura en el Canadá

Si en nuestra agricultura las mayores dificultades están relacionadas con la sequía y las adversas condiciones invernales para los cereales de invierno, en el Canadá son las epidemias de roya y el breve periodo vegetativo, que no permite la maduración normal de los cereales en las regiones septentrionales, las que determinan en gran medida el momento para la siembra del trigo. Se han desarrollado muchos trabajos en esta dirección. Hay que hacerle justicia al Canadá, que ha desarrollado significativos trabajos de investigación en los últimos años. En este sentido el Canadá se diferencia del resto de países capitalistas, donde se han reducido estos trabajos. Se acaba de terminar la construcción del gran instituto nacional de investigación en Ottawa, que ha costado más de tres millones de dólares. Un espacio considerable de este instituto se ha destinado a trabajos agronómicos originales.

Indudablemente, para nosotros presentan un interés particular los trabajos encaminados a combatir la roya en el Canadá, al igual que en el norte de los Estados Unidos. Los trabajos de un laboratorio canadiense de Winnipeg se han acercado a la comprensión del proceso de desarrollo de la epidemia e incluso de la formación de cepas nuevas y virulentas de parásitos. Son extraordinariamente interesantes las investigaciones dirigidas a desarrollar nuevas variedades resistentes a las enfermedades. Estas investigaciones han de ser utilizadas en nuestro país tanto desde el punto de vista de la metodología como de los resultados.

El periodo vegetativo breve del Canadá, sobre todo en las regiones septentrionales, ha obligado a introducir una selección de precocidad, principalmente por métodos de hibridación. En general, no se han hecho descubrimientos nuevos en esta dirección. Ni en el Canadá ni en los EE.UU. hemos visto algún trabajo equivalente a los de Lysenko.[87] No obstante, la serie de variedades precoces de trigo que han desarrollado, como por ejemplo el

'Garnet', ha permitido llevar los cultivos hacia el norte. Las variedades septentrionales de cereal seleccionadas en el Canadá deben ser utilizadas por todos los medios en la URSS tanto para un cultivo directo como para cruzarlas con nuestras variedades.

El material recopilado entre varios trabajadores competentes demuestra que la producción de trigo del Canadá podría aumentar 1,5 veces e incluso dos si el país fuera capaz de aprovechar todas sus posibilidades. Hay que tener en cuenta que incluso así, el Canadá ha duplicado en la última década su superficie cultivable. Este dato presenta para nosotros un interés considerable, claro está, y el estudio de la experiencia del Canadá, que trabaja en condiciones extremas cercanas a las nuestras, merece especial atención.

Al igual que nosotros, el Canadá ha prestado mucha atención estos últimos años a las cualidades de moltura y panificación del trigo. La evaluación química del grano en función de su albumen, a la que se le ha encontrado aplicación en algunas regiones de los EE.UU., todavía no está extendida en el Canadá, aunque el laboratorio central de Winnipeg realiza regularmente un gran número de análisis de nitrógeno.

La comparación con nuestros datos de los resultados multianuales de composición del albumen en trigos canadienses de diferentes regiones demuestra definitivamente que en este sentido nosotros llevamos ventaja.

Se ha hecho un gran trabajo en términos de selección de plantas forrajeras, en particular del trébol de olor, merecedor del mayor uso posible en nuestro país. Hemos recibido un surtido nuevo y valioso de hierbas forrajeras seleccionadas en las estaciones canadienses, que ya han llegado a la URSS y van a ser sembradas en el presente año.

La irrigación de los cultivos cerealísticos

En relación con el monumental proyecto de irrigación que se está desarrollando en el Transvolga, hemos prestado especial atención a conocer la experiencia de América del Norte en este sentido, sobre todo desde el punto de vista de la técnica agrícola y de las variedades.

Debe decirse que incluso el Canadá, y no hablemos ya de las regiones septentrionales de los EE.UU., tiene una experiencia considerable en agricultura de regadío y no solo en regiones desérticas; en la última década se ha prestado bastante atención a la cuestión de la irrigación del trigo también en las regiones más septentrionales.

Baste decir que en el Canadá, en el estado de Alberta, en la región de Lethbridge, durante el año pasado se regaron más de medio millón de hectáreas, de las que casi la mitad estaban sembradas de trigo.

En los EE.UU., en los estados de California, Colorado, Montana y Washington, se cultivan con irrigación varios cientos de miles de hectáreas de cultivo de cereal.

La controversia sobre la calidad del trigo de regadío, según conseguimos aclarar, se resuelve completamente a su favor con los datos más recientes pues, aunque se produce una reducción de albumen, esta es prácticamente mínima (como media un 1,5 %, siendo el máximo de 2,5 %), lo que no debe ser un obstáculo para desarrollar el cultivo irrigado de trigo. Posteriormente, en Argentina tuvimos la suerte de encontrar la variedad de trigo 'Alto de Sierra', que no solo no empeora sus cualidades molinero-panificadoras con la irrigación, sino que incluso las aumenta.

Excepcionalmente valiosa es la experiencia del Canadá y de los Estados Unidos en la rotación de cultivos en los regadíos, que sin duda puede ser utilizada en el Transvolga. La combinación de cultivos extensivos para las tierras irrigadas, en caso de que lo necesitáramos más adelante, puede ser muy variada incluso en zonas templadas, como demuestra la experiencia de Alberta en Canadá. Tiene especial importancia la participación de las leguminosas en la rotación, en particular del trébol de olor como cultivo que restaura el suelo más rápidamente, pero también la remolacha azucarera, que produce una gran cosecha con un porcentaje relativamente elevado de azúcar (hasta el 18 % en Alberta).

La crisis de la agricultura en América ha obligado a dejar a un lado los grandes proyectos de irrigación. El nuevo gobierno de Roosevelt pretende detener todos los proyectos de irrigación ya iniciados. La causa es el elevado coste y la crisis financiera general del país. En las condiciones de la economía capitalista, el importante desembolso en obras de regadío no es nada rentable en la actualidad. Las prioridades de nuestra economía socialista permiten acercarnos a este tema de forma distinta. Basándonos en la experiencia americana nos parece que el colosal proyecto de irrigación en el Transvolga ha conseguido aún más estímulo para una puesta en marcha inminente.

Aprovechamiento de los recursos vegetales en América del Sur y Central

Las regiones montañosas de América del Sur y Central tienen para nosotros un interés particular como principal centro de origen mundial de una serie de cultivos muy importantes —algodonero, patata, maíz— y también de una serie de plantas medicinales como el quino o el arbusto de la coca, por no hablar de una serie de cultivos hortícolas y extensivos de menor importancia. Estas regiones montañosas son el centro fundamental de origen de los cultivos enumerados y encierran, como han demostrado las investigaciones, una riqueza varietal excepcional, hasta el momento poco usada por el hombre.

Las expediciones americanas de momento han hecho relativamente poco y las expediciones del Instituto de Agricultura soviético, realizadas estos últimos años, han demostrado con total claridad que aquí todavía queda mucha América por descubrir. Baste señalar el brillante descubrimiento de S. M. Bukásov y de S. V. Yuzepchuk en regiones de Bolivia, del Perú y de Méjico de una serie completa de nuevas especies de patata cultivada y silvestre, desconocidas para la ciencia. Entre estas especies se han encontrado formas resistentes a las enfermedades de la patata, formas que poseen una extraordinaria resistencia al frío y a la sequía. Es posible juzgar la gran importancia de estos descubrimientos realizados por el colectivo de trabajadores científicos soviéticos por el hecho de que, un año después del comunicado preliminar sobre los trabajos de la expedición soviética, el Ministerio de Agricultura de los EE.UU. envió dos expediciones siguiendo nuestras instrucciones y nuestras huellas a buscar material para una selección práctica de patatas. Lo mismo hizo el Ministerio de Agricultura alemán en el año 1930, que a tal fin envió al doctor Baur a América del Sur.

Una investigación planificada y profunda sobre las últimas introducciones en cultivo, realizada por el Instituto Soviético de Agricultura, ha permitido delimitar por primera vez a escala mundial las regiones de mayor interés para extraer nuevas especies y variedades de plantas.

Mientras continuaba con nuestros trabajos, en el viaje anteriormente citado me impuse la tarea de intentar aclarar cuáles eran las regiones de mayor interés en América Central y del Sur desde el punto de vista de la acumulación de riqueza varietal. El viaje a lo largo de las Cordilleras Americanas me ofreció la posibilidad de cumplir esa tarea y ahora podemos delimitar con gran exactitud dentro de los límites de América del Norte y del Sur las regiones de mayor importancia para encontrar las variedades que nos interesan.

Se dedicó especial atención a cultivos tan importantes como el algodonero, el maíz, la patata, el quino. De cada uno de estos cultivos, con ayuda de nuestros ayudantes, entre los que invitamos a trabajadores científicos locales, recogimos abundante material, del cual una parte ha llegado ya a la Unión Soviética, y otra está de camino.

La investigación sobre la patata, realizada en el Perú y en Bolivia, ha descubierto la existencia de una diversidad asombrosa de variedades, totalmente insospechada por los seleccionadores hasta ahora. Mi llegada al Perú y a Bolivia en el periodo de floración de la patata, cuando es especialmente fácil distinguir las variedades, permitió establecer las regiones de máxima concentración de diversidad varietal, por lo que planifiqué la recolección del material imprescindible para nosotros, y que debe recibirse en los próximos meses. En las laderas orientales de los Andes logramos encontrar grupos de quinos con semillas maduras, de las que se recolectó una cantidad significativa; además, organizamos recogidas especiales de materiales.

La investigación en el lugar muestra la dificultad considerable para el cultivo del quino. Aunque este árbol crece hasta los 2200 metros de altitud, no aguanta las heladas, y por eso hay que tomar precauciones especiales si se cultiva en nuestro país. En el Ecuador también acordamos la recolección de una especie de quino particularmente resistente, que lamentablemente aún no había florecido cuando estuvo nuestra expedición.

Se recogió mucho material de algodonero, en particular de variedades de fibra larga, que nos interesaban especialmente. En los últimos años la estación experimental de Trinidad, donde estuvimos de visita, ha puesto en claro nuevos métodos para conseguir híbridos fértiles mediante el cruce de especies distantes, y por eso la obtención de nuevas especies de algodonero tiene un particular interés para la selección soviética.

Prestamos especial atención a los cultivos situados en los límites extremos de las Cordilleras, a una altura de 4000-4200 m, que hasta ahora han tenido poca aplicación en la Unión Soviética. Entre ellos no podemos dejar de citar una especie singular de *Chenopodium*, que alcanza el límite extremo del cultivo.

Materiales vegetales nuevos recolectados por nuestra expedición

1. En la Argentina se ha obtenido una colección completa de variedades de cereal mejoradas por selección, así como de las mejores variedades de lino, maíz y trigo, también mejoradas por selección y cultivadas en los últimos años. Las casi siete toneladas de material van a ser utilizadas en todo lo posible en los experimentos estatales de prueba y valoración de nuevas variedades del año en curso y por toda la Unión. De entre el material recolectado debemos citar una variedad que posee resistencia a la roya y al encamado. También se consiguió reunir una cantidad considerable de una variedad de trigo que se distingue por su gran calidad en condiciones de regadío.

2. Semillas de quino. Hay que decir que su obtención conllevó grandes dificultades, pues los bosquetes de quino silvestre se encuentran lejos de las regiones cultivadas, en las vertientes

orientales de los Andes. El quino se cultiva principalmente en Java, de donde está categóricamente prohibido sacar semillas.

3. Se ha recolectado un gran número de variedades y especies nuevas de algodonero cultivado y silvestre con fines de selección. Se han recibido nuevas variedades de aguaturma (tupinambo), uno de los nuevos cultivos que en los últimos años nos ha interesado especialmente.
4. Se ha recibido una gran colección de variedades nuevas de hierbas forrajeras desarrolladas en los últimos años por las estaciones de selección canadienses y que van a ser sembradas en el presente año, incluyendo variedades nuevas de trébol de olor desarrolladas por el famoso seleccionador Kirk.
5. Se ha recolectado una serie de especies nuevas de hierbas forrajeras apropiadas para las regiones subtropicales y como abono natural.
6. Hemos organizado recolecciones de patatas para complementar el material recolectado por expediciones anteriores, en especial nos interesaban las «variedades de chuño», apropiadas para obtener, mediante congelación, un producto alimenticio que se conserva varios años. En vistas del tiempo invernal, el material se recibirá más tarde. El material nuevo del Ecuador y del Perú ya se ha recibido en Leningrado.
7. Se ha obtenido una serie de variedades estándar de cereal resistentes a las enfermedades.
8. De entre los nuevos cultivos presentan especial interés las formas vegetales de alta montaña del Perú y de Bolivia (por ejemplo *Chenopodium quinoa*).
   Hay que señalar que del Ecuador y de El Salvador, al igual que del Brasil y de Trinidad, estamos recibiendo por primera vez material varietal de diferentes cultivos.
9. Se ha recopilado numerosa bibliografía agrícola local de todos los países estudiados (más de 2000 ejemplares).

Vavílov en su despacho del VIR (1927)

Epílogo

El científico ruso Nikolái Vavílov

Semión Reznik & Yuri Vavílov

Escrito en 1996 para la edición en inglés (IPGRI 1997)

Nikolái Ivánovich Vavílov (1887-1943) fue uno de los más extraordinarios científicos del siglo veinte: biólogo, genetista, geógrafo, explorador, agrónomo y mejorador vegetal. Durante tres décadas de trabajo científico incansable recorrió cinco continentes, recogió la mayor colección del mundo de especies y variedades de plantas cultivadas, y desarrolló teorías sobre cómo utilizarlas para crear nuevas líneas. Las actividades de Vavílov fueron extraordinariamente variadas, pero todas ellas se dirigieron a un solo objetivo: aumentar la producción agrícola y proporcionar más alimentos para la humanidad.

En lo que se refiere a la provisión de alimentos para la población, es difícil dar el nombre de siquiera otra persona que haya hecho tanto por tantos. Sin embargo Vavílov, él mismo, murió de hambre; nadie le dio un pedazo de pan. Calumniado, caído en desgracia, torturado, falleció en la prisión de la ciudad rusa de Sarátov, en el Volga. Aun así, los hechos que rodearon su muerte, incluso la misma fecha de esta, fueron mantenidos en secreto por sus ejecutores, hurtados a su mujer, a sus hijos, a su hermano, sus estudiantes y amigos, así como a la comunidad científica internacional.

Nikolái Vavílov, miembro de academias y sociedades científicas de muchos países, fue elegido en 1942 miembro de la Royal Society de Londres, Reino Unido. Este alto honor se concede únicamente a los mayores científicos, conocidos en todo el mundo. Pero, según las normas de esta Sociedad, sus miembros no pueden ser elegidos póstumamente. De modo que más tarde, después de la Segunda Guerra Mundial, los directores de la Sociedad bombardearon a la Academia de Ciencias de la URSS y al gobierno soviético con numerosas preguntas acerca de la fecha de la muerte de Vavílov, simplemente para aclarar la cuestión de si su nombramiento había sido aceptable, o bien se debía borrar su nombre de la lista de miembros. Pero jamás obtuvieron ninguna respuesta.

Veinte años pasaron hasta que pudo saberse la fecha exacta de su muerte, 26 de enero de 1943, y muchos más hasta que se pudo llegar a conocer el lugar de su enterramiento en el cementerio de Sarátov, y aún esto solamente de forma aproximada. Un gran monumento de mármol se levanta allí ahora, aunque no en el lugar de su fosa, que todavía se desconoce, sino en el centro del cementerio. Casi 50 años pasaron hasta que el hijo de Nikolái Vavílov, uno de los firmantes de este artículo, consiguió las copias de dos documentos secretos relativos al arresto y muerte de su padre.

El documento principal dice:

> ORDEN DE ARRESTO Nº 529. 7 de agosto, 1940. Expedida a los camaradas Kobtsev y Koslov de la Seguridad Nacional para llevar a cabo el arresto y búsqueda de Vavílov, Nikolái Ivánovich, dirección: Zemlyanoy Val nº 21/23, apt. 54, Moscú, o en donde se encuentre.
>
> Comisario del Pueblo de Asuntos Internos de la URSS [NKVD] –(firma),
>
> Jefe del Tercer Departamento Especial de la NKVD de la URSS –(firma). Referencia: 37.
>
> Arresto sancionado por el Fiscal Público de la URSS*

El desconocido funcionario que tenía que completar el formulario estandarizado de la orden tuvo tal prisa que olvidó consignar el rango de los oficiales a cargo de esta importante misión. De hecho tenía que apresurarse porque la orden se emitió después de los hechos, dado que Vavílov había sido realmente arrestado el día anterior, 6 de agosto.

---

* El original se conserva en los archivos del KGB de la URSS en Moscú (en la actualidad Archivos del Departamento de Seguridad de la Federación Rusa). Los autores tienen una copia.

Estas características del sistema represor del totalitario régimen soviético no implican, sin embargo, que el arresto de un sabio de reputación internacional se considerase un asunto rutinario por parte de los órganos punitivos. Por el contrario, toda la operación se había planificado con bastante antelación, como atestigua el segundo documento, conseguido junto con el primero. Lleva por título *Decreto relativo al Arresto*. Sus quince páginas mecanografiadas están llenas de hechos, nombres, fechas y citas. Está fechado el 5 de agosto de 1940 pero, por su contenido, puede verse que fue la base para que muchas personas fueran condenadas en secreto a trabajos forzados durante meses o incluso años.* Mientras Vavílov, en sus propias palabras, «*cazaba por todo el mundo*» y por toda la Unión Soviética nuevos tipos de plantas cultivadas, el leviatán totalitario lo cazaba a él. El *Decreto relativo al Arresto*, al que volveremos, ilustra claramente la atmósfera bajo la que se desarrollaba la vida y el trabajo del biólogo más dotado del siglo veinte.

Este gran viajero, que recorrió todo el mundo, era nieto de un siervo que, en su época, no podía dejar su remoto pueblo sin el permiso de su amo. Poca diferencia había entre siervos y esclavos. El amo podía azotarlos, prohibirles el matrimonio, o bien obligarles a casarse contra su voluntad, y podía venderlos a otro terrateniente, separándolos para siempre de sus familias. Tales eran las condiciones en las que vivió el abuelo de Nikolái Vavílov en la pobre aldea de Ivashkov, en la periferia de la provincia de Moscú. En ella nació en 1863, dos años después de la abolición de la ley de servidumbre, el padre del científico, Iván Vavílov.

La pobre familia a duras penas podía alimentar a todos sus miembros, de modo que a sus 10 años Iván fue enviado a trabajar en Moscú. Allí mostró un inusual talento para los negocios y, aunque no había tenido educación formal, tuvo éxito y llegó a ser uno de los copropietarios y directores de la 'Factoría Projorovski', una gran compañía textil con un capital millonario.

Iván Vavílov se casó en 1884 y tuvo cuatro hijos: dos chicos y dos chicas. Quiso que se dedicaran a los negocios, pero resultó que

* El original está en el mismo lugar que el anterior. Los autores tienen una copia.

los cuatro se hicieron científicos. El hermano de Nikolái, Serguéi Vavílov (1891-1951), fue uno de los principales físicos rusos. En 1945, dos años después de la muerte de su hermano, fue nombrado Presidente de la Academia de Ciencias de la URSS. Para la jerarquizada sociedad soviética, esto significaba que Stalin lo había designado el científico número uno. El trabajo de Serguéi Vavílov sobre óptica física, especialmente la luminiscencia, le valió reconocimiento en todo el mundo y aún no ha perdido su interés. Ambas hermanas se hicieron biólogas. La menor, Lydia, murió joven, pero la mayor, Alexandra Ipátieva, se doctoró en microbiología y gozó de gran reputación entre sus colegas. Sin embargo, el mayor talento de esta familia tan dotada fue Nikolái.

Tras terminar los estudios secundarios en 1906, Nikolái Vavílov se matriculó en el Instituto Agrícola de Moscú,* una de las más prestigiosas instituciones de educación superior en Rusia. Ya desde el primer curso, destacó por su enorme energía y sus notables habilidades. Para el final del curso ya había desarrollado actividades científicas: había organizado excursiones, había recogido material y preparado un herbario, había hecho experimentación en el laboratorio y en las parcelas de investigación, y había pronunciado charlas sobre temas de ciencia.

Como posgraduado, Vavílov comenzó una extensa investigación sobre la resistencia de las plantas a las enfermedades y desarrolló una teoría genética de la resistencia que le permitió buscar líneas resistentes en la naturaleza o crearlas mediante hibridación y selección.†

El programa de posgraduado incluía amplios estudios y trabajos en centros científicos del extranjero. En 1913 fue a Inglaterra, en donde fue discípulo y amigo de William Bateson (1861-1926), uno de los pilares más importantes de la por entonces jovencísima ciencia de la herencia. Bateson fue quien llamó Genética a esta

---

* Actualmente Academia Agrícola Timiryázev; no debe confundirse con la Academia Lenin de Ciencias Agrícolas, que se creó en 1929 con Nikolái Vavílov como su primer presidente.

† Vavílov, N.I. 1919. *Immunitet rasteniy k infektsionnym zabolevaniyam [Resistencia de las plantas a las enfermedades infecciosas]*. Moscú.

ciencia. La elección del posgraduado ruso no había sido accidental. Ya por entonces Vavílov entendía que la genética abría perspectivas completamente nuevas para el estudio de las plantas cultivadas, y quería llegar hasta el fondo de aquella nueva disciplina.

Después de pasar varios meses en Inglaterra, Vavílov fue a Francia, en donde trabajó durante un periodo de prueba en el Instituto Pasteur como discípulo de uno de los creadores de la teoría de la resistencia, el científico ruso Iliá Méchnikov (1834-1916), pero también en la conocida firma agrícola de los Vilmorin. A continuación se dirigió a Alemania a trabajar con el famoso Ernst Haeckel (1845-1919), pero entonces estalló la Primera Guerra Mundial y Vavílov se encontró de repente en un país hostil. Con grandes dificultades consiguió hacer el camino de vuelta a casa. Sin embargo, el vapor en el que había enviado su equipaje a Rusia chocó con una mina y se fue a pique.

En 1916 Vavílov emprendió la primera de sus exitosas expediciones, la que hizo al norte de Irán y los Pamires. En 1917 fue nombrado catedrático en la Universidad de Sarátov, y comenzó con sus estudiantes una extensa investigación sobre su ya amplia colección de líneas de plantas cultivadas.

El comienzo de este trabajo coincidió con uno de los mayores eventos del país. En febrero de 1917 una revolución había depuesto al zar. Este hecho fue recibido con un regocijo generalizado. Sin embargo, poco después se quebró la línea del frente (todavía continuaba la Primera Guerra Mundial). Un gobierno provisional quiso democratizar el país, pero iba perdiendo el control día tras día. En octubre fue derrocado el gobierno por los bolcheviques bajo el liderazgo de Vladímir Lenin.

Los bolcheviques nacionalizaron la propiedad privada e introdujeron el llamado comunismo militar. Prohibieron el comercio y la empresa privada, y crearon un «Ejército de Aprovisionamiento» especial que recorría los pueblos robando las provisiones de los campesinos para distribuirlas entre la población urbana. Las unidades del ejército de aprovisionamiento confiscaban los llamados «excedentes» de los productos agrícolas. De hecho, se quedaban con todo lo que podían encontrar. Cualquier intento de resistirse o de esconder el grano u otros productos se castigaba con la muerte allí mismo, sin ninguna investigación ni proceso. Esta política llevó a un cese completo de la actividad económica, al bandidismo y la anarquía.

Estalló una guerra civil que se extendió por todo el país, y el frío, el hambre, las enfermedades y la brutalidad de esta política, junto con los pogromos, ocasionaron una devastación considerablemente mayor que la debida a las actividades militares. El padre de Nikolái Vavílov pasó del día a la noche de millonario a pobre, y dejó el país. Sin embargo, Nikolái Vavílov y el resto de la familia se quedaron.

A juzgar por las cartas que Vavílov escribió en esta época (1917-1920), apenas prestó atención a lo que sucedía a su alrededor. En Sarátov, situada en el centro de una extensa región agrícola, continuó su investigación con enorme entusiasmo y creó un grupo propio de investigación formado casi exclusivamente por mujeres jóvenes, puesto que los hombres estaban en la guerra y eran pocos los que asistían a la universidad. Muchas estudiantes «se enamoraron» de aquel joven profesor, encantador y guapo. Trabajaban a gusto en la investigación y pululaban día y noche por el laboratorio y las parcelas experimentales solamente para ganarse su aprobación. Pero él solo amaba la ciencia y, por esto, nunca tenía tiempo para otras cosas. Como escribió después a su futura esposa, Yelena Barúlina, *«de verdad creo profundamente en la ciencia, es mi vida y el objetivo de mi vida. No dudo en entregar mi vida por el más insignificante fragmento de ciencia»*.[*]

Durante el verano de 1920, mientras la guerra civil aún proseguía con furia y la general devastación alcanzaba proporciones increíbles, tuvo lugar en Sarátov un Congreso Soviético de Mejora Vegetal. Vavílov había tomado la iniciativa y había dirigido todo el trabajo de organización. A pesar de la casi completa paralización de los sistemas de transporte, unos 180 investigadores consiguieron participar,[†] tan grande era la sed de intercambios científicos, sin los que el progreso científico es imposible. El principal evento

* El original está en los archivos de Yuri Vavílov. La cita es de: Reznik, S. 1968. *Nikolay Vavilov*. En la serie de libros *Lives of Remarkable People*, pág. 109, Molodaya Gvardiya, Moscú.

† Bakhteyev, F. Kh. 1968. *Nikolái Ivánovich Vavílov*, Novosibirsk.

del Congreso fue la conferencia de Nikolái Vavílov, en la que expuso uno de sus más importantes descubrimientos: *La Ley de las Series Homólogas en la Herencia de las Variaciones.*[*]

Comparando numerosas líneas de plantas de especies y géneros relacionados, Vavílov estableció que dentro de cada grupo hay características hereditarias similares que forman series regulares, y que cuanto más próximas genéticamente son las especies examinadas, mayor similitud presentan las series de variación. Vavílov preparó tablas de variación. Aunque había muchas lagunas en las tablas, estas no preocupaban al científico. Vavílov declaró con seguridad que con el tiempo se irían llenando estas lagunas. Por primera vez, los biólogos tenían la oportunidad de predecir la existencia de formas que aún no se habían encontrado ni descrito.

Al final de la conferencia la sala estalló en aplausos. Todos los participantes se pusieron en pie, y uno de ellos gritó en medio de aquel tumulto: «*¡Biólogos, saludad a vuestro Mendeléyev!*».[†] Y cuando hubo disminuido el ruido, otro científico señaló: «*Rusia no perecerá mientras tenga gente como Vavílov*».

Al cabo de un año, Vavílov se trasladó a Petrogrado,[‡] en donde fue director del pequeño Departamento de Botánica Aplicada,[§] y sustituyó en la cátedra a Robert Regel (1867-1920), que había

* Vavílov, N. I. 1920. *Zakon gomologicheskikh ryadov v nasledstvennoy izmenchivosti*, Gubpoligrafotdel, Sarátov. Posteriormente: Vavílov, N. I. 1922. The Law of Homologous Series in the Case of Variation. *J. Genet.* 12 (12). 47-89.

† En 1869, el químico ruso Dmitri Mendeléyev (1834-1907) estableció la tabla periódica de los elementos químicos y predijo la existencia de elementos que aún no se habían encontrado.

‡ Rebautizada posteriormente como Leningrado, en la actualidad ha recuperado su nombre original, San Petersburgo.

§ El Departamento (originalmente Oficina) de Botánica Aplicada fue creado por el Departamento de Agricultura de Rusia en 1894. En 1925 se reestructuró en el Instituto Soviético de Botánica Aplicada y Nuevos Cultivos. En 1930 cambió su nombre a Instituto Soviético de Industria Vegetal (VIR), y ahora es el Instituto Soviético Vavílov de Industria Vegetal. [Actualmente *Instituto N.I. Vavílov de Recursos Genéticos Vegetales (VIR)*, N. del Ed.]

fallecido de tifus. Enseguida trasladó el departamento a un edificio que había sido desocupado por el Departamento de Agricultura zarista e hizo de él un importante instituto científico. Lo que esto significaba en las condiciones del momento puede entenderse por esta carta que dirigió Vavílov a su amigo de Sarátov, Piotr Podiapolski: «*Hay millones de problemas. Estoy combatiendo el frío en el interior del edificio, lucho para conseguir mobiliario, instalaciones y provisiones... No es ninguna bagatela construir nuevos laboratorios y centros de investigación, y procurarse alimentos y alojamiento para sesenta personas*».*

Para entonces había terminado la guerra civil, y los líderes bolcheviques necesitaban resucitar el país de sus ruinas. Lenin se vio forzado a abandonar la política del comunismo militar y lanzar la llamada «nueva política económica», permitiendo cierto grado de privatización en la empresa, el comercio y la propiedad. Los campesinos tenían que contribuir solamente una pequeña parte de sus cosechas y se les permitió guardar la mayor parte de su producción para la familia y la venta del excedente en el mercado.

Para restaurar la economía arruinada se necesitó de un buen número de profesionales con conocimiento y experiencia en los diversos campos de la economía, la ciencia y la cultura. Como la mayoría de estos eran vástagos de las clases altas, los bolcheviques los consideraban especialistas «burgueses» y los veían como sospechosos de deslealtad al sistema proletario. Pero era imposible que los dirigentes pudieran arreglárselas sin su ayuda.

Durante la guerra civil la mayoría de los especialistas habían emigrado, o bien habían perecido por hambre o enfermedad. Un buen número habían sido ejecutados en las cámaras de tortura de la policía política por diversas razones, o por ninguna en absoluto. Los pocos que habían sobrevivido y permanecían en el país eran por tanto mucho más valiosos. Uno de estos «especialistas burgueses» era Nikolái Vavílov.†

* El original pertenece a la familia Podiapolski, Moscú. La cita es de: Nikolái Ivánovich Vavílov. 1980. *Iz Epistolyarnogo Naslediya, 1911-1928* [*Del Legado Epistolar*], pág. 40. Nauka, Moscú.

† V. Nota pág. 333

Además de sus extraordinarios logros científicos, su enorme capacidad de trabajo y un encanto personal que atraía a personas de todo tipo, Vavílov tenía una visión científica muy amplia que le permitía plantear problemas para un gran grupo de investigadores. Convirtió el Departamento de Botánica Aplicada en un gran Instituto de Industria Vegetal y atrajo hacia él a los mejores científicos de Rusia, los especialistas más idóneos en diferentes cultivos: trigo, maíz, algodón, patatas, cítricos y demás. Bromeando, Vavílov los llamaba «reyes». Así, Gavril Záitsev, que dirigía en Asia Central una gran estación de mejora vegetal afiliada al Instituto, se convirtió en el «rey» del algodón, Leonid Góvorov fue el «rey» de las leguminosas y Constantín Flaksberger lo fue del trigo. Constantín Pangalo fue hecho «rey» de los cítricos, y Nikolái Kuleshov del maíz. Vavílov también creó departamentos de genética, fisiología y bioquímica vegetal, hacia los que igualmente atrajo a los mejores especialistas: Gueorgui Karpéchenko, Nikolái Maksímov y Grigori Levitski. En particular, los trabajos del joven genetista Karpéchenko tuvieron amplia resonancia internacional.

Cada científico del Instituto tenía total libertad para elegir los temas y métodos de sus investigaciones, pero la dirección general venía del flujo de ideas y proyectos de Vavílov. Lleno de nuevas ideas, las compartía gustoso con quienes le rodeaban y nunca se preocupó por cuestiones de prioridad. Tenía capacidad para leer con agilidad en varios idiomas, y para escribir con rapidez: en uno o dos días podía dictar cientos de líneas como avances para sus libros y artículos. Siempre apresurado, dormía muy poco: solía decir que había heredado en esto un gen especial de su madre. Su memoria podía retener una increíble cantidad de información. Sus colaboradores estaban impresionados por la facilidad con la que desarrollaba su trabajo. Gavril Záitsev (1887-1929) escribía desde Petrogrado a su mujer en 1922: *«Me recuerda mucho a Mozart, que según el Salieri de Pushkin, era un "alegre holgazán". Pero nadie puede hacer tantas cosas, ni tan bien como él las hace... Es muy sociable y muy honesto, a pesar de su sofisticación».*[*]

---

[*] Záitsev se refiere a la tragedia *Mozart y Salieri* de Alexander Pushkin. La referencia se basa en la bien conocida, aunque ficticia, consideración

El entusiasmo de Vavílov por la ciencia y su artística facilidad para el trabajo, su honestidad, su accesibilidad y su constante disposición para ayudar crearon en el Instituto una atmósfera de alegría y buen humor. Nadie allí envidiaba el éxito de un colega y que alguien tuviera un golpe de suerte se consideraba un éxito para todos. El personal trabajaba sin contar las horas ni distraerse, y siempre parecía que estuvieran de vacación. «Babilonia», como los colaboradores llamaban en broma al Instituto, era una isla encantada de libertad en medio del tormentoso mar del despotismo bolchevique, en el que se suprimía o perseguía toda vivencia o pensamiento independiente.

El Instituto Soviético de Industria Vegetal, que comprendía una red de estaciones de investigación por todo el país —de los oasis de Asia Central a las tierras polares, y desde la región de Leningrado en el Báltico hasta Vladivostok en el Pacífico—, era la criatura favorita de Vavílov. Por añadidura, también dirigía el pequeño laboratorio de genética de la Academia de Ciencias en Moscú, en el que sucedió a su fundador Yuri Filípchenko (fallecido en 1930), y al que convirtió en un gran instituto. En 1929, cuando se creó la Academia de Ciencias Agrícolas, Vavílov fue nombrado presidente, convirtiéndose en *«el principal agrónomo del país»*, y en 1931 fue elegido presidente de la Sociedad Geográfica Soviética.*

En 1921 Vavílov recibió una invitación del Departamento de Agricultura de los Estados Unidos para participar en el Congreso de Fitopatología de Nueva York, previsto para agosto de ese año. En esa época había en Rusia una hambruna de proporciones sin precedentes, especialmente en los alrededores del Volga. Era una consecuencia de la política del comunismo militar, agravada por un fuerte sequía.

Se hacía necesario organizar rápidamente la provisión de alimentos para las áreas afectadas por la hambruna, y adquirir además

---

que Salieri tenía de Mozart como un vago inútil. La carta original se conserva en el archivo familiar de M. Záitsev y B. Makrushenko, Moscú. La cita es de: Reznik, S. 1981. *Zaveschanie Gavriila Zaitseva* [*El Testamento de Gavril Záitsev*]. Detskaya Literatura, Moscú.

* F. Bakhteyev 1968, v. Nota pág. 336.

grandes cantidades de semilla del extranjero, pues toda la semilla para siembra se había agotado. La cuestión era qué clases de cultivos y variedades foráneas eran las adecuadas para aquellas áreas del Volga. Solamente los especialistas podían tener respuesta para esto. El principal de todos ellos era Vavílov, que había pasado tres años en la región del Volga y publicado un libro sobre los cultivos de aquel distrito.* De modo que la invitación a Vavílov desde América no podía haber llegado en mejor momento.

Después de siete años de aislamiento a causa de la Guerra Mundial y de la guerra civil, Vavílov pudo visitar el Reino Unido, Suecia, Holanda, Canadá y otros países, pero la mayor parte del tiempo lo dedicó a los Estados Unidos.

En esa época comenzó la cooperación entre Vavílov y la Oficina de Industria Vegetal del Departamento de Agricultura de los Estados Unidos, y en particular con Fairchild, Meyer, Hansen y otros «cazadores de plantas» americanos. La Oficina de Industria Vegetal envió una extensa colección de especies y variedades recogidas en muchos países. Sin embargo, cuando Vavílov trató de averiguar qué ideas generales guiaban a los científicos americanos para trazar los itinerarios de sus expediciones, resultó que no había concepción general ninguna. Los colegas americanos trabajaban por intuición.

Haciendo uso de las oportunidades que se le ofrecían, Vavílov visitó casi todos los rincones de aquel país, recogiendo plantas y familiarizándose con el trabajo de los centros locales de investigación. El 15 de noviembre de 1921 escribía a Piotr Podiapolski: *«Estoy estudiando el norte de los Estados Unidos con la mirada atenta a lo que pueda haber aquí de utilidad para Rusia. Hay mucho de interés. La gente es amistosa y cooperadora... Han conseguido miles de cosas. Cómo me gustaría poder enviar montones de libros, conocimiento y variedades. Estoy tratando de establecer relaciones entre América y Rusia en el campo de la botánica aplicada»*.†

* Vavílov, N. I. 1922. *Polevye kul'tury Yugo-Vostoka* [*Cultivos extensivos del Sureste*], NKZ, Petrogrado.

† El original pertenece a la familia Podiapolski, Moscú. La cita es de: Nikolái Ivánovich Vavílov. 1980. *Iz Epistolyarnogo Naslediya, 1911-1928* [*Del Legado Epistolar*], págs. 42-43. Nauka, Moscú.

Vavílov organizó incluso una rama especial del Departamento de Botánica Aplicada en América. Tras su marcha funcionó durante 5 años, remitiendo semillas y literatura científica a Rusia.

El laboratorio de Thomas Morgan (1866-1945) en la Universidad Columbia atrajo especialmente la atención de Vavílov. Morgan era el creador de la teoría cromosómica de la herencia. A pesar de que el objeto principal de sus investigaciones era la mosca del vinagre, *Drosophila*, y no las plantas cultivadas, Vavílov comprendió que esta teoría proporcionaba una base científica fundamental, y que también él tenía que trabajar con arreglo a la misma como mejorador vegetal, agrónomo y cazador de plantas. En pocos días Morgan y sus jóvenes colaboradores, Bridges, Sturtevant y Muller, hicieron amistad con Vavílov. La relación llegó a ser especialmente cordial entre él y Hermann Muller (1890-1967), que visitó al año siguiente la Rusia Soviética, pronunciando un buen número de conferencias sobre la teoría cromosómica.

Vavílov volvió dos veces más a los Estados Unidos: en 1930 de camino a México, y en 1932 de camino a Sudamérica. En 1933-37, Vavílov arregló las cosas para que Muller trabajase en el Instituto de Genética en Moscú. Allí dirigió el trabajo de varios científicos con talento, y tuvo un efecto notable en la ciencia soviética.*

Aunque Vavílov trabajó en tantos campos científicos distintos, sus actividades siempre se dirigieron armónicamente a un objetivo. Tras haber postulado la ley de las series homólogas, Vavílov señaló que aún quedaba un gran tesoro de plantas cultivadas por descubrir para la ciencia. Lógicamente, se planteaba la cuestión de dónde encontrar estos reservorios naturales. Buscando la respuesta, Vavílov desarrolló su original método fitogeográfico de búsqueda, lo que condujo a su descubrimiento principal: la teoría de los centros de origen de las plantas cultivadas. Resultó que estos centros se localizaban en varias áreas geográficas relativamente pequeñas distribuidas por el globo, especialmente en las áreas montañosas de Asia, África, a los largo de la costa mediterránea y en América del Sur, Central y Norteamérica. En un

* F. Bakhteyev 1968, v. Nota pág. 336.

principio Vavílov diferenció cinco centros, después el número subió a ocho, pero en sus últimos escritos distinguía solo siete centros básicos.

Como resultado adicional de estas investigaciones, se descubrieron algunos períodos antiguos de la historia de la humanidad. Según las teorías generalmente aceptadas en aquella época, las civilizaciones agrícolas se habían originado en los valles de grandes ríos como el Nilo en África, Tigris y Éufrates en Oriente Medio, Indo y Ganges en la India, y Yangtsé y Huang He en Asia. Las investigaciones de Vavílov mostraban, sin embargo, que la composición varietal de los cultivos no era muy rica en esas regiones. También demostró que los grandes valles fluviales no podían haber sido las cunas de las civilizaciones agrícolas por otra razón: una vez establecidos, los nuevos asentamientos en esos lugares no podían protegerse y podían caer víctimas de ataques devastadores. Las civilizaciones agrícolas solo podrían haber evolucionado en condiciones de considerable aislamiento del resto del mundo. Solamente una vez alcanzado un determinado tamaño pudieron expandirse a los valles fluviales, y alcanzar en ellos las cotas de civilización que todavía cautivan la imaginación de investigadores y turistas.

Vavílov demostró que en cada uno de los centros de origen se había desarrollado una civilización agrícola basada únicamente en las plantas nativas de cada enclave, es decir, se desarrollaron independientemente y no se adoptaron de ningún otro centro. Así quedó probado, por primera vez, que las diferentes razas humanas tienen las mismas capacidades en lo que a creatividad se refiere. En una época en la que se extendía por Europa la teoría hitleriana de la superioridad de la raza aria, de la que se decía que era más creativa que las demás, supuestamente solo capaces de imitarla, la revelación de Vavílov no tuvo solo importancia científica, sino también, y enorme, humanística. Sin embargo sus contemporáneos apenas entendieron el carácter revolucionario de la idea vaviloviana de un origen montano de las civilizaciones, razón por la cual, en *Cinco continentes*, vuelve repetidamente a su hipótesis, como si estuviera discutiendo con adversarios invisibles. Aunque solo hubiera hecho este descubrimiento, su nombre ya habría quedado inscrito de forma perenne en los anales de la ciencia.

En la actualidad, con muchos más hechos registrados en la senda que abrió Vavílov, los científicos reconocen doce centros vavilovianos independientes. Obviamente, los datos seguirán revisándose y precisándose con mayor exactitud. Sin embargo, las ideas y métodos de Nikolái Vavílov siguen formando, y siempre formarán, la base de tales desarrollos.

La singular belleza del trabajo de Vavílov estriba en que los centros de origen de las plantas cultivadas se descubrieron «con pluma y papel», es decir, de forma puramente teórica. Como lógica consecuencia, el científico decidió enviar expediciones a estos centros con el fin de recoger en ellos un buen número de especies y variedades para las colecciones y para probar su hipótesis de partida. Para ello, él mismo visitó los cinco continentes y se adentró en inaccesibles zonas montañosas, aguantando penalidades y arriesgando su vida.

La realidad, por supuesto, tuvo que interferir con los planes científicos. El planeta hervía con guerras y revueltas. La Rusia Soviética, con su demente política internacional, provocaba la desconfianza de todo el mundo, de modo que todos los ciudadanos de aquel país aislado por el «Telón de Acero» eran considerados espías en alguna misión dañina a las órdenes de las autoridades comunistas. De aquí la desconfianza y la denegación de visados de entrada, como describe con amargura Vavílov en su libro. Tales dificultades, artificialmente creadas, le obligaron a cambiar los itinerarios y, a veces, hubo de contentarse con no visitar el verdadero centro de origen sino únicamente las áreas contiguas al mismo. Estas cosas se reflejan, por supuesto, en *Cinco continentes*.

A esto debemos añadir que no podía escribir sobre la Rusia Soviética. La desconfianza hacia él tenía dos caras. En el extranjero, a Vavílov lo llamaban frecuentemente «rojo»; en Rusia era considerado un «especialista burgués», potencialmente sospechoso. Desde 1933 se le prohibió absolutamente abandonar el país. Como su abuelo, se había convertido en siervo del amo, el gobierno comunista.

En cualquier caso había conseguido visitar casi todos los centros que él mismo había establecido. A aquellos países a los que no pudo ir él mismo, envió colaboradores y estudiantes. En total, entre 1920 y 1940 se enviaron no menos de 140 expediciones dentro de la Unión Soviética y 40 por todo el mundo, y se visitaron 64 países diferentes.

Para 1940, el año en que Vavílov fue arrestado, la colección de plantas cultivadas recogida por el Instituto de Industria Vegetal albergaba 200 000 especímenes. Era la mayor del mundo. Las semillas no solamente se catalogaban sino que cada año se duplicaban en parcelas experimentales repartidas por todo el país. Las diferentes líneas se hibridaban para comprender con mayor profundidad su naturaleza genética. Las líneas más apropiadas para cada zona se ponían directamente en cultivo o bien se utilizaban como material genético para la hibridación o selección. Todo este trabajo, realizado por miles de colaboradores científicos, se llevaba a cabo según un programa general, diseñado y constantemente perfeccionado por Nikolái Vavílov.

En aquella época, los centros de origen todavía estaban básicamente aislados del mundo, y la agricultura en ellos todavía se mantenía prácticamente en el mismo nivel de hacía mil años. En nuestros días, las condiciones han cambiado. La expansión actual de la civilización ha llevado a que los centros vavilovianos estén amenazados. Algunas organizaciones internacionales han llevado más y más expediciones a estos centros, para preservar la riqueza de razas que se concentran en ellos. Sin embargo, ni siquiera las colecciones más ricas pueden reemplazar los bancos naturales de genes, y por ello la comunidad mundial de naciones trabaja sin descanso en la conservación de los centros vavilovianos. Naciones Unidas y otras organizaciones internacionales están actualmente dedicadas a este problema.*

Tras la proclamación de la «nueva política económica» por Lenin, la productividad de la agricultura en Rusia aumentó gradualmente. El progreso científico no era la menor de las

* Gore, A. 1992. *Earth in the Balance. Ecology and the Human Spirit*, pág. 132-136. Houghton Mifflin Co., Boston, New York, London.

explicaciones para esto, aunque solo con gran dificultad podían introducirse nuevas líneas seleccionadas en el sistema agrícola y utilizarse con nuevas tecnologías.

El crecimiento, lento pero sostenido, se detuvo en 1929, cuando Stalin comenzó su campaña para la colectivización masiva de la agricultura. Los campesinos fueron obligados a unirse en granjas colectivas a las que el gobierno pedía contribuciones en forma de provisiones obligatorias de granos, carne, leche y otros productos. Con frecuencia los requerimientos del gobierno excedían las capacidades de la colectividad, de modo que se dejaba sin nada de la cosecha a los campesinos, y aún quedaban en deuda con el gobierno.

Las consecuencias de la colectivización, que se completó en 1932, fueron catastróficas. Millones de campesinos murieron por la represión y el hambre; la productividad de los campos y los rendimientos del ganado declinaron rápidamente; se introdujo el racionamiento en las ciudades. Las autoridades necesitaban chivos expiatorios y, como antes, estos fueron los «especialistas burgueses» —esta vez los agrónomos y los mejoradores vegetales.

Entre los arrestados estuvieron los colaboradores más cercanos de Vavílov: Víktor Písarev, Nikolái Maksímov, Víktor Tаlánov y otros. Los acusaron de crear una organización conspiradora antisoviética, llamada *Partido de Trabajadores Campesinos* (en ruso, TPK), que por supuesto nunca existió. Por medio de la tortura, palizas y privación del sueño, se obligó a los arrestados a confesar delitos que nunca habían cometido, y a nombrar cómplices. Las pruebas contra Vavílov se pedían con tanta insistencia que llegaron a decir de él que era el líder de esa organización ficticia.

El *Decreto relativo al Arresto*, mencionado al comienzo, conserva entre sus líneas trazas de la desesperada resistencia de los acusados, obligados a aportar falsas pruebas contra Vavílov. Así, Víktor Písarev fue forzado a admitir que en el Instituto de Industria Vegetal se había establecido una «organización conspiradora», y que en ella «*habían encontrado asilo un número considerable de especialistas en agricultura de la llamada orientación Eseriana (socialista*

-revolucionaria)[*] *y de espíritu populista»*. Sin embargo, conseguir de Písarev pruebas directas contra Vavílov fue evidentemente imposible. Nikolái Kuleshov «reconoció» que, el año en que se enroló en el VIR (Instituto Soviético de Industria Vegetal), también entró en el TPK y, tras una presión adicional, añadió que *«Vavílov formaba parte de la organización»*. Tampoco pudo el profesor Tálanov resistir el trato que le dieron: le obligaron a admitir que el liderazgo del TPK estaba en manos de Vavílov, Tuláikov y Písarev.

Sin sospechar que él mismo estaba en peligro, Vavílov dirigió peticiones de libertad para los científicos arrestados, garantizando su inocencia. Más tarde sería acusado también de esto; sus peticiones se interpretaron como intentos para salvar de la persecución a 44 de sus compañeros. Sin embargo, Vavílov no fue arrestado en aquel momento. El material contra él fue simplemente guardado para el futuro. Los bolcheviques liquidaron solo a aquellos «especialistas burgueses» que, en su opinión, habían cumplido ya su tarea y podían ser sustituidos por «científicos socialistas», recientemente formados y descendientes de trabajadores y campesinos.

Vavílov todavía ocupaba una posición especial. Sus conceptos teóricos eran la base de trabajo en institutos de investigación, estaciones experimentales, laboratorios, departamentos universitarios y demás. Su arresto comprometería tales bases y conduciría a la parálisis de todo el sistema de trabajo puesto que no había otras guías conceptuales. El liderazgo bolchevique no podía permitirse aún deshacerse de Vavílov.

Cierto es que ya había aparecido en escena un estudiante «socialista», Trofim Lysenko, hijo de campesinos. Había propuesto un método de tratamiento preliminar de las semillas llamado «vernalización». Lysenko declaraba con firmeza que el uso exten-

---

* SR (pronunciado Eseri) es el acrónimo del Partido Social-Revolucionario. Antes de la Revolución de 1917 había sido uno de los partidos revolucionarios más radicales. Tras la Revolución rivalizó por el poder con los bolcheviques, pero fue aplastado como facción contrarrevolucionaria. Los «populistas» o *narodniki* (de la palabra rusa *narod*, pueblo, nación) eran políticos intelectuales próximos al Eseri pero no afiliados a ese partido.

sivo de la vernalización en la práctica agrícola suministraría al país millones de quintales adicionales de grano.

Su método no se había sometido a una estricta verificación experimental. Los científicos, incluyendo por supuesto a Vavílov, consideraban su aplicación práctica prematura y perjudicial. Pero los líderes bolcheviques abrazaron con entusiasmo la empresa de Lysenko. Ansiaban creer que por medio de la «ciencia socialista» sería posible restaurar lo que había destrozado la colectivización. Lysenko también sugirió otras innovaciones fraudulentas. Todas iban enmarcadas en retórica bolchevique, y cualquier duda sobre él se consideraba un delito contra el socialismo. Pero en 1933 Lysenko todavía no había reclamado el papel de *«principal agrónomo del país»*. Así pues, todavía era imposible reemplazar a Vavílov.

Ya en 1935, Vavílov comprendió que había caído en desgracia. Fue destituido del cargo de Presidente de la Academia de Ciencias Agrícolas e, inesperadamente, las autoridades prohibieron la celebración del 25º aniversario de su carrera científica. Las invitaciones se habían enviado ya a todo el mundo. Como respuesta, Vavílov recibió multitud de felicitaciones.

El científico austríaco Erich von Tschermak, uno de los fundadores de la genética, le escribió: *«Gracias a sus extremadamente importantes trabajos se ha ganado usted el reconocimiento de los biólogos de todo el mundo»*.

Otro de los fundadores de la genética, el holandés Hugo de Vries, señalaba: *«Acepte por favor mis sinceras felicitaciones por su 25º aniversario y esté seguro de mi profundo agradecimiento por sus trabajos. Todos le estamos reconocidos por su afirmación de que* "la formación de las especies ocurrió principalmente en las montañas y solo de forma secundaria en las tierras bajas". *Su fotografía... se encuentra frente a mí y me sirve como recordatorio diario de nuestras conversaciones»*.

Otro científico holandés, el Profesor Brockham, le escribió: *«El trabajo desarrollado por usted y su Instituto constituye el monumento más importante a la adaptación de la ciencia a la agricultura en este siglo... Ha triunfado usted comprendiendo el espíritu de los pueblos y* *sus logros nunca morirán. Espero que pueda seguir trabajando durante mucho tiempo todavía, y demostrando a todo el mundo lo que puede hacerse sobre la base de una organización con horizontes tan amplios».*[*]

En su país nativo, sin embargo, oscuros nubarrones amenazadores iban creciendo en torno a Vavílov. Las autoridades apoyaban cada vez más y más abiertamente a Lysenko, que ya por entonces lideraba una ofensiva en contra de las leyes fundamentales de la naturaleza a las que consideraba un invento de la ciencia burguesa. Negaba que existieran los genes y afirmaba que se podían crear nuevas líneas más productivas cultivando las plantas bajo las condiciones ambientales que fueran necesarias. De este modo introdujo opiniones que la ciencia había rechazado más de cien años antes. Vavílov se vio obligado a comprometerse en discusiones públicas con Lysenko, y a ponerse a la cabeza de la oposición a la «ciencia socialista».

En diciembre de 1936 tuvo lugar una batalla decisiva en una sesión extraordinaria de la Academia de Ciencias Agrícolas. Lysenko y sus secuaces atacaron con imputaciones políticas y demagogia los argumentos científicos de Vavílov, Muller y otros genetistas. Tras esta sesión el Gobierno Soviético canceló el Séptimo Congreso Internacional de Genética, que estaba previsto en Moscú en agosto de 1937.[†] La situación se hizo tan alarmante que en el diario The New York Times se publicó la noticia del arresto de Vavílov y del genetista de Kiev I. I. Agol, así como de restricciones impuestas a otro conocido genetista, Salomón Levit (Agol fue arrestado, de hecho, pero la noticia era inexacta en lo

* Los originales de estas cartas se conservan en los Archivos de Documentos Científicos y Técnicos, Carpeta Nº 9780 (el archivo del VIR), San Petersburgo. La cita es de: Reznik, S. 1968. *Op. cit.*

† La ubicación del Congreso se redirigió a Edimburgo, en donde se realizó en 1939. Vavílov fue elegido presidente, pero el Gobierno Soviético le denegó el visado de salida. En su discurso de apertura, el profesor Crew, nombrado presidente en su lugar, dijo: «*Me habéis invitado para un papel que Vavílov habría llevado a cabo a la perfección. Colocáis su túnica sobre mis hombros reluctantes y mi aspecto es grotesco, pero no olvidéis que esta túnica se hizo para un hombre mucho más grande*». La cita es de: Reznik, S., *op. cit.* pág. 308.

relativo a Vavílov). A raíz de esta noticia el genetista estadounidense Charles B. Davenport se vio obligado a enviar al Secretario de Estado una solicitud para que los Estados Unidos presentaran una protesta ante las autoridades soviéticas, *«en la forma diplomáticamente apropiada»*. Escribe Davenport en su carta sobre Vavílov:

«Los genetistas de todo el mundo consideran a Vaviloff (sic) *como el líder de la URSS en esta ciencia. Sus profundos conocimientos, sus amplias ideas y sus tremendas energías son de un valor incalculable, no solamente para la URSS sino también para la ciencia agronómica en todo el mundo. Dada la relación entre el progreso de la genética y la riqueza de la nación en la agricultura y en otros departamentos de la vida nacional, interferir en el trabajo de un hombre como Vavílov es no solamente cometer un suicidio nacional sino también propinar un buen golpe a la civilización»*.* El Departamento de Estado rehusó presentar una protesta oficial, pero informó a Davenport de que él mismo, como persona particular, podía enviarla a las autoridades soviéticas.

La suerte de Vavílov preocupaba a muchos de sus amigos en el extranjero, algo bien sabido por la policía política soviética. Lo más probable es que fuera esta la razón por la que incluso en 1937, cuando las persecuciones de Stalin alcanzaron su nivel máximo y casi todos los líderes de la agricultura y de las ciencias agrícolas habían sido arrestados, no estuviera Vavílov entre ellos. Sin embargo se había intensificado su caza. En el *Decreto relativo al Arresto* se citan fragmentos de las pruebas aportadas por el académico Tuláikov, arrestado en 1937 y fusilado poco después. Era un gran amigo de Vavílov y un hombre de coraje, lo que hace especialmente dolorosa la lectura de las pruebas que presentó. Tuláikov habló de ciertas deliberaciones imaginarias con Nikolái Bujarin (principal rival de Stalin entre los líderes bolcheviques) en 1928, en relación con la dirección del *Partido de los Trabajadores Campesinos*, y mencionaba a Vavílov como uno de los participantes en aquella reunión. Durante la misma, se decía, se había discu-

* La carta original, del 17 de diciembre de 1936, está en los Archivos Nacionales de los Estados Unidos de América, Washington DC, 592.6A771, págs. 2-3.

tido repetidamente la cuestión de si *«los contactos de Kondrátiev, Chayánov, Makárov, Vavílov y otros en el extranjero pudieran ser útiles para activar* "una opinión pública internacional" *contraria a la política del Partido Comunista Soviético de colectivización agrícola de la URSS»*.

Había calumnias aún más terribles en las pruebas de los académicos Aleksander Murálov y Gueorgui Meister, los profesores Aleksándrov y Sychov, y de otros más.

El lazo alrededor del cuello de Vavílov continuó tensándose durante otros tres años más. En 1938 Lysenko se hizo Presidente de la Academia de Ciencias Agrícolas y comenzó a hostigar con fuerza a Vavílov. Quería obligar a su principal oponente a reconocer públicamente sus «errores» y aceptar los conceptos erróneos de Lysenko. Vavílov entendió que haciendo tal reconocimiento formal tendría una oportunidad de salvar la vida. En un tiempo, Galileo había hecho eso mismo para contentar a la inquisición católica, y la historia no se lo reprocha. Pero Vavílov no podía traicionar a la ciencia.

En 1938 le contó a su amigo americano, el profesor Harry V. Harlan, que estaba luchando entre la espada y la pared, pero que nunca se rendiría.* Durante una de las discusiones con los partidarios de Lysenko, que habían logrado infiltrarse en el Instituto de Industria Vegetal, Vavílov afirmó: *«podéis llevarme a la hoguera, podéis quemarme, pero nunca renunciaré a mis convicciones»*.† Finalmente las autoridades se convencieron de que nunca conseguirían ponerlo a sus pies. Solamente había una solución: ATRAPARLO.

La investigación del caso Vavílov se alargó durante casi un año, pero el juicio solo duró unos pocos minutos. En la cámara

---

* Véase: Cohen, B. 1980. *Nikolay Ivanovich Vavilov – His Life and Work.* Tesis doctoral. Universidad de Texas, Austin.

† El texto estenografiado se conserva en los Archivos de Documentos Científicos y Técnicos, Carpeta Nº 9708 (el archivo del VIR), San Petersburgo. La cita es de: Reznik, S., *op. cit.*, 1968. En el *Decreto relativo al Arresto* el interrogador reproduce la frase de esta forma: *«Podéis enviarme a la hoguera por mis opiniones, pero no cederé ante nadie»*, pág. 15.

de torturas de la policía secreta Nikolái Vavílov soportó más de cuatrocientos interrogatorios durante 1700 horas. Se le sentenció a muerte y después, hipócritamente, se le «perdonó». La ejecución inmediata fue conmutada por 20 años de prisión.* En realidad fue dejado morir lentamente de hambre en la cárcel. Por amarga ironía del destino, la cárcel estaba en la misma ciudad de Sarátov, en la región del Volga, en donde Vavílov, en los comienzos de su turbulenta carrera, tanto había hecho por reducir el hambre en todo el mundo.

La tragedia de Vavílov fue haber intentado permanecer como científico libre en un país totalitario; haber sido un generoso investigador de la verdad en el campo del oscurantismo; y haber sido un hombre de altura moral entre gentes viles.

Poco después del arresto de Vavílov muchos de sus colaboradores y estudiantes fueron también arrestados y enviados al archipiélago Gulag. Entre los que fueron pasados por alto por los ejecutores de Stalin, muchos encontraron la muerte de otras maneras.

Durante los años de la Segunda Guerra Mundial, cuando Leningrado estaba sitiada por los alemanes y cientos de miles de personas morían en ella de hambre, los «reyes» de los diferentes departamentos se convirtieron en guardianes. Defendieron la preciosa colección de Vavílov del saqueo por parte de los hambrientos. Ni ellos tenían lo suficiente para alimentarse, e incluso murieron de hambre, pero la colección no se tocó. Hacía tiempo que Vavílov había sido arrestado, no había ninguna información sobre él, nadie sabía si estaba vivo o muerto, pero aquella «Babilonia» mantuvo la altura moral y los principios de la escuela de Vavílov. Como él mismo, sus científicos estaban dispuestos a dar sus vidas *«por el más insignificante fragmento de ciencia»*. Y así lo hicieron.

Vavílov fue derribado en mitad de su vuelo, como un ave herida. Ignorando el lazo que se cerraba a su alrededor, continuó trabajando en la ciencia hasta el último día. Estaba lleno de planes nuevos y había comenzado pero no terminado muchos artículos. Entre estos estaba su libro *Cinco continentes*, en el que Vavílov pensaba relatar sus viajes a un amplio círculo de lectores.

* Cartas de Nikolái Vavílov a Lavrenti Beria.

Durante 20 años el libro se había considerado perdido. Pero su estenógrafa, A. S. Míshina, a quien había dictado sus recuerdos, había escondido el precioso manuscrito con riesgo para su propia vida. A comienzos de los 1960, cuando de forma póstuma se habían levantado los cargos políticos contra él, reveló que había conservado el manuscrito.

Vavílov nunca terminó *Cinco continentes*, pero conservó el esquema del libro. Guiados por este, los editores soviéticos incluyeron en el libro algunos artículos publicados por Vavílov, que tratan de países que visitó pero sobre los que no pudo incluir nada en sus memorias. Aunque suplementan bastante bien el texto de *Cinco Continentes*, ocasionalmente difieren del resto en estilo y estructura.

En la descripción de sus viajes Vavílov no mencionó sus polémicas con Lysenko, pero el eco de estas sigue estando presente en el libro. Acusado de antimarxismo, alienación de las prácticas agrícolas y deslealtad al régimen soviético, Vavílov trató a veces de desligarse de estos cargos y empezó a hablar, no en su propio lenguaje sino en el de los propagandistas soviéticos. Pero estos casos son pocos en el libro; son breves y prácticamente nunca afectan al contenido.

Anexo I

Fotografías de los viajes

La mayoría de estas fotografías fueron tomadas por N. I. Vavílov en el curso de sus viajes, y se conservan en el Instituto N. I. Vavílov (VIR) de San Petersburgo. Marcamos con asterisco* las que aparecieron en la edición original de 1962. Las demás hasta la número 60, junto con la de la pág. 40, se publicaron en la edición en inglés que publicó el Instituto Internacional de Recursos Genéticos Vegetales (IPGRI) en 1997. Las reproducimos aquí a partir de dicha edición, con excepción de los n°s 32, 34, 36, 50 y 51, que provienen directamente de la edición de 1962. La fotografía nº 61, junto con la del frontispicio y la de la pág. 330, también proceden del VIR y no se publicaron en ninguna de las ediciones mencionadas. Su inclusión en esta se debe a la amabilidad de los Dres. Margarita Vishniakova, Igor Loskutov y Serguéi Shuvalov, investigadores del VIR.

1. Irán. Familia campesina con su pobre cosecha de trigo.

2. Irán. Trabajando con el arado.

**3.* *Afganistán. Palomares para recoger estiércol de paloma.*

**4.* *Afganistán, Nuristán. Los guías desde Wama.*

5. *Afganistán. La caravana en el camino hacia Herat.*

*6. *Afganistán. Barbero ambulante.*

7. *Afganistán. Viviendas en el Nuristán, cerca de Pashki.*

8. Afganistán. El jinyuk, Pistacia khinjuc, *(parte oriental del desierto de Helmand, 1400 msm).*

9. Afganistán. Trilla de la cebada desnuda, en Bamiyán, 3100 msm.

10. Sinkiang. Una vista de la cordillera del Tian Shan.

11. Sinkiang. Kirguises y yaks.

12. Sinkiang. Campesino de la región de Kasgar.

**13. Japón. Almiar de paja de arroz, forma común de cosechar en Hokkaido.*

14. Japón. Empacando rábanos gigantes (daikon) en Kagoshima.

15. Siria, tipo primitivo de arado.

16. Palestina, la caravana de Vavílov en el camino de Jerusalén a Nablus.

17. Túnez, mercado en la capital.

**18. Abisinia, Harar. Campesino somalí.*

**19. Abisinia, grupo de acacias en la región de Harar.*

**20. Abisinia, Harar, pila de durra.*

**21. Abisinia, región de Harar. Molienda del durra.*

**22. Abisinia, mercado de la sal en Góndar.*

**23. Abisinia, abriendo el suelo para sembrar durra.*

**24. Abisinia, Dangala, curso superior del Nilo. La cesta contiene unas tortas a base de higos.*

25. Abisinia, Mujer vendiendo pimientos en Ankober.

**26. Venta de caña de azúcar en el mercado de Adís Abeba.*

27. Abisinia, arado abisinio al norte de Fiche (Góndar).

28. Abisinia, un descanso de la caravana bajo los árboles en el norte del país.

29. Eritrea, un baobab (Adansonia digitata).

30. Eritrea, euforbia arborescente en forma de candelabro (Euphorbia reinhardtii).

31. *Sicilia, trillando el trigo.*

**32. España. Antiguo arado en las aldeas de montaña de la Sierra de Guadarrama. [Ed. 1962]*

33. *Sicilia, trabajando el campo con el arado romano.*

**34. EE. UU. Molino indígena. [Ed. 1962]*

35. EE. UU. Plantación de papayos en California.

**36. México, mortero maya de piedra que se ha conservado en algunas aldeas. [Ed. 1962]*

**37. México, cultivo de maíz en las cercanías de la capital, fuertemente infestado de teosinte.*

38. México, un mercado con artículos de maguey (Agave atrovirens) *a la venta.*

39. México, típico arado de tipo «egipcio» utilizado por los indígenas en Oaxaca.

40. México. Pozo para el riego, en las cercanías de Mitle (Oaxaca).

41. México. Venta de chapulines (insectos) en el mercado de Oaxaca.

42. México. Mercado en Oaxaca.

43. México. Campesino.

44. Guatemala, aldea guatemalteca.

45. Guatemala. Mujeres de camino al mercado de Antigua.

46. Guatemala. Indígena con un calabacino como cantimplora.

47. Honduras, granja en la zona tropical.

48. Honduras. En el bosque tropical.

49. Honduras. Plantación de abacá.

**50. Perú, indígena con llama. [Ed. 1962]*

**51. Perú. Arado de mano. [Ed. 1962]*

52. Perú, llamas en las proximidades de Cuzco.

53. Perú-Bolivia, balsa de totora en el lago Titicaca.

54. Bolivia. Bosquete de quinos en las montañas.

55. Brasil. Trabajo en un cafetal.

56. Brasil. Base de una ceiba (o kapok) en el bosque del delta amazónico.

57. Brasil. Indígenas en el bosque del estado de Paraná.

58. URSS, Transcaucasia. Contenedores de vino (1936).

59. URSS, Cáucaso septentrional. Estación Experimental del VIR en Maikop (1936).

60. URSS, Expedición por Transcaucasia

61. Vavílov observando los trabajos agrícolas en Ahalcalan, Georgia (1936).

Anexo II

Apuntes sobre los trigos de *Cinco continentes*

En general se reconocen alrededor de una veintena de especies de trigo, *Triticum* sp. pl., aunque el número exacto varía de unos autores a otros. En su texto, Vavílov menciona diez de ellas, nueve cultivadas y una silvestre. Adelantemos que hoy en día solamente dos tienen importancia significativa a escala global, el trigo harinero, candeal o común, *T. aestivum*, con cuya harina se hace el pan y es la especie alimenticia más cultivada en el mundo, y el trigo duro, *T. durum (T. turgidum* subsp. *durum)*, fuente del cuscús y de la harina para pasta. Teniendo en cuenta sus afinidades citogenéticas y moleculares, las especies de trigo conforman cinco grupos o «especies» en un sentido biológico más amplio, de manera que podemos utilizar esta nomenclatura para mayor facilidad. Así, los diez trigos que aparecen en *Cinco continentes* corresponden a tres de estas grandes «especies»: *T. monococcum*, *T. turgidum* y *T. aestivum*. La principal diferencia entre ellas estriba en su dotación cromosómica: número de cromosomas y origen de estos. Los trigos de *Cinco continentes* son los siguientes:

Trigos diploides. Tienen 14 cromosomas del tipo llamado A ($2n$ = 14, genoma AA). Están entre las primeras plantas domesticadas, a comienzos del Neolítico en Asia Menor (hace unos 10 000 años). La especie principal proviene de un trigo, *T. monococcum* subsp. *boeoticum*, que Vavílov no menciona en su texto pero que todavía es silvestre en esa región. Este es el origen del genoma A. De este trigo se domesticó, en los comienzos del Neolítico en Asia Menor, el **trigo carraón** (o escaña menor), *T. monococcum* subsp. *monococcum* (fig. 31). ¿En qué consistió esta domesticación? En los cereales silvestres, cuando la planta está en fruto se desarticula la inflorescencia, de manera que los frutos, envueltos en sus hojitas protectoras (brácteas o glumelas), caen al suelo y de esa forma se disemina la planta (v. pág. 178). El proceso de domesticación consistió fundamentalmente, como en otros casos, en seleccionar para la siguiente siembra plantas en las que la inflorescencia no se desarma en la madurez, manteniendo los frutos sin caer. Esto se haría de forma prácticamente inconsciente pues, siempre que haya alguna planta con menor tendencia a la desarticulación, sus granos serán cosechados con mayor probabilidad que los de las otras. Con el tiempo, casi todas las plantas habrían perdido la capacidad de diseminarse espontáneamente, y habrían pasado a depender de los humanos para su propagación (esto es una planta «doméstica»). Así pueden cosecharse con facilidad, pero después hay que separar los frutos mediante la trilla. Estos primeros trigos son vestidos, es decir, que los granos se mantienen cubiertos por las hojillas que protegen la flor (llamadas glumelas, v. nota 11).

El cultivo del trigo carraón, como el del resto de especies, exceptuando las dos mencionadas al comienzo, disminuyó mucho durante el siglo pasado, hasta el punto de desaparecer en muchos lugares. Se cultivaba por su rusticidad, aunque con un uso fundamentalmente forrajero en los últimos tiempos. En España, en donde lo vio Vavílov, todavía se cultivaba a finales del siglo XX en puntos aislados de las provincias de Cádiz, Córdoba y Jaén, y aún estaba más extendido en el norte de África (L. Peña-Chocarro 1999, *Prehistoric Agriculture in Southern Spain during the Neolithic and Bronze Age*, Oxford).

Trigos tetraploides. Tienen 28 cromosomas, de dos orígenes diferentes, llamados A y B ($2n$= 28, AABB). Este amplio grupo forma parte, como el anterior, del núcleo fundacional de la agricultura en Oriente Medio, y se domesticó también en Asia Menor a partir de la **escaña silvestre**, *Triticum turgidum* subsp. *dicoccoides*, un trigo que, al haberse formado naturalmente por hibridación entre otras dos especies, incorpora los dos juegos de 14 cromosomas (= genomas) diferentes, A y B. Este es el famoso trigo silvestre del que habla Vavílov, primero en Irán y luego en Siria y Palestina.

La domesticación de la escaña silvestre sería un proceso similar, y paralelo, al descrito para el trigo carraón. La **escaña** cultivada, *T. turgidum* subsp. *dicoccum* (figs. 25, 29 y 33), es también un trigo vestido en el que la inflorescencia se mantiene entera tras la maduración de los frutos. Ha sido un trigo de gran importancia histórica en la alimentación humana, que Vavílov menciona en Irán, ligado a la población armenia, en Abisinia y en España, en donde la encuentra en Asturias y en Navarra. En Asturias, en donde se llama «povia» o «pavia», se sigue cultivando en la actualidad del mismo modo que relata Vavílov, mezclada con la espelta (q. v.) en los campos de «escanda». En Navarra, en donde se llamaba «ezkandia», se cultivó hasta los años 60 (L. Peña-Chocarro &

L. Zapata 1997, El Triticum dicoccum (ezkandia) en Navarra, *Zainak* 14). De Navarra se lo envió el agrónomo Azanza a San Petersburgo. (v. pág. 287 y nota 75). En Etiopía hay una serie muy original de trigos relacionados con la escaña, que estudió preliminarmente Vavílov, pero que todavía no está del todo aclarada. Suelen incluirse en una subespecie particular, *T. turgidum* subsp. *abyssinicum*.

El grupo de trigos tetraploides está muy diversificado y comprende, además de la escaña, varios tipos de trigos (aquí considerados como subespecies). El más importante en la actualidad es el **trigo duro**, *T. turgidum* subsp. *durum* (figs. 19, 21 y 22), un trigo desnudo cuyo endosperma es el ideal para hacer la pasta y el cuscús. Por esta razón es el segundo trigo más cultivado en el mundo, sobre todo en zonas con veranos cálidos. Vavílov lo menciona en Irán, pero principalmente en los países mediterráneos y en Abisinia, en donde, igual que sucede con la escaña, hay toda una serie muy original de trigos duros (como los trigos duros sin aristas que menciona el autor). La introducción de su cultivo en los EE. UU. se debió en gran medida al empeño del agrónomo Mark Carleton (Anexo III).

Las dos últimas especies de este grupo mencionadas en el texto son el **trigo redondillo** o inglés, *T. turgidum* subsp. *turgidum* (fig. 7) y el **trigo persa**, *T. turgidum* subsp. *carthlicum* (fig. 2). El primero lo encuentra Vavílov en Herat, Afganistán (con el nombre de «zafrani»), en Grecia y en Navarra. Fue llamado también «trigo del milagro» por la facilidad con la que produce espigas ramificadas. Del segundo, Vavílov solo nos dice que es especialmente resistente al oídio y que lo buscó sin éxito en Irán para terminar encontrándolo en Daguestán.

Trigos hexaploides. Estos trigos se originaron cuando ya estaba bien establecido el cultivo de los anteriores, por hibridación espontánea entre un trigo tetraploide cultivado y otro diploide, silvestre. Tienen 42 cromosomas, de tres orígenes: los mismos A y B del grupo anterior, más un tercero, el D ($2n= 42$, AABBDD) aportado por el otro progenitor. Por esta razón no existe ninguna especie silvestre de trigo hexaploide. El citogenetista japonés H. Kihara (Anexo III) descubrió que el genoma D proviene de *Aegilops tauschii*, una especie diploide que vive en Asia Interior. El origen de estos trigos fue, por tanto, más tardío que el de los anteriores, pues hubo de pasar un tiempo hasta que el cultivo de los trigos tetraploides se extendiese desde Asia occidental hasta aquella región.

La especie más importante del grupo, y de todos los trigos, es el **trigo harinero**, trigo candeal o común, *Triticum aestivum* subsp. *aestivum* (fig. 1), la planta alimenticia más cultivada del mundo, absolutamente básica en la alimentación a escala mundial. Como el trigo duro, es un trigo desnudo, es decir que en la trilla sale el grano completamente libre de las hojitas que envolvían la flor, de modo que el procesado posterior es mucho más sencillo. Los curiosos «trigos de oasis», que describió Ducellier y se mencionan en el capítulo de Argelia, se incluyen en esta subespecie. También suele incluirse, porque apenas difiere genéticamente, el **trigo enano** que menciona en un par de ocasiones, en Afganistán y en el delta del Amu Daria, al que se ha llamado *T. aestivum* subsp. *compactum*, y en castellano, mazorro.

Por último, al relatar su visita a Asturias, Vavílov habla con cierta emoción de la **espelta**, *T. aestivum* subsp. *spelta* (figs. 28 y 32, y nota 72), un trigo hexaploide bastante especial, vestido. En la primera mitad del siglo XX su origen se relacionaba con el Sur de Alemania y Suiza, en donde se había datado desde la edad del bronce. Después se localizó en varias localidades arqueológicas en Asia, algunas dentro de la región en la que probablemente se originó el trigo harinero, lo que hace pensar que quizá pudo originarse junto con aquel. Sin embargo, a diferencia de las otras especies, que se fueron extendiendo por el Mediterráneo, los hallazgos arqueológicos durante el Neolítico parecen indicar una expansión hacia el oeste por una ruta septentrional, extramediterránea. En Asturias se sigue cultivando hoy, como describe Vavílov, en los campos de «escanda», en los que también aparece mezclada la escaña. Para diferenciarlas, suelen llamar localmente «fisga» a la espelta (y «povia» a la escaña, como hemos dicho). Con estos trigos, en los que la espelta es el mayoritario, se sigue haciendo el pan de escanda, muy apreciado en esa región.

Anexo III

Breves noticias biográficas

[Incluimos, hasta donde nos ha sido posible, unos breves datos sobre los científicos y otros personajes poco conocidos mencionados por Vavílov. El acrónimo USDA es el Dpto. de Agricultura de los EE. UU.]

Aaronsohn, Aaron (Bacau, 1876–1919). Agrónomo de origen rumano, emigró a los 6 años con su familia a Palestina. Estudió en Francia y trabajó en Palestina desde 1896. Su redescubrimiento del trigo tetraploide silvestre *(Triticum dicoccoides)* tuvo gran resonancia. Las hipérboles a las que alude Vavílov en relación con este hecho estarían seguramente encaminadas a la búsqueda de fondos. Invitado por el USDA, visitó los EE. UU. en 1909-1910, y consiguió financiación para crear la estación agrícola a la que se refiere Vavílov, en Atlit, cerca de Haifa. David Fairchild (q. v.) le ayudó a establecer los necesarios contactos entre los judíos adinerados norteamericanos. En 1919 falleció en accidente de avión sobre el Canal de la Mancha.

Abu Zakariya, conocido como Ibn al-Awwam (fl. 1175, Sevilla). Autor de un famoso Libro de Agricultura *(Kitāb-al-Filāha)*, compilación muy completa y documentada, uno de los tratados sobre cultivos más importantes en occidente durante el medievo. La traducción al castellano que refiere Vavílov es la de J. A. Banqueri (1745-1818).

Achard, Edmond Louis. Ingeniero agrónomo y funcionario colonial. A comienzos del siglo XX era inspector de agricultura en Conchinchina, y en los años 20, consejero agrónomo del Alto Comisariado de Francia en Siria y Líbano, en donde lo conoció Vavílov. Publicó algunos artículos sobre cultivos (algodón, caucho) y sobre la situación agrícola de Siria.

Akemine, Masao. Agrónomo y mejorador genético japonés. Fue profesor en la Universidad de Hokkaido, y trabajó fundamentalmente en la genética y biología del arroz. En 1933 publicó el catálogo al que hace referencia Vavílov: una lista de las especies cultivadas en el mundo, excluyendo las ornamentales y las forestales: entre 1239 y 1436 especies.

Amanulá Khan (1892-1960). Soberano del Reino de Afganistán entre 1919 y 1929. Consiguió la independencia de su país de los británicos en la tercera guerra anglo-afgana (1919). Sus intentos de modernizar el país y dotarlo de una constitución (1923) condujeron a las revueltas tribales de las que se habla en el texto.

Azzi, Girolamo (Imola, 1885-1969). Agrónomo italiano, que trabajó para el Instituto Internacional de Agricultura de Roma, embrión de la FAO (v. nota 55). Políglota y hombre de amplia cultura e intereses, en 1923 ocupó la primera cátedra italiana de ecología (Ecología Agrícola, Univ. de Perugia). Mantuvo relación con Vavílov, a quien visitó en su Instituto. Entre sus publicaciones, alcanzaron resonancia sus trabajos sobre la ecología del trigo en Italia (1922), y posteriormente en el mundo (1927), y su tratado *Ecologia Agraria*, traducido a 6 idiomas.

Baldrati, Isaia (1872 -¿?). Agrónomo italiano, director del Servicio Agrario en la colonia de Eritrea entre 1902 y 1918, después director de colonización. En los años 20 se ocupó principalmente de la administración de sus propiedades en aquel país. A la vuelta a Italia fue profesor de agricultura tropical en Pisa y en Florencia, en esta última universidad hasta 1947.

Baratov, Nikolái Nikoláievich (1865-1932). General de caballería ruso. En 1916 estaba al mando del Primer Cuerpo de Cosacos del Cáucaso, combatiendo a las fuerzas germanófilas otomanas para impedir su entrada en Persia. Se exilió en Francia en 1920.

Battandier, Jules Aimé (Ardéche, 1848–1922). Botánico y farmacéutico francés, profesor de botánica y director de la Farmacia del hospital Mustapha en Argel. Colaborador y amigo de Louis Trabut (q. v.), y experto en flora argelina. Además de publicaciones sobre plantas medicinales, publicó (con Trabut y René Maire) un *Atlas de la flore d'Algerie* en 5 fascículos (1886-1920).

Baur, Erwin (Ichenheim, 1875-1933). Botánico y genetista alemán. Desde 1928, director del *Kaiser-Wilhelm Institut für Züchtungsforschung* (investigación en mejora genética), llamado *Erwin Baur Institut* a partir de 1938. Tras el éxito de la expedición de Bukásov y Yuzepchuk (q. v.), el Instituto de Baur envió a su colaborador Rudolph Schick (1905-1969), que recogió material de patatas en Perú, Bolivia y Argentina. A Schick lo despidieron los nazis en 1937, y trabajó en esa época en empresas privadas. Después de la guerra, Schick trabajó en varios centros de mejora en la RDA, y fue profesor y rector de la Universidad de Rostock.

Benoit, Pierre (Albi, 1886–1962). Novelista y académico francés. Su novela *L'Atlantide* (1919), un relato fantástico ambientado en el Sáhara, tuvo un considerable éxito en su día.

Besredka, Aleksander Mijáilovich (Odessa, 1870-1940). Biólogo ucraniano, nacionalizado francés en 1910. Ayudante y colaborador de Méchnikov en el Instituto Pasteur, en donde lo conoció Vavílov, contribuyó al desarrollo de la inmunología, de las vacunas y de las terapias antivirales.

Boerger, Alberto (Foerde/Grevenbrück, 1881-1957). Agrónomo alemán contratado en 1911 por el Gobierno de Uruguay para trabajar sobre la mejora genética de los cultivos. Creó, a partir de una estación experimental agronómica (La Estanzuela), un verdadero Instituto de Investigación, en el que se produjeron muchas variedades mejoradas de trigo, cebada, maíz, lino, alfalfa, etc.

Boeuf, Félicien (Ruffey, 1874 -1961). Agrónomo y mejorador francés. Fue profesor en la Escuela colonial de Agricultura de Túnez, y desde 1914, director de Agricultura (llamado Servicio de Botánica a partir de 1932). Sus trabajos principales fueron el estudio y la mejora de los trigos tunecinos, que recopiló en una importante obra en 1935. Publicó también textos sobre mejora genética.

Bogushevski P. N. La única información que de él tenemos son algunas publicaciones suyas sobre árboles frutales del Kopet Dag (1932) y sobre higueras centroasiáticas (1935).

Bolívar y Urrutia, Ignacio (Madrid, 1850-1944). Zoólogo madrileño, catedrático de entomología en la Universidad Complutense y director del Museo Nacional de Ciencias Naturales. Miembro fundador de la Sociedad de Historia Natural, fue un entomólogo prestigioso, especialista en ortópteros. Bajo su dirección, el museo alcanzó un nivel muy alto en la calidad de sus exhibiciones, con naturalizaciones muy logradas de escenas del natural (v. nota 62). Junto con su hijo Cándido, creó en el Museo la revista de entomología *Eos*, de carácter internacional, activa hasta 1994. Tras la guerra civil, los Bolívar se exiliaron en México.

Su hijo menor, también mencionado por Vavílov, **Cándido Bolívar Pieltáin** (Madrid, 1897-1976), fue entomólogo y le sucedió en la cátedra universitaria, aunque tuvo una actividad más política que el padre. Durante la República llegó a ser secretario de Azaña. Durante el exilio mexicano fue profesor en el Instituto Politécnico Nacional.

Bóndar, Grigori Grigórievich (1881-1959). Agrónomo ucraniano, especialista en entomología. En 1910 se trasladó a Brasil, en donde trabajó para la estación agrícola de Campinas. En 1932, cuando se lo encuentra Vavílov, acababa de ser nombrado director del *Instituto* *de Cacau*, creado ese mismo año en Bahía. Bóndar publicó artículos científicos y de divulgación sobre entomología aplicada y sobre palmeras de Brasil, grupo en el que también fue experto.

Bonelli, Michelangelo (Corneliano d'Alba, 1869-1961). Agrónomo piamontés, especializado en trabajos de hidráulica y fertilización. Sus primeros trabajos en Umbría, reorganizando los terrenos y modernizando las técnicas de cultivo y de los sistemas de riego fueron muy reconocidos por su contribución a la desaparición de la malaria. Fue el creador del parque de Villa Bonelli, en Roma.

Bouloumoy, Louis (m. 1926). Nada sabemos de esta persona, aparte de la información que nos da Vavílov, que era jesuita y había trabajado durante 20 años en la flora de Siria y del Líbano, obra que se publicó en dos volúmenes (texto e ilustraciones) en 1930.

Bukásov, Serguéi Mijáilovich (1891-1983). Agrónomo y botánico ruso, especialista en patata. En 1918 comenzó a trabajar para el VIR, cuyo departamento de patata llegaría a dirigir más adelante. En 1925, enviado por el VIR junto con Yu. N. Voronov, recorrió México, Guatemala y Colombia estudiando sus cultivos, y principalmente los de patata. A su vuelta publicó, junto con S. V. Yuzepchuk (q. v.), una serie de artículos describiendo muchas especies nuevas, silvestres y cultivadas. La expedición de Bukásov y Yuzepchuk por tierras americanas, que supuso el inicio del estudio científico de las patatas, estimuló a investigadores de otros países (v. Baur), que a su vez visitaron las localidades andinas para recolectar y estudiar material.

Bukínich, Dmitri Demiánovich (1882–1939). Agrónomo ruso, especializado en ingeniería hidráulica. Aficionado a la fotografía, la etnografía y la arqueología, descubrió algunos asentamientos neolíticos en Turkmenistán. Participó en diversas expediciones por Asia Central, con fines etnográficos, arqueológicos o naturalistas, como la de Vavílov a Afganistán en 1924, en la que tanto Bukínich como V. N. Lébedev (q. v.) viajaban como enviados por el comisariado del pueblo para Asuntos Exteriores, para así poder obtener el permiso de entrada en Afganistán. En 1929 publicó con Vavílov una obra sobre el Afganistán agrícola. En 1939, abrumado por el ambiente de terror, se quitó la vida.

Burbank, Luther (Lancaster, Massachusetts, 1849-1926). Horticultor estadounidense, procedente de una familia de granjeros. Totalmente autodidacta y guiándose básicamente por la intuición, creó un buen número de variedades de plantas, alimenticias y ornamentales, que supo publicitar hasta alcanzar una fama muy considerable en su país. Una de sus plantas fue la chumbera sin espinas *(Opuntia* sp.), de la que habla Vavílov. Burbank había creado su variedad a comienzos del siglo XX, a través de numerosas hibridaciones según sus palabras.

Camargo, Theodureto Leite de Almeida (São Carlos, 1889-1958). Agrónomo brasileño, especializado en edafología y director de la estación agrícola de Campinas entre 1924 y 1942. Se preocupó de dar un carácter científico a los ensayos de la estación, promoviendo la investigación básica y contratando nuevos agrónomos. Creó la sección de Genética de la estación, que sería muy activa bajo la dirección de Carlos A. Krug (q. v.).

Carle, Georges (Montélimar, 1879-1945). Agrónomo francés, ingeniero jefe del Servicio de Colonización francés en Madagascar entre 1905 y 1922. Abandonado el cargo, trabajó por cuenta propia. En algún momento se trasladó a Marruecos, en donde se dedicó al cultivo de cítricos y algodón, y en donde falleció. El español Emilio Huguet del Villar (1871-1951) le dedicó un sentido agradecimiento por su ayuda para poder llevar a término su trabajo *Types de sol de l'Afrique du Nord* (1947).

Carleton, Mark Alfred (Ohio, 1866–1925). Agrónomo norteamericano. Comenzó estudiando la biología de las royas de los cereales, y enseguida entró a trabajar en el USDA. Muy interesado por el trigo, perseverante y tozudo hasta la obsesión, no cejó hasta que obtuvo el permiso para ir a Rusia a buscar nuevas variedades más resistentes. Introdujo un buen número de ellas, y en particular una buena serie de trigos duros que se mostraron muy resistentes a la roya. Hasta entonces apenas se cultivaba el trigo duro en aquel país, y Carleton hubo de convencer a agricultores, molineros y fabricantes de pasta de que aquella era la mejor opción. Con ello generalizó el cultivo de estos trigos en los Estados Unidos. A pesar de su notable éxito en la mejora de la agricultura cerealista norteamericana, serias dificultades económicas originadas por una serie de problemas médicos que afectaron a sus hijos le condujeron finalmente a aceptar préstamos de tratantes de grano, lo que supuso su despido fulminante en 1918. Tras trabajar unos años para la *United Fruit Company*, falleció en Perú cuando iniciaba un nuevo trabajo en una plantación algodonera.

Cavanilles, Antonio José de (Valencia, 1745-1804). Botánico español. sacerdote y hompre ilustrado, se interesó por la botánica a los casi 40 años de edad en París, pero enseguida comenzó a publicar obras muy valoradas en los círculos internacionales. En 1799 creó, junto con los químicos Proust y García Fernández y el geólogo Herrgen los *Anales de Historia Natural* (1799-1804), la primera revista española en este campo, muy activa pero que murió con su editor. En 1801 alcanzó la dirección del Jardín Botánico, cuyas colecciones aumentó considerablemente. Aun a pesar de su temprana muerte apenas a los tres años de haber comenzado a encargarse de esta institución, creó una importante escuela de botánicos, entre los que sobresalen Mariano Lagasca (q. v.) y Simón de Rojas Clemente (1777-1827).

Chevalier, Auguste (Domfront, 1873-1956). Botánico y explorador francés. Viajó extensamente por África y Asia tropical en misiones para la administración colonial, y también por Sudamérica. Muy interesado por las plantas cultivadas, fue director de una misión permanente de cultivos coloniales y jardines de ensayo y, en 1929, catedrático de agronomía colonial en el Museo de Historia Natural. Se le puede considerar como un pionero de la etnobotánica. Chevalier publicó profusamente, y en 1921 creó la importante *Revue de botanique appliquée et botanique tropicale* que, con diversos cambios de denominación, ha llegado hasta nuestros días (JATBA, *Journal d'agriculture traditionelle et de botanique appliquée*). Presidió la academia francesa de ciencias tras la 2ª Guerra Mundial.

Columela, Lucio Junio Moderato. Autor latino de origen hispano (Cádiz), conocido por su tratado de agronomía *Res rustica* (ca. año 50), y un *Liber de arboribus* que suele incluirse en el anterior. En este menciona el uso del olmo para apoyar el crecimiento de la vid, una costumbre extendida por otros territorios del imperio romano (v. pág. 251).

Comes, Orazio (Monopoli, 1848-1917). Botánico italiano, conocido sobre todo por sus aportaciones a la micología, fitopatología y agronomía. Trabajó en el Instituto Superior Agrario de Portici (cerca de Nápoles), que dirigió entre 1906 y 1917. Enriqueció notablemente las colecciones de su museo, que actualmente lleva su nombre.

Cook, Orator Fuller (Clyde, Nueva York, 1867-1949). Agrónomo y entomólogo estadounidense especializado en algodón y plantas productoras de caucho, además de en miriápodos. Entró en 1898 en el USDA, y realizó expediciones por África, Centroamérica, México y Sudamérica. Como resultado de la visita a Palestina que refiere Vavílov, publicó su *Wild Wheat in Palestine* (1913).

Crespí Jaume, Luis (1889-1963). Naturalista madrileño, catedrático de agricultura en el Instituto-Escuela (1918) y vinculado al Museo de Historia Natural, en el que fue nombrado Jefe del laboratorio de ecología en 1933. Miembro de la Sociedad de Historia Natural desde 1915, publicó algunos trabajos sobre líquenes ibéricos. Depurado tras la guerra civil, permaneció inhabilitado durante 14 años, en los que subsistió trabajando como administrativo para un laboratorio madrileño. En

1954 pudo volver a ocupar una cátedra en un instituto de enseñanza media en Madrid.

De Benedictis, Antonio (Corato, 1891-1971). Agrónomo italiano, inspector general del organismo colonizador de la Tripolitania y la Cirenaica entre 1921 y 1931. Su experiencia en el medio rural y sus dotes de administración hicieron que el gobierno italiano le encargase dos proyectos para establecer colonias, uno primero en los años 30, en Libia, al que siguió otro de mayor envergadura, en los 50, después de la guerra y en plena depresión económica. Este último consistió en establecer una colonia italiana en Brasil, en Pedrinhas Paulista, en el estado de Sao Paulo. Desconocemos cuál pueda ser la obra sobre ecología de Eritrea a la que se refiere Vavílov. [Información que debemos a la amabilidad de su nieta, Paola Marinoni.]

Dorsett, Palemon Howard (Carlinville, 1862-1943). Agrónomo estadounidense, mejorador e introductor de plantas, una de las figuras fundamentales en la Oficina de Industria Vegetal del USDA, distinguido con la medalla Meyer en 1936. Fue un experto en todo tipo de flora cultivada y un gran amigo de David Fairchild (q. v.). Organizó y dirigió el Jardín para la introducción de plantas en Chico, California. Dirigió numerosas expediciones, sobre todo en Brasil, Centroamérica y Asia Oriental, para introducir plantas de interés económico en los Estados Unidos. La última de ellas fue la famosa expedición Dorsett-Morse, que durante dos años (1929-1931) se dedicó al estudio y búsqueda de variedades interesantes de soja y de otras plantas en Asia, y fue de gran importancia para el cultivo de la soja en los países occidentales. Durante la misma tuvo lugar el encuentro en Corea que relata Vavílov. Dorsett tuvo que soportar muchas desgracias familiares: la muerte de su mujer a temprana edad, la de sus dos hijas aún jóvenes y, ya en 1927, la de su hijo. En aquella expedición le acompañaba su nuera, que fue su secretaria en los últimos años. Estaba entonces muy interesado en el caqui, del que introdujo diversas variedades de interés.

Dubianski, Vladímir Andréievich (1877-1962). Botánico ruso. Hasta 1917 trabajó en el Instituto Botánico de San Petersburgo (actual Inst. Komarov), especializándose en la flora de los desiertos asiáticos. Exploró y trabajó particularmente en el desierto de Karakum, en Turkmenistán. Entró a trabajar en el VIR en 1924, y a partir de los años treinta participó en diversos proyectos de la administración para revegetar y estabilizar los desiertos arenosos, e implantar cultivos de regadío.

Ducellier, Léon Octave (Persac, 1878-1937). Agrónomo y mejorador francés. Profesor en la Escuela de Agricultura de Argel, sucedió a

Trabut en la estación agrícola y fue director del centro de investigación sobre trigos de Argelia. Trabajó en la mejora genética de casi todos los tipos de plantas cultivadas en Argelia.

Edison, Thomas Alva (1847-1931). El celebérrimo inventor norteamericano se embarcó en sus últimos años en la búsqueda de una fuente alternativa y práctica de caucho. En 1927 Edison, Harvey Firestone (1868-1938) y Henry Ford (q. v.), crearon una sociedad para investigar la posibilidad de obtener caucho a partir del látex de algunas especies de varas de oro (sobre todo *Solidago leavenworthii*, de Florida). Vavílov lo visitó en 1930, y Edison envió semillas el año siguiente al VIR.

Eig, Alexander (1894-1938). De origen bielorruso, emigró a los 15 años a Palestina, en donde se formó como agrónomo, empezando en 1925 a trabajar en la recién creada estación agrícola de Tel Aviv, por invitación de su creador, Otto Warburg (q. v.). Al año siguiente pasaría a la Universidad Hebrea de Jerusalén, en donde creó el departamento de botánica, junto con otros botánicos. Fue un estudioso muy notable de la flora de Palestina, y cofundador del Jardín Botánico de Israel en el Monte Scopus, pero falleció a la temprana edad de 44 años.

Engler, Adolf (1844-1930). Botánico alemán, muy influyente en botánica sistemática. Su sistema de clasificación fue el más utilizado hasta los años 70 del siglo XX. Su estudio sobre la flora y la vegetación de África Oriental *(Die Pflanzenwelt Ost-Afrikas und der Nachbargebiete)*, al que se refiere Vavílov, se publicó en 1895.

Ettinger, Akiva Jacob (Vitebsk, 1872-1945). Agrónomo de origen bielorruso, formado en San Petersburgo y Bonn. Trabajó para la Asociación Judía de Colonización (ICA), primero en el sur de Rusia y luego como consejero de los asentamientos judíos en Argentina y Brasil. En 1918 se estableció en Palestina y dirigió hasta 1925 el departamento de asentamientos de la ejecutiva sionista. Sus proyectos aunaban la ganadería y el cultivo de frutales, especialmente vides. Entre 1926 y 1936 estuvo a cargo de la adquisición de tierras por el Fondo Nacional Judío. [Agradecemos la identificación de esta persona al Dr. Meni Neuman, director del Jardín Botánico del Monte Scopus, Jerusalén].

Fairchild, David Grandison (1869-1954). Botánico y explorador norteamericano. Comenzó trabajando como fitopatólogo, pero tras un periodo formativo en Europa y algunos viajes para recoger y enviar plantas al USDA, se incorporó en 1897 al Programa de Introducción de Plantas de ese ministerio, que dirigió desde el año siguiente hasta su jubilación. Viajó por todo el mundo, y es responsable de la introducción en Estados Unidos de un buen número de especies vegetales, tanto ornamentales como de interés agrícola. Fue un buen amigo de Vavílov.

Ferrier, Jean-Paul (a veces también escrito Jean-Pierre). Militar francés que en 1845 intentó cruzar Afganistán en solitario, para acceder a la India desde Persia. Con el país en un estado sumamente inestable tras la primera guerra anglo-afgana (1830-1837), no pudo lograr la hazaña, pero relató sus aventuras y experiencias en un libro en dos volúmenes, publicados en inglés en 1856.

Fiori, Adriano (Casinalbo, 1865-1950). Botánico italiano, autor de numerosas publicaciones sobre flora y vegetación y sobre botánica forestal. Destaca entre ellas su gran síntesis florística *Nuova Flora Analitica d'Italia* (1923-1929), a la que acompañó una iconografía de la flora italiana. Trabajó en las universidades de Turín y Padua y, a partir de 1913, ocupó la cátedra de botánica forestal en el Instituto Superior Forestal de Florencia.

Flaksberger, Constantín Andréievich (Grodno, 1880-1942). Botánico bielorruso. En 1907 comenzó a trabajar con Regel (q. v.) en la entonces oficina de botánica aplicada (a partir de 1921, VIR) y llegó a ser uno de los mayores expertos internacionales en taxonomía de trigos. En 1941 fue arrestado junto a otros compañeros del VIR y encarcelado en Zlatoust (Cheliábinsk, Asia Central), en donde falleció poco después. Rehabilitado en 1955.

Ford, Henry (Greenfield, 1863-1947). Célebre industrial norteamericano que revolucionó la fabricación de automóviles en la segunda década del siglo XX. En los años veinte, buscando una fuente independiente de caucho —por entonces casi un monopolio de las colonias británicas en el sudeste asiático (v. Wickham)—, además de embarcarse en un proyecto sobre las posibilidades de algunas compuestas norteamericanas (v. Edison), trató de crear sus propias plantaciones de *Hevea* en Brasil, por medio de una concesión del gobierno brasileño *(Companhia Industrial do Brasil)*. Sin embargo, el árbol del caucho en el trópico brasileño se enfrentaba con un problema inexistente en Asia y África: el hongo *Microcyclus ulei,* parásito de *Hevea brasiliensis,* que en aquellas condiciones de monocultivo se convirtió rápidamente en una plaga. El proyecto en Fordlandia, que menciona Vavílov en las páginas dedicadas al Brasil, así como otro intento posterior en Belterra, fueron un fracaso.

Foucher, Alfred (Lorient, 1865-1952). Filólogo francés, arqueólogo e investigador de la antigua Bactria. En 1922 representó a Francia en la firma del Convenio que concedía a este país la exclusividad para la excavaciones arqueológicas en Afganistán, y presidió la Delegación Arqueológica francesa en ese país durante muchos años.

Fragoso (v. González Fragoso).

Franco, Alcides de Oliveira (Macaiba, 1897-1958). Agrónomo brasileño, director técnico en 1927 de los servicios del algodón del Ministerio de Agricultura de Brasil. Aunque Vavílov lo presenta como director del Jardín Botánico de Río de Janeiro, el director entre 1931 y 1934 era el médico Achilles Lisboa. Sin embargo, entre 1932 y 1938 el Jardín había sido adscrito al Instituto de Biologia Vegetal, que dirigía el botánico Paulo de Campos Porto, y en cuyo organigrama figuró Alcides Franco como Jefe de Ecología Agrícola hasta la desaparición del Instituto en 1938. Con posterioridad, Franco fue profesor y director de la *Escola Nacional de Agronomia*, formó parte de la dirección técnica de la *Sociedade Nacional de Agricultura* de Brasil y fue socio fundador y miembro del consejo de dirección de la *Sociedade Brasileira de Ciência do Solo*. [Información amablemente comunicada por Rosana Medeiros, directora de la biblioteca del J.B. de Río de Janeiro].

Fujii, Kenjiro (Kanazawa, 1866-1952). Biólogo celular y citogenetista japonés. Fue profesor en el Dpto. de Botánica de la Universidad Imperial de Tokio desde 1911, y director del primer laboratorio de genética de Japón, creado en aquel Departamento en 1918. Fujii, que había estudiado en Alemania, entendía la genética desde el punto de vista de la biología celular, y se le considera el padre de esta disciplina en Japón. En 1929, ya como profesor emérito, fundó la revista *Cytologia*, que rápidamente se convirtió en una publicación prestigiosa de ámbito internacional.

Godard, André (Chaumont, 1881-1965). Arqueólogo y arquitecto francés, estudioso del arte asiático. A partir de 1922 trabajó junto con su mujer, experta en lenguas orientales, en el reconocimiento arqueológico de Afganistán, y fruto de aquellas prospecciones fue la gran exposición que organizaron en el Museo Guimet de París en 1925, mencionada por Vavílov. Posteriormente, Godard fue director de los Servicios Arqueológicos de Irán (1928-1953 y 1956-1960).

González Fragoso, Romualdo (Sevilla, 1862-1928). Médico sevillano que se dedicó a la botánica y ejerció, en los inicios de su carrera, como conservador del herbario del Museo Nacional de Ciencias Naturales. A partir de 1912, tras un periplo científico de un año por Europa, se especializó en micología y llegó a ser el primer micólogo español reconocido internacionalmente. Inició el herbario de criptógamas del museo (trasladado al Jardín Botánico en 1928), y describió un gran número de especies y géneros nuevos. Miembro de la Sociedad de Historia Natural (miembro honorario a partir de 1921), suele considerársele como el padre de la micología española.

Grierson, George Abraham (1851–1941). Lingüista irlandés que trabajó entre 1871 y 1903 para la administración pública del gobierno británico en la India. Llevó a cabo un extenso estudio sobre los idiomas hablados en la India británica, un trabajo monumental al que dedicó 25 años tras su retiro.

Haberlandt, Gottlieb (1854-1945). Fisiólogo vegetal austríaco, pionero por su libro de anatomía fisiológica, *Physiologische Pflanzenanatomie* (1884), y por sus estudios sobre las posibilidades del cultivo de tejidos vegetales.

Hackin, Joseph (Boevange-sur-Attert, 1886-1941). Arqueólogo francés de origen luxemburgués. Licenciado en lenguas orientales, entró a trabajar en 1913 en el Museo Guimet de París, del que era conservador en 1923. Trabajó para la Delegación Arqueológica francesa en Afganistán, y asumió su dirección a partir de 1934. Falleció junto a su mujer durante la 2ª Guerra Mundial cuando, nombrado representante en la India por el gobierno De Gaulle, el barco en el que viajaban a su destino fue torpedeado y hundido a la altura del cabo Finisterre.

Hagenbeck, Heinrich (Hamburgo, 1875-1945). En 1913 sucedió a su padre, Carl Hagenbeck (1844-1913), en la dirección del zoológico Hagenbeck de Hamburgo, famoso por su diseño moderno y la espectacularidad de sus exhibiciones. Los Hagenbeck se dedicaron también al comercio internacional de animales salvajes, por lo que es probable que la expedición en Abisinia que menciona Vavílov tuviera como objetivo la reactivación de esta parte del negocio durante la depresión económica de la posguerra en Alemania.

Hall, Alfred Daniel (Rochdale, 1864-1942). Agrónomo británico, creador y primer director del Instituto Agrícola de Wye, y director de la estación experimental de Rothamsted (1902-1912), a la que modernizó y dio nuevo impulso. Ocupó diversos cargos como consejero agrícola en la administración, y en 1928 sucedió a William Bateson (1861-1926) al frente del Instituto Agrícola John Innes, en Merton, Londres. De amplia formación, experto en suelos, tulipanes, manzanas y otros cultivos, descubrió que la variegación en las flores se debe a virus transmitidos por áfidos, y escribió varios libros muy influyentes. Fue miembro de la Royal Society y vicepresidente de la Royal Horticultural Society.

Hansen, Niels Ebbesen (Ribe, 1866–1950). Agrónomo norteamericano de origen danés. Fue uno de los primeros científicos enviados por el Programa de Introducción de Plantas del USDA para recoger frutales y cereales en Rusia. En varias ocasiones entre 1896 y 1934 visitó diferentes regiones asiáticas, incluido el VIR en San Petersburgo. Entre sus muchas introducciones destacan las variedades de alfalfa resistentes a la sequía y al frío, y una buena cantidad de árboles frutales con los que desarrolló nuevas variedades en los Estados Unidos.

Harlan, Harry Vaughn (London Mills, 1882-1944). Agrónomo norteamericano. Trabajó para el USDA desde 1909, convirtiéndose en especialista en cebadas y participando en expediciones de recolección de plantas en África, Turquía y la India. En 1919 recorrió Europa como agrónomo en una misión de auxilio enviada por los Estados Unidos para paliar los efectos de la hambruna tras la 1ª Guerra Mundial. Fue gran amigo de Vavílov, y quiso enviar a su hijo Jack a formarse en el VIR, proyecto frustrado por la ola de oposición a la genética que empezaba a desatarse en la Unión Soviética en la década de los 30.

Harland, Sydney Cross (Snainton, 1891-1982). Genetista británico, especialista en genética del algodón. Director de la Estación Experimental dedicada al algodón en Trinidad, conoció a Vavílov en el 6º Congreso Internacional de Genética (1932) y se hicieron amigos de inmediato. Poco después de la visita que le hizo Vavílov en Trinidad a comienzos de 1933, viajó a la URSS y juntos visitaron varias estaciones agronómicas soviéticas, como relata en su autobiografía *Nine Lives*. Tuvo que dejar su puesto en Trinidad en 1935 (por haberse casado con una mujer de ascendencia china), pero continuó trabajando, siempre sobre el algodón, en la estación agrícola de Campinas en Brasil y en Perú. En 1949 volvió a Inglaterra como catedrático de genética en la universidad de Manchester. Escribió, junto con Cyril Darlington (1903-1981) la primera nota necrológica sobre Vavílov (en 1945, para *Nature*).

Hayes, Herbert Kendall (North Granby, 1884-1972). Agrónomo y genetista estadounidense. Experto en mejora genética, y muy conocido por el desarrollo del maíz híbrido. La estancia en China que menciona Vavílov se debe a que, en los años 1936-1937, fue asesor científico del gobierno de Nankín, dentro de un programa de cooperación de la fundación Rockefeller, similar a otro que había organizado unos años antes la Universidad de Cornell (v. Love). Ya jubilado, colaboró en otro programa similar de la Universidad de Cornell, en Filipinas.

Hedin, Sven Anders (Estocolmo, 1865–1952). Geógrafo y explorador sueco, que viajó extensamente y cartografió con precisión el Asia Central. Sus expediciones, enmarcadas en la vasta operación política conocida después como el Gran Juego (v. Przhevalski y Marc Aurel Stein), dieron lugar a importantes descubrimientos geográficos, arqueológicos y naturalistas. Su *Central Asia Atlas*, publicado en los 60 de forma póstuma, fue una aportación importante a la geografía de Asia central, poco conocida hasta entonces.

Heer, Oswald (Niederuzwil, 1809-1883). Geólogo y naturalista suizo, profesor de botánica en Zürich. Fue un pionero de la arqueobotánica. Quizá la principal de sus contribuciones sea su estudio de 1865 sobre la flora cultivada en los palafitos suizos neolíticos *(Die Pflanzen der Pfahlbauten)* en la que no solo identificaba las plantas sino que se preguntaba por la clase de manejo al que habían sido sometidas.

Hoehne, Frederico Carlos (Juiz de Fora, 1882-1959). Botánico, explorador y horticultor brasileño, de formación autodidacta. Hoehne recorrió buena parte del Brasil en diversas expediciones de la Comisión Rondon, en las que recogió mucho material. Era un gran cultivador y creó varios jardines a lo largo de su vida, entre otros el Jardín Botánico de Sao Paulo. Fue el botánico del Instituto Biológico, en esa ciudad. Pionero de la conservación, a él se debe que la *Reserva Biológica do Alto da Serra da Paranapiacaba* (v. nota 79), creada en 1910 con capital privado, pasase a depender del mencionado Instituto. Este es el lugar que encandiló a Vavílov en la navidad de 1932. En 1954 fue el primer director del *Instituto Nacional de Pesquisas da Amazônia.*

Ikeno, Seiichiro (1866-1943). Botánico japonés, profesor en la Universidad Imperial de Tokio. En 1896, descubrió los espermatozoides en *Cycas revoluta*, prácticamente a la vez que Sakuguro Hirase (1856-1925) los encontrase en *Ginkgo biloba*, ambas gimnospermas. Este hecho causó auténtica conmoción porque era la primera vez que se encontraban células flageladas en plantas con semilla (y de hecho están restringidas a los gamentos de estos dos grupos primitivos). Fue el primer presidente de la Sociedad de Genética del Japón (1920).

Ivanov, Iliá Ivanovich (Shchigry, 1870-1932). Biólogo ruso. Mejoró las técnicas de inseminación artificial veterinaria, comenzando un amplio programa de creación de híbridos interespecíficos. Intentó crear híbridos entre humanos y simios, proyecto en el que trabajó en sus últimos años y en el que se enmarcan los preparativos de la expedición africana que menciona Vavílov (pretendía seguir con sus experimentos en una estación del Instituto Pasteur en Guinea Conakry). En 1930 fue arrestado y confinado en Almá-Atá, en donde falleció poco después de un derrame cerebral.

Katō, Shigemoto (1868-1949). Agrónomo y mejorador japonés. Especialista en arroz y pionero en su mejora genética, descubrió por medio de ensayos de hibridación la existencia de dos subespecies en el arroz: subsp. *indica* (del sur, arroz de grano largo) y *japonica* (norteño, de grano corto). Este análisis lo completaría más adelante el grupo de Terao (q. v.), ampliando la muestra de comparación, pues Katō solo había estudiado variedades chinas y japonesas.

Kihara, Hitoshi (Tokio, 1893-1986). Citogenetista japonés, profesor durante muchos años en la Universidad de Kioto. En 1942 creó su propio instituto de investigación, en el que siguió trabajando tras su jubilación de la universidad. Fue una de las mayor autoridades en genética del trigo entre los años 30 y los 50. Entre otras cosas, descubrió con su equipo los tres genomas que existen en los trigos cultivados (A, B y D) así como el donante silvestre *(Aegilops squarrosa)*, del tercer genoma (el D) en el trigo harinero (v. Anexo II). Se interesó además por muchas otras plantas cultivadas, por la obtención de variedades poliploides y variedades sin semilla y, en línea con Vavílov, por los parientes silvestres de los cultivos, para lo que organizó expediciones por Pakistán, Afganistán e Irán.

Kirk, Lawrence Eldred (Bracebridge, 1886-1969). Agrónomo y mejorador canadiense especializado en plantas forrajeras. En los años 30 creó su famosa grama 'Fairway' *(Agropyron cristatum)*, resistente a la sequía y protectora del suelo frente a la erosión. Esta hierba se cultivó por extenso para combatir la catastrófica pérdida de suelo provocada por la prolongada sequía que afectó a las tierras agrícolas del interior de Norteamérica, el llamado *dust bowl*. Kirk trabajó en la Universidad de Saskatchewan, y en 1947 ocupó un alto cargo en la FAO.

Klingen, Iván Nikoláievich (1851-1922). Agrónomo ruso, formado en la Academia Petrovskaya (actual Academia Agrícola Timiryázev) de Moscú. Viajó por Egipto y Asia para estudiar los cultivos subtropicales, en los que fue especialista. En 1895 organizó una expedición en la que, junto con Andréi Krasnov (q. v.), recorrieron durante un año el Asia Oriental con el objetivo principal de estudiar el cultivo del té, e introducirlo en los territorios del Cáucaso.

Kóbelev, V. K. (1894-1940). Agrónomo ruso. Trabajó en la Estación Experimental de Uzbekistán y participó al menos en dos expediciones: la de Vavílov al delta del Amu Daria en 1924 y otra más por Uzbekistán en 1926 junto con N. N. Kuleshov. Publicó, entre otras cosas, sobre los trigos de Afganistán (1928) y sobre plantas productoras de caucho (1937).

Kotschy, Karl Georg Theodor (Ustroń, actualmente Silesia polaca, 1813–1866). Botánico austríaco que estudió y recogió abundante material de herbario en Oriente Medio y el norte de África. En 1855 recogió las espigas de *Triticum dicoccoides*, el trigo silvestre al que se refiere Vavílov. Pero fue el botánico alemán Friedrich Körnicke (1828-1928) quien se percató en 1873 de la naturaleza de la planta recogida por Kotschy, y describió la especie. Este es el mismo trigo que Aaronsohn (q. v.) redescubrió en 1906 en Palestina.

Krachkovski, Ignati Yuliánovich (1883-1951). Arabista ruso, profesor de la Universidad de San Petersburgo, miembro de la Academia de Ciencias de la URSS y presidente de su Instituto de Estudios Orientales. Había viajado por el Líbano y Egipto antes de la revolución, y establecido contacto con los intelectuales árabes en aquellos países.

Krasin, Leonid Borísovich (Kurgán, 1870-1926). Ingeniero ruso, miembro del comité central de partido comunista. Fue embajador plenipotenciario de la Unión Soviética en París desde noviembre de 1924, pero en octubre del año siguiente se trasladó a Londres en donde, aquejado de una enfermedad incurable, falleció en noviembre de 1926.

Krasnov, Andréi Nikoláievich (San Petersburgo, 1862–1914). Naturalista, geógrafo y explorador ruso. Fue el primer doctor en geografía de aquel país, y creador del departamento de esta disciplina en la universidad de Járkov. Viajó por toda Asia y América del Norte. En 1895 participó en la expedición organizada por I. Klingen (q. v.) para estudiar el cultivo del té en Asia Oriental, con el objetivo de introducir este cultivo en Rusia. Creó del Jardín Botánico de Batumi, en Georgia, para el cultivo e introducción de plantas subtropicales.

Krug, Carlos Arnaldo (Sao Paulo, 1906-1973). Agrónomo y genetista brasileño. Comenzó a trabajar en la estación de Campinas en 1928, en la recién creada sección de Genética, y en 1931 fue becado para formarse en genética y mejora vegetal en la Universidad de Cornell. Pasó a dirigir la mencionada sección en 1932, trabajando con café, maíz, arroz y otras especies. En 1949 era director de la estación, para la que estableció muchos vínculos internacionales. En los 50 comenzó a trabajar en la FAO en Roma.

Kurd Ali, Muhammad (Solimania, 1876-1953). Erudito sirio, periodista, historiador y crítico literario. Fue el creador en 1918, y director hasta su muerte, de la Academia Árabe en Damasco.

Lagasca (o La Gasca) **y Segura, Mariano** (Encinacorba, 1776-1839). Botánico y médico aragonés. Discípulo de Cavanilles (q. v.), estuvo ligado al Jardín Botánico de Madrid desde 1801, fue profesor en esa institución desde 1807 y su director a partir de 1813. Hizo numerosas contribuciones a la botánica florística y taxonómica, muy valoradas por los botánicos más señalados de la época. Junto con su compañero y amigo Simón de Rojas Clemente (1777-1827) emprendió un proyecto del todo pionero para la época: el estudio sistemático de todas las variedades de trigo que se cultivaban entonces en España, trabajo al que denominaron *Ceres hispanica* (v. figs. 19, 22, 28, 29) pero que, debido a los avatares políticos de los tiempos de Fernando VII, quedó interrumpido, lo mismo que la carrera de Lagasca, que en 1823 tuvo que dejar el país y exiliarse en Inglaterra. Entre 1831 y 1834, buscando un clima algo más benigno que el londinense, se trasladó a la isla Jersey, en donde conoció a Le Couteur, al que enseñó a seleccionar trigos. Aunque continuó publicando trabajos valiosos, y pudo volver a España y recuperar su puesto en la dirección del Jardín Botánico en 1834, su situación económica era ya muy precaria y sus energías habían quedado también muy mermadas, falleciendo en Barcelona a los pocos años.

No sabemos a qué *libro raro editado por las familias de los grandes botánicos de España*, puede referirse Vavílov, como no sea a la *Agricultura General* de Alonso de Herrera (1513), en cuya reedición de 1818-19 participaron con diversas adiciones Lagasca, Clemente y otros botánicos. Hay que señalar que Lagasca y Cavanilles no estuvieron emparentados.

Langsdorff, Grigori Ivánovich (Georg Heinrich von Langsdorff; Wöllstein, 1774 -1852). De origen prusiano, fue médico, explorador, etnógrafo y diplomático ruso. Organizó una gran expedición que exploró en 1826-1827 la región del Amazonas, y recogió abundante material botánico y zoológico, pero fue muy castigada por las enfermedades locales. El mismo Langsdorff enfermó gravemente y perdió la razón, retirándose a Friburgo (Alemania), en donde pasó sus últimos 24 años. Los papeles, diarios y notas de la expedición, que se habían enviado a San Petersburgo, quedaron en el olvido hasta su redescubrimiento en 1930, poco antes del viaje de Vavílov a Brasil.

Lébedev, Vladímir Nikoláievich (1899-1957). Agrónomo, genetista y mejorador soviético. Dirigió la sección de cereales de la Estación Agronómica de Bélaya Tsérkov (región de Kiev), y trabajó en la producción de híbridos entre trigo y centeno.

Le Cointe, Paul Georges Aimé (Tournon, 1870-1956). Químico y explorador francés, en 1892 viajó a Brasil, en donde residiría toda su vida. Publicó artículos en revistas de geografía y de botánica aplicada, y varios libros, entre ellos el que menciona Vavílov, *L'Amazonie brésilienne* (2 vols. en 1922, París; seguiría un tercero en 1934, publicado en portugués en Belén). El *Museu Comercial do Pará* se creó en 1918 con el objetivo de estimular el aprovechamiento económico de los recursos del estado, y Le Cointe fue su primer director desde 1919.

Le Couteur, John (Saint Aubin, Jersey, 1794-1875). Militar británico que estudió y publicó sobre temas agrícolas. Entre 1831 y 1834 estableció amistad con Lagasca (q. v.). Como indica en su libro *On the Varieties, Properties, and Classification of Wheat* (1836), Lagasca le enseñó a reconocer las variedades y cómo utilizarlas para seleccionar líneas puras.

Love, Harry Houser (Taylorsville, 1880–1966). Agrónomo estadounidense, profesor de mejora genética en la Universidad de Cornell. Fue un reconocido experto en mejora de cereales y en estadística agraria. En los años 20 dirigió un programa de cooperación técnica entre las Universidades de Cornell y Nankín, con el objetivo de mejorar los cultivos en las zonas más deprimidas de China y capacitar agrónomos locales. Varios agrónomos, incluido el propio Love, visitaron China en aquellos años dentro de este programa.

Lysenko, Trofim Denísovich (Karlivka, 1898–1976). Ucraniano, de origen campesino, se licenció en agronomía en el Instituto Agrícola de Kiev. Opuesto a los hallazgos de la genética, a la que consideraba «capitalista» y «burguesa», propugnó la adopción de una serie de prácticas agrícolas justificándolas por ser más acordes con el materialismo dialéctico, pero sin ninguna base experimental ni fundamento teórico que mereciera ese nombre. Aunque jamás se demostraron efectivas, Lysenko alcanzó gran preeminencia y fue distinguido con honores y cargos. Las autoridades soviéticas no solo las defendieron, sino que acosaron de diversas maneras a los agrónomos, genetistas y biólogos que no comulgaban con el lisenkoísmo. La represión que finalmente se desencadenó contra estos se cuenta, someramente y centrada en Nikolái Vavílov, en las págs. 346 y siguientes. Desde 1938 a 1956, Lysenko presidió la Academia de Ciencias Agrícolas, desde la que logró abolir oficialmente, en 1948, la docencia y la investigación en genética en la URSS.

Markóvich, Vasili V. (1865-1942). Botánico ruso. Tras estudiar la flora alpina del Cáucaso, trabajó en la Estación Agrícola de Sujum (Abjasia), y dirigió el Jardín Botánico de esa localidad. Se especializó en flora tropical, introduciendo un buen número de cultivos de interés económico, cítricos, bambúes, té y quinos entre otros. En 1925 empezó a trabajar para el VIR, explorando Palestina, la India, Java y Ceilán.

Marr, Nikolái Yakovlévich (Kutaisi, 1865-1934). Lingüista georgiano, profesor en la Universidad de San Petersburgo y miembro de la Academia de Ciencias. Fue el principal defensor de la teoría jafética, según la cual idiomas como el vasco, el georgiano y otros, estarían emparentados y representarían los últimos restos de un idioma preindoeuropeo de vasta repartición.

Méchnikov, Iliá Ilich (Járkov, 1845-1916). Microbiólogo ucraniano, descubridor de la respuesta inmune y Premio Nobel de Medicina en 1908 (junto con Paul Ehrlich). En 1888 entró a trabajar en el Instituto Pasteur, del que fue subdirector a partir de 1895.

Menelik II (1844-1913). Emperador de Abisinia entre 1889 y 1909.

Meyer, Frank Nicholas (Amsterdam, 1875–1918). Botánico de origen holandés. Se formó con Hugo de Vries, y emigró en 1901 a los Estados Unidos, en donde empezó a trabajar para el USDA. Fue un extraordinario explorador botánico, que entre 1904 y 1918 recorrió en varias ocasiones el Asia Oriental (China, Japón, Manchuria, Mongolia), enviando una gran cantidad de plantas ornamentales y de interés económico para el Programa de Introducción de Plantas y para el Arnold Arboretum. Falleció ahogado en el Yangtsé, probablemente tras una caída accidental desde el barco en el que viajaba. Con el dinero legado para sus compañeros de la oficina de Introducción de Plantas, decidieron estos crear la medalla Frank Meyer en su memoria, un reconocimiento para los exploradores distinguidos en la introducción de plantas útiles (actualmente, *Medalla Frank Meyer de recursos genéticos vegetales*).

Miège, Émile (París, 1880-1969). Agrónomo y genetista francés, profesor de agricultura en la Universidad de Rennes. Después de la 1ª Guerra Mundial, se encargó de organizar y dirigir el Servicio de investigaciones agronómicas en Marruecos, trabajo al que dedicó su vida. Su especialidad fue el trigo, pero el Servicio que dirigía trabajó en la mejora de todo tipo de cultivos. Publicó mucho, sobre todo en la *Revue de botanique appliquée* (la revista de Chevalier., q. v.). Creó la Sociedad de Agricultores de Marruecos, de la que fue presidente hasta 1957.

Míshina, A. S. No tenemos ningún dato acerca de la estenógrafa a la que Vavílov dictó el manuscrito, que ella conservó hasta los años 60.

Morse, William Joseph (Lowville, 1885–1959). Agrónomo estadounidense, en 1907 entró a trabajar en la sección de forrajeras del USDA, bajo la dirección de Charles V. Piper (q. v.). Este le infundiría el interés por la soja, que mantuvo toda su vida. Trabajó con Piper en la mejora de la soja y en la expansión de su cultivo. En 1929-1931 organizó junto con Dorsett (q. v.) la famosa expedición a Asia Oriental, para recoger variedades de soja y estudiar exhaustivamente su cultivo y sus usos. Fruto de aquella expedición fue la introducción de numerosas especies de plantas útiles. En lo que concierne a la soja, fue probablemente gracias al material recogido entonces como pudo despegar definitivamente el cultivo de soja en los EE. UU., y posteriormente en el resto del mundo occidental.

Mosseri Bey, Elie Nessim (Eli M.; El Cairo, 1879-1940). Miembro de una acaudalada familia egipcia, fundador en 1904 de la Banca *Mosseri et Cie* junto con dos hermanos. El agrónomo que menciona Vavílov era en realidad Víctor Mosseri (1873-1930), primo y cuñado de los banqueros.

Nakai, Takenoshin (Yamaguchi, 1882–1952). Botánico japonés. Fue profesor de la Universidad de Tokio y director de su Jardín Botánico.

Durante la 2ª Guerra Mundial dirigió también el Jardín Botánico de Buitenzorg (actual Bogor) en Java. Coautor, junto con M. Honda (1897-1984), de la *Nova Flora Japonica* (1938-1951).

Obermaier, Hugo (Ratisbona, 1877-1946). Paleontólogo y arqueólogo alemán, sacerdote, nacionalizado español en 1924. Excavó algunas cuevas en Cantabria y estudió sus pinturas, entre otras, las de Altamira. Trabajó en los años 20 en el Museo Nacional de Ciencias Naturales, y ocupó también una cátedra en la Universidad Complutense. Al estallar la guerra civil aceptó una cátedra en Friburgo (Suiza), en donde residió hasta su muerte.

Oppenheim, Jacob David (Deventer, 1899-1958). Agrónomo holandés que trabajó en los años 20 como responsable de la sección de cítricos en la estación agrícola de Rehovot en Palestina. Según su explicación, la naranja 'Shamouti' (llamada también 'Jaffa') se originó como una mutación de yema en un árbol de la variedad local 'Beledi', en Jaffa, en algún momento anterior a 1844. Durante la 2ª Guerra Mundial, Oppenheim fue consultor agronómico en Surinam. Falleció en Holanda.

Pampanini, Renato (Valdobbiadene, 1875-1949). Botánico italiano. Formado en Suiza, en donde defendió su tesis sobre fitogeografía, se dedicó después al estudio de la flora italiana. Desarrolló su carrera principalmente en el Instituto Botánico de Florencia, y a partir de 1933 en la universidad de Cagliari, en donde dirigió el Jardín Botánico.

Papadakis, Juan (o Ioannis; Naxos, 1903-1997). Agrónomo griego, director de la estación agrícola de Lárisa entre 1925 y 1927. Trabajó después, sobre todo con el trigo, en el instituto de mejora vegetal de Salónica. En esos años logró aumentar muy sustancialmente la producción de trigo en Grecia. Desde 1948 a 1954 trabajó para el Ministerio de Agricultura de Argentina. Continuó como funcionario de la Asistencia Técnica Internacional, asesorando a organizaciones internacionales hasta 1969. Fue profesor de la Universidad de Buenos Aires de 1974 a 1978. Publicó numerosas obras, principalmente sobre ecología, climatología y suelos agrícolas.

Pelliot, Paul Eugène (París, 1878–1945). Orientalista y sinólogo francés. En 1907, en el curso de la expedición arqueológica que dirigía por el Turquestán chino, tuvo noticias del hallazgo de manuscritos medievales en las cuevas budistas de Dunhuang (Gansu), y llegó allí pocos meses después de Stein (q. v.). Gracias a su experiencia y capacidad lingüística pudo, en el curso de tres semanas, seleccionar los más interesantes, unos nueve mil, de entre los numerosos manuscritos que aún quedaban, y comprarlos a muy buen precio. Actualmente se conservan en la Biblioteca Nacional de Francia y en el Museo Guimet.

Pfeffer, Wilhelm Friedrich Philipp (Grebenstein, 1845-1920). Botánico alemán, profesor en varias universidades y director de los Jardines Botánicos de Tübingen y Leipzig. Fue un pionero de la fisiología vegetal. Desarrolló un sistema para medir el potencial osmótico y se interesó por el uso de la fotografía en los estudios de desarrollo.

Piper, Charles Vancouver (Victoria, 1867–1926). Botánico de origen canadiense que desarrolló toda su actividad en los EE. UU. Comenzó estudiando la flora de la región noroccidental (publicada en 1915) y en 1903 entró a trabajar en el USDA, como experto en plantas forrajeras. Fue quizá la primera persona en darse cuenta del potencial que tenía la soja, hasta entonces un cultivo prácticamente anecdótico fuera de Asia, y formó a William J. Morse (q. v.), que se convertiría en un verdadero apóstol de la soja. Juntos publicaron la monografía *The soybean* (1923).

Písarev, Víktor Yevgráfovich (1882-1972). Agrónomo, mejorador vegetal y geógrafo ruso. En 1912 creó y dirigió la Estación Experimental de Tulun, en su Irkustk natal (Siberia Oriental), y fue un experto en cultivos de latitudes nórdicas. En 1921 entró a trabajar en el VIR y en 1922-23 llevó a cabo una expedición por Mongolia junto con V. P. Kuzmin. En 1925 era subdirector del VIR. Arrestado en 1933, fue deportado a un campo pero su castigo se levantó el año siguiente y pudo seguir trabajando para el VIR. En los años 40 trabajó en la obtención de híbridos entre trigo y centeno *(Triticale)*, consiguiendo algunas variedades interesantes de primavera y de invierno.

Pollera, Alberto (Lucca, 1873-1939). Militar y funcionario colonial, desempeñó diversos cargos para el gobierno italiano en Eritrea. Interesado en la etnografía, publicó diversas obras sobre Etiopía y Eritrea, entre ellas las que menciona Vavílov: *La donna in Etiopia* (1922) y *Lo Stato etiopico e la sua Chiesa* (1926). En el año del viaje de Vavílov a Etiopía, era responsable, con funciones consulares, de la Agencia Comercial Real, con sede en Adwa.

Popenoe, Frederick Wilson (Topeka, 1892-1975). Agrónomo y explorador botánico norteamericano, uno de los principales especialistas en aguacates. Trabajó desde 1913 para el Programa de Introducción de Plantas del USDA, estudiando sobre todo las plantas centroamericanas. En 1925 fue contratado por la *United Fruit Company* para dirigir la Estación Experimental *Valle de Lancetilla* (hoy Jardín Botánico Lancetilla), en Honduras, en donde introdujo numerosas especies tropicales de interés económico.

Popov, Mijaíl Grigórievich (Volsk, 1893–1955). Botánico soviético, experto en flora y taxonomía de Asia Central y Oriental. Fue profesor en diversas Universidades soviéticas y miembro de la Academia de Ciencias de Ucrania. En la época de la expedición con Vavílov a Sinkiang, trabajaba para el VIR en Kazajstán. A partir de 1940 continuó como profesor en diversas Universidades, y en 1950 era director del laboratorio de la Academia de Ciencias en Siberia Oriental.

Przhevalski, Nikolái Mijáilovich (Smolensk, 1839–1888). Militar, geógrafo y explorador ruso. Llevó a cabo cuatro importantes expediciones por Asia Central, en las que describió por vez primera los caballos salvajes asiáticos (caballo de Przewalski, *Equus ferus przewalskii*) y los camellos bactrianos salvajes *(Camelus bactrianus)*, y de las que trajo abundante material botánico y zoológico con muchas especies desconocidas. Aparte de los logros científicos, sus expediciones tuvieron también un marcado interés político, dentro del llamado Gran Juego (o Torneo de Sombras, en su versión rusa), la lucha entre las potencias europeas por la hegemonía en Asia Central, como lo tuvieron, desde el otro lado, las de Marc Aurel Stein o Sven Hedin.

Ras Tafari (v. Tafari Makonnen)

Regel, Robert Eduárdovich (San Petersburgo, 1867–1920). Botánico ruso, profesor en la Universidad de San Petersburgo y director, entre 1905 y 1920, de la Oficina de Botánica Aplicada (a partir de 1924, VIR). Regel organizó la Oficina insistiendo en la fundamentación científica del trabajo. Invitó a numerosos especialistas del extranjero y contrató a jóvenes científicos que se formaron en el estudio de los cereales (entre ellos, Flaksberger (q. v.), y el mismo Vavílov). Personalmente, Regel fue un especialista en cebada. Con él comenzó a publicarse el Boletín de Botánica Aplicada, en el que escribirían especialistas de todo el mundo. Con él se iniciaron las campañas de exploración del territorio en busca de la mayor variedad posible de plantas de interés económico. Tras su fallecimiento fue Vavílov, que había sido promovido por Regel a subdirector en 1917, quien lo sustituyó al frente de la institución.

Rikli, Martin (1868-1951). Botánico suizo, profesor en el Instituto Politécnico de Zürich y conservador de su Jardín Botánico. Especialista en fitogeografía del mediterráneo y del Ártico, recorrió estos territorios en varias ocasiones.

Robertson, George Scott (1852-1916). Médico militar y explorador británico. Sirvió en la India desde la segunda guerra anglo-afgana (1878-1880) hasta su retiro en 1899. En 1888-1889 exploró el Kafiristán (actual Nuristán), por entonces prácticamente desconocido, publicando el relato de su viaje, *The Kafirs of the Hindu-Kush*, en 1896.

Roux, Émile (Confolens, 1853-1933). Médico, microbiólogo e inmunólogo francés. Trabajó con Louis Pasteur, con quien creó el famoso instituto de investigación que lleva ese nombre y que Roux dirigió desde 1904 hasta su muerte. Vavílov había trabajado una temporada como interno en el Instituto Pasteur poco antes de la 1ª Guerra Mundial.

Russell, Edward John (Frampton-on-Severn, 1872-1965). Agrónomo británico. Experto edafólogo, sucedió a Daniel Hall (q. v.) en la dirección de la estación agrícola de Rothamsted (1912-1943), en la que, contando con un presupuesto que nunca tuvo su predecesor, pudo reclutar un notable grupo de jóvenes científicos y convertirla en un relevante centro de investigación, de referencia en edafología, nutrición vegetal y fertilizantes agrícolas. Publicó sobre edafología agrícola y sobre la importancia social de la agricultura. Fue amigo de Vavílov.

Savastano, Luigi (1853-1937). Botánico italiano, profesor de arboricultura en el Instituto Agrícola de Portici, próximo a Nápoles, editor del *Bollettino dell'Arboricultura Italiana*. Autor de numerosos trabajos, entre los que sobresale su monumental *Arboricultura* (1914).

Sawer, Edward Reginald (¿1880?-1951). Agrónomo y militar británico. Trabajó en el Departamento de Agricultura de Rhodesia y fue el primer editor del *Rhodesia Agricultural Journal* (1903). Publicó sobre historia natural y agricultura. Entre los años 1920 y 1931 fue director del Departamento de Agricultura del gobierno bajo mandato británico de Palestina. A partir de 1931 se trasladó a Auckland, Nueva Zelanda, cuyo zoológico dirigió durante los últimos 15 años de su vida.

Scofield, Carl Schurz (Washington, Minnesota, 1875-1965). Agrónomo norteamericano. Trabajó para el USDA como responsable de la división de agricultura de regadío para el oeste. Viajó en dos ocasiones al Norte de África: la primera en 1900-1901 para recoger leguminosas, y la segunda en 1918 como consejero agrícola para el gobierno francés, junto E. C. Chilcott (1859-1930) y T. H. Kearney (1874-1956). En su primer viaje pasó una temporada con Louis Trabut (q. v.) en Argelia.

Sínskaia, Yevguenia Nikoláievna (1889-1965). Botánica, agrónoma y geógrafa rusa. Comenzó colaborando con Vavílov recién licenciada de el Instituto Agrícola de Moscú (la actual Academia Timiryázev), y en 1921 entró a trabajar en el VIR. Exploró el Altai (1924), estudiando su flora cultivada, y realizó dos cortas expediciones más a Japón (1928 y 1929), desde donde introdujo un buen número de plantas que después sirvieron para la creación de nuevas variedades. Experta taxónoma de plantas cultivadas, dirigió la sección de taxonomía del VIR a partir de 1945 hasta su muerte. Siempre defendió a Vavílov, y continuó trabajando en su concepto de los centros de origen, sus límites y relaciones históricas, con numerosas aportaciones propias.

Solms-Laubach, Hermann (Maximilian Carl Ludwig Friedrich Graf zu; Laubach, 1842-1915). Botánico alemán de familia noble, profesor y director del Jardín Botánico de Estrasburgo. Se interesó sobre todo por la flora tropical, y trabajó en morfología, taxonomía, paleobotánica, fitogeografía e historia de algunas plantas cultivadas, como el trigo.

Stein, Marc Aurel (Pest, 1862–1943). Arqueólogo, orientalista y explorador británico de origen húngaro. Trabajó como académico en la India británica, desde donde dirigió varias expediciones a Asia Central, financiadas por la Corona como parte importante del llamado Gran Juego, la pugna por la hegemonía en Asia Central. En 1907 hizo el hallazgo que le haría famoso: una enorme cantidad de manuscritos medievales escritos en diversos idiomas asiáticos, algunos de ellos ya extinguidos, cerca de Dunhuang, en Gansu, al este de Turfán. Conservado durante más de 900 años en una de las numerosas cuevas o templos budistas de aquella localidad, Stein logró que el monje taoísta que custodiaba el lugar le vendiera varios miles de documentos, hoy en la Biblioteca Británica. El francés Paul Pelliot (q. v.) llegó al lugar unos meses después y procedió del mismo modo. En 1909 las autoridades chinas decidieron conservar lo que quedaba.

Svanidze, Aleksander Semiónovich (Baji, 1886-1941). Historiador georgiano, especialista en historia antigua, creador y primer editor del *Journal of Ancient History* (1937), que todavía se publica. Hermano de la primera mujer de Stalin, desempeñó diversos cargos políticos durante los años 20 y los 30. Arrestado junto con su hermana y su mujer durante la gran purga de 1937, fueron ejecutados en 1941.

Swingle, Walter Tennyson (Canaan Township, 1871-1952). Agrónomo, botánico, genetista y mejorador estadounidense. Genial y precoz, ya había publicado 27 artículos antes de graduarse a los 20 años, y a lo largo de su vida revolucionó muchas ideas en agronomía y fisiología vegetal. Al terminar los estudios, su especialidad era la fitopatología y, de la mano de David Fairchild (q. v.), entró de inmediato en el USDA (para lo que aún necesitó del permiso paterno). Trabajó al comienzo en las enfermedades de los cítricos en Florida, en donde empezó su interés por el género *Citrus*, en el que llegó a ser un reconocido especialista. Su libro *The Botany of Citrus…* (1943) sigue siendo una referencia importante. Viajó por Europa y África, y fue un precursor en muchos aspectos.

Introdujo e hizo productivo en California el cultivo de la palmera datilera. Fue también responsable de la introducción en aquel estado de la avispa polinizadora de las higueras. Preconizó la necesidad de variedad genética en los cultivos para evitar problemas de plagas. Fue consciente de la importancia de la cultura china (y más tarde de todo el Asia Oriental) para el estudio de los cultivos. Gracias a su asesoramiento y colaboración activa, se catalogó, ordenó y completó la colección de manuscritos y obras históricas chinas de la Biblioteca del Congreso, una de las más importantes en Occidente hoy en día. Llegó a viajar a China, comisionado para la compra de literatura histórica oriental. En 1943, tras la jubilación, trabajó para la universidad de Miami, preparando una colección de referencia de anatomía vegetal. Su curiosidad y sentido práctico fueron insaciables.

Tafari Makonnen (1892-1975). El *Ras* Tafari, más conocido como Haile Selassie, regente durante el reinado de Zauditu I (1916-1928), cuando lo conoce Vavílov. Fue posteriormente rey (1928-1930), y en 1930 emperador *(negus)* de Abisinia. Fue depuesto en 1974.

Tanaka, Tyôzaburô (o Chōzaburō; Osaka, 1885-1976). Agrónomo japonés, micólogo y especialista en plantas cultivadas. Entre 1923 y 1944, durante la dominación japonesa, fue profesor en la Universidad Imperial Taihoku, en Taiwán. Fue un experto en plantas alimenticias, y sobre todo en el género *Citrus*, para el que desarrolló un completo sistema taxonómico, con no menos de 145 especies frente a las 16 que reconocía Swingle (q. v.). En 1927 creó la revista *Studia Citrologica*. Su enciclopedia de las plantas alimenticias (1976) ha sido un texto influyente. De familia adinerada, donó una colección muy importante de textos clásicos sobre plantas cultivadas a la Universidad de Taihoku.

Terao, Hiroshi. Genetista y mejorador vegetal japonés. Publicó entre 1918 y 1939. En los años 30 era director de la Estación Agrícola Imperial de Tokio, y de los programas de mejora genética vegetal en todo el país. Trabajó en genética de la soja y en la mejora del arroz. En este último campo fue muy reconocido por su labor de creación de nuevos cultivares. En 1930 amplió la clasificación taxonómica que había propuesto S. Katō para el arroz, incluyendo nuevo material de distintos orígenes.

Timiryázev, Kliment Arkádievich (San Petersburgo, 1843–1920). Botánico ruso, estudió y fue profesor en el Instituto Agrícola de Moscú (entonces Academia Petrovskaya y actualmente Academia Timiryázev), en donde estudió Vavílov. Fue un convencido evolucionista y un pionero de la fisiología vegetal, que consideraba básica para el desarrollo de la agronomía. Estudió en detalle la fotosíntesis, sobre todo el papel de la clorofila en la captación de la energía lumínica. Además de sus importantes aportaciones científicas, publicó obras de divulgación, algunas de las cuales tuvieron gran popularidad.

Trabut, Louis Charles (Chambéry, 1853-1929). Botánico y médico francés, que emprendió, junto con su amigo Battandier (q. v.), el estudio de la flora argelina *(Flore d'Alger et catalogue des plantes d'Algerie*, 1884-1895, *Atlas de la flore d'Algerie*, 1886-1920). Además de sus vastos conocimientos en flora norteafricana, Trabut era un experto en fitogeografía y botánica aplicada. Fue durante 43 años profesor de historia natural en la Facultad de Medicina y Farmacia de Argel, además de médico durante 25 en el hospital Mustapha de aquella ciudad. A partir de 1893, con la creación del Servicio de botánica por parte del gobierno colonial, del que fue nombrado director, comenzó a trabajar en la mejora de los cultivos y en la introducción de plantas útiles. En 1894 reconoció la aparición de una interesante mandarina de origen híbrido, que propagó e introdujo en Francia con el nombre de 'Clementina'. Trabajó muy intensamente en mejora de cultivos y en la introducción de un sinfín de especies y variedades desconocidas en aquella región, hasta el punto de ser la segunda persona en recibir la medalla Meyer (q. v.).

Vilmorin, señora Ph. de: Madame Philippe de Vilmorin (de soltera Mélanie Gaufridy de Dortan; Dompierre-les-Ormes, 1876-1937). La famosa Sociedad Vilmorin-Andrieux ha sido la más prestigiosa compañía de venta de semillas y plantas, y quizá la más longeva. Nació a finales del siglo XVIII y llega hasta la actualidad aunque en 1972 dejó de pertenecer a la familia Vilmorin. Vavílov había trabajado en las instalaciones de los Vilmorin un tiempo antes de la 1ª guerra mundial, y había hecho amistad tanto con su presidente entonces, Philippe Lévêque de Vilmorin (1872-1917), como con su esposa, Mélanie de Dortan. En los años 20, a causa de la prematura muerte de Philippe, la presidencia de la compañía había pasado a su primo Jacques de Vilmorin (1882-1933). Sin embargo Mélanie, la mujer de Philippe, que siempre había estado muy comprometida con la empresa familiar y había colaborado activamente con su marido, continuaba con el mismo interés y, gracias a sus influencias, pudo ayudar a Vavílov a preparar su viaje a los países mediterráneos bajo administración francesa.

Wallace, Alfred Russel (Usk, Gales, 1823-1913). Naturalista británico que concibió, independientemente de Darwin, la selección natural como motor de la evolución de las especies. Ambos presentaron sus conclusiones en 1858 en la misma sesión de la *Linnean Society* de

Londres, pero Wallace siempre reconoció la prioridad de Darwin en este asunto. Notable zoólogo y explorador, estudió muy exhaustivamente la amazonia y la península malaya, y fue un perspicaz observador. Creó la zoogeografía, que estudia la distribución de las faunas. En 1853 publicó la obra a la que se refiere Vavílov, *A Narrative of Travels on the Amazon and Río Negro*, además de otra sobre las palmeras de la amazonia.

Warburg, Otto (Hamburgo, 1859-1938). Botánico alemán, tercer presidente de la Organización Sionista. Tras finalizar sus estudios hizo un largo viaje de exploración de cuatro años por el sur de Asia, Australia y Nueva Guinea (1885-1889, publicado entre 1913 y 1922), lo que le fue decantando hacia la botánica aplicada y sobre todo hacia la agricultura tropical. Acaudalado e influyente en Alemania, fue un sionista comprometido. Hacia el cambio de siglo comenzó a viajar a Palestina y a interesarse por la situación de los colonos judíos y las potencialidades de aquel país. En 1905 elaboró un plan para la creación de infraestructuras agrarias y culturales de apoyo a los inmigrantes judíos en el área, con arreglo al cual se fueron creando los primeros asentamientos organizados. En 1921 creó, junto con Wilkanski (q. v.), la estación agrícola de Tel Aviv (después trasladada a Rehovot), y también participó desde el inicio en la creación de la Universidad Hebrea de Jerusalén. Para ambas instituciones reclutó jóvenes científicos judíos en todo el mundo.

Westover, Harvey Leroy (Austerlitz, Nueva York, 1887–1943). Agrónomo estadounidense. Trabajó inicialmente como edafólogo, entrando en 1913 en la Oficina de Industria Vegetal del USDA, en donde se hizo especialista en alfalfa y en su mejora genética. Entre 1929 y 1936 viajó para el Programa de Introducción de Plantas, localizando variedades interesantes de cereales, alfalfa y otras plantas, por el Norte de África, Turquía y la Unión Soviética. Visitó el VIR en dos ocasiones, en 1929 y 1934.

Wickham, Henry Alexander (Hampstead, 1846-1928). Explorador y botánico inglés, conocido sobre todo porque en 1876 sacó de Brasil unas 70 000 semillas de árbol del caucho, de forma totalmente legal y sin ocultar la naturaleza del cargamento ante las autoridades aduaneras. Otro intento anterior había fracasado por la escasa viabilidad de la semilla, pero en 1876, recién inaugurado el vapor Liverpool-Manaus, el viaje era más rápido, de modo que en el Jardín Botánico de Kew se pudo conseguir un número suficiente de plántulas, aproximadamente un 4 %. Diligentemente cultivadas en Kew, se trasladaron a las colonias, y así se inició el cultivo de esta especie en Asia y el caucho se convirtió prácticamente en un monopolio británico en los años 20. Los intentos de cultivo en la Amazonia fracasaron durante mucho tiempo debido al problema de las plagas locales (v. Ford), para las que no había soluciones prácticas en aquella época. El aumento de los precios, y el carácter estratégico del caucho, propiciaron la búsqueda de fuentes alternativas en todos los países desarrollados, como el guayule, las varas de oro (v. Edison) o el kok saghyz (un diente de león, *Taraxacum kok-saghyz,* originario de Asia Central, v. Kóbelev). Durante la 2ª Guerra Mundial se desarrollaron los primeros métodos industriales prácticos y económicos de producción de caucho sintético, pero aún así, el caucho natural sigue siendo insustituible por su calidad.

Wilkanski, Yitzhak Avigdor (cambió el nombre a Isaac Avigdor Elazari-Volcani; Eisiskes, 1880-1955). Agrónomo israelí de origen lituano. Emigró en 1908 a Palestina. Creó con Warburg (q. v.), y dirigió hasta 1951, la estación agronómica de Tel Aviv, luego trasladada a Rehovot. En 1942 contribuyó a la creación en Rehovot del Instituto de Estudios Agrícolas de la Universidad Hebrea (actual Facultad de Agricultura, Alimentos y Medio Ambiente). El libro suyo mencionado por Vavílov es *The transition from primitive to modern agriculture in Palestine*, publicado en 1925.

Wilson. Aunque no sabemos con certeza a qué Wilson se refiere la entrada «Viajes con Wilson» del proyecto de libro de Vavílov, es probable que sea Ernest Henry Wilson, a quien Vavílov cita en una ocasión (pág. 161), y con quien pudo haber estado en 1930, año en el que al menos desde mediados del verano estuvo en Nueva York y en Washington, participando en dos encuentros internacionales de agrónomos. **Ernest Henry Wilson** (Chipping Campdem, 1876-1930) fue un notable botánico inglés, explorador e introductor de plantas exóticas, que exploró y recogió plantas en China y en buena parte del Asia Oriental. De hecho fue un auténtico especialista en flora asiática, que dedicó la mayor parte de su vida a conocer, y a dar a conocer en el mundo occidental, las plantas del lejano Oriente. E. H. Wilson recogió miles de muestras de herbario e introdujo una cantidad innumerable de plantas asiáticas en los jardines occidentales. En 1919 era subdirector del Arnold Arboretum y su conservador en 1927. Falleció en accidente de automóvil el 15 de octubre de 1930.

Xuanzang (602-664). Monje budista chino que, en el curso de una peregrinación a la India, viajó durante 16 años por casi todo el Asia Central además de la India y Ceilán. Regresó con una buena cantidad de textos budistas, que tradujo y comentó. Registró sus andanzas en el *Viaje al oeste durante la gran dinastía Tang*. Se dice que Stein (q. v.) se ganó al monje budista que le vendió los famosos manuscritos hablándole de Xuanzang, a quien los dos admiraban.

Yuzepchuk, Serguéi Vasílievich (Moscú, 1893–1959). Botánico ruso, especialista en patata. Trabajó en el Instituto Botánico de San Petersburgo (actual Instituto Komarov). Entre 1925 y 1928 participó en la expedición organizada por el VIR para estudiar y recoger material de plantas cultivadas en Sudamérica, estudiando concienzudamente las especies silvestres y cultivadas de patata en Perú, Bolivia y Chile. Describió, en solitario y junto con S. M. Bukásov (q. v.), el otro participante en la expedición, muchas nuevas especies. El material que trajeron sirvió para poner de manifiesto la existencia de series poliploides en el género *Solanum*, y supuso el comienzo del estudio científico de este intrincado complejo de especies.

Záitsev, Gavril Semenóvich (1887–1929). Genetista y mejorador de plantas soviético, director de la sección de algodón del VIR y de varias estaciones agrícolas experimentales. Entre 1922 y 1929 fue el director de la Estación de Mejora Genética del Turkestán, en Tashkent (actual Instituto Uzbeko de Investigación Científica para la mejora y producción de semilla de algodón). Creó numerosas variedades mejoradas de algodón, haciendo posible la expansión de su cultivo hacia latitudes más nórdicas. Además del algodón, también trabajó en otras plantas, como alfalfa, maíz, cacahuete y sésamo.

Zauditu I (1876-1930). Emperatriz de Abisinia entre 1916 y 1930. Fue sucedida por su regente, Tafari (Haile Selassie).

Notas a Cinco continentes

1 (pág. 43). Asia Interior es un término geográfico que aparecerá repetidamente en el texto. Localizada entre Asia central y meridional, para Vavílov comprende todo el núcleo montañoso situado entre el Uzbekistán oriental y la parte noroccidental de la India, incluyendo Afganistán, el norte de Pakistán, Tayikistán y la parte occidental de la cordillera de Tian Shan. A diferencia de Asia Central, al norte y nordeste, Asia Interior es para Vavílov un importante centro de origen de plantas cultivadas (cf. pág. 141).

2 (pág. 52). Vavílov llama «mal blanco» al oídio de los cereales, una infección por el hongo *Erysiphe graminis*, que se extiende por la superficie de la planta cubriéndola con una especie de fieltro blanquecino.

3 (pág. 58). El centeno cultivado, *Secale cereale*, incluye un complejo de formas que van desde la estrictamente doméstica *(S. cereale* subsp. *cereale)* hasta diversas formas de malas hierbas (centenos adventicios, *S. cereale* subsp. *ancestrale)*. Las plantas domesticadas han perdido la capacidad de dispersar espontáneamente sus frutos o sus semillas, que permanecen en la planta hasta que son cosechados. En cambio, en los centenos adventicios (como en las gramíneas silvestres) las inflorescencias se desarticulan al madurar los frutos, permitiendo que estos caigan y se dispersen. Los centenos adventicios, que infestan los cultivos de otros cereales en algunas regiones asiáticas y de los Balcanes, como vio Vavílov, presentan diferentes grados de desarticulación de las espiguillas al madurar, desde todas o casi todas hasta solo una pequeña parte de la inflorescencia. Este centeno adventicio permite a veces, cuando fallan las cosechas de trigo, que aún sea posible recoger algo de grano, porque el centeno es bastante más rústico que el trigo. Por eso se le ha llamado «trigo de Alá». Todos estos centenos, adventicios y cultivado, son anuales y provienen del centeno silvestre, perenne, *S. strictum (= S. montanum)*.

4 (pág. 68). La almorta, *Lathyrus sativus* (v. fig. 9), es una leguminosa cultivada como forrajera y cuyas semillas, que en España se llaman muelas o guijas, se utilizan ocasionalmente para alimentación humana. Es desaconsejable su consumo prolongado o en grandes cantidades por su contenido en un aminoácido no proteínico y neurotóxico que en grandes cantidades provoca latirismo, trastorno de los sistemas nervioso y esquelético. Aún así, se utilizó ocasionalmente para el consumo humano, sobre todo en tiempos de hambre, y aún se utiliza hoy en día, por ejemplo en la elaboración de las gachas manchegas. La región principal de cultivo y consumo actual es la India.

5 (pág. 69). El yero, alcarceña o tito, al que Vavílov llama «lenteja francesa» o «forrajera», es la *Vicia ervilia* (fig. 4), una arveja originaria de Asia occidental, y cultivada en los países mediterráneos. En los años 1920 era una de las leguminosas forrajeras más cultivadas en España, junto con la algarroba (v. nota 48) y el alberjón *(Vicia narbonensis,* n. 64).

6 (pág. 69). Las royas son hongos del género *Puccinia*, con varias especies parásitas de los cereales. Se diseminan con enorme facilidad y continuamente aparecen nuevas razas, por lo que son difíciles de combatir. Su nombre deriva de las manchas de color anaranjado u ocre que aparecen en las hojas en el momento de la formación de las esporas. Los tizones, o caries, son también hongos parásitos, del género *Tilletia*, que impiden la formación del grano porque sustituyen sus tejidos por masas oscuras de esporas del hongo. Para el «mal blanco», v. nota 2.

7 (pág. 79). El nabo oleaginoso es *Brassica rapa* subsp. *oleifera*, una crucífera muy cultivada en Asia por el aceite de sus semillas (*sharsham* en pastún). La subsp. *rapa* es el nabo redondo o gallego, que se cultiva también en España. Sus hojas tiernas son los grelos, o arbigaras en el País Vasco.

8 (pág. 79). Hay dos tipos de zanahorias cultivadas, *Daucus carota* subsp. *sativus*. Las primeras que se domesticaron, seguramente en Afganistán, se caracterizan por raíces coloreadas por antocianos, desde el amarillo hasta el violeta oscuro y se incluyen en la variedad *atrorubens*. A este grupo pertenecen todas las que Vavílov menciona en Asia (Afganistán, delta del Amu Daria, Sinkiang). Aunque su cultivo llegó hasta la Península Ibérica, hoy en día las zanahorias comunes en el mundo occidental son las de de color anaranjado, pigmentadas por ß-caroteno, que aparecieron en el norte de Europa en algún momento del siglo XVIII y se incluyen en la llamada variedad *sativus*.

9 (pág. 79). El alficoz, *Cucumis melo* subsp. *flexuosus*, es un curioso tipo de melón cultivado en regiones cálidas del mediterráneo y de Asia.

El fruto es muy alargado, y de sabor menos dulce que los de las variedades típicas de melón.

10 (pág. 79). La lufa comestible, *Luffa acutangula* var. *acutangula*, es una cucurbitácea originaria de la India, con frutos parecidos a pepinos. Los de *Luffa aegyptiaca*, que también son comestibles de jóvenes, se dejan madurar para, una vez eliminada la pulpa y blanqueada la red de nervios que contienen, elaborar una especie de esponja, la «esponja vegetal» utilizada como objeto de baño.

11 (pág. 91). La cebada desnuda, y en general los cereales desnudos son aquellos en los que, durante la trilla, el grano se separa completamente de las hojas que lo envuelven (glumelas o brácteas). Lo contrario es un cereal vestido, como lo es la mayoría de la cebada cultivada, en la que el grano se separa firmemente envuelto por dichas hojas. Los granos vestidos requieren una molienda preliminar para eliminar dichas cubiertas.

12 (págs. 98, 112). El Badajshán soviético es la actual provincia autónoma del Alto Badajshán, que comprende una buena parte del Pamir y se encuentra en la república de Tayikistán, separado por el río Panj de la provincia afgana de Badajshán.

13 (pág. 106). El sorgo, una planta domesticada desde muy antiguo en la región de Sudán-Etiopía, se expandió por todo el continente africano y por Asia, diferenciándose en un sinfín de formas con múltiples usos. Todas ellas se incluyen hoy en día en la especie *Sorghum bicolor*. Vavílov, siguiendo la tendencia general en la época, diferencia diversos tipos que en su día se reconocían como especies independientes. Aunque no siempre son fáciles de identificar a partir de los nombres comunes de Vavílov, intentamos señalarlos en el índice. Este que menciona en Nuristán parece ser *Sorghum cernuum*.

14 (pág. 108). Piñones de *Pinus gerardiana*, una especie importante localmente por este uso.

15 (pág. 111). Recuérdese que hasta la creación de la República de Pakistán en 1947, tanto el Beluchistán, limítrofe con Afganistán, como el Punyab eran territorios de la India, parte del Imperio Británico también hasta 1947.

16 (pág. 111). El llamado guisante de Angola, *Cajanus cajan*, debe ese nombre a lo extendido de su cultivo en África, pero esta leguminosa es seguramente originaria en la India, donde se domesticó.

17 (pág. 111). Lenteja negra. Probablemente se trata de *Lens culinaris* subsp. *microsperma*, grupo *subspontaneae*, un grupo característico de Afganistán, con semillas negras.

18 (pág. 116). Las barrillas (plantas barrilleras) son plantas del género *Salsola* y otros géneros próximos que viven en terrenos salinos y que sirven para producir sosa mediante un proceso de combustión controlada. Fueron muy útiles para la fabricación del jabón y del vidrio.

19 (pág. 121). El jinyuk, *Pistacia khinjuk*, se utiliza ocasionalmente por su resina, o como patrón para injertar el pistachero de semillas comestibles, *Pistacia vera*.

20 (pág. 121). La palma o palmera común de Vavílov es siempre la datilera, *Phoenix dactylifera*.

21 (pág. 123). Es probable que haya un lapsus en este Chaikin, y Vavílov se esté refiriendo a Vasili Lavrentievich Viatkin (1869-1932). Además de haber sido Viatkin el arqueólogo que descubrió (1908) y excavó el monumento que visitó Vavílov —el Observatorio de Ulugh Beg—, era el director del Museo Arqueológico de Samarcanda, que él mismo había creado en 1896. Téngase en cuenta, además, que a Vavílov le acompañaba D. Bukínich (v. Anexo III), que había practicado la arqueología en Turkmenistán y seguramente conocería bien a Viatkin.

22 (pág. 128). Vavílov llama a este algodón asiático «guza asiático», el algodón de fibra corta del algodonero africano *Gossypium herbaceum* (diploide, $2n = 26$). Todo el algodón que ha mencionado en Afganistán corresponde a esta especie. Con fines industriales, estos cultivos se sustituyeron por algodoneros del nuevo mundo, tetraploides ($2n = 52$): *G. hirsutum* (del que proceden los tipos Upland) y *G. barbadense*, que producen una fibra más larga y de mejor calidad como fibra textil (v. nota 56).

23 (pág. 137). Las lechugas de tallo son algunas variedades de la lechuga común, *Lactuca sativa*, que se cultivan en China *(wo sun)*, en las que en lugar de las hojas se aprovecha el tallo, alto y grueso, que se cocina y se consume como verdura.

24 (pág. 138). Se trata de la «judía de a vara», una subespecie del caupí, *Vigna unguiculata* subsp. *sesquipedalis*, que produce legumbres de hasta 60-90 cm de longitud.

25 (pág. 138). Col china. Probablemente se refiere al *pe tsai*: *Brassica rapa* var. *pekinensis*, parecida a un repollo pero de hoja más delgada y más alargada.

26 (pág. 143). No somos capaces de identificar esta persona. Como hipótesis, pensamos que pudiera tratarse de un lapsus por Imai (Yoshitaka), que publicó sobre genética vegetal y herencia citoplasmática entre 1921 y 1938. Trabajó en el laboratorio de Morgan a finales de los 20, e introdujo la genética de *Drosophila* en Japón.

27 (pág. 144). Bambúes comestibles. La mayoría de los brotes de bambú en China y Japón provienen de la especie *Phyllostachys edulis*, pero pueden utilizarse otras, del mismo género o del género *Dendrocalamus*.

28 (pág. 144). Las formas más diversas y caprichosas de coles. En China y Japón hay tres especies del género *Brassica* con variedades parecidas a coles: *Brassica rapa*, *B. juncea* y *B. oleracea*.

29 (pág. 144). El *udo* son los brotes jóvenes de *Aralia cordata*, que se consumen como verdura en Asia oriental. Sus rizomas también se emplean, como tónicos y estimulantes.

30 (pág. 144). El *ta-tsai* es otro tipo de col asiática, *Brassica rapa* subsp. *chinensis*, del grupo llamado 'narinosa', que no produce una cabeza compacta sino una roseta abierta de hojas.

31 (pág. 144). Kin-kan. Se llaman así diversos cítricos con frutos pequeños, del género *Fortunella: F. margarita, F. crassifolia, F. japonica.*

32 (pág. 146). Los crisantemos ornamentales pertenecen a numerosas variedades incluidas en el complejo *Chrysanthemum x morifolium*, un híbrido de jardinería surgido en China hacia el siglo IV.

33 (pág. 147). Este rábano gigante es el *daikon* de los japoneses, *Rhaphanus sativus* del grupo 'longipinnatus', que puede llegar hasta el metro de longitud y 60 cm de diámetro. Vavílov vuelve sobre ellos en las páginas 151-52.

34 (pág. 148). Konjac. *Amorphophallus konjac*, una arácea que produce un gran tubérculo de hasta 20 o 30 cm de diámetro, utilizado en la cocina japonesa. Es una fuente de glucomananos que adquieren en agua una consistencia similar a la de la gelatina. Además de sus usos culinarios, sirven como coadyuvantes en regímenes de adelgazamiento. Son básicamente fibra y no se digieren, por lo que tienen un efecto saciante.

35 (pág. 148). El petasites japonés, *Petasites japonicus*, es una compuesta con hojas de gran tamaño, de las que se consumen como verdura las pencas *(fuki)*, y también los brotes florales inmaduros.

36 (pág. 148). La calabaza almizclera, *Cucurbita moschata*, tiene numerosas variedades, en el Japón sobre todo del grupo 'Japonica'.

37 (pág. 153). Mandarinas (variedad 'Unshiu'). Son las mandarinas del grupo Satsuma.

38 (pág. 153). La *Zizania latifolia* es una especie asiática de «arroz silvestre». Como con el «arroz silvestre» común (el que se comercializa es el fruto de la *Z. aquatica*, norteamericana) puede consumirse el fruto. Sin embargo, en Japón se consumen también las inflorescencias como verdura, una vez que se hipertrofian tras haber sido infectadas

por un hongo del grupo de los tizones *(Yenia esculenta)*. La infección impide el desarrollo de las flores y la formación del fruto. Por supuesto, el género *Zizania* es muy diferente de *Oryza*, género del verdadero arroz *(O. sativa)*.

39 (pág. 154). De la madera del alcanforero, *Cinnamomum camphora*, se extraía por destilación el alcanfor, hoy en día producido por síntesis.

40 (págs. 155 y 281). Las viviendas «palafíticas» de las que habla Vavílov están, como los hórreos y las paneras asturianas, elevadas sobre pilares que las separan del suelo y evitan la humedad. Como barrera frente a la entrada de roedores y otros animales, los pilares se coronan con un capitel corto y de ancho vuelo (tornarratos en los hórreos gallegos o muela en las construcciones asturianas), y es a esta pieza a la que Vavílov llama invariablemente «paraguas».

41 (pág. 156). *Castilla elastica* es el árbol del hule, una morácea originaria de Centroamérica cuyo látex es una fuente de caucho, aunque nunca ha tenido la importancia comercial del árbol del caucho, *Hevea brasiliensis*.

42 (pág. 156). El ramio, *Boehmeria nivea*, es una urticácea originaria de Asia tropical y cultivada desde muy antiguo en China, que produce las fibras vegetales más largas, resistentes y suaves. Se cultivan dos tipos: el blanco, subsp. *nivea*, y el verde o indio, subsp. *tenacissima*.

43 (pág. 157). Es un tanto extraña la mención de este «Robertson», hablando sobre los trabajos de mejora de cítricos de dos expertos como Swingle y Tanaka. Quizá se refiera a Ray Robertson, que en 1925 creó una variedad de naranja de tipo navel en California, comercializándola bajo el nombre de 'Robertson navel' con bastante éxito a partir de los años 30.

44 (pág. 159). En la soja silvestre, *Glycine soja*, la legumbre madura se abre espontáneamente y deja que salgan las semillas. En la soja cultivada, *G. max*, como en la mayoría de las plantas cultivadas, uno de los primeros cambios introducidos por la domesticación fue la incapacidad de abrirse los frutos, lo que permite cosechar la semilla.

45 (pág. 164). El *tung* es la *Vernicia fordii*, de cuyas semillas se obtiene el aceite de tung (llamado también aceite de madera), de aplicación en el tratamiento de las maderas y la industria de pinturas y barnices.

46 (pág. 164). *Eucommia ulmoides*, un árbol muy cultivado en Asia oriental como medicinal hasta el punto de que quizá no existan ya ejemplares silvestres. Durante el siglo veinte empezó a explotarse para extraer de su látex una goma similar a la gutapercha, que continúa teniendo múltiples usos industriales en recubrimientos aislantes de cables y conducciones de petróleo.

47 (pág. 172). El algarrobo, *Ceratonia siliqua*, es uno de los árboles cultivados más importantes de la región mediterránea (v. fig. 18), originario quizá de la región mediterránea oriental o de la Península arábiga. Se aprovechaban sus frutos (algarrobas), sobre todo como forrajeros y ocasionalmente también para el consumo humano. Hoy en día siguen teniendo importancia, pues de sus semillas se extrae, entre otras cosas la goma garrofín, muy empleada en la industria alimentaria. Para otro significado de «algarroba», véase la nota siguiente.

48 (pág. 174). «Algarroba» no se refiere aquí al fruto del algarrobo *(Ceratonia siliqua)*, sino a la arveja forrajera *Vicia articulata* (v. fig. 30), a la que Vavílov llama «uniflora» porque sus flores aparecen solitarias y no en racimos. Probablemente se domesticó en la Península Ibérica, en donde la menciona Vavílov en varias ocasiones.

49 (pág. 180). Es probable que esta «peculiar almorta» sea *Lathyrus gorgoni*, al que se ha referido en la pág. 174, una planta utilizada históricamente como forrajera en Oriente Medio.

50 (pág. 197). Aunque hoy en día se incluye en *Avena sativa*, la avena común, hexaploide ($2n= 42$), las formas que corresponden a lo que anteriormente se llamó *A. byzantina*, de carácter más mediterráneo, muestran similitudes en la forma de separarse el fruto con la especie silvestre *A. sterilis*. Tanto *A. sterilis* como *A. fatua*, adventicias comunes en los cultivos, están en el origen del complejo cultivado, *A. sativa*.

51 (pág. 201). Las acelgas y los distintos tipos de remolachas son variedades de la misma especie, *Beta vulgaris*, domesticada a partir de la silvestre *B. vulgaris* subsp. *maritima*, frecuente en las costas europeas y mediterráneas.

52 (pág. 202). Tras el descubrimiento de *Vicia faba* var. *pliniana* por Trabut, se consideró que podía ser la especie original de la que se domesticó el haba cultivada. Sin embargo, hoy en día se entiende que no es sino una domesticación antigua. El ancestro silvestre del haba, *Vicia faba*, continúa siendo desconocido.

53 (pág. 204). Este «Heráclito» será un lapsus por «Hipócrates».

54 (pág. 205). Oídio y mildiú de la vid. Tanto el mildiú como el oídio son dos importantes enfermedades de la vid, introducidas accidentalmente desde Norteamérica en Europa durante el siglo XIX (en 1845 y 1878, respectivamente). El oídio lo produce un hongo, *Erysiphe necator* (= *Uncinula necator)*, de biología similar al de los cereales (v. nota 2). Es su fase asexual la que forma el fieltro blanco que se extiende por hojas y frutos y recibe el nombre de *Oidium tuckeri*. El mildiú se debe a *Plasmopara viticola*, anteriormente considerado como un

hongo y hoy en día englobado en el reino Chromista.

55 (pág. 217). El Instituto Internacional de Agricultura se creó, con financiación de la corona italiana, en 1905. Se disolvió oficialmente en 1948, cuando todas sus funciones se transfirieron a la FAO, creada en 1945 como una organización dependiente de la ONU.

56 (pág. 218). El llamado algodonero egipcio, de fibra larga, proviene de una planta de *Gossypium barbadense* (v. nota 22) cultivada en El Cairo hacia 1820. *G. barbadense* se domesticó en lo que hoy es Perú.

57 (pág. 222). *Juniperus excelsa* será más bien *J. procera*, una sabina extendida en África, muy próxima a *J. excelsa*, que sin embargo es mediterránea oriental y asiática occidental.

58 (pág. 237). La palmera silvestre a la que se refiere Vavílov es *Phoenix reclinata*, próxima a la palmera datilera cultivada, con la que puede hibridarse, pero no es su ancestro silvestre.

59 (pág. 239). El henequén o agave del Yucatán es el *Agave fourcroydes*, una domesticación maya a partir del *A. vivipara*. Se cultiva para aprovechar las fibras de sus hojas. Dentro de este grupo, la fibra de mejor calidad es el sisal, del *Agave sisalana,* una planta domesticada en Centroamérica de la que no se conoce el ancestro silvestre.

60 (pág. 240). El ensete o banano abisinio, *Ensete ventricosum (= Musa ensete)*, al igual que la bananera común, es una hierba de proporciones enormes. En el caso de la especie abisinia no se consume el fruto sino el rizoma, rico en almidón.

61 (pág. 258). La llamada «gripe española» es famosa por haber sido la pandemia con mayor mortandad que ha conocido la historia. Ocurrió en 1918 y causó entre unos 25 y 40 millones de víctimas mortales en todo el mundo. Los resfriados y pulmonías que refiere Vavílov de Madrid, por insidiosos que sean, no llegarían a tanto...

62 (pág. 259). D. Ignacio Bolívar, el director del Museo, tuvo siempre gran cuidado de que todos los materiales del mismo se exhibiesen de acuerdo con los estándares más modernos para el momento. En lo que se refiere a las taxidermias, contó desde 1910 con los hermanos Benedito Vives, valencianos. Luis y José María Benedito Vives estuvieron probablemente entre los mejores taxidermistas de su tiempo, y fueron verdaderos artistas, no solo preparando los animales sino también en lo que se refiere a su ambientación, para lo que se basaban en estudios del natural. Sus dioramas siguen siendo una de las atracciones del Museo en la actualidad.

63 (pág. 265). Una estimación bastante atinada. Según los datos del proyecto *Flora iberica*, que aún no ha finalizado, el número de espe-

cies puede estar en torno a las 6300, con alrededor de un 20% de endemismos.

64 (pág. 266). Alberjón *(Vicia narbonensis)*. Vavílov la llama «lenteja francesa», que podría traducirse como yero *(Vicia ervilia)*, tal y como él mismo ha dicho en el Pamir (pág. 69). Además, en los años 20 del siglo pasado el yero era la segunda leguminosa en extensión en España, después de la algarroba. Sin embargo, los dos comentarios que la acompañan, tanto la calificación de «desconocida en otros países» como que «provenga de especies silvestres de la propia España», como dirá en la pág. 271, aunque no sean del todo exactos, se aproximan bastante más a esta especie que a *Vicia ervilia*. Aunque no tan cultivado como los yeros, el alberjón estaba muy extendido en España en aquella época.

65 (pág. 266). Las afreitas, de las que volverá a hablar Vavílov al llegar a Galicia, son avenas, *Avena strigosa* (avena negra), *A. brevis*, *A. hispanica*, domesticadas y cultivadas antiguamente en el occidente europeo, prácticamente residuales hoy en día. Son diploides (2*n*= 14), y no forman parte del complejo de la avena cultivada *(A. sativa*, hexaploide), aunque igual que ella se domesticaron a partir de malas hierbas en los cultivos.

66 (pág. 267). Yeros. Aquí los llama con el mismo adjetivo, «lenteja forrajera», que ha utilizado al hablar de ellos en Nuristán. Por el contexto, podría estar refiriéndose también a la algarroba, de la que se cultivaban unas 200 000 ha frente a unas 65 000 dedicadas a yeros entonces.

67 (pág. 270). Las judías habituales hoy en día en España y en el mundo occidental (alubias, alubia pinta, judía de Lima) son especies del género *Phaseolus (P. vulgaris, P. coccineus, P. lunatus)* originarias de América. A diferencia de las patatas y el maíz, que también son plantas americanas pero cuyo uso no se generalizó hasta el siglo XVIII y comienzos del XIX, las judías americanas se empezaron a cultivar nada más llegar en el XVI, desplazando insensiblemente a las leguminosas cultivadas hasta ese momento (como por ejemplo el caupí, v. nota 24), a las que arrebataron los nombres comunes (judías, habichuelas, alubias).

68 (pág. 272). Aplicamos el nombre «arveja» a las leguminosas del género *Vicia* cultivadas principalmente como forrajeras, como el yero *(V. ervilia,* nota 5), la algarroba *(V. articulata,* n. 48), y el alberjón *(V. narbonensis,* n. 64). Mantenemos «veza» para *Vicia sativa*.

69 (pág. 274). Aunque Valencia ha sido siempre famosa por sus naranjas, la variedad llamada 'Valencia' parece que se originó en California en

el siglo XIX. La 'Valencia Late' también recibió ese nombre por las mismas fechas en aquel estado norteamericano. Está claro que Valencia era ya entonces un buen reclamo publicitario para las naranjas.

70 (pág. 280). Es la berza gallega, *Brassica oleracea* grupo *acephala*.

71 (pág. 281). Gracias al trabajo de Pablo Huerga (en *Nómadas* 33, 2012; http://revistas.ucm.es/index.php/NOMA/issue/view/2199) sabemos que a Vavílov lo recibieron y acompañaron por Asturias el agrónomo Ramón González-Regueral García, director del Real Instituto Jovellanos de Gijón y el catedrático Antonio Ortega. Solo estuvo dos días en aquella provincia, antes de continuar hacia Cantabria para visitar la cueva de Altamira.

72 (pág. 282). Auténtica espelta. Vavílov utiliza aquí el término *polba*, que se traduciría por «escaña», pero en este capítulo siempre le añade el adjetivo «auténtica». Que se refiere a la espelta, y no a la escaña, como se ha traducido en otras ocasiones, se deduce de la relación que establece con los trigos de la región bávaro-tirolesa, de donde se consideraba en aquella época endémica la espelta (cf. Schiemann 1948, *Weizen, Roggen, Gerste*, Jena: Gustav Fischer), y porque tres párrafos después utiliza el término *dvuzernianka* (escaña) para referirse al otro trigo que le acompaña, que es la escaña a la que localmente llaman povia. Por otro lado, vuelve a utilizar exactamente la misma expresión *(polba* auténtica) para indicar su ausencia de Navarra, en donde sí había escaña pero no espelta. En el mismo párrafo, Vavílov caracteriza Navarra (Basconia) como «el reino de la escaña» *(dvuzernianka)*. Y por último, los cultivos que describe de Asturias se han mantenido hasta la actualidad: es la escanda asturiana, fundamentalmente espelta, más o menos mezclada con algo de escaña.

73 (pág. 282). El instrumento con el que se cosecha la escanda son las mesorias, dos palos unidos por una correa con los que se pinzan y se arrancan varias espigas a la vez.

74 (pág. 285). Si anteriormente Vavílov ha confundido Cantabria (en donde está la cueva de Altamira) con Asturias, ahora es deliberadamente ambiguo en la ubicación de esta pintura, que se encuentra en la cueva de La Araña, en Bicorp, Valencia. Su descripción, incluida la mención del palmito, revela que la información que maneja proviene de la monografía de E. Hernández-Pacheco, *Las pinturas prehistóricas de las cuevas de La Araña...*, publicada por el Museo Nacional de Ciencias Naturales en 1924. Naturalmente, tanto el palmito como el esparto son abundantes en la comarca valenciana, pero no en Cantabria ni en sus proximidades.

75 (pág. 287). El agrónomo con quien estuvo Vavílov en Pamplona, y que le envió luego las abundantes muestras de escaña a Leningrado, es Apolinar Azanza Azcona (Estella 1889-1959), jefe del Instituto de Mejora de Plantas de la Diputación de Navarra entre los años 1919 y 1959. Azanza se dedicó con intensidad a la mejora de cereales (trigos, cebada, maíz), creando mediante hibridación variedades nuevas de trigos, algunas de las cuales se cultivaron con buenos resultados hasta los años 60. También trabajó en la mejora de la vid. Tras su primer encuentro, mantuvo el contacto epistolar con Vavílov hasta 1935. [Información del blog de Mercedes Azanza Nieto: http://apolinarazanza.blogspot.com.es].

76 (pág. 288). Se refiere aquí a las afreitas (avenas diploides), que vio en Galicia y Portugal.

77 (pág. 291). Árbol rojo. El nombre que da Vavílov, *Swietenia mahagoni*, es en realidad el de una caoba. El palo brasil o árbol brasil es el leño de diversas especies de leguminosas cesalpinoideas —entre ellas *Caesalpinia echinata*, árbol nacional de Brasil—, aplicado hoy en día también a otras especies, de las que se extrae un colorante rojo, brasilina en *Caesalpinia* o hematoxilina en otros géneros.

78 (pág. 293). El Instituto Butanta, hoy en día un importante centro de investigación biomédica, centrado en la inmunoterapia.

79 (pág. 297). La *Estaçao Biológica do Alto da Serra*, creada por iniciativa privada en 1910, suele considerarse la primera reserva biológica de Sudamérica. Su nombre actual es *Reserva Biológica do Alto da Serra de Paranapiacaba*. Comprende 336 ha relativamente bien conservadas de mata atlántica, con alta biodiversidad. Su adquisición por la administración brasileña se debió al interés conservacionista de Frederico Hoehne (v. Anexo III).

80 (pág. 302). La mandioca, o yuca, *Manihot esculenta*, se domesticó en Sudamérica, a partir de *M. flabellifolia*, para aprovechar sus raíces tuberizadas, ricas en almidón. La mayoría de sus variedades contienen glucósidos que liberan ácido cianhídrico al hidrolizarse, por lo que son muy tóxicas si no se lavan bien antes de su consumo. Hoy en día es uno de los cultivos más importantes en los trópicos de todo el mundo. Industrialmente se procesa para obtener la llamada tapioca.

81 (pág. 307). El caucho natural de mejor calidad es el látex del árbol del caucho, la euforbiácea *Hevea brasiliensis*, endémica de la Amazonia, y llamada también goma de Pará, aunque no es propiamente una goma. Se extrae mediante incisiones en la corteza del árbol (fig. 38).

La coagulación del látex líquido se conseguía por acción del humo, aunque actualmente se coagula por la acción de ácidos. Otras plantas productoras de caucho son el árbol del hule (pág. 156), el guayule (pág. 319) o las varas de oro con las que experimentaron Edison y Ford (pág. 392).

82 (pág. 309). Cacao silvestre gigante. El cupuazú *(cupuaçu)*, *Theobroma grandiflora*.

83 (pág. 313). El ceibo es uno de los gigantes de la selva. Los pelos del fruto, denominados comercialmente «kapok», tienen diversas aplicaciones, sobre todo como aislante.

84 (pág. 315). El zapote o chicozapote, *Manilkara zapota*, árbol centroamericano de fruto comestible. Los indígenas han utilizado desde tiempo inmemorial su látex, elástico, para mascar, y a partir de él creó Thomas Adams la primera industria moderna de chicles, hacia 1870.

85 (pág. 317). Como se indicaba en el prólogo a la edición original (v. pág. 33), este capítulo no pertenece al manuscrito, sino que es una versión resumida del informe que, sobre su visita en 1932 al continente americano, publicó Vavílov en *Izvestia* el 29/III/1933.

86 (pág. 322). El comité que Vavílov menciona acordó que el siguiente congreso se celebrase en la Unión Soviética en 1937, y encargó oficialmente a Vavílov de su organización. Sin embargo la ola antigenética, originada y promovida por Lysenko, empezaba a cobrar fuerza a mediados de los años treinta. Las dificultades que iban creando las autoridades políticas, que veían con buenos ojos la pseudociencia de Lysenko y sus acólitos (v. Epílogo, pág. 349), llevaron en un principio a retrasar la posible fecha de celebración a 1938, y poco después a su cancelación definitiva. El 7º Congreso Internacional de Genética tendría lugar finalmente a finales de agosto de 1939 en Edimburgo, justo la semana anterior al comienzo de la 2ª guerra mundial. Vavílov fue elegido presidente, pero no pudo obtener el permiso de salida de la URSS. De hecho no hubo ninguna participación soviética.

87 (pág. 324). Puede verse cómo, durante la primera mitad de los años 30, Vavílov todavía se esforzaba por contemporizar y adoptar una postura de compromiso con Lysenko y sus defensores, quizá esperando que hubiera alguna gota de verdad en sus supuestos "éxitos". A partir de 1936 su paciencia se fue acabando y en 1938, con Lysenko presidiendo la Academia de Ciencias Agrícolas, el enfrentamiento era declarado, con trágicas consecuencias para Vavílov y la mayoría de los genetistas y biólogos soviéticos (v. Epílogo, pág. 349 y ss.)

Créditos de las ilustraciones

Págs. 4 (frontisipicio), 330 y 379 (nº 61). © 2015 VIR, San Petersburgo. Debemos estas fotografías a la amabilidad de los Dres. Margarita Vishniakova, Igor Loskutov y Serguéi Shuvalov.

Págs. 40, 356-368, 368 (nº 31 y 33), 369 (nº 35), 370 (nº 37), 371-374, 375 (nº 52), 376-378, 379 (nº 60). © 1997 IPGRI, Roma / VIR, San Petersburgo. Publicadas en N. I. Vavílov, *Five Continents* (Trad. Doris Löve). Ed. IPGRI.

Págs. 46, 50, 62, 74, 130, 216, 254. © Inés Arberas.

Págs. 53, 56, 81, 203, 230. © Annemarie Tröger. En E. Schiemann 1948, *Weizen, Roggen, Gerste*. Jena: Gustav Fischer.

Págs. 60, 120, 163, 173, 233. © RJB-CSIC, Real Jardín Botánico de Madrid. Grabados según dibujos de Auguste Faguet para la *Histoire des Plantes*, de Henri Baillon, 1867-1895.

Págs. 71, 267. © Herederos de Emilio Guinea. Dibujos de E. Guinea en Emilio Guinea 1953, *Estudio botánico de las vezas y arvejas españolas*. Madrid: Instituto Nacional de Investigaciones Agronómicas.

Págs. 76, 77. Modificados de A. Szabo & T. J. Barfield 1991, *Afghanistan: An Atlas of Indigenous Domestic Architecture*. Austin: University of Texas Press.

Pág. 95. Modificado de N. I. Vavílov 1987, *Pyat kontinentov*. Moscú: Mysl'.

Págs. 101, 107, 221. Dibujos de Ruth Kilian para P. Hanelt & Institute of Plant Genetics and Crop Plant Research 2001, *Mansfeld's Encyclopaedia of Agricultural and Horticultural Crops,* vol. 5. © 2001 Springer-Verlag Berlin Heidelberg. Con permiso de Springer Verlag + Business Media.

Pág. 117. Basado en Hiob Ludolph 1681, *Historia Aethiopica*, Frankfurt. © 2015 Nerea Legarreta Altzibar.

Pág. 133. Modificado de N. I. Vavílov 1931, en *Origin and Geography of Cultivated Plants*. Cambridge Univ. Press.

Págs. 139, 170, 182, 208. Grabados según dibujos de Auguste Faguet para L. Figuier 1865, *Histoire del Plantes (Tableau de la Nature Vol. 3)*. París.

Pág. 149. Modificado de un grabado de F. Göschke, 1880.

Págs. 177, 207, 260, 261. De R. Téllez y M. Alonso 1952. *Los trigos de la Ceres hispanica*. Madrid: Instituto Nacional de Investigaciones Agronómicas.

Pág. 246. De C.F.P. von Martius 1850-1853, *Historia Naturalis Palmarum*, Vol. 3. Berlín.

Págs. 272, 282, 283. © 2015 Libros del Jata.

Pág. 286. Dibujo de Francisco Benítez Mellado en E. Hernández-Pacheco 1924. *Las pinturas prehistóricas de las cuevas de La Araña (Valencia)*. Madrid: Museo Nacional de Ciencias Naturales.

Págs. 294, 304, 311, 314. © Herederos de Percy Lau. Dibujos de Percy Lau en *Tipos e aspectos do Brasil*, 10ª ed. 1975, Instituto Brasileiro de Geografía e Estatística.

Pág. 368 (nº 32), 369 (nº 34), 370 (nº 36), 375 (nº 50, 51). N. I. Vavílov 1962. *Pyat kontinentov*. Moscú: Mysl'.

Índice analítico

Aaronsohn, Aaron, 176, 178, 191, 385, 398
Abacá, *Musa textilis, 374*
Abedul, *Betula* sp. 102
Abejas (v. miel), *Apis mellifera,* 285
Abetos (Chipre), 249
Abu Zakariya (Ibn al-Awwam), 276, 385
Acacias, *Acacia* sp. pl. 37, 49, 197, 198, 219, *364*
Acelga silvestre, *Beta vulgaris* subsp. *maritima,* 201, 419 (n. 51)
Achard, Edmond Louis, 185, 385
Aciano, *Centaurea cyanus,* 278
Actinidia, *Actinidia arguta,* 148
Adelfa, *Nerium oleander,* 193, 278
Adormidera, *Papaver somniferum* (v. 'opio'), 54, 79, 122, 136, 138, *139*, 140, 141
Aegilops sp. (v. 'trigo de perdiz'), 287
Afreita, *Avena strigosa, A. hispanica,* 266, 280, 284, 287, 288, 421 (n. 65), 422 (n. 76)
Ágave, *Agave* sp. (v. henequén), 33, 197, 198, 270
Agol, Isaak I. 349
Agracejos, *Berberis* sp. pl. 97, 100, 101, 102,116
Agrostis, *Agrostis* sp. 105
Aguacate, *Persea americana,* 44, 270, 278
Aguaturma, tupinambo, *Helianthus tuberosus,* 329
Ajo, *Allium sativum,* 79
Akemine, Masao, 147, 148, 385
Álamos, *Populus* sp. 101
Albaricoque, *Prunus armeniaca,* 79, 100, 117
Albaricoque japonés, *Prunus mume,* 145, 153
Alberjón, *Vicia narbonensis,* 266, 271, 421 (n. 64)
Alcanfor, alcanforero, *Cinnamomum camphora,* 154, 155, 156, 418 (n. 39)
Alcornoque, *Quercus suber,* 27, 208, 278, 279
Alejandro Magno, 83, 114
Aleksándrov, 351
Alfalfa, *Medicago sativa,* 79, 87, 88, 128, 207
Alficoz, *Cucumis melo* subsp. *flexuosus,* 79, 414 (n. 9)
Algarroba, *Vicia articulata,* 174, 266, *267*, 271, 272, 419 (n. 48)
Algarrobo, algarroba (fruto), *Ceratonia siliqua,* 44, 172, *173*, 183, 247, 249, 274, 419 (n. 47)
Algas, 78, 253
Algodón, *Gossypium* sp. 38, 90, 110, 111, 123, 127, 131, 317

Algodoneros
— «asiático», *Gossypium herbaceum,* 79, 88, 92, 117, 128, 416 (n. 22)
— de tierras altas (Upland), *G. hirsutum,* 26, 113, 416 (n. 22)
— americanos, *Gossypium hirsutum, G. barbadense,* 295, 301, 305, 326, 327, 328, 329, 416 (n. 22)
— egipcio, *Gossypium barbadense,* 218, 266, 420 (n. 56)
— plurianual, 312
Alharma, *Peganum harmala,* 118, 266
Alholva, *Trigonella foenum-graecum,* 79
Almendro, *Prunus dulcis,* 142, 268, 273, 274, 278
— silvestre, *Prunus dulcis* var. *amara,* 142, 187
Almorta, *Lathyrus sativus,* 27, 68, 69, 70, 99, *101,* 174, 200, 201, 210, 212, 248, 280, 289, 414 (n. 4)
Almorta de gorgona, *Lathyrus gorgoni,* 174, 180, 419 (n. 49)
Alpaca, *Vicugna pacos,* 31
Altramuz, *Lupinus* sp. pl. 27
Alubias (v. judías), *Phaseolus* sp. pl. 44
Andersen, Hans C. 28
Annona sp. pl., chirimoyas y plantas afines, 44
Amanulá Khan, 87, 386
Árbol brasil, *Caesalpinia* sp. pl. 291, 423 (n. 77)
Árbol de la ceiba, ceibo, *Ceiba pentandra,* 313, *377,* 424 (n. 83)
Árbol del caucho (v. caucho), *Hevea brasiliensis,* 307, 310, 313, *314,* 423 (n. 81)
Árbol del pan, *Artocarpus altilis,* 296, 300, 301
Árbol Tung, *Vernicia fordii,* 164, 418 (n. 45)
Árboles frutales, v. frutales
Arces, *Acer* sp. pl. 146
Aristóteles, 204, 248
Arroz, *Oryza sativa,* 26, 32, 42, 51, 88, 89, 92, 109, 110, 117, 133, 134, 135, 145, 147, 148, 151, 153, 158, 159, 164, 252, 253, 266, 268, 274, 295, 296, 299, 310, *361*
Arroz acuático (v. *Zizania latifolia*)
Artemisia, *Artemisia maritima,* 76, 115, 116
Arvejas, *Vicia* sp. pl. 272, 288
Aryk, 58, 78, 118
Ascidias (tunicados, fam. ascidiáceos), 144
Asia Interior, 24, 43, 49, 61, 69, 73, 80, 94, 137, 142, 201, 413 (n. 1)
Ásteres, *Aster* sp. 105
Astrágalos, *Astragalus* sp. pl. (v. tragacanto), 122
Avellano, *Corylus avellana,* 287
Avellano de Lambert, *Corylus maxima,* 172
Avena, *Avena sativa,* 37, 287, 419 (n. 50)
— (afreita, q. v.), 288, 289
— amarilla, mediterránea, *Avena sativa (= A. byzantina),* 197, 201, 419 (n. 50)
— caballuna, *Avena sterilis,* 197, 419 (n. 50)
— loca, *Avena fatua,* 183, 201, 419 (n. 50)
— (malas hierbas), *Avena* sp. pl. 58, 419 (n. 50)

Azanza Azcona, Apolinar, 423 (n. 75)
Azúcar (v. caña de azúcar)
Azufaifo, azufaifa (v. jinjolero)
Azzi, Girolamo, 26, 27, 252, 386
Baldrati, Isaia, 239, 386
Bambú, 150
— (ornamentales), 111
— (comestibles), 144, 153, 417 (n. 27)
Banano abisinio, v. ensete
Baobab, *Adansonia digitata,* 239, *367*
Baratov, Nikolái N. 55, 386
Bardana comestible, *Arctium lappa* var. *edule,* 144, 148, 153
Barrillas, *Salsola* sp. pl. 76, 116, 122, 416 (n. 18)
Barúlina, Yelena, 13, 14, 336
Batata (boniato, patata dulce), *Ipomoea batatas,* 156
Bateson, William, 334, 395
Battandier, Jules Aimé, 197, 386, 409
Baur, Erwin, 327, 386
Bayas, 90, 102, 103, 107, 108, 155, 285
Benoit, Pierre, 208, 387
Berenjena, *Solanum melongena,* 79, 144, 148
Beria, Lavrenti, 352
Berro hortelano, *Lepidium sativum,* 221
Berza gallega, v. col de hoja
Besredka, Aleksander M. 169, 387
Boerger, Alberto, 32, 387
Boeuf, Félicien, 206, 211, 387
Bogushevski P. N. 142, 387
Bolívar Pieltáin, Cándido, 255, 387
Bolívar y Urrutia, Ignacio, 255, 256, 387, 420 (n. 62)
Bóndar, Grigori G. 303, 387
Bonelli, Michelangelo, 27, 388
Bouloumoy, Louis, 175, 184, 388
Briand, Aristide, 169
Bridges, Calvin B. 342
Brockham, 348
Buganvilla, *Bougainvillea spectabilis,* 266
Bujarin, Nikolái I. 350
Bukásov, Serguéi M. 38, 326, 388, 386, 411
Bukínich, Dmitri D. 73, 80, 91, 94, 388, 416 (n. 21)
Burbank, Luther, 193, 388
Burro (doméstico y salvaje), *Equus africanus,* 227
Caatinga, 302
Caballo, *Equus ferus caballus,* 52, 65, 66, 67, 68, 91, 94, 99, 102, 104, 105, 106, 109, 113, 115, 118, 121, 122, 126, 131, 136, 137, 179, 183, 204, 226, 255, 257, 264, 265, 272, 287
Cabra, *Capra aegagrus hircus,* 76, 106, 108, 112, 219, 231, 240
Cacahuete, *Arachis hypogea,* 273, 302
Cacao, *Theobroma cacao,* 32, 44, 302, 303, *304*, 310
Cacao silvestre gigante, *Theobroma grandiflora,* 309, 424 (n. 82)
Cactus (en Palestina, Argelia y España: chumbera), *Opuntia ficus-indica,* 193, 197, 270
Cactus (Brasil), 302
Café, cafeto (cult. y silv.) *Coffea arabica,* 32, 44, 222, 231, *233*, 236, 238, 278, 292-297, *294*, 302, 303, *376*

Caimanes, 299, 308, 310, 315
Calabacino, *Lagenaria siceraria,* 79, 243, *373*
Calabaza, *Cucurbita* sp. pl. 30, 79, 315
— almizclera, variedades de *Cucurbita moschata,* 148, 417 (n. 36)
Calabaza espina, v. pepino del profeta
Camargo, Theodureto L. de A. 293, 389
Camello, *Camelus dromedarius,* 118, 121, 126
Camello bactriano, *Camelus bactrianus,* 131
Caña de azúcar, *Saccharum officinarum,* 32, 33, 42, 110, 111, 175, 176, 193, 266, 278, 293, 295, 299, 305, *366*
Cáñamo, *Cannabis sativa,* 79, 210
Caqui, *Diospyros kaki,* 144, 154, 158, 160, 161
Caragana, *Caragana* sp. 187
Carle, Georges, 218, 219, 389
Carleton, Mark A. 35, 160, 389
Carpa dorada, *Carassius auratus,* 164
Cártamo o alazor, *Carthamus tinctorius,* 221
Castaña de agua (china), *Eleocharis dulcis,* 144
Castaño, castañares, *Castanea sativa,* 27, 172, 266, 279, 280, 287, 288
Castaños de Asia oriental, *Castanea mollissima* (chino), *C. crenata* (japonés), 144
Casuarina, *Casuarina equisetifolia,* 37, 197
Cauchera, *Castilla elastica,* 156, 418 (n. 41)
Caucho, *Hevea brasiliensis,* 305, 306, 307, 312, 313, 423 (n. 81)
Cavanilles, Antonio José de, 259, 389
Cebada, *Hordeum vulgare,* 37, 47, 55, 67, 70, 72, 79, 87, 88, 92, 97, 99, 100, 104, 106, 109, 113, 121, 126, 132, 133, 136, 142, 145, 147, 153, 164, 167, 180, 192, 196, 200, 202, 206, 212, 220, 229, 241, 247, 248, 251, 252, 268, 272, 280
— de dos carreras, *H. vulgare* subsp. *distichon,* 57, 181, 183, 195, 220
— de cuatro carreras, *H. vulgare* subsp. *vulgare,* 112
— de seis carreras, *H. vulgare* subsp. *vulgare,* 206, 213, 218
— desnuda, *H. vulgare,* 87, 91, 98, 100, 112, 415 (n. 11)
— negra desnuda (Abisinia), *H. vulgare,* 229
— silvestre, *H. vulgare* subsp. *spontaneum,* 64, 72, 75, 132, 179, 191
Cebada violeta plurianual, *Hordeum* sp. 100, 102
Cebada bulbosa, *Hordeum bulbosum,* 75
Cebolla, *Allium cepa,* 79, 102, 199, 200, 241, 268, 274, 289
Cebolla china, *Allium chinense,* 137, 144
Cebú, *Bos primigenius indicus,* 109, 112, 230
Cedro del Himalaya, *Cedrus deodara,* 104, 105

Cedro del Líbano, *Cedrus libani*, *182*, 183, 184
Centaureas, *Centaurea* sp. pl. 105
Centeno, *Secale cereale*, 28, 37, 43, 58, 61, 67, 69, 78, 91, 112, 123, 142, 208, 220, 268, 280, 284, 287, 413 (n. 3)
— gigante, *S. cereale*, 68, 94
— sin lígula, 69, 70
— adventicio, *Secale cereale* subsp. *ancestrale*, 57, 58, 80, 413 (n. 3)
Centeno silvestre plurianual, *Secale strictum*, 57, 72, 184, 413 (n. 3)
Cereza china, *Prunus tomentosa*, 144, 145
Cerezo ornamental japonés, *Prunus serrulata*, 145
Cerdo, *Sus scrofa domestica*, 157, 164, 172, 281
Cerrillo, *Stipa iberica*, 271
Cerveza abisinia (v. *tala*)
Chaiánov, Aleksander V. 351
Chaikin, 123, 416 (n. 21)
Chapulines (insectos ortópteros), *372*
Chenopodium quinoa, 328, 329
Chevalier, Auguste, 168, 390
Chufa, *Cyperus esculentus*, 274
Cilantro, *Coriandrum sativum*, 79
Ciprés, *Cupressus* sp. 116
Ciprés, *Cupressus sempervirens*, 248, 276, 277
Ciruelo chino y japonés, *Prunus salicina*, 144, 152
Ciruelos, ciruelas, *Prunus domestica*, 79, 117
Cítricos, *Citrus* sp. pl. 144, 153, 154, 156, 157, 160, 176, 197, 198, 234, 239, 296
Cizaña, *Lolium temulentum*, 51
Clemente, Simón de Rojas, 390, 399
Coca, *Erythroxilum coca*, 44, 326
Cocodrilo (Nilo), *Crocodylus niloticus*, 226, 231, 232, 235
Cocoteros, *Cocos nucifera*, 302
Col china, pe tsai, *Brassica rapa* var. *pekinensis*, 138, 416 (n. 25)
Col de hoja (berza gallega), *Brassica oleracea* grupo *acephala*, 280, 422 (n. 70)
Cola de zorro, *Alopecurus* sp. 102
Coles (Japón), *Brassica rapa*, *B. juncea* y *B. oleracea*, 144, 153, 417 (n. 28)
Coloquíntida (tuera), *Citrullus colocynthis*, 118, 119, *120*, 121, 122, 142
Columela, 167, 390
Comes, Orazio, 27, 390
Comino, *Cuminum cyminum*, 79
Comino indio, *Trachyspermum ammi*, 79
Cook, Orator F. 178, 390
Corcho, v. alcornoque
Cordero, 99, 232
Coso, *Hagenia abyssinica*, 240
Cotoneaster sp. 102
Crespí Jaume, Luis, 255, 256, 257, 288, 390
Crew, Francis A. E. 349
Criptomeria, *Cryptomeria japonica*, 148, 150
Crisantemos comestibles, *Glebionis coronaria*, 144
Crisantemos ornamentales, *Chrysanthemum x morifolium*, 146, 414 (n. 32)
Cucumis (melones y pepinos), 241
Cucurbitáceas, 44, 122, 123, 241

Cultivos hortícolas (v. hortalizas), 43, 44, 137, 142, 173, 241, 255, 326

Cuscús, 213

Daikon, v. rábano gigante

Darwin, Charles R. 300, 306, 410

Dátil (v. tamb. palma común), 195, 278

«Dátil chino» (v. jinjolero)

Davenport, Charles B. 350

De Benedictis, Antonio, 239, 391

Desiertos y semidesiertos, 38, 76, 116, 118, 119, 121, 122, 123, 126, 127, 128, 132, 134, 138, 179, 180, 194, 199, 205, 242

de Vries, Hugo, 348

Dioscorea (v. ñame chino), *D. batatas,* 137

Dorsett, Palemon H. 159, 160, 161, 391, 402

Dubianski, Vladímir A. 137, 391

Ducellier, Léon Octave, 199, 200, 202, 204, 206, 391

Durra (v. sorgo durra)

Edison, Thomas A. 30, 392

Efedra, *Ephedra* sp. 76

Eig, Alexander, 188, 190, 392

Einstein, Albert, 189

Encina, *Quercus ilex,* 105, 278

Eneldo, *Anethum graveolens,* 79

Engler, Adolf, 241, 392

Ensete, banano abisinio, *Ensete ventricosum,* 45, 240, 420 (n. 60)

Epilobios, *Epilobium* sp. pl. 105

Eremurus, *Eremurus olgae,* 75

Escaña, *T. turgidum* subsp. *dicoccum,* 28, 58, *229*, *230*, *261*, 283, 284, 287, 288, 382, 383, 422 (n. 72), 423 (n. 75)

Escaramujo (fruto de *Rosa* sp.), 102

Escorpiones, 235, 236

Espárrago tuberoso, *Asparagus cochinchinensis,* 144

Esparto, *Stipa tenacissima,* 208, 266

Espelta, *Triticum aestivum* subsp. *spelta,* 28, *260*, 267, 282, *282*, 283, 284, 287, 288, 384, 422 (n. 72)

Espinaca, *Spinacia oleracea,* 79

Espino, *Crataegus* sp. 104

Espino amarillo, *Hippophae rhamnoides,* 97, 98, 100, 101, 102

Espino de camello, *Alhagi maurorum,* 115, 116, 118, 119, 121, 132

Espireas, *Spiraea* sp. pl. 104

Estelarias, *Stellaria* sp. pl. 105

Estrabón, 204

Ettinger, Akiva J. 190, 191, 392

Eucaliptos, *Eucalyptus* sp. pl. 37, 49, 197, 198, 223, 234, 266, 278

Eucommia, Eucommia ulmoides, 164, 418 (n. 46)

Euforbia en forma de candelabro, *Euphorbia reinhardtii,* 222, *367*

Eugenia sp. pl. 315

Fairchild, David G. 30, 35, 38, 341, 385, 391, 392, 407

Falso pimentero del Perú, *Schinus molle.* 197, 266

Ferrier, Jean-Paul. 73, 393

Fiori, Adriano. 27, 393

Filípchenko, Yuri A. 340

Flaksberger, Constantín A. 191, 339, 393, 405

Ford, Henry, 32, 306, 307, 308, 313, 393

Foucher, Alfred, 82, 83, 84, 393
Fragoso (v. González Fragoso)
Frambueso, *Rubus idaeus,* 285, 287
Franco, Alcides de O. 32, 301, 394
Frutales, 43, 44, 142, 144, 152, 157, 172, 180, 239, 241, 251, 266, 270, 289, 293
Frutas, 28, 90, 127
Frutos secos, 86, 108, 144
Frutos silvestres, 51, 159, 285
Frutos tropicales, 31, 42, 309, 312
Fujii, Kenjiro, 151, 394
Fusariosis (en trigo), *Fusarium* sp. pl. 51
Gallina, gallo, *Gallus gallus domesticus,* 164, 228, 236, 241
Ganado, 109, 112, 120, 142, 230, 240, 264, 269, 280, 292
Gāoliang, v. sorgo chino
Garbanzo, *Cicer arietinum,* 229, 267, 280, 289
Ginseng (americano), *Panax quinquefolius,* 162
Ginseng (chino), *Panax ginseng,* 161, 162, *163*
Godard, André, 82, 83, 394
González Fragoso, Romualdo, 259, 394
González-Regueral, Ramón, 422 (n. 71)
Góvorov, Leonid I. 339
Gramas, *Agropyron* sp. 75, 105
Granado, granada, *Punica granatum.* 79, 108, 116, 117, 118, 268, 276
— silvestre, *P. granatum,* 109
Grierson, George A. 113, 395
Grosellero, *Ribes* sp. pl. 100, 101
Guandul (v. guisante de Angola)
Guayaba, *Psidium guava,* 44
Guayule, *Parthenium argentatum,* 30, 319, 424
Guindas (Japón), *Prunus pseudocerasus,* 152
Guisante, *Pisum sativum,* 68, 69, 70, 87, 91, 98, 99, 100, 104, 112, 113, 201, 210, 280
— abisinio, *P. sativum* subsp. *abyssinicum,* 229, 241, 241
— silvestre, *P. sativum* subsp. *humile (= P. syriacum),* 183
Guisante de Angola, *Cajanus cajan,* 111, 415 (n. 16)
Gusano de cera, *Galleria mellonella,* 164
Gusano de seda, *Bombyx mori,* 164
Guzzoni, 215, 218
Haba, *Vicia faba,* 79, 87, 98, 112, 200, 201, 217, 267, 289
— negra de Afganistán, *V. faba* var. *minor,* 187
—, *Vicia faba* var. *pliniana,* 197, 202, 419 (n. 52)
Haberlandt, Gottlieb, 298, 395
Hackin, Joseph, 82, 84, 395
Haeckel, Ernst, 335
Hagenbeck, Heinrich, 222, 395
Hall, Alfred D. 167, 215, 395, 406
Hansen, Niels E. 35, 341, 395
Harlan, Harry V. 35, 351, 396
Harland, Sydney C. 32, 217, 301, 316, 396
Hayes, Herbert K. 161, 396
Hedin, Sven A. 131, 396, 405
Heer, Oswald, 28, 397
Henequén, agave del Yucatán, *Agave fourcroydes,* 239, 420 (n. 59)
Heráclito, 204, 248, 419 (n. 53)
Herodoto, 204

Hiedra, *Hedera helix,* 253
Higuera, higos, *Ficus carica,* 172, 183, 268, 274, 278
— silvestre, cabrahiguera, *F. carica,* 106, 187
Hipopótamo, 232
Hoehne, Frederico C. 297, 397
Hortalizas (v. cultivos hortícolas), 117, 157, 201, 266, 289
Humboldt, Alexander von, 300
Ikeno, Seiichiro, 143, 397
Imai, Yoshitaka, 416 (n. 26)
Insectos medicinales o comestibles, 118, *372*
Instituto Internacional de Agricultura de Roma, 27, 217, 251, 420 (n. 55)
Instituto Pasteur, 169, 171, 198, 335, 386, 397, 401, 405-406
Iris, *Iris*, sp. pl. 119
Ivanov, Iliá I. 171, 396
Jabalí, *Sus scrofa,* 281
Jacintos, *Hyacinthus* y géneros afines, 119
Jaguar, *Panthera onca,* 299
Jardines Botánicos, 29, 32, 143, 198, 211, 300
Jinjolero, azufaifo, jínjoles, *Ziziphus jujuba,* 108, 109, 158
Jinyuk, v. *Pistacia khinjuk*
Judía adzuki, *Vigna angularis,* 145, 154, 158
Judía «de a vara», v. *Vigna sinensis*
Judías, *Phaseolus* sp. pl. 248, 421 (n. 67)
Juniperus excelsa (Abisinia), *J. procera,* 202, 420 (n. 57)
Karez, 115
Karpéchenko, Gueorgui D. 339
Katō, Shigemoto, 143, 151, 397, 408
Kibitkas, 76, *77*, 92
Kihara, Hitoshi, 151, 398
Kin-kan, *Fortunella (F. margarita, F. crassifolia, F. japonica),* 144, 417 (n. 31)
Kirk, Lawrence E. 329, 398
Klingen, Iván N. 36, 398
Kóbelev, V. K. 126, 398
Kondrátiev, Nikolái D. 351
Konjac, *Amorphophallus konjac,* 148, *149*, 417 (n. 34)
Kotschy, Karl G. T. 57, 398
Krachkovski, Ignati Yu. 180, 399
Krasin, Leonid B. 168, 399
Krasnov, Andréi N. 36, 399
Krug, Carlos A. 297, 387, 399
Kuleshov, Nikolái N. 339, 347, 398
Kurd Ali, Muhammad, 180, 215, 399
Lagasca (o La Gasca) y Segura, Mariano, 259, 390, 399
Langsdorff, Grigori I. 302, 400
Lébedev, Vladímir N. 73, 114, 388, 400
Lechuga de tallo, *wo sun*, *Lactuca sativa,* 137, 144, 416 (n. 23)
Le Cointe, Paul G. A. 307, 308, 316, 400
Le Couteur, John, 259, 400
Legumbres, 79, 90, 138, 159, 251
Leguminosas, 61, 142, 208, 248, 267, 280, 325
Leguminosas de grano, 37, 123, 183, 213, 240, 247, 248, 266, 267, 271, 280, 289
Lenin, Vladímir I. 335, 338, 345

Lenteja, *Lens culinaris,* 111, 200, 201, 212, 229, 280, 289
— negra, *Lens culinaris,* 111, 415 (n. 17)
— silvestre, *Lens esculenta* subsp. *orientalis,* 72
Leonardo da Vinci, 26
Leopardo, *Panthera pardus,* 232
Levit, Salomón G. 349
Levitski, Grigori, 339
Limonero, limonar, limón, *Citrus limon,* 111, 118, 266, 296
Lino, *Linum usitatissimum,* 37, 79, 85, 90, 98, 112, 126, 127, 128, 132, *133,* 147, 200, 212, 213, 248, 249, 252, 280, 328
— oleaginoso, *L. usitatissimum,* 67, 128
— silvestre, *Linum bienne,* 280, 285
Lino silvestre plurianual (Irán), *Linum* sp. 54
Lino neozelandés, *Phormium tenax,* 37
Lirios de bulbos comestibles (Japón, China), *Lilium* sp. pl. 144
Llama, *Lama glama,* 31, *374*
Loto, *Nelumbo nucifera,* 135, 144
Love, Harry Houser, 161, 401
Lufa, esponja, *Luffa acutangula,* 79, 144, 415 (n. 10)
Lúpulo, *Humulus lupulus,* 148
Lysenko, Trofim D. 324, 347, 348, 349, 351, 400, 424 (n. 86 y 87)
Maíz, *Zea mays,* 30, 38, 79, 108, 109, 110 111, 122, 159, 224, 268, 270, 280, 299, 317, 326, 327, 328, *370*
Magnolios, *Magnolia* sp. pl. 111, 145
Maguey, *Agave atrovirens, 371*
Maji, 143, 416 (n. 26)
Makárov, Nikolái P. 351
Maksímov, Nikolái A. 339, 346
Mal blanco (oídio), *Erysiphe graminis,* 52, 69, 413 (n. 2)
Malaria, 31, 84, 179, 253, 297
Mandarina, *Citrus reticulata,* 153, 406
— Unshiu, *C. unshiu,* 153, 417 (n. 37)
Mandioca, *Manihot esculenta,* 299, 302, 423 (n. 80)
Mango, *Mangifera indica,* 156, 239, 296, 301, 312, 315
Mangostán, *Garcinia mangostana,* 156, 296, 301
Manzano, manzana, *Malus pumila,* 36, 79, 137, 153, 160, 274
— del Cáucaso, *Malus orientalis* (= *M. sylvestris),* 137
— kazajo, *Malus sieversii* (= *M. pumila),* 137
— silvestre europeo, *Malus sylvestris,* 284
— variedad 'Aport', 137
Manzano silvestre taiwanés, *Malus doumeri (M. formosana),* 155
Manzano de Sodoma, *Calotropis procera,* 194
Markóvich, Vasili V. 38, 399
Marr, Nikolái Y. 284, 286, 399
Mate, *Ilex paraguarensis,* 32, 302
Méchnikov, Iliá I. 169, 335, 385, 399
Meister, Gueorgui K. 351
Melocotón, melocotonero, *Prunus persica,* 79, 268, 274

Melón, *Cucumis melo,* 85, 90, 117, 126, 127
Melones silvestres en Eritrea, *Cucumis* sp. pl. 242
Membrillo, *Cydonia oblonga,* 117
Membrillo chino, *Chaenomeles japonica,* 144, 153
Menta, *Mentha* sp. 79
Menelik II, 223, 401
Mesorias, 422 (n. 73)
Meyer, Frank N. 35, 160, 341, 402
Miège, Émile, 206, 210, 402
Miel, 228, 285
Miguel Ángel, 26
Mijo común, *Panicum miliaceum,* 79, 98, 104, 106, *107*, 108, 109, 112, 113
Mijos (de China), *Panicum miliaceum* y *Setaria italica,* 43, 164
Mijo negro, *Pennisetum glaucum,* 210, 242
Mildiu (de la vid), *Plasmopara viticola,* 205, 416 (n. 54)
Mirto, *Myrtus communis,* 276
Míshina, A. S. 26, 353, 402
Moluscos, 144
Monos, 222, 298, 309, 310, 315
Morera, *Morus* sp. pl. 79, 91, 112, 116
Morgan, Thomas H. 342
Morse, William J. 159, 160, 399, 402
Mosseri Bey, Elie N. 171, 215, 402
Mostaza abisinia, *Brassica carinata,* 229, 240
Mostazas (Japón, *Brassica* sp.), 144
Mula, 226, 227, 229, 232, 233, 234, 236, 237, 265, 272
Muller, Hermann J. 342, 349
Mume (v. albaricoque japonés)
Murálov, Aleksander I. 351
Nabo, *Brassica rapa* subsp. *rapa,* 79, 144, 414 (n. 7)
— oleaginoso, *sharsham*, *Brassica rapa* subsp. *oleifera,* 79, 89, 90, 91, 98, 414 (n. 7)
Nakai, Takenoshin, 143, 402
Naranja, naranjo, naranjal, *Citrus sinensis,* 51, 110, 111, 266, 268, 274, 278, 296, 301
— de Jaffa, var. 'Shamouti', 194, 195, 403
— 'Valencia', 274, 418, 421 (n. 69)
Naranjo (amargo), *Citrus aurantium,* 276
Narcisos, *Narcissus* sp. 119
Níspero (chino y japonés), *Eriobotrya japonica,* 144, 145
Nogal, *Juglans regia,* 104, 112, 172, 280
Nómadas, 76, 80, 82, 84, 88, 92, 131, 185, 242
Nomeolvides, *Myosotis* sp. pl. 105
Nuez de agua, *Trapa natans,* 144
Nuez de Brasil, *Bertholletia excelsa,* 309, *311*, 316
Nuez de cola, *Cola acuminata,* 316
Nug, semilla Níger, *Guizotia abyssinica,* 44, 221, 240
Ñame chino, *Dioscorea* (q. v.) *batatas,* 144
Oasis, 38, 77, 89, 116, 117, 125, 126, 127, 129, 131, 132, 137, 141, 180, 195, 198, 199, 200, 205, 206, 208, 238
Obermaier, Hugo, 285, 403
Oídio (de la vid), *Erysiphe necator* (= *Oidium tuckeri),* 205, 419 (n. 54)

Oídio (de los cereales), v. mal blanco
Olivo, olivar, *Olea europea,* 44, 172, 183, 190, 245, 247, 266, 271, 273, 278, 289
— silvestre, acebuche, *O. europea* var. *sylvestris,* 183, 187
— eritreo y abisinio, *O. europaea* subsp. *cuspidata,* 238, 242
Olmo, *Ulmus campestris,* 26, 251
Opio (v. también adormidera), 79, 88, 131, 140, 141
Oppenheim, Jacob D. 195, 403
Orejones, *Prunus persica,* 86
Orquidáceas, 298
Ortega, Antonio, 422 (n. 71)
Ovejas, 113, 219, 231, 240, 279
— de cola grasa, 116, *117*
Palafitos, 28, 155, 281, 418 (n. 40)
Palma común, palmera datilera, *Phoenix dactylifera,* 121, 195, 199, 200, *209,* 266, 276, 416 (n. 20)
— común (= datilera) silvestre, *P. dactylifera,* 94
Palmera duma, *Hyphaene thebaica,* 243, *246*
Palmera real, *Roystonea oleracea,* 32, 300
Palmera silvestre abisinia, *Phoenix reclinata (= Ph. abyssinica),* 237, 238, 242, 420 (n. 58)
Palmeras, 172, 194, 277, 278, 299, 300, 308
Palmeras fenicoides, *Phoenix* sp. pl. 111
Palmito silvestre, *Chamaerops humilis,* 266, 278, 285
Palomar, palomas, 78, 281, *357*
Pampanini, Renato, 27, 403
Pampelmusa, *Citrus grandis,* 296
Pangalo, Constantín I. 339
Panicum crus-galli, v. pata de gallo
Papadakis, Juan, 247, 403
Papagayos, 299, 315
Papayo, *Carica papaya,* 238, 239, 296, 301, 312, *369*
Papiro, *Cyperus papyrus,* 193
Pata de gallo, *Echinochloa crus-galli (= Panicum crus-galli),* 51
Patata, *Solanum tuberosum,* 31, 38, 44, 72, 270, 273, 280, 317, 326, 327, 329
—, variedades para chuño, 329
Patata dulce (v. batata)
Pelliot, Paul Eugène, 129, 403, 407
Pepino, *Cucumis sativus,* 79, 138, 144
Pepino del profeta, calabaza espina, *Cucumis prophetarum,* 192, 242
Pepinos de mar, holoturias (*Stichopus japonicus* y otras), 144
Peral, pera, *Pyrus communis,* 28, 36, 144
Peral silvestre, *Pyrus communis,* 285
Peral chino, *nashi*, *Pyrus pyrifolia,* 144, 145, 153
Peral taiwanés, *Pyrus* sp. 155
Petasites, *Petasites japonicus* subsp. *giganteus,* 148, 417 (n. 35)
Pfeffer, Wilhelm F. P. 293, 404
Pimienta, *Piper nigrum,* 234
Pimiento, *Capsicum annuum,* 240, *365*
— rojo molido (pimentón), *C. annuum,* 234

Pinos (Nuristán), *Pinus wallichiana* (= *P. excelsa), P. gerardiana,* 104, 105, 415 (n. 14)
Pinos (Chipre), *Pinus brutia, P. nigra* subsp. *pallasiana,* 249
Pinos, *Pinus* sp. pl. 287
Pintada común, *Numida meleagris,* 222
Piña, *Ananas comosus,* 301, 312, 315
Piñones (*Pinus gerardiana*), 182, 415 (n. 14)
Piper, Charles V. 159, 160, 402, 404
Písarev, Víktor Ye. 141, 346, 347, 404
Piscicultura, 193
Pistacho, *Pistacia vera,* 71
Pistacia khinjuk, 121, *359*, 416 (n. 19)
Plantas aromáticas, 148
Plantas cultivadas:
 caracteres recesivos, 70, 127, 132, 249
 falta de diseminación espontánea, 80, 381-382, 413 (n. 3), 418 (n. 44)
 órganos hipertrofiados en cultivos mediterráneos, 200-201, 213, 248, 289
 origen a partir de malas hierbas, 57-58, 61, 80, 123
 parientes silvestres, 43, 72, 142, 152, 159, 164, 183, 191, 197, 201, 237
Plantas forrajeras, 44, 76, 266, 271, 272, 317, 324, 329
Plantas medicinales, 148, 156, 317, 326
Plantas oleíferas, 123, 142, 208
Plantas ornamentales, 45, 161, 164, 266, 278
Plátano (árbol de sombra), *Platanus hispanica,* 258, 276
Plátano, banana, *Musa acuminata,* 31, 32, 175, 176, 193, 266, 278, 295
Plátano abisinio, v. ensete
Plinio el Viejo, 187, 152
Podiapolski, Piotr, 338, 341
Poincaré, Raymond, 169
Pollera, Alberto, 237, 404
Popenoe, Frederick W. 31, 404
Popov, Mijaíl G. 131, 133, 405
Primo de Rivera, Miguel, 255
Przhevalski, Nikolái M. 131, 136, 405
Qanat, 115, 120, 121, 208
Quercus ilex (v. encina)
Quino, *Cinchona* sp. 31, 44, 317, 327, 328, 329
Quinoa (v. *Chenopodium)*
Rábano, *Raphanus sativus,* 79, 138, 144, 145, 153
 — gigante, *Raphanus sativus* gr. longipinnatus, 147, 151, 152, *361*, 417 (n. 33)
Rafael, 26
Ramio, *Boehmeria nivea,* 156, 164, 418 (n. 42)
Ras Tafari (v. Tafari Makonnen)
Regel, Robert E. 58, 337, 405
Remolacha, *Beta vulgaris* (v. también acelga), 199, 419 (n. 51)
 — azucareras (variedades), 168, 201, 326
 — forrajeras, (variedades), 201
Retama de olor, *Spartium junceum,* 275, 276

Ricino, cultivado y silvestre, *Ricinus communis,* 79, 229, 235, 313
Rikli, Martin, 265, 405
Robertson, 157, 418 (n. 43)
Robertson, George S. 96, 100, 104, 405
Roble (Afg.), *Quercus baloot,* 104, 105
Roble (España), robledal, *Quercus robur,* 281, 287
Rosa, rosal, *Rosa* sp. pl. 97, 99, 100, 101, 172, 253
Roux, Émile, 169, 406
Roya, *Puccinia* sp. pl. 69, 323, 329, 414 (n. 6)
Ruibarbo, *Rheum rhabarbarum*, *R. officinale,* 144
Russell, Edward J. 215, 406
Sabinas, *Juniperus excelsa* (q. v.) subsp. *polycarpos,* 75
Sagitaria, *Sagittaria trifolia* var. *edulis (= S. trifolia* subsp. *leucopetala),* 144, 151
Sal cristalina, 234
Sandía, *Citrullus lanatus,* 85, 108, 117, 127
Savastano, Luigi, 27, 406
Sawer, Edward R. 188, 189, 406
Scofield, Carl S. 206, 406
Semilla Níger, v. nug
Serpientes comestibles, 315
Sésamo, *Sesamum indicum,* 79, 127, 221
Shabdar, v. trébol de Alejandría
Sharsham, v. nabo oleaginoso
Shiso, *Perilla frutescens* var. *crispa,* 144
Sífilis, 79
Sínskaia, Yevguenia N. 38, 406
Sócrates, 248
Soja, *Glycine max,* 43, 153, 154, 158, 159, 160, 418 (n. 44)
— silvestre, *Glycine soja,* 159, 418 (n. 44)
Soja verde, v. judía adzuki
Solífugos, 235, 236
Solms-Laubach, Hermann, 129, 133, 407
Sorgo s. l., *Sorghum bicolor,* 210, 415 (n. 13)
— cerealístico, durra, *Sorghum durra,* 128, 222, 236, 237, *364*
— chino, *gāoliang, Sorghum nervosum,* 164
— durra blanco, *Sorghum durra,* 127
— tipo durra, *Sorghum cernuum,* 106, 108, 109, 229
Stalin, Iósif V. 334, 346, 350, 352
Stein, Marc Aurel, 129, 405, 407
Sturtevant, Alfred H. 342
Svanidze, Aleksander S. 287, 407
Swietenia mahagoni, v. árbol brasil
Swingle, Walter T. 35, 160, 200, 407
Sychov, 351
Tabaco, *Nicotiana tabacum,* 79, 108, 250
Tafari Makonnen, 223, 224, 408
Tala (cerveza abisinia), 228, 229-230, 235
Tatánov, Víktor V. 346, 347
Tanaka, Tyôzaburô, 154, 156, 157, 408
Tamariscos, *Tamarix* sp. pl. 116, 122
Ta-tsai, *Brassica rapa* subsp. *chinensis* var. *rosularis,* 144, 417 (n. 30)

Té, *Camellia sinensis,* 36, 138, 149, 150, 302, 310
— Oolong, 156, 157
— verde, 145, 150, 157
Té uruguayo (o paraguayo), v. mate
Tef, *Eragrostis tef* (= *E. abyssinica),* 44, 220, *221*, 228, 229, 235, 236, 239, 240
Tej (miel espiritosa abisinia), 228, 235, 236
Teofrasto, 167
Teosinte, *Zea mays* subsp. *mexicana, 370*
Terao, Hiroshi, 143, 398, 408
Tiendas negras, 76, *76*, 80, 88
Timiryázev, Kliment A. 21, 41, 408
Tizón (hongos parásitos):
— en cereales (= caries), *Tilletia* sp. pl. 69, 414 (n. 6)
— en *Sagittaria,* 151
— en *Zizania latifolia* (*Yenia esculenta*), 153, 417 (n. 38)
Tofu, 153, 159
Tojo, argoma, *Ulex europaeus,* 174, 266, 280, 288
Toro, *Bos primigenius taurus,* 264, 265
Trabut, Louis Charles, 197, 198, 202, 204, 206, 386, 406, 409
Tragacanto, *Astragalus gummifer, 60*, 61
Trébol blanco de flor grande, *Trifolium repens* grupo *giganteum,* 174
— de Alejandría, *shabdar, Trifolium alexandrinum,* 52, 54, 128, 174, 218
— de olor, *Melilotus officinalis,* 324, 326, 329
— persa, *Trifolium resupinatum,* 79, 87, 88
— rojo, *Trifolium pratense,* 287
Trigo s.l. (v. también escaña y espelta), 26, 27, 32, 37, 43, 47, 51, 52, 54, 55, 57, 58, 59, 61, 63, 64, 67, 69, 79, 87, 88, 91, 92, 98, 99, 100, 104, 106, 108, 109, 112, 113, 122, 123, 126, 129, 132, 133, 136, 145, 147, 153, 164, 167, 176, 178, 180, 181, 191, 192, 196, 199, 208, 212, 220, 229, 239, 240, 241, 247, 248, 249, 251, 252, 266, 268, 272, 279, 280, 287, 289, 324, 328, 329
— carraón (escaña menor), *Triticum monococcum,* 28, 272, *272*, 381, 382
— de perdiz, *Aegilops* (q. v.) sp. pl. 72
— duro, *Triticum turgidum* subsp. *durum,* 27, 57, 128, 176, *177*, 181, 183, 191, 195, 199, 202, *203*, 205, 206, *207*, 210, 212, 213, 218, 247, 250, 278, 381, 383
· sin aristas (abisinio), 234, 241
· sin lígula (Chipre), 249
· vars. 'garnovka', 202; 'khoranka', 176, 193; 'kubanka', 202, *203*
— enano, *T. aestivum* subsp. *compactum,* 89, 90, 126, 128, 142, 384
— harinero, trigo candeal, *Triticum aestivum* subsp. *aestivum,* 52, *53*, 54, 59, 60, 61, 79, 128, 199, 202, 212, 247, 282, 287, 379, 381, 383, 384

· sin lígula, 69, 70, 94, 98, 100, 102, 249
· vars. 'Alto de Sierra', 315; de oasis, 199, 384; 'Garnet', 324
— persa, *Triticum turgidum* subsp. *carthlicum,* 52, *56*, 60, 383
— redondillo (trigo inglés), *T. turgidum* subsp. *turgidum,* 79, *81*, 247, 287, 383
— silvestre, *Triticum turgidum* subsp. *dicoccoides,* 57, 132, 176, 178, 179, 191, 382
Tschermak, Erich von, 348
Tuberculosis, 79
Tuera (v. coloquíntida)
Tuláikov, Nikolái M. 15, 347, 350
Tulipanes, *Tulipa* sp. pl. 119
Tung, v. árbol tung
Udo, *Aralia cordata,* 144, 417 (n. 29)
Uva (v. también vid), *Vitis vinifera,* 28, 79, 90, 108, 117, 180, 245, 248
Uva espina, *Ribes uva-crispa,* 148
Uro, *Bos primigenius,* 264
Vacas, *Bos primigenius taurus,* 113
Vainilla, *Vanilla planifolia,* 310
Vara de oro *(Solidago leavenworthii),* 392
Vasco de Gama, 27
Vavílov, Aleksandra I. 334
— Iván, 333
— Lydia, 334
— Serguéi, 334
Verduras, 42, 72, 123, 134, 144, 312
Verónicas arbóreas ornamentales, *Hebe* sp. pl. 37
Veza, *Vicia sativa,* 200
Vezas, *Vicia* sp. pl. 105
Viatkin, Vasili L. 416 (n. 21)
Vid, viña, viñedos (v. también uva), *Vitis vinifera,* 26, 79, 88, 108, 112, 172, 175, 180, 183, 197, 205, 245, 247, 251, 266, 273, 274, 278, 289
— silvestre, *Vitis vinifera* subsp. *sylvestris,* 142
Vigna sinensis, V. unguiculata var. *sesquipedalis,* 138, 416 (n. 24), 421 (n. 67)
Vilmorin (casa de semillas), 168, 335, 409
Vilmorin, señora Ph. de, 168, 169, 171, 215, 223, 409
Virgilio, 26, 27, 167, 252
Voronov, Yuri N. 386
Wallace, Alfred R. 32, 300, 306, 409
Warburg, Otto. 189, 410
Westover, Harvey L. 35, 410
Wickham, Henry A. 312, 410
Wilkanski, Yitzhak A. 190, 411
Wilson, Ernest H. 29, 161, 411
Wo sun (v. lechuga de tallo)
Xuanzang, 87, 411
Yerba del Paraguay, v. mate
Yero, *Vicia ervilia,* 69, 71, 98, 112, 174, 267, 414 (n. 5), 421 (n. 64 y 66)
Yucas, *Yucca* sp. pl. 270, 277
Yuzepchuk, Serguéi V. 38, 326, 386, 388, 412
Zahína (v. sorgo durra blanco)
Záitsev, Gavril S. 124, 339, 412

Zanahoria, *Daucus carota* subsp. *sativus:*
· var. *atrorubens*, 79, 126, 132, 414 (n. 8)
· var. *sativus*, 199, 414 (n. 8)
— silvestre, *D. carota* subsp. *carota*, 200
Zapote o chicozapote, *Manilkara zapota* (= *Achras zapota)*, 315, 424 (n. 84)
Zarzamora, *Rubus* sp. 109
Zauditu I, 223, 412
Zizania latifolia (arroz silvestre asiático), 153, 157, 417 (n. 38)
Zulla, *Hedysarum coronarium*, 174

La presente edición de *Cinco continentes*, primera en castellano, se terminó de imprimir en octubre de 2015